LES
NOUVELLES INVENTIONS

AUX

EXPOSITIONS UNIVERSELLES,

par

M. J.B.A.M. JOBARD,

Directeur du Musée royal de l'industrie belge, chevalier de la Légion d'honneur,
Président de la Société des inventeurs français,
Président de l'Académie nationale de l'industrie agricole et manufacturière, membre de l'Institut des États-Unis,
De l'Institut des provinces de France,
De l'Institut polytechnique de Berlin, des Sociétés d'encouragement de Paris et de Londres,
Des Académies de Dijon, de Reims, de Rouen, d'Angers de Lille,
Commissaire royal aux principales expositions d'industrie,
Auteur du Monautopole et de l'Organon de l'industrie, etc., etc., etc.

TOME PREMIER.

BRUXELLES ET LEIPZIG,

ÉMILE FLATAU,

ANCIENNE MAISON MAYER ET FLATAU.

1857.

LES

NOUVELLES INVENTIONS

AUX

EXPOSITIONS UNIVERSELLES.

Croire tout inventé c'est qu'une erreur profonde,
C'est prendre l'horizon pour les bornes du monde.
                                        ARAGO.

©

LES

NOUVELLES INVENTIONS

AUX

EXPOSITIONS UNIVERSELLES,

par

M. J.B.A.M. JOBARD,

Directeur du Musée royal de l'industrie belge, chevalier de la Légion d'honneur,
Président de la Société des inventeurs français,
Président de L'Académie nationale de l'industrie agricole et manufacturière, membre de l'Institut des États-Unis,
De l'Institut des provinces de France,
De l'Institut polytechnique de Berlin, des Sociétés d'encouragement de Paris et de Londres,
Des Académies de Dijon, de Reims, de Rouen, d'Angers, de Lille,
Commissaire royal aux principales expositions d'industrie,
Auteur du Monautopole et de l'Organon de l'industrie, etc., etc., etc.

TOME PREMIER.

BRUXELLES ET LEIPZIG,
ÉMILE FLATAU,
ANCIENNE MAISON MAYER ET FLATAU.

1857.

©

LES
NOUVELLES INVENTIONS

AUX

EXPOSITIONS UNIVERSELLES,

par

M. J.B.A.M. JOBARD,

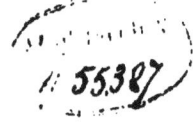

Directeur du Musée royal de l'industrie belge, chevalier de la Légion d'honneur,
Président de la Société des inventeurs français,
Président de L'Académie nationale de l'industrie agricole et manufacturière, membre de l'Institut des États-Unis,
De l'Institut des provinces de France,
De l'Institut polytechnique de Berlin, des Sociétés d'encouragement de Paris et de Londres,
Des Académies de Dijon, de Reims, de Rouen, d'Angers, de Lille,
Commissaire royal aux principales expositions d'industrie,
Auteur du Monautopole et de l'Organon de l'industrie, etc., etc., etc.

TOME PREMIER.

BRUXELLES ET LEIPZIG,
ÉMILE FLATAU,
ANCIENNE MAISON MAYER ET FLATAU.

1857.

A

SA MAJESTÉ NAPOLÉON III,

Empereur des Français,

PROTECTEUR
DES ŒUVRES DE L'ESPRIT ET DE L'ART,
RESTAURATEUR
DES MARQUES DE FABRIQUE,
DESTRUCTEUR
DE LA CONTREFAÇON INTERNATIONALE.

Son très-humble serviteur,
JOBARD.

.

« Je crois comme vous que l'œuvre intellectuelle est une
« propriété, comme une terre, une maison; qu'elle doit
« jouir des mêmes droits et ne pouvoir être expropriée que
« pour cause d'utilité publique. Je vous félicite d'avoir fait
« jaillir cette vérité, car c'est beaucoup, au milieu du chaos
« qui nous environne, que d'émettre une idée vraie, que je
« crois fertile en bons résultats. »

(Extrait d'une lettre de NAPOLÉON-LOUIS-
BONAPARTE à l'auteur.)

PRÉFACE.

Le monde est comme une exposition universelle que chacun vient visiter en passant. Les uns s'attachent à en étudier un coin dans ses moindres détails, ce sont les *spécialités;* mais il leur faudrait plusieurs incarnations successives pour achever leur rapport et mériter le nom de savants, car la science n'est qu'une ignorance relative.

Les autres, mettant en regard le peu de temps qui leur reste avec l'immensité de ce qu'ils ont à voir, ne s'arrêtent à chaque chose qu'autant qu'il le faut pour saisir le lien qui les rattache à l'harmonie universelle : la *spécialité* de ceux-ci est la *généralité.*

Il en est qui se lancent comme des étourdis à travers les merveilles de la création, et sortent en se disant, comme s'ils venaient de lire un journal politique : Il n'y a rien de neuf.

Il existe aussi des prime-sautiers qui jugent de tout sur l'apparence, et se trompent d'autant plus aisément que le fond est presque toujours différent de la forme : ce sont les *surfaciers.*

Il est une autre classe de rapporteurs qui s'en rapportent à ce qu'on leur rapporte, et prennent consciencieusement la responsabilité des erreurs qu'on leur souffle sur de vieux riens qu'on leur donne pour du nouveau : ce sont les *jurantes in verba magistri.*

Quant à la foule ignorante, elle passe à travers les merveilles de la vie sans s'étonner de rien, parce qu'elle ne comprend rien : c'est le propre des peuplades sauvages dénuées de l'organe de la curiosité, qu'on peut appeler l'organe du progrès.

Ces premières ébauches de l'humanité sont condamnées à disparaître devant la race caucasienne, la seule curieuse, la seule avide de savoir et de connaître, qui marcherait d'un pas trop rapide peut-être, si elle n'était entravée par les derniers demeurants du monde primitif qui dominent toujours ici-bas ; car la terre est encore régie par la force et la ruse bien plus que par le droit et la justice. Ceux-là croient fermement que tout est inventé, et s'écrient à chaque nouvelle découverte : Où allons-nous, grand Dieu, où allons-nous !

Les malheureux Caucasiens, encore trop clair-semés parmi les enfants de la bête, continuent à les habiller, équiper et armer de pied en cap, sans se douter qu'ils leur donnent des verges pour se faire fustiger.

L'auteur de ce livre n'a fait pendant son long pèlerinage qu'une découverte importante ; c'est qu'il n'existe que deux races ici-bas : la race indifférente et la race curieuse, laquelle, après avoir compris le mécanisme des œuvres du Grand Inventeur cherche à les contrefaire ; mais quiconque prétend créer quelque chose en dehors des modèles donnés par la nature, est un insensé. Les Italiens l'ont senti en appelant *ritrovato* ce que nous appelons création ; car nous ne pouvons que combiner, agencer, rassembler et ajuster les choses créées pour en obtenir des résultats, des effets ou des produits nouveaux, ce dont les *autochthones* ou prénoémites qui semblent échappés au déluge ne sentent jamais ni le besoin, ni la possibilité.

Nous les engageons à ne pas ouvrir ce livre s'ils tiennent à ne pas se faire de mauvais sang, car ils n'y trouveront probablement pas une idée d'accord avec les leurs. Quant aux hommes d'esprit et de bon sens, ils sauront bientôt à quelle catégorie nous appartenons.

On nous a déjà reproché notre mansuétude à l'égard des criminels de lèse-civilisation que nous avons pris sur le fait. On nous trouve trop indulgent, trop doux, trop bienveillant envers ces fauteurs du paupérisme universel.

Pourquoi ne pas nommer, nous dit-on, ces malfaiteurs de la plus dangereuse espèce ? C'est que nous croyons devoir user de ménagement envers des invalides qui ne savent ce qu'ils font, ou qui, le sachant, se livrent au mal à la façon d'Érostrate, dans l'espoir de passer à la postérité, comme l'insecte passe à la frontière caché sous le poil d'un généreux coursier. Nous ne voulons pas les prendre en croupe. Dieu leur fasse miséricorde ! Amen.

NOUVELLES INVENTIONS

AUX

EXPOSITIONS UNIVERSELLES.

───────◈───────

ORIGINE DE L'INDUSTRIE.

I.

Industrie comme *instruction* vient d'*intus struere*, construire en dedans; *invention* vient d'*in venire*, trouver, faire venir en soi; *imagination* vient d'*im-agere*, agir à l'intérieur, sur des images et les forcer d'entrer par la pensée, *cogitatione, cogere intrare, in trahere*, les tirer à soi.

Ces mots suffisent pour donner une idée de la logique qui a présidé à la formation du langage, et prouver que les Latins sentaient et comprenaient mieux que nous que l'invention ne vient pas seule et sans efforts, comme le prétendent ceux qui n'ont jamais rien inventé.

Les cerveaux stériles qui croient s'excuser de leur stérilité en soutenant que les découvertes sont dues au hasard, devraient ajouter qu'ils ne sont pas heureux à ce jeu-là. D'autres disent que l'invention n'est qu'un *don de Dieu* qui doit appartenir à tout le monde; mais ils ne voient pas qu'ils font du *communisme* comme certain ministre liégeois et certain professeur hollandais en ont fait en pleine tribune, sans se douter assurément qu'ils se faisaient les asymptotes du grand Proudhon.

Eh bien! il est fâcheux de l'avouer, cette opinion est à peu de chose près celle des conservateurs ingénus qui ont présidé à la confection de toutes les lois sur la *propriété intellectuelle*, en accordant d'une main avare ce qu'ils retirent d'une main perfide; donnant à regret le droit de vivre aux enfants du génie, et les étouffant dès qu'ils commencent à respirer, pour les jeter à la voirie du domaine public; car ce massacre des innocents se pratique encore avec amour, par les exécuteurs de ces lois hérodiaques, qui semblent avoir peur de laisser échopper le Messie.

Rien ne semblera plus barbare et moins logique que cette manière d'agir, quand on aura la preuve que l'industrie est la fille unique de l'invention, et que celle-ci n'a pas d'autre mère que la *propriété*, syncope de *pro prioritate*, ou, d'après Lakanal, *pro primo occupante*, origine incontestable de toute propriété sur la terre.

II.

La récompense de l'effort, a dit Bastiat, appartient de droit naturel à celui qui a fait l'effort, et l'on n'invente pas sans efforts, par conséquent l'invention doit appartenir à celui qui l'a faite en évoquant, rassemblant et combinant à la sueur de son front, les innombrables éléments contenus dans le milieu intellectuel ambiant, pour en faire une chose matérielle utile ou agréable à la société.

Toutes les objections s'effaceront quand nous aurons prouvé que la puissance, le bien-être et la prospérité des nations dépendent du plus ou moins de garantie accordée à la propriété matérielle et à la propriété intellectuelle ensuite, bien que l'une n'ait pas d'autre origine que l'autre, c'est-à-dire cet entraînement du navigateur vers des terres inconnues, du chasseur vers une proie incertaine, du laboureur vers des assolements nouveaux, du mineur vers des filons cachés, du savant vers des solutions problématiques, et de l'inventeur vers cette part chaos que Dieu lui laisse à débrouiller.

La peine, l'effort, le travail étant les mêmes, pourquoi la rémunération serait-elle différente? Pourquoi l'inventeur de la machine à vapeur n'aurait-il pas au moins les mêmes droits sur son œuvre que l'auteur d'un roman, d'une partition, d'un dessin? et pourquoi ceux-ci n'auraient-ils pas les mêmes droits que les possesseurs du sol, comme l'a si sagement et si justement écrit l'élu d'un grand peuple, auquel on doit cette simple et impérissable formule qui sera la base du droit nouveau que nous cherchons à inaugurer :

« L'œuvre intellectuelle est une propriété comme une terre, une « maison, elle doit jouir des mêmes droits et ne pouvoir être expro- « priée que pour cause d'utilité publique. »

— 3 —

Ces paroles méritent d'être profondément méditées par ceux qui s'opposent à l'admission de la propriété inventive dans le *droit commun*.

Quelques-uns se rendront peut-être à la démonstration du docteur Stollé, qui établit, dans un mémoire à M. de Manteuffel, que la prospérité des vingt-six nations les plus civilisées qui concèdent quelque semblant de protection aux inventeurs, est proportionnelle au plus ou moins de sécurité qu'ils y trouvent. La teinte industrielle de sa carte est la plus foncée en Angleterre, puis en France, et court en se dégradant vers l'Autriche, la Belgique, la Prusse, la Suède, la Russie, l'Espagne et l'Italie, pour s'évanouir aux frontières de la Turquie, dont l'industrie actuelle nous a conservé le spécimen de ce qu'elle était en Angleterre avant Jacques Iᵉʳ, en France avant Louis XIV et sur tout le continent d'Europe. C'est-à-dire qu'on n'y trouvait de florissants, comme chez les Grecs et les Romains, que les arts, la littérature, la philosophie, les armes et la science héraldique.

III.

Nos anciens, à partir d'hier, comme on sait, n'ont jamais manqué de grands philosophes, de grands poëtes, de grands artistes, mais ils n'avaient ni grands mécaniciens, ni grands métallurgistes, ni grands chimistes. Ils produisaient pour un, par l'art et le talent manuel, ce que nous reproduisons pour tous, par la mécanique appliquée.

Ils avaient le manuscrit, nous avons l'édition de toutes choses. Ils ne connaissaient que l'addition, nous employons la multiplication par l'étalonnage omniforme ; en un mot, ils copiaient à la main, nous imprimons à la machine.

Pourquoi, dira-t-on, si les anciens avaient comme nous le don d'imaginer, d'agencer, de combiner les formes et les forces, n'ont-ils pas exécuté la machine à vapeur connue de Héron d'Alexandrie, essayée par Clésibius et reproposée par Salomon de Caus au grand Richelieu qui le fit enfermer à Bicêtre? C'est que tout effort s'arrête devant la négation de toute récompense, et que si les architectes, les sculpteurs et les peintres ont toujours été payés, les inventeurs ne l'ont jamais été, tout en s'exposant à la persécution ou au bûcher comme sorciers ou révolutionnaires.

On semble même encore prendre au pied de la lettre l'aveu des inventeurs qui arrivent toujours chargés d'une idée ou d'un moteur capables, disent-ils, de révolutionner l'industrie; et comme en général on n'aime pas les révolutionnaires, c'est à qui leur jettera la pierre, comme à tout novateur qui vient détruire un abus ou remplacer le mal par le mieux. Ceux qui doivent en profiter restent muets et passifs; ceux qui en souffrent crient et s'agitent. Le pouvoir entend ceux-ci seulement et les aide, en bon père qu'il croit être.

IV.

L'industrie comme nous l'entendons, a jailli du sol de l'Angleterre à la voix de Jacques Ier qui s'avisa d'offrir une protection de quatorze ans aux inventeurs, alors qu'on ne leur donnait pas une minute ailleurs.

La France n'est devenue industrielle que depuis la Constituante, qui a accordé quinze ans aux inventeurs et importateurs; assez pour faire leur fortune, disait-on; quelle erreur et quel déchet! Les autres peuples n'ont suivi cet exemple que plus tard et de loin; tandis que l'empire ottoman, l'Égypte, la Perse et les Indes sont restés ce qu'ils étaient, ce que nous étions tous, c'est-à-dire nuls sous le rapport industriel. Preuve évidente de la nécessité, de l'efficacité des brevets.

Autre question, autre preuve.

A quoi tient-il que les Anglais vont crever la muraille chinoise et brûler Canton, et que les Chinois ne viennent pas brûler Douvres? Tout simplement à la loi des patentes qui a permis à Watt de construire la première machine à vapeur, à Fulton de construire le premier steamer, et à cent autres de fondre des paixhans, de raboter le fer, d'aléser la fonte et de forger les carapaces des batteries flottantes, ces invulnérables cuirassiers marins devant lesquels la Russie encore mal outillée a dû céder. Pourquoi? — Parce qu'elle craint de donner aux inventeurs les garanties dont ils ont besoin, et qu'elle laisse à l'arbitrage d'un comité d'examen la faculté de refuser des brevets pour des inventions qu'elle croit pouvoir se procurer par l'intermédiaire des agents grapilleurs qu'elle entretient partout. Véritable déception dont elle est victime : bien dérobé ne profite pas. Le plan sans l'inventeur n'est rien.

V.

Quand Georges III demandait à Watt dans sa première audience : Que fabriquez-vous, mon ami ? — Sire, je fabrique ce que les rois aiment le plus, de la force, de la puissance (powers); — ce monarque était loin de comprendre la portée de cette force et ne se doutait guère qu'elle lui soumettrait cent millions de sujets nouveaux, et ferait trembler trois cent soixante-six millions de Chinois à la voix de ses lancasters.

Pourquoi le contraire n'est-il pas arrivé? Pourquoi ces nombreux et ingénieux Chinois ne viennent-ils pas balayer les junques anglaises, placer d'autorité des consuls sur nos côtes et coloniser nos péninsules? C'est qu'en admettant que Watt et Fulton fussent nés en Chine ils n'eussent pas trouvé de capitaux. Il y a certainement plus d'un génie capable de tracer un plan de vaisseau à vapeur dans un pays qui doit avoir de bien solides institutions pour avoir duré si longtemps; mais quand vient pour l'inventeur chinois le quart d'heure de Rabelais, c'est-à-dire le moment de convertir ses lignes de crayon et d'encre de Chine, en barres de fer, de cuivre ou d'acier, où trouver les millions nécessaires aux essais, sans brevets? Non pas que les Chinois manquent de millions, mais ils ne manquent pas non plus de bon sens et ne les exposeraient certainement pas sans garantie.

Comme les Chinois n'ont ni *patentes*, ni *brevets*, ni *octrois*, ni *privatives*, ni protection quelconque pour les défendre des plagiaires, des maraudeurs et des contrefacteurs, tout ce qui exige de grandes sommes pour les essais, doit rester en *plan* comme chez tous les peuples privés de garanties industrielles; ils ne peuvent donc exercer leur génie inventif que sur de petites choses dont ils gardent le secret pour le passer à leurs enfants; aussi l'industrie cryptogamique ou cachée qui n'existe presque plus chez nous, est-elle des plus florissantes dans les Indes et surtout en Chine, car...

Les Chinois ne sont pas ce qu'un vain peuple pense,
Leur porcelaine existe avant notre faïence.

Et leur soierie menace celle de Lyon d'une formidable concurrence. Nous reviendrons sur ce chapitre pour donner l'alerte aux Lyonnais qui s'endorment, comme disent les économistes, sur l'oreiller de la prohibition.

VI.

Nous tenons surtout à démontrer que l'industrie n'est rien sans l'invention et l'invention rien sans l'appropriation. Et nous posons en fait que les manufactures, les fabriques, les ateliers de toute espèce, ne roulent que sur des inventions volées, mal acquises ou arrachées par la plus injuste des lois, à leurs légitimes propriétaires; nous défions les plus susceptibles de contester la réalité de ce point d'exclamation ou d'irritation, comme on voudra, puisque tout est l'œuvre d'inventeurs dont on ne sait pas même les noms, depuis l'arc du sauvage jusqu'à la carabine Delvigne, depuis le sabot jusqu'aux bottes vernies, depuis l'assiette de bois jusqu'aux surtouts de Christofle, de la pirogue au vaisseau de ligne, de la guenille d'écorce au cachemire Blétry.

Rien n'est donc plus illogique, plus rétrograde, plus opposé au droit, à la justice, à la civilisation, que de repousser l'inventeur, ce premier homme du monde qu'on traite comme le dernier, quand il vient nous apporter le bien-être, la richesse et la puissance. Quel contre-sens !

VII.

Il nous reste à répondre à une objection, bien mal fondée à notre avis, sur la cause de l'infériorité des peuples de l'Orient en fait d'industrie. Ils sont trop indolents, trop mous, trop insouciants, dit-on, pour se donner autant de peine que les peuples du Nord.

Si cela était, il devrait s'être opéré un grand changement dans notre état physiologique, puisqu'il y a moins d'un siècle, nous étions certainement inférieurs en fait d'industrie aux peuples de l'Orient, qui se disaient sans doute aussi : Ces pauvres Occidentaux, ils sont trop paresseux, trop lourds, trop stupides pour fabriquer ces tapis moelleux, ces étoffes brillantes, ces housses brodées, ces sabres damassés, ces narguillés niellés devant lesquels ils s'extasient; car nous étions de fait en admiration perpétuelle devant le luxe oriental et les merveilles éblouissantes du pays des *Mille et une nuits.*

Les brevets d'invention ont donc changé tout cela, puisque toutes ces merveilles leur sont fournies aujourd'hui à meilleur marché par es paysans du Danube, par les lourds Saxons et les futiles Français. C'est par les brevets que Paris efface Bagdad et que Londres écrase Stamboul.

Le monde est retourné, l'éclatant Orient se ternit de jour en jour, tandis que l'Occident brumeux s'éclaircit et brille de toutes les splendeurs imaginables, depuis cette mesquine garantie des brevets concédée aux esclaves de la pensée, aux pionniers d'un monde nouveau bien autrement riche, bien autrement beau que tout ce que nous en connaissons déjà.

VIII.

Si nous parlons de l'avenir social dans les mêmes termes que les saint-simoniens et les phalanstériens, nous avons au moins de meilleures bases pour appuyer nos espérances. Nous n'essayons, nous, ni dechanger le cœur humain, ni de renverser nos institutions, fruits de l'expérience des siècles; nous voulons simplement démontrer, en le répétant sans cesse, que le développement de l'industrie et de la richesse des nations est proportionné à la protection accordée aux inventeurs par une très-mauvaise loi. Que serait-ce donc si elle était bonne, large et juste comme celle que nous avons méditée et simplifiée depuis trente ans, car il y a trente ans que nous couvons l'œuf de ce phénix auquel nous allons donner la volée? Puisse-t-il planer bientôt sur tous les dômes, minarets, pyramides et théocalis du monde, en signe de paix entre les hommes et de guerre à la matière!

UNE LOI DE BREVET TELLE QU'ELLE DEVRAIT ÊTRE.

Exposé des motifs.

Après avoir fait, refait, corrigé, amendé et discuté cette grande question de la propriété industrielle dans les vingt-six États les plus

civilisés du globe, on n'est tombé d'accord que sur un point : c'est
de n'être accouché que d'un monstre aussi laid sous le nom de
patentes, que sous celui de *brevets*, de *privatives* ou d'*octrois*. Charte
pitoyable, décousue, inique, plus dérisoire que sérieuse, plus arbitraire que loyale, chaîne de nègre blanc qu'on craint d'allonger d'un
pouce dans les pays dits de liberté.

Une tendance fatale vers le communisme des inventions n'a cessé,
dirait-on, de présider à l'établissement de la propriété nouvelle qui
semble faire peur à l'ancienne qu'elle vient cependant secourir et
défendre. Il serait plus que temps de la faire entrer dans le *droit
commun* et d'assimiler, comme l'a dit le plus intelligent souverain de
son époque, l'œuvre intellectuelle matérialisée à la propriété ordinaire, qui n'est à bien considérer pas autre chose.

Tout alors devient facile et simple, parce que cela est juste et
rationnel; les contradictions disparaissent, les fantômes s'évanouissent et la lumière se fait. La jurisprudence ne serait plus embarrassée
dès qu'elle s'appuierait sur le raisonnement qui suit : les meilleurs
experts, les meilleurs appréciateurs en matière d'invention, sont évidemment les contrefacteurs; plus ils sont nombreux, plus le tribunal
possède d'éléments de condamnation; car il est évident que s'ils préfèrent la chose brevetée à celle du domaine public, c'est qu'ils la
trouvent meilleure, plus commode ou moins chère. Dans ce cas ils
doivent quelque chose à l'inventeur.

IX.

La mansuétude des tribunaux pour les délits de contrefaçon a
rendu le métier de contrefacteur préférable à celui d'inventeur,
puisque ceux-ci se ruinent, tandis que les autres s'enrichissent. Le
fait est notoire.

Cet état de choses, aussi fatal à la société qu'aux inventeurs mêmes,
cesserait immédiatement après la promulgation de la loi dont nous
publions les dispositions fondamentales pour servir à nos petits-
neveux s'ils sont un jour plus raisonnables et plus justes que leurs
pères, lesquels n'ont pas encore pu comprendre cet axiome fondamental de toute société :

A chacun la propriété et la responsabilité de ses œuvres, que le savant docteur Mure a scellé de ce dilemme impitoyable qui a fermé la bouche à tous les ergoteurs :

Crétin qui ne comprend, ou gredin qui s'oppose.

X.

Pour être utile, dit le *Moniteur des intérêts matériels,* une idée destinée à régir de grands intérêts doit être simple, facile dans la pratique et s'appliquer à tous les cas.

L'esprit humain est fait de telle sorte, que les idées sont d'abord compliquées ; elles ne se simplifient et ne se généralisent que peu à peu ; ce n'est souvent qu'après de nombreuses combinaisons que l'idée pratique, simple et d'une application générale, vient luire tout à coup, et alors les qualités que nous venons d'énoncer paraissent si naturelles, qu'on est tout étonné de ne pas y avoir songé plus tôt.

Il arrive souvent que ces qualités essentielles et si rares ne sont pas appréciées par les personnes qui n'ont pas l'habitude des sciences ; c'est là, soit dit en passant, un des obstacles les plus sérieux qui empêchent bien des perfectionnements de s'introduire dans la pratique.

Ces réflexions, que nous sommes loin de faire les premiers, nous sont remises en mémoire par un avant-projet de loi émanant de M. Jobard, et qui a été présenté, par M. le vicomte de la Cressonnière, à la Société industrielle de Lausanne.

Cet avant-projet est conçu dans les termes suivants :

XI.

Art. 1er. Quiconque se croit le premier en possession d'une idée ou d'une œuvre de l'art ou de l'esprit, utile à la société, peut s'en assurer la priorité en la faisant insérer, à ses frais, dans un *Moniteur* spécial officiel.

Un numéro de ce journal, muni de sa date certaine, servira de brevet provisoire, lequel deviendra définitif six mois après, s'il n'y a pas d'opposition.

En cas d'opposition, les tribunaux ordinaires sont appelés à prononcer.

Art. 2. Toute invention ou découverte, quelle que soit son origine, qui n'est ni exploitée commercialement, ni déjà brevetée dans le pays, est susceptible de devenir la propriété du premier demandeur.

Art. 3. Le demandeur envoyé en possession de l'invention industrielle, artistique, commerciale, économique, thérapeutique, financière, etc., telle qu'il l'aura décrite et spécifiée au *Moniteur*, ne pourra plus être troublé dans sa propriété.

Art. 4. Tout breveté payera chez le receveur des contributions un impôt de protection de 5 francs, augmenté chaque année de la même somme, d'après l'échelle 5, 10, 15, 20, etc.

Art. 5. Tous les codes, lois et règlements qui régissent les propriétés anciennes sont applicables à la propriété nouvelle.

Art. 6. Toute espèce de propriété brevetée est expropriable pour cause d'utilité, de sécurité, de moralité et d'agrément publics, après juste et préalable indemnité.

JOBARD.

XII.

Voici comment le *Journal des mines* de France accueille ce projet :

« Nous y trouvons tout à la fois, *garantie absolue* de priorité pour l'inventeur, *garantie absolue de spécification* pour le public, *simplification merveilleuse* des formalités actuelles, *stipulation convenable* des droits du fisc et *facilité prodigieuse* pour les recherches. »

Voici maintenant l'appréciation du *Moniteur des intérêts matériels*.

« Ce qui nous frappe surtout dans cet avant-projet, c'est le mode éminemment simple et pratique au moyen duquel les inventions acquerraient date certaine ; — le *Moniteur* dont parle M. Jobard serait un véritable état civil des enfants du génie.

« Arrêtons-nous un instant sur cette idée pour en constater le mérite.

« Quoi de plus simple et de plus pratique ? Il vous vient une idée, par exemple celle de transmettre des signes au moyen de l'électricité : vous inscrivez votre procédé au *Moniteur des inventions* et votre droit de priorité se trouve établi ; un autre trouve le moyen d'imprimer le discours à distance, par un procédé de télégraphie électrique : la date et le procédé se trouvent enregistrés dans le *Moniteur des inventions;* une personne découvre un gaz éclairant, provenant de la distillation de la houille : il lui suffit de faire inscrire son procédé à l'état civil des inventions pour constater incontestablement son droit de priorité.

« Il ne faut pour cela aucune de ces administrations compliquées, de ces renvois à des ministres et à des commissions; tout se réduit à un employé officiel séjournant dans une imprimerie et visant, à mesure qu'ils lui sont fournis, les manuscrits qu'on lui apporte.

« Quelle enquête plus solennelle, plus sévère et faite par des gens plus compétents, peut-on imaginer que de livrer le procédé au public, par la voie de la presse, et précisément au public qui est intéressé à ne point laisser s'approprier, par surprise, des procédés déjà connus? On ne saurait s'empêcher de trouver là une grande amélioration sur ces enquêtes restreintes faites par quelques membres qui, malgré toutes les capacités qu'on peut raisonnablement leur supposer, ne sauraient cependant pas être doués de connaissances universelles.

« Dans ce nouveau système, dès l'origine tout se fait au grand jour, aucun mystère n'enveloppe les demandes de brevets; publicité complète du commencement jusqu'à la fin. Il n'est plus besoin de ces plis minutieusement cachetés pendant un temps plus ou moins long; tout le monde est instruit de la nature et des moyens employés. Si l'on veut s'assurer qu'un procédé que l'on invente est réellement nouveau, on parcourt le *Moniteur des inventions;* il est public et remplace avec un immense avantage les recherches difficiles, coûteuses, et nous allions dire presque impossibles, que l'on est actuellement obligé de faire dans les archives manuscrites qui encombrent les ministères, division de l'industrie.

« Un brevet que l'on ne saurait connaître sans difficulté, ressemble assez à une lumière sous un boisseau; au contraire, cette large publicité fera éclore, par analogie, une multitude d'inventions nouvelles, dans toutes les branches de l'industrie. Les expositions universelles et le *Moniteur officiel des inventions,* sont deux choses qui offriraient plus d'un point d'analogie.

« Au point de vue historique, l'introduction de ce nouveau système serait du plus puissant secours, tant pour l'histoire générale des arts industriels, que pour chaque art en particulier.

« Admettons, pour un instant, que cette idée soit venue un siècle plus tôt, et que les principaux peuples en aient fait usage, on ne verrait pas les Belges, les Français, les Anglais et les Allemands se disputer, sans solution possible, l'invention de la vapeur, celle du gaz, celle du télégraphe électrique, celle des chaudières tubulaires, et de tant d'autres inventions que chaque peuple s'attribue, en déterrant quelque document la plupart du temps apocryphe.

« Pour chaque art particulier, on aurait l'histoire complète des améliorations successivement introduites avec les dates et les noms des auteurs auxquels elles sont dues.

« Une clarté qui ne le céderait en rien aux parties les plus cultivées de l'histoire remplacerait les ténèbres dans lesquelles sont plongées les annales de l'industrie.

« Avec quel intérêt seraient lues par la génération actuelle les pages originales écrites par Watt pour faire apprécier ses découvertes sur la vapeur, par Montgolfier décrivant la prise de possession de l'atmosphère; par Franklin, faisant descendre la foudre du ciel pour la maîtriser; par Oliver Evans, faisant voguer sans voiles les navires sur l'Océan; combien seraient précieuses les appréciations et les descriptions données par ces grands génies qui ont illustré leur siècle et le pays où ils sont nés! — Tout cela est actuellement perdu; — tout cela eût été conservé si le *Moniteur des inventions* eût existé à cette époque. »

XIII.

Nous ne croyons pas devoir demander pardon à nos lecteurs de nous arrêter un peu sur la loi en question, parce qu'elle est appelée à devenir tôt ou tard le code de la propriété nouvelle et qu'il est urgent d'aller au-devant des objections les plus banales qui jaillissent de prime abord de l'esprit des prime-sautiers. Par exemple, l'*Inventore di Torino* craint qu'une invention publiée au *Moniteur* ne soit prise par le premier larron venu qui la fera breveter à l'étranger; cela n'est pas à craindre dans les pays qui, comme l'Autriche, la France et

les États-Unis, n'accordent des brevets d'importation qu'à l'inventeur
même, ou à ses ayants droit, et cela ne se peut pas non plus pour les
pays qui n'accordent de brevets valables que pour des inventions qui
n'ont pas encore été publiées ; or, le *Moniteur officiel spécial* qui les
publierait dans leur intégrité, serait aussi la garantie la plus sûre de
l'inventeur qui aurait d'ailleurs été à même de se pourvoir le premier, dans tous les pays qui accordent des brevets. Ainsi se vérifie la
vérité de notre axiome

> La publicité, la notoriété,
> Sont la sauvegarde de la propriété.

XIV.

Il faut aussi répondre aux *surfaciers*, incapables de plonger au fond
des questions, qui s'en tiennent à l'apparence ou qui argumentent sur
l'exception pour prouver que la propriété ne peut pas être accordée
au premier occupant ; à preuve, dit M. Coquelin, c'est que Vasco de
Gama n'aurait pu être déclaré propriétaire de la route des Indes par
le cap de Bonne-Espérance ; à preuve, reprend un homme d'État,
ainsi nommé sans doute parce qu'il n'a pas d'état, c'est que Newton
ne pouvait demeurer seul en possession de son fameux *binôme*. Quand
on est réduit à de pareils sophismes pour opposer une fin de non-rece-
voir à une loi qui embrasse la totalité des œuvres de l'art et de l'esprit,
véritable encyclopédie universelle ; il faut laisser au bon sens public
le soin d'en faire justice.

Nous voudrions voir adopter un article additionnel portant que
l'inventeur breveté qui abandonnerait spontanément son invention
au domaine public, pourrait, en temps opportun, faire valoir ses
droits à une indemnité nationale, proportionnée aux services que son
invention aurait pu rendre à la patrie, ne fût-ce que pour mettre un
terme à cette accusation d'ingratitude de la société envers ses plus
nobles bienfaiteurs. Mais cette proposition est encore trop nouvelle
et trop juste pour ne pas soulever *ces affreux petits rhéteurs* de
M. Thiers, lequel, par parenthèse, nous a écrit qu'il était partisan de
toute espèce de propriété, contrairement à M. J. Janin et Béranger,
qui se sont déclarés partisans des contrefacteurs de leurs œuvres,

faute d'avoir réfléchi que rien ne les empêcherait de les leur jeter à la tête aussi bien après qu'avant la loi qui leur en accorderait la propriété.

Quand une plante généreuse et vivace s'élance isolée d'un sol fécond, elle réclame un appui contre la brutalité des animaux ravageurs qui peuvent l'écraser d'un coup de pied ou l'étêter d'un coup de dent.

Le monautopole, plusieurs fois courbé et foulé, mais redressé sans cesse, commençait à se tenir debout sur des appuis dont on contestait la suffisance; les rongeurs officiels, attachés à ses racines, s'étaient associés aux pachydermes pour l'anéantir.

Le monautopole est un monstre et les monstres ne vivent pas, tel est l'anathème qui termine le rapport d'un savant jurisconsulte qui présidait la commission officielle choisie avec soin parmi les adversaires de la propriété intellectuelle pour rédiger un projet de loi sur les brevets d'invention, les dessins, modèles et marques de fabrique, laquelle, après trois ans de gestation, n'est accouchée que d'une ridicule souris.

Nous avions beau invoquer l'approbation d'une foule de journaux de tous les pays, on nous répondait : Tant que les *Débats* n'auront pas parlé, tant que votre idée n'aura pas reçu sa haute approbation, nous la considérerons comme une vaine utopie, et le gouvernement qui est nous, vous traitera non pas en malade, mais en ennemi du repos de la bureaucratie.

Depuis ce jour nous avons été mis hors la loi; non-seulement toute faveur raisonnable, mais toute justice nous a été refusée et toute porte fermée. Avis à ceux qui poursuivent une idée utile à leur pays, pas de zèle !

XV.

A la suite de l'article du journal des *Débats*, les économistes de la vieille école ont porté leurs doléances à M. Michel Chevalier contre ce coup de pied donné à la doctrine du *laissez faire;* celui-ci s'est empressé d'imposer silence à son collègue, sur une question qu'il avait si bien comprise, comme on va le voir. Cette étude consciencieuse du savant Alloury est trop précieuse pour que nous en privions nos lecteurs, car il suffira qu'elle tombe sous les yeux d'un homme d'État d'un pays quelconque, pour le mettre à même de faire le bonheur de sa patrie en l'appliquant dans toute sa pureté avant les autres.

Malheureusement, qui dit homme d'État, dit *homo qui stat*, homme qui s'arrête, parce qu'il est forcé de cesser de lire, d'étudier et de réfléchir, pour ne s'occuper que des affaires courantes, si nombreuses et si variées qu'il faudrait au moins quatre ministres par ministère, l'un pour faire des discours à la chambre, l'autre pour diner en ville et suivre les concerts et les fêtes, le troisième pour donner des audiences et le quatrième pour travailler. Voici cet article :

XVI.

« La Belgique, en réformant sa législation sur les brevets d'invention, a donné le signal d'une révolution qui semble aussi destinée à faire le tour du monde industriel, ou, ce qui revient au même, du monde civilisé ; car aujourd'hui toutes les nations civilisées sont, à un degré plus ou moins avancé, des nations industrielles. Depuis quarante ans les progrès de l'industrie ont fini par lui donner dans plusieurs États une importance égale à celle de la propriété foncière, et les choses en sont venues à ce point qu'au lieu de ne représenter qu'un intérêt isolé, circonscrit dans le cercle étroit d'une classe particulière, elle tend à former un intérêt de plus en plus général, à prendre rang parmi les intérêts civils, c'est-à-dire parmi les intérêts collectifs, essentiels et permanents de la société. Cette révolution une fois accomplie dans la société, rien ne peut l'empêcher d'avoir tôt ou tard son contre-coup dans la législation. L'industrie devenue une puissance, réclame une protection égale, des garanties égales à celles dont jouit la propriété foncière. Elle a besoin d'avoir son code comme la propriété foncière a le sien, ou plutôt, le code de l'industrie, comme le code de la propriété, fera partie intégrante et nécessaire du Code civil, du contrat qui a réglé les droits généraux et permanents de la société. Telle est la situation nouvelle où sont arrivées la plupart des sociétés européennes, et les Expositions universelles de l'industrie doivent en être considérées comme l'inauguration solen-

nelle. Au moyen âge, lorsque les différentes branches de l'industrie
étaient sans liens et sans rapports entre elles, chaque corporation
des arts et métiers avait sa confrérie, son saint, sa bannière et sa
fête particulière; aujourd'hui que l'industrie est l'affaire de tout le
monde, les fêtes industrielles sont devenues des fêtes cosmopolites,
et le seul patron que l'on fête, c'est le génie du travail et de l'industrie.

« On ne doit pas s'étonner dès lors que la législation sur les brevets d'invention, qui est en quelque sorte la charte de l'industrie, se
trouve aujourd'hui surannée dans presque tous les États de l'Europe, et
l'on conçoit que tous les gouvernements qui ont à cœur de répondre
aux besoins nouveaux se croient obligés d'entrer dans la voie qui
vient d'être ouverte par la Belgique. Même avant la Belgique, l'Angleterre, à la suite de sa grande Exposition, et l'Autriche avaient
déjà modifié leur loi sur la matière, d'une manière moins libérale, il
est vrai. Le Piémont, la Suède et Buenos-Ayres ont mis la main à
l'œuvre. Dans son dernier Message, le Président des États-Unis
annonce la présentation d'une loi nouvelle sur les brevets; en Prusse,
la question est à l'étude (1). Le mouvement ne peut manquer de
s'étendre à la France, où la loi sur les brevets d'invention n'a pourtant que dix ans d'existence, et nous avons lieu de croire que le
gouvernement s'occupe en ce moment de préparer un plan complet
de réforme. L'approche de l'Exposition universelle rend cette mesure encore plus opportune et plus urgente. Le moment est donc
venu pour la presse de mettre la question à l'ordre du jour, de l'étudier et de l'éclairer sous toutes ses faces, et de rechercher les bases
de la solution qu'elle doit recevoir. C'est une étude que nous allons
faire avec tout le soin qu'elle réclame et pour laquelle heureusement
nous ne manquerons pas de guides. Nous avons puisé nos premiers
renseignements dans le recueil complet des législations de tous les
pays sur les brevets d'invention, ainsi que sur les droits des écrivains et des artistes, publié récemment par M. Étienne Blanc, avocat

---

(1) La Suisse elle-même veut cesser d'être le Maroc de l'Europe et de courir
sus aux inventions des pays qui l'entourent.

(*Note de l'auteur.*)

à la Cour impériale de Paris. Nous avons également dans les mains
une brochure très-remarquable de M. le docteur Mure sur la réforme
projetée en Piémont, ainsi que divers écrits de M. Jobard, directeur
du Musée industriel de Bruxelles, un des hommes qui ont donné la
plus puissante impulsion à la réforme belge. Nous parlerons plus tard
d'autres documents non moins précieux. Si donc nous faisons fausse
route, on ne pourra s'en prendre qu'à nous.

« Avant de savoir à qui et comment seront délivrés les brevets
d'invention, il y a, selon nous, une question préalable à décider :
c'est celle de savoir si les brevets d'invention sont une institution
bonne en elle-même, et s'ils doivent être maintenus. Le brevet d'invention donne à celui qui l'obtient le droit d'exploiter exclusivement
son invention ou sa découverte *pendant un temps* déterminé. Pourquoi cette restriction posée au droit des inventeurs? Pourquoi ce
droit, au lieu d'être conditionnel et temporaire, ne serait-il pas perpétuel et absolu comme celui qu'a le propriétaire d'un champ ou
d'une maison sur ce champ ou sur cette maison? La question ainsi
posée prend, comme on le voit, une extension nouvelle; elle ne se
restreint plus seulement au droit des inventeurs sur leurs inventions
ou leurs découvertes; elle embrasse les droits des écrivains et des
artistes sur leurs ouvrages. En d'autres termes, il s'agit de savoir
pourquoi la propriété intellectuelle ne serait pas reconnue et consacrée d'une manière aussi absolue que la propriété foncière. Il y a longtemps que nous avons exposé nos idées sur la question spéciale qui
concerne les écrivains et les artistes, et nous n'avons point à rétracter la solution libérale ou plutôt radicale que nous en avons donnée.
Nous pensions dès lors et nous persistons à penser avec Turgot que
la propriété des œuvres intellectuelles « est la première, la plus sacrée
et la plus imprescriptible de toutes. » La véritable origine, le seul
fondement légitime de la propriété, c'est le travail. Pourquoi le travail de l'esprit ne donnerait-il pas les mêmes droits que le travail des
bras? Le pionnier du nouveau monde devient propriétaire du terrain
qu'il défriche et qu'il féconde à la sueur de son front; pourquoi les
pionniers de la pensée seraient-ils traités moins favorablement? Le
droit du premier occupant est appliqué tous les jours en Californie au

profit de celui qui découvre un lingot d'or; pourquoi ne pas appliquer la même règle à celui qui découvre ou qui croit découvrir un lingot dans le monde des idées? Toutes les distinctions que l'on peut hasarder sur ce sujet nous semblent arbitraires et vaines. S'il y avait quelque raison d'établir une différence entre les travailleurs de l'ordre intellectuel et les travailleurs de l'ordre matériel, elle devrait plutôt être à l'avantage qu'au détriment des premiers.

« C'est ainsi que nous avons tranché la question qui intéresse les écrivains et les artistes. Y a-t-il lieu de décider autrement celle qui regarde les inventeurs? Jusqu'à présent, on le sait, ces deux questions n'ont pas été résolues absolument de la même manière : il y a deux législations distinctes, l'une pour les écrivains et les artistes, l'autre pour les inventeurs; les uns comme les autres ne jouissent que d'un droit restreint et temporaire, mais ils sont soumis à des règles et à des limites différentes. Aux uns on accorde une jouissance viagère continuée pendant un certain nombre d'années au profit de leur veuve et de leurs héritiers, aux autres on n'attribue qu'un privilége dont la durée ne peut jamais excéder quinze ans. Ces distinctions sont-elles dans la nature des choses, et y a-t-il des motifs sérieux pour les perpétuer dans nos lois? Beaucoup de bons esprits qui se laissent dominer par leurs goûts et leurs habitudes personnels plutôt que par la raison et la vérité, sont portés à considérer l'industrie comme le domaine de la matière pure, et ils ne consentent pas volontiers à reconnaître aucun rapport de famille entre les œuvres littéraires et les œuvres industrielles. Nous ne partageons pas, quant à nous, ce préjugé, nous ne tombons pas dans cet excès de spiritualisme. C'est de la superstition et rien de plus. Sans doute l'industrie agit sur la matière, en vue d'un résultat et par des procédés matériels. Mais si les œuvres de l'industrie sont matérielles, il est évident que son premier moyen d'action, son premier instrument, c'est l'intelligence elle-même. C'est par la pensée qu'elle dompte et qu'elle s'approprie les forces aveugles de la nature; elle anime, elle spiritualise en quelque sorte la matière en la pliant à des besoins, à des usages nouveaux dont le but et le résultat sont le progrès de la civilisation, le perfectionnement intellectuel et moral de l'humanité. En ce sens on peut appliquer à l'industrie la définition qu'un philosophe contemporain a donnée de l'homme : « C'est une intelligence servie par des organes. »

« On ne doit pas s'arrêter à l'objection qui consiste à dire que la plupart des découvertes industrielles n'ont coûté que de faibles efforts d'intelligence à leurs auteurs, attendu qu'ils en ont trouvé les matériaux et les données premières dans le domaine public, et qu'ils n'ont eu que la peine de les combiner pour leur donner une valeur nouvelle. Cette observation pourrait avoir quelque poids auprès de ceux qui n'admettent pas plus le principe de la propriété perpétuelle et absolue pour les œuvres littéraires que pour les inventions industrielles. Mais elle est sans portée pour nous, qui avons adopté dans toute son étendue le principe de la propriété littéraire et artistique ; car il est indubitable que le commun des écrivains et des artistes ne fait pas une plus grande dépense de génie que le commun des inventeurs industriels. La menue littérature et la menue industrie sont à peu près au même niveau et peuvent être tarifées au même prix. Quant aux hommes qui ont attaché leur nom aux grandes découvertes industrielles de notre siècle, qui pourrait leur contester un droit qu'on reconnaîtrait au dernier de nos vaudevillistes? Pour bien des gens au contraire, dont l'opinion ne paraît pas trop paradoxale, les grandes œuvres littéraires et les grandes découvertes industrielles doivent être classées au même rang dans l'échelle intellectuelle ; Watt et Fulton doivent marcher de pair avec Chateaubriand et Walter Scott. Il n'y a donc pas de raison plausible pour appliquer deux poids et deux mesures à ces productions diverses de l'intelligence humaine.

« Tel est le terrain sur lequel se sont placés M. Jobard, M. le docteur Mure, M. Étienne Blanc, ainsi que tous les publicistes les plus éclairés qui poursuivent aujourd'hui la réforme de la législation sur les brevets d'invention, soit en France, soit ailleurs. Ils demandent qu'on applique aux inventions et aux découvertes industrielles le principe dont nous avons réclamé depuis longtemps l'application aux œuvres de littérature et d'art. En un mot, ils réclament pour les inventeurs un droit de propriété perpétuel et absolu. Nous donnons volontiers la main à ces nouveaux réformateurs. Sans dissimuler

notre prédilection assez naturelle pour les écrivains, sans croire avec
M. Mure que les Watt, les Fulton, les Daguerre et les Ericsson soient
les Homère, les Virgile et les Dante de notre époque, nous sommes
prêts à signer le projet de réforme qu'on nous présente. Les industriels sont plus en faveur aujourd'hui que les gens de lettres qui ont
le malheur d'être notés comme idéologues ; s'ils ont assez de crédit
pour obtenir ce qu'on nous a refusé, nous n'en serons pas jaloux,
nous serons les premiers à nous en réjouir. Nous savons que s'ils
gagnent leur cause, ils auront en même temps gagné la nôtre ; car il
est impossible que l'on reconnaisse aux inventeurs un droit de propriété perpétuel et complet sur leurs inventions, sans reconnaître le
même droit aux écrivains et aux artistes sur leurs ouvrages. Ce sera
donc deux causes gagnées au lieu d'une, la littérature et l'industrie
se trouveront émancipées à la fois ; un grand principe aura été conquis tout entier du même coup, et ce sera peut-être notre pays qui
aura le mérite de l'avoir inscrit le premier dans ses codes.

« On ne peut se dissimuler que la plupart des inventeurs n'ont pas
d'intérêt réel à la reconnaissance de ce droit nouveau que l'on réclame
à leur profit, car un bien petit nombre oseraient prétendre à la perpétuité de leurs œuvres. C'est beaucoup si la nature éphémère et fragile de ces créations leur permet d'atteindre la quinzième année de
leur brevet. Cependant, indépendamment de l'utilité matérielle que
peut avoir la reconnaissance de ce droit, elle exercera toujours sur la
masse de la population industrielle un effet moral qu'un législateur
éclairé ne doit pas négliger comme stimulant, comme moyen d'encouragement pour le génie de l'invention. Mais ce qui est surtout à considérer, c'est qu'il y a des inventions d'une telle importance, dont les
applications sont si complexes et si étendues, qu'un brevet de quinze
ans est tout à fait insuffisant à leurs auteurs pour leur donner tous les
développements dont elles sont susceptibles et pour en tirer tous les
fruits qu'elles peuvent donner. Pour les inventions de cette nature et
de cette portée, un brevet à perpétuité ne peut être considéré comme
une libéralité soit illusoire, soit excessive. On sait que le célèbre Watt,
après quatorze ans d'étude et d'essais conduits avec la plus grande prudence et la plus stricte économie, au point que ses premières expériences

sur la condensation de la vapeur furent faites avec une vieille théière et des tubes de verre, n'était parvenu qu'à se ruiner lui-même et à ruiner ses associés au moment où sa patente expira. Il serait probablement mort à la peine, et son idée aurait peut-être été perdue pour le monde, si une seconde patente ne l'avait mis à même de continuer ses travaux et de refaire sa fortune en étendant les applications et les bienfaits de sa découverte. A ne considérer que l'intérêt des inventeurs, la question ne peut donc être douteuse; ils doivent obtenir une protection plus complète et plus étendue que celle qui leur est accordée aujourd'hui par la législation de tous les pays.

A considérer l'intérêt de la société tout entière, la question peut sembler plus difficile à décider. On croit généralement que l'intérêt des inventeurs est en opposition avec l'intérêt de la société, de telle sorte que la loi ne pourrait étendre les droits des inventeurs sans empiéter sur les droits de la société. On applique aux inventions brevetées ce mot si vague et si mal défini de monopole; on les accuse d'entraver les progrès de l'industrie en l'empêchant d'exploiter librement les procédés nouveaux. M. Jobard a parfaitement démontré que cette opinion est tout simplement un préjugé. Un monopole est l'exploitation par un seul d'une chose ou d'un droit qui appartient naturellement à tous. Or l'inventeur qui exploite exclusivement sa découverte à son profit exploite son propre bien, et non celui des autres. Il n'exerce pas plus un monopole que le propriétaire qui enclôt son champ pour le labourer, l'ensemencer, le moissonner à son gré. Il n'empiète sur les droits de personne, il ne gêne la liberté de personne; c'est bien lui qui peut dire en toute justice et en toute vérité : Chacun chez soi, chacun son droit. Non-seulement la société n'a point à se plaindre de ce qu'un inventeur exploite son invention à son profit exclusif, mais elle y trouve elle-même son avantage. Une invention n'est pas une œuvre abstraite; il est facile de comprendre que sans son privilége l'inventeur ne trouverait pas les capitaux qui lui sont nécessaires pour donner la vie à son idée, pour la réaliser et la mettre en œuvre. Cette idée serait donc frappée de stérilité pour l'auteur et pour la société. Il n'a peut-être manqué qu'un brevet à Denis Papin pour doter le monde un siècle plus tôt de la machine à

vapeur. Une industrie brevetée, n'ayant rien à craindre de la concurrence, peut et doit vendre à meilleur marché que si elle avait à lutter
contre vingt entreprises rivales. Ainsi que l'établit très-bien M. Mure,
cette industrie peut se procurer des machines de force et de vitesse
qui multiplient indéfiniment les produits. « Dans ces conditions, de
nouveaux produits estampés, moulés, fondus, cannelés, ne coûtent
plus au breveté que la matière première, de même que de nouveaux
exemplaires d'une feuille déjà composée ne coûtent à l'imprimeur que
le papier et quelques tours de presse. Mais si au lieu d'une composition d'un ouvrage, quatre libraires font imprimer à part le même
livre, ils ne pourront pas vous le donner au même prix, car il faut
bien en somme que le public paye les frais de la production.

« L'ouvrage sera certainement moins correct et plus mal imprimé,
et enfin, dernière considération, les libraires seront ruinés, et au lieu
de répandre autour d'eux l'aisance et le bien-être, ils pèseront sur
la société et sur leurs proches. Ce qui arrive pour les livres est vrai
aussi pour tous les autres produits industriels. L'industrie brevetée
vous donnera du beau et du bon à bas prix, et le breveté s'enrichira
là où quatre contrefacteurs se seraient ruinés. » A l'appui de cette opinion, M. Mure cite l'exemple de l'Angleterre et des États-Unis, où
les produits brevetés, qui forment la majeure partie des produits
industriels, sont de meilleure qualité et à plus bas prix que les
autres. La protection est nécessaire à l'industrie, par l'excellente raison qu'en donne M. Étienne Blanc : « C'est qu'on ne cultive pas le
champ dont la récolte est livrée à la vaine pâture. » C'est dans le
même sens qu'il faut entendre le mot de M. Jobard : « Un brevet qui
tombe dans le domaine public est un sinistre public. » La position de
l'industrie brevetée lui donne une force incalculable non-seulement
au dedans mais au dehors, et lui permet de soutenir avantageusement
même la concurrence étrangère. A quoi tient la supériorité séculaire
de l'industrie anglaise? Elle tient en grande partie à ce que les inventions ont été brevetées ou patentées chez nos voisins près de deux
cents ans avant de l'être chez les nations du continent. C'est en donnant la première cet encouragement au génie de l'invention que l'Angleterre a tué peu à peu les manufactures flamandes et italiennes qui

florissaient au commencement du dix-septième siècle, et qu'elle s'est élevée à ce degré de puissance et de prospérité qui semble maintenant braver tous les efforts de la concurrence.

« Le danger à craindre, en cette matière, ce n'est donc pas que les inventeurs soient trop protégés, c'est qu'ils ne le soient pas assez ; et c'est ce qui nous porte à réclamer avec M. Jobard la perpétuité des brevets, avec tous les avantages et toutes les charges attachés à la propriété par le droit commun. La durée illimitée des brevets peut engendrer des inconvénients et des abus, nous le savons. Mais contre ces inconvénients et ces abus la société ne reste pas désarmée ; elle a toujours la ressource de l'*expropriation* pour cause d'utilité publique ; c'est un remède qu'elle doit se réserver expressément, et nous croyons qu'il peut suffire à tout.

« En exposant ces idées, nous sommes loin de nous faire aucune illusion sur les chances qu'elles ont de passer immédiatement dans la pratique. Nous n'espérons pas voir la propriété perpétuelle et illimitée des inventions remplacer de plein saut le système arbitraire et bâtard des brevets temporaires. Nous savons que la pratique en matière de législation ne marche pas du même pas que la théorie. Pour le moment, on croira sans doute répondre à tous les besoins de l'industrie en étendant la durée des brevets aujourd'hui fixée à quinze ans. La loi récemment votée en Belgique, la plus libérale de toutes celles qui existent quant à présent, a déjà reculé l'échéance à *vingt ans*. Nos législateurs feront probablement un pas de plus, ne fût-ce que par émulation et par point d'honneur, et ils accorderont le terme de vingt-cinq ou trente ans. Ce sera toujours autant de gagné ; l'avenir fera le reste. En attendant, nous sommes réduits à prendre la question dans les termes où elle sera posée ; nous examinerons et nous discuterons les projets de réforme qui seront proposés sur cette base provisoire ; nous en connaissons déjà quelques-uns qui nous paraissent mériter une attention sérieuse ; nous les apprécierons dans un prochain article.

XVII.

« Nous avons exposé nos idées sur la première de toutes les questions que soulève la réforme de la législation sur les brevets d'invention, et nous croyons avoir établi suffisamment que la durée illimitée des brevets était la solution la plus conforme aux droits des inventeurs comme aux intérêts généraux de la société. C'est à ce point de vue que nous allons apprécier les projets qui ont été soumis à notre examen. Le projet que M. Mure a préparé pour le Piémont est le seul qui rentre à peu près complètement dans nos idées. L'auteur soutient avec beaucoup de force et de talent le système des brevets perpétuels; seulement, par une transaction qui lui paraît nécessaire avec les habitudes et les préjugés du moment, il se rabat à réclamer pour les brevets une durée de quatre-vingt-dix-neuf ans, terme qui, dans le plus grand nombre des cas, équivaudrait à la perpétuité. En même temps qu'il se montre si libéral pour les inventeurs, l'auteur de ce projet fait aussi la part de la société qui sans nul doute a le droit d'exiger un tribut pour la protection qu'elle accorde à tous les intérêts. Dans ce système, la durée des brevets se divise en deux périodes. Pendant la première période, c'est-à-dire pendant les cinq premières années, qui généralement se passent en essais et en tâtonnements, le breveté ne payera qu'une taxe légère et progressive de 10, 20, 30, 40 et 50 francs. A l'expiration de la cinquième année, l'épreuve étant présumée complète, le breveté sera tenu de déclarer quelle valeur il attribue à son invention et de payer 1 pour 100 sur le capital déclaré par lui. Chaque année il pourra renouveler cette déclaration. S'il veut échapper à l'impôt par une déclaration trop faible, ou si son incapacité l'empêche de tirer parti de sa découverte, ou si, par tout autre motif, il y a lieu de l'exproprier pour cause d'utilité publique, l'expropriation sera prononcée, soit sur la demande du gouvernement, soit sur celle d'un autre industriel qui se croirait en mesure de donner plus de développement à son procédé. En ce cas, on devra rembourser à l'inventeur le prix de son invention tel qu'il a été fixé par sa propre déclaration, en y ajoutant 10 pour 100 à titre d'indemnité supplémentaire. Ainsi, dans aucun cas, le breveté dépossédé ne peut se trouver lésé, puisqu'il reçoit le prix qu'il a mis lui-même à sa chose, augmenté d'un bénéfice raisonnable.

Telles sont les principales dispositions de ce projet, le plus libéral de tous ceux qui ont encore été proposés. S'il se trouve un gouvernement pour l'adopter, on pourra le féliciter d'être entré dans une voie véritablement nouvelle. Nous ambitionnons pour notre pays l'honneur de donner cet exemple au monde.

« Nous arrivons à un autre projet de réforme qui est l'œuvre d'une commission choisie dans le sein de l'association des inventeurs et des artistes industriels, une des quatre associations fondées et dirigées avec tant de zèle et de succès par M. le baron Taylor. Ce projet est moins radical que le premier; il suit de plus près la trace de la législation actuelle. La propriété des inventions y est proclamée en principe; le mot est écrit en toutes lettres dans l'article 1er, mais il n'y a que le mot. L'article 3 porte que le brevet assure à l'inventeur la jouissance exclusive de son invention *pendant trente ans*. Or, comme l'attribut essentiel de la propriété, c'est d'être perpétuelle et illimitée, on ne comprend pas mieux une propriété de trente ans qu'une propriété de quinze ans. Une jouissance exclusive de trente ans est une concession, un privilége, et non une propriété. C'est la même inconséquence où était déjà tombée l'Assemblée Constituante, lorsqu'elle avait écrit également ce mot de propriété dans la loi de 1791, en limitant la durée des brevets à quinze ans. Nos législateurs de 1844 s'étaient montrés, selon nous, meilleurs logiciens en effaçant le mot de la loi, lorsqu'ils n'accordaient pas la chose. Le législateur ne doit pas proclamer des principes abstraits dont il n'ose ou ne peut tirer les conséquences. Donner et retenir ne vaut. Malgré cette critique, nous nous empressons de reconnaître que ce projet contient plusieurs dispositions très-libérales qui seraient des améliorations réelles à l'état actuel des choses. Parmi ces dispositions nous devons signaler celle qui permet d'étendre les bienfaits de la loi nouvelle aux dessins et aux modèles de fabrique, produits importants de notre industrie, qui sont pourtant restés jusqu'à ce jour en dehors de la législation sur les brevets. Nous devons signaler surtout la disposition qui réduit la taxe annuelle de 100 francs à 25 francs, en imposant la même rede-

vance à tous ceux que le titulaire peut appeler ultérieurement au
partage de ses droits; ce qui doit assurer au Trésor une compensation
suffisante pour la perte de revenus que lui fait éprouver la réduction
de la taxe acquittée par le titulaire. Enfin le projet ne reproduit pas
l'article 31 de la loi actuelle, qui par un esprit d'exclusion mal entendu ne permet de breveter aucune invention qui aurait été précédemment décrite en France ou à l'étranger, lors même qu'elle n'aurait jamais été pratiquée en France. Toutes ces dispositions ainsi que
quelques autres, conçues dans le même esprit, ne méritent que des
éloges.

« Nous avons encore à nous occuper d'un troisième projet qui sur
plusieurs points diffère essentiellement des deux premiers. L'auteur
de ce projet est un ancien négociant, M. Santallier, qui se préoccupe
avant tout de la question pratique, et qui ferait bon marché de nos
théories. Loin de réclamer un droit perpétuel et absolu pour les inventeurs, il ne veut pas même leur accorder un brevet de trente ans.
Il rejette également la réduction de la taxe à 25 francs comme trop
libérale. Il croit ou il a l'air de croire qu'un brevet de longue durée
est un vol fait à la société, ce qui est vrai, si l'on suppose que la propriété des inventions appartient à la société; ce qui est faux, si l'on
admet avec nous qu'elle appartient aux inventeurs. Il estime qu'un
brevet de vingt ans suffit à l'inventeur pour se dédommager de ses
peines, de ses avances, de ses risques, et il ajoute qu'en somme une
invention rémunérée pendant vingt ans est assez bien partagée.
N'est-ce pas comme si l'on motivait un arrêt de confiscation sur ce
que les propriétaires dépossédés ont eu tout le temps de s'enrichir et
de tirer bon parti de leur propriété?

« De toutes les questions à résoudre en cette matière, voici peut-être
la plus difficile et la plus controversée : la délivrance des brevets par
le gouvernement sera-t-elle précédée d'un examen tendant à vérifier
la valeur de l'invention? D'après notre loi française, les brevets sont
délivrés sans examen préalable, aux risques et périls des demandeurs,
et sans garantie de la réalité, de la nouveauté ou du mérite de l'invention. Le seul effet du brevet est de donner acte à celui qui l'obtient
de sa déclaration, vraie ou fausse, et de lui conférer le droit d'exploi-

ter exclusivement sa découverte si elle est vraie. Si elle est fausse, si l'objet en est illicite, contraire aux lois, aux mœurs ou à la sûreté publique, la loi place le remède à côté du mal ; les parties intéressées pourront attaquer le brevet devant les tribunaux pour en faire prononcer la nullité. Telle est depuis soixante ans, depuis qu'il y a des brevets, l'économie de la loi française. C'est la consécration d'un des grands principes conquis en 1789 : le génie de l'invention est affranchi de toutes les restrictions qui l'entravaient sous l'ancien régime ; rien ne gêne son essor : il peut se produire et se développer en toute liberté.

« L'auteur du travail qui nous occupe est un des adversaires les plus déclarés et les plus convaincus de ce système. Il ne trouve pas de mots assez forts pour caractériser l'état de confusion et d'anarchie où l'absence d'examen préalable a jeté, selon lui, le monde industriel. Il voit dans ce régime une source intarissable de tracasseries et de procès pour les vrais inventeurs, une prime offerte aux faux inventeurs, « à ces frelons paresseux et pillards dont la loi semble favoriser l'intrusion dans la ruche des travailleurs. » Il montre l'inventeur véritable en état de qui-vive perpétuel, soit contre les forbans effrontés, soit contre les plagiaires de bonne foi. Qu'il soit éloigné du contrefacteur, cette police incessante à laquelle il est condamné devient illusoire. Qu'il ne soit pas assez riche pour soutenir un procès, il est obligé de subir la concurrence du vol. Il peut lutter sans désavantage contre la contrefaçon clandestine, qu'il suffit de découvrir et de dénoncer aux tribunaux pour en obtenir bonne et complète justice ; il est à peu près impuissant contre la contrefaçon brevetée, que son titre environne d'une certaine faveur, et qui semble avoir la loi pour complice. A ces abus M. Santallier ne voit qu'un remède possible : c'est l'examen préalable des inventions pour lesquelles on demand des brevets. M. Santallier croit qu'un jury de praticiens, avec ses lumières spéciales, offrirait toutes les garanties d'une appréciation intelligente et des décisions les plus éclairées. Nous sommes loin d'être aussi rassuré que lui sur ce point. Nous ne voulons pas rabaisser l'esprit pratique ; il doit avoir sa part d'influence et d'autorité dans une question de ce genre ; mais la pratique, c'est trop sou-

vent la routine, et il n'y a rien de plus étroit et de plus exclusif que
la routine, ou plutôt, la routine, c'est l'esprit d'exclusion même.
Croit-on que les lumières spéciales de ce jury lui suffiront pour apprécier toutes les questions qu'on lui donne à résoudre, pour décider
si une découverte est ou n'est pas nouvelle, si un perfectionnement
est ou n'est pas avantageux et utile? Il n'y a rien de nouveau sous le
soleil, le mot est aussi vrai dans l'industrie que partout ailleurs; car
le plus grand nombre des matériaux qu'elle met en œuvre sont déjà
connus, déjà tombés dans le domaine public. Alors par quels
moyens, à quels signes reconnaître qu'une découverte est nouvelle?
La moindre analogie avec un procédé déjà connu suffira pour prononcer une exclusion. Que sera-ce s'il s'agit d'apprécier l'avantage,
l'utilité d'un procédé nouveau? On l'a dit avec raison : une découverte industrielle ne jaillit pas complète du cerveau de l'inventeur,
comme Minerve tout armée du cerveau de Jupiter. Il y a souvent
très-loin du germe à l'idée développée, réalisée, arrivée à sa forme
parfaite et définitive. Comment apprécier sur un premier jet la portée
et l'avenir de cette idée? L'expérience atteste que les plus belles inventions ont été souvent méconnues, incomprises. On sait que l'empereur Napoléon, à qui Fulton communiqua son idée sur l'application
de la vapeur à la navigation, la vit repousser par l'institut comme
une chimère. Le jury sera-t-il plus infaillible que l'académie des
sciences? Un brevet délivré à tort ne peut jamais causer qu'un
dommage passager et réparable; un brevet refusé à tort causera
souvent un préjudice irréparable à l'inventeur et à la société.

« Quand on pourrait compter sur les lumières du jury, pourrait-on compter sur son impartialité? Il est dangereux de placer
les hommes entre leur conscience et leur intérêt, de les constituer
juges dans une cause où l'on peut les considérer comme parties; et
supposer que les industriels auxquels on confie le rôle de censeurs à
l'égard de ceux qui exercent la même profession qu'eux ne se laisseront jamais dominer par l'esprit de rivalité qui les anime habituelle-
ment les uns contre les autres, c'est trop présumer, selon nous, de
la nature humaine. Les objections abondent : c'est un véritable procès qui serait porté devant ce jury, puisque c'est une question de

droit, une question de propriété qu'on lui donne à décider en dernier ressort, et pourtant le procès s'instruirait et se jugerait à huis clos sans contradiction et sans défense! Alors qui sait si ce jury de praticiens, avec ses sections spéciales et son *veto* souverain, ne fera pas peser sur l'industrie un joug aussi dur et aussi tyrannique que les corporations de l'ancien régime? Mais, dira-t-on, pourquoi refuser au jury la confiance qu'il faut bien, en définitive, accorder aux tribunaux? Des magistrats, étrangers à l'industrie, seront-ils des juges plus compétents sur la question que les hommes du métier? Ceux qui font cette objection oublient que les tribunaux sont placés dans d'autres conditions morales et matérielles que celles où se trouverait ce jury. Le jury qu'on appelle à prononcer sur une invention ou plutôt sur une idée à peine éclose, encore à l'état d'ébauche, avec des opinions toutes faites et arrêtées d'avance, est dans le cas de suspicion légitime; la décision que les tribunaux rendront dans les conditions d'une impartialité parfaite, après une expérience plus ou moins longue, sur une invention qui a fait ses preuves et porté ses fruits, ne laisse pas la même chance à l'erreur et à l'injustice. Il y a quelqu'un qui a plus d'esprit en fait d'industrie qu'un jury de praticiens, c'est tout le monde; l'avantage des tribunaux sur le jury, c'est que le jury jugera d'après les idées et les impressions qui lui sont propres, c'est-à-dire d'après ses préjugés, tandis que les tribunaux jugeront d'après les idées et les impressions de tout le monde. Nous ne verrions pas beaucoup plus de garanties dans un jury de savants et d'académiciens que dans un jury de praticiens; nous en verrions encore moins dans un jury d'employés et de commis. Concluons que le système de l'examen préalable est radicalement vicieux et contraire aux vrais intérêts de l'industrie. L'Angleterre, les États-Unis, la Prusse, la Sardaigne sont les seuls États qui aient admis ce principe. Mais en Angleterre, si nous sommes bien informé, il n'a jamais été réellement pratiqué. En Prusse, il produit des abus qui ont excité des réclamations universelles. Ajoutons, à titre de dernier argument, que les hommes les plus éclairés et les plus compétents sur la matière, M. Séguier, M. Étienne Blanc, M. Jobard et M. Mure, se prononcent tous avec la même énergie contre ce système. Si donc on veut un remède aux abus du régime actuel, il faut le chercher ailleurs; et si on ne le trouve pas, il faut se résigner. Dans le domaine de l'industrie nous ne sentons aujourd'hui que les inconvénients de la liberté : sachons les supporter plutôt que de retomber dans les abus cent fois plus intolérables de l'arbitraire et du privilége.

« Nous avons examiné les principales questions que doit résoudre une loi nouvelle sur les brevets d'invention, et nous avons présenté nos vues sur la solution qu'il convient de leur donner. Il n'entre pas dans notre plan d'aborder aujourd'hui les questions de détail. Reconnaissance et consécration du grand principe en vertu duquel on attribuerait aux inventeurs la propriété réelle et absolue de leurs inventions, comme aux écrivains et aux artistes celle de leurs ouvrages; abaissement de la taxe dans une juste mesure et remplacement du droit fixe par un droit proportionnel à l'importance des objets brevetés; maintien du système de non-examen préalable à la délivrance des brevets, tels sont les principes qui, selon nous, doivent servir de base au projet de réforme. »

XVIII.

Après le journal des *Débats*, voici comment le *Courrier français* s'exprime sur la même question :

« Le socialisme redouble ses efforts pour accomplir son œuvre de destruction. A nous le devoir de lui enlever un à un les artisans de désordre qu'il enrôle, en transformant ces instruments de démolition en soldats intéressés à la défense et à la conservation de la société. Nous sommes un contre mille, nous serons mille contre un le jour où la *propriété intellectuelle*, rendue plus accessible et *consolidée* parmi nous, recrutera au profit du drapeau de l'ordre, la partie la plus intelligente de nos travailleurs.

« Les lecteurs du *Courrier français* ne sont pas étrangers à cette grave question de la *propriété intellectuelle* que nous avons déjà étudiée sous leurs yeux et qui nous ont attiré de sympathiques approbations. Mais distraits par les questions d'économie ou de technologie qui ont dû avoir leur place, nous avons ajourné la discussion du problème social, posé et résolu par l'éminent directeur du Musée belge, relatif à la propriété des œuvres de l'intelligence.

« Or, voici un homme compétent parmi les plus dignes dont le nom et la vie font autorité, M. de Caze (1), qui nous adresse son opinion sur le système, que disons-nous? sur le code civil de l'auteur du *Monautopole*. En présence de cette autorité, nous nous effaçons et nous laissons parler le vénérable M. de Caze.

XIX.

« *De la propriété intellectuelle :* — « A une époque où l'on s'occupe si vivement et avec si peu de succès d'un problème bien difficile, s'il n'est pas tout à fait insoluble, appelé l'*organisation du travail*, nous voyons paraître un homme, non-seulement de théorie, mais de pratique, qui a cru trouver cette solution. Nous allons examiner jusqu'à quel point ses prétentions peuvent être fondées.

« Ce n'est point en organisant le travail, ce qui, selon nous, est une abstraction, une proposition absurde et sans issue, mais en *organisant l'industrie,* en la réglementant, en créant une sorte de propriété nouvelle, la *propriété intellectuelle,* en changeant l'économie sociale du commerce et de l'industrie par des moyens simples, fondés sur l'équité, l'honneur et la probité. Disons-le franchement, après avoir lu les ouvrages de M. Jobard, de Bruxelles, nous déclarons que ses idées, bien loin de nous sembler de vaines utopies, nous paraissent de la réalisation la plus facile ; c'est l'œuf de Christophe Colomb. — Non que nous soyons assez fanatisé par la lecture des écrits infiniment spirituels de M. Jobard pour croire qu'il a trouvé la panacée universelle destinée à guérir tous les maux dont le monde des travailleurs surtout est menacé, mais nous croyons que le remède qu'il propose peut leur apporter un soulagement immense. Et lorsque tout le monde, gouvernants et gouvernés, dit : Il y a quelque chose à faire, pourquoi donc ne le ferait-on pas? Avant d'affirmer qu'un

---

(1) M. de Caze, ancien receveur général, ancien président de la Banque de Rouen, du tribunal de commerce, de la caisse d'épargne, etc., etc.

remède devenu nécessaire, indispensable, ne vaut rien, ne pourrait-on l'étudier, l'essayer plutôt que de rester dans un *statu quo* qui est la mort?

« Presque tous les écrits de M. Jobard reposent sur cette idée fondamentale et vraie, que l'institution de la propriété foncière, la délimitation du sol, substituée à la *commune pâture* ou au *libre parcours*, a rendu la terre plus féconde, le sol plus riche, et dès lors, ses récoltes plus abondantes ont pu nourrir un plus grand nombre d'individus, parce que chacun a eu le plus grand intérêt à cultiver de son mieux le lot qui lui était échu.

Il en infère que si on pouvait limiter aussi la concurrence effrénée qu'il assimile au *libre parcours*, et que chacun se fait dans des objets similaires, on ferait cesser cette lutte à mort qui entraîne la ruine des fabricants, la fermeture des ateliers et le renvoi des ouvriers, qui se trouvent alors jetés sur la voie publique et livrés aux théories les plus pernicieuses; car s'il est nécessaire que l'industrie produise tout ce dont on a besoin, il ne l'est pas qu'elle produise *dix fois, cent fois plus qu'on a besoin*, comme cela arrive pour soutenir la concurrence illimitée.

La misère des classes industrielles est si évidente qu'elle frappe de stupeur; elle est l'instrument dont se servent presque tous nos perturbateurs politiques. On reconnaît qu'il y a quelque chose à faire en leur faveur, on ne sait quoi, on cherche la formule à donner à l'organisation du travail; eh bien! cette formule, M. Jobard nous la donne en ces termes: *Multiplier les propriétaires* en posant des limites aux bruyères sauvages de la concurrence sans frein, et faire que chacun puisse cultiver *seul* le champ industriel qu'il aura découvert, ne serait-ce pas créer, sans nuire aux droits acquis, et seulement en vue de l'avenir, une véritable *propriété intellectuelle?*

« *A l'inventeur la propriété de ses œuvres,* afin qu'il ait selon sa capacité.

« *Au marchand et au fabricant la propriété de ses marques,* afin qu'il ait selon sa probité.

« *A l'ouvrier, un travail assuré,* afin qu'il ait selon ses forces et son activité.

« S'il est une vérité démontrée et fondée en justice, c'est qu'il n'y a pas de progrès possible, sans la garantie de la propriété des œuvres de l'intelligence. Pourquoi un auteur, un inventeur, un artiste se mettrait-il l'esprit à la torture pour découvrir une chose dont la propriété ne lui est pas suffisamment assurée par les lois? Ce n'est que sur une ferme à *long bail* qu'un fermier fera tous les frais nécessaires pour faire produire à la terre tout ce qu'elle peut produire.

« En demandant à donner des limites à la concurrence effrénée, en demandant que chacun marque de son estampille les produits de son industrie, serait-ce donc contraire à la liberté? Nous ne le pensons pas. Régler n'est pas empêcher. Mais il faut, pour que la probité renaisse, pour que les fraudes odieuses qui ont déshonoré le commerce français à l'étranger disparaissent, que chacun soit responsable de ses œuvres, que sous l'empire des idées que nous avons étudiées, chacun fasse ce qu'il voudra, comme il le voudra, aussi bien ou aussi mal que cela lui plaira, mais qu'il ait le courage d'y mettre son nom. C'est cela seul que M. Jobard demande d'une manière *obligatoire*, la *marque qualificative* des produits, bien nécessaire, toutefois, sous le rapport de la probité, pouvant n'être que *facultative*. »

« Il est évident pour tout le monde que la libre concurrence donne lieu à une immense quantité de doubles emplois; on a vu un homme faire une bonne affaire, chacun aussitôt veut faire la même chose, le marché s'encombre de produits similaires, le premier inventeur est ruiné, et les imitateurs le sont à la suite. Suivant le plan de M. Jobard, la propriété des œuvres du génie étant assimilée à la propriété foncière, et nul ne pouvant vendre ou faire vendre, fabriquer ou faire fabriquer les inventions d'un autre, il est bien clair qu'il n'y aurait plus de pléthore, d'encombrement de produits similaires et surtout de marchandises fraudées ou frelatées. L'économie sociale actuelle ne serait pas changée pour cela. Elle vivrait de sa vie ou mourrait de sa belle mort, lentement, de vieillesse. Les lois nouvelles ne s'appliqueraient qu'aux inventions nouvelles et, quand on a lu notre auteur, on ne peut s'empêcher de croire avec lui qu'elles se multiplieraient en grand nombre et ouvriraient une carrière inépuisable de travail et de bien-être aux hommes de labeur si souffrants aujourd'hui, tout en remplissant les caisses de l'État.

« La théorie de M. Jobard, si simple, si claire, si facile à mettre en œuvre, qui respecte tous les droits acquis, toutes les positions, qui a reçu l'assentiment d'un grand nombre d'hommes de mérite, magistrats, députés, généraux, publicistes, qui peut changer d'une manière si heureuse l'état déplorable actuel des classes laborieuses, doit être sérieusement mise à l'étude par les hommes d'État pour passer bientôt à la pratique.

XX.

« L'appréciation de M. de Caze sera approuvée et partagée avec conviction par tout esprit éclairé et pratique qui lira les ouvrages de l'éminent et devoué directeur du Musée belge. Mais il ne veut, il ne demande, il ne conseille que le *vrai*, le *juste*, le *possible* ; tout cela ne recommande pas dans notre temps. Voulez-vous trouver des lecteurs, des approbateurs et des partisans ? écrivez en tête de votre livre : *La propriété, c'est le vol !* A la bonne heure : voilà qui est curieux, piquant, agaçant et surtout moral.

« Il faut lire dans ce volume de nouvelle économie sociale les exemples frappants de la nécessité de brevets à longs termes en faveur des inventeurs. Ainsi, Watt, en Angleterre, allait tomber en déconfiture lorsque le riche avocat Bolton fit prolonger sa patente de sept ans, s'associa avec lui et le mit en position d'enrichir son pays et de faire lui-même une belle fortune. Arkwright, dans la filature, se trouva dans le même cas, tandis qu'en France Argant et surtout Carcel, qui n'avait qu'un brevet de dix ans, sont morts dans un état voisin de l'indigence après avoir fait la fortune des lampistes qui leur succédèrent. Jacquart lui-même, auquel Lyon a élevé une statue de bronze, Jacquart qui a enrichi des milliers d'individus, serait mort misérable sans une petite pension due à la munificence de l'empereur. Pourquoi ces résultats ? c'est que les capitalistes refusent de risquer leurs fonds dans des entreprises sans garantie et sans durée, et que cette belle théorie de l'association du *capital, du travail et du talent*, restera toujours à l'état de théorie sans une législation qui protège et garantisse les œuvres du génie pour une longue durée, car le temps seul peut mener à bien les combinaisons de l'intelligence.

« Le système d'économie sociale de M. Jobard a cela de bon qu'il n'a rien de commun avec le saint-simonisme, le communisme, le proudhonisme, le babouvisme, le cabétisme, etc.; tout s'y fait avec douceur, il se sert des éléments acquis, il ne demande que quelques changements à la législation actuellement existante. Il laisse le reste à faire au temps et il en espère les plus heureux résultats. Il est bien difficile de n'être pas de son avis quand on l'a lu; car il nous semble démontré que le *statu quo* amènera encore des catastrophes.

« C'est une nouvelle manière d'être de la société, et nous n'hésitons pas à l'assimiler à tant d'admirables découvertes qui, dans l'ordre matériel, traitées d'abord d'utopies, n'en sont pas moins devenues des vérités du lendemain, après avoir été d'abord et longtemps méconnues.

« Ne nous étonnons donc pas des obstacles que, dans un autre ordre d'idées, la pensée, la découverte de M. Jobard éprouvera certainement. »

XXI.

Nous voici arrivé à une partie de notre ouvrage condamnée par la censure, car si la censure est supprimée pour tout le monde en Belgique, elle continue, par une faveur exceptionnelle, pour le directeur du Musée de l'industrie qui ne peut insérer une ligne dans le *Bulletin* publié sous son nom et sa responsabilité, avant d'avoir obtenu *l'imprimatur* d'une commission chargée d'arrêter sa course *imprudente*, dit-on, vers le progrès des idées et des choses.

Ici nous retranchons vingt-quatre feuillets de notre manuscrit que des amis plus jeunes et plus surpris que nous du travail malhonnête *labor improbus*, dépensé en pure perte, pour mettre obstacle à la publication du présent livre, nous avaient entraîné à écrire pour assouvir leur indignation.

Tout bien considéré, nous croyons que l'histoire des bassesses de l'esprit et du cœur humains n'apprendrait rien à personne, si ce n'est le nom des pauvres envieux que nous préférons laisser dans leur obscurité.

Qu'importe au lecteur que l'*irato* soit allé frapper à coups de poings sur le bureau d'un ministre pour lui défendre de nous faire entrer dans le jury, sous prétexte que nous ne savons pas écrire sur l'industrie ; qu'importe qu'un oison chamarré nous ait fait rayer de la liste des invités aux soirées du prince impérial et privé de la carte qui nous était destinée pour assister à la distribution des médailles ? Tout cela n'est que risible ou digne de pitié ; nous ne le nommerons donc pas plus que le censeur qui a déclaré par écrit ne pas vouloir se donner la peine de lire notre rapport sur l'Exposition de Londres, tout en s'opposant à son insertion au *Bulletin du Musée* ; qu'importent les démarches faites auprès de notre éditeur pour lui inspirer des craintes sur le succès de notre ouvrage ; qu'importe la défense faite à la presse dépendante d'accueillir nos écrits ou de les annoncer, puisqu'ils ont paru ?

On a beau nous dire que l'indulgence des bons est une prime accordée à l'insolence des méchants, que si tout ne se vend pas ici-bas, il faut que tout se paye ; nous retranchons sans regret cette satire juvénalesque, en nous rappelant que le poëte vindicatif était un païen convaincu que la vengeance est le plaisir des dieux, et en voyant tomber autour de nous et finir misérablement tous ceux qui ont entravé nos élans vers le progrès et la vérité.

Nous savons que tout novateur est une sentinelle perdue, annonçant du haut de la montagne, au gros de l'armée campée dans la plaine, la marche menaçante de l'ennemi ; non-seulement on le prend pour un fou compromettant, mais on tire sur lui pour le faire taire.

C'est le sort de tous les investigateurs ; nous n'avons pas la prétention d'y échapper ; mais nous sommes trop convaincu que la justice divine s'exerce même dès ici-bas pour vouloir anticiper sur ses exécutions.

Vous chercheriez en vain cette quiétude chez ceux qui se tordent, dans les angoisses de leur conscience et les malheurs de leur famille, sur les millions qu'ils nous ont enlevés.

Puisque les bons esprits et les bons cœurs nous adressent l'expression de leur sympathie de tous les coins de l'Europe, la compensation est bien au-dessus de nos mérites et de nos espérances.

Nous devons un conseil aux jeunes gens qui débutent dans la vie : c'est de ne pas trop s'effrayer du rôle d'opprimé, qui a plus de douceurs réelles que celui d'oppresseur : pitié pour ceux-ci, car ils ne savent certainement ni ce qu'ils font, ni ce qu'ils perdent!

Passons maintenant à nos impressions industrielles qui paraîtront d'autant plus étranges qu'elles ne ressemblent point à celles des *surfaciers* qui saisissent au vol les idées vulgaires, si souvent fausses, dont ils possèdent l'art de faire un masque de papier mâché qu'ils donnent pour le portrait de la Vérité.

On nous pardonnera de jeter celui-là dans le ruisseau pour chercher à tirer l'autre de son puits.

Opinion de L'ASSEMBLÉE NATIONALE.

« Nous publions un article remarquable de M. Jobard, à propos de l'Exposition de Londres. Le savant directeur du Musée de l'industrie belge y passe en revue les grandes questions économiques qui se rattachent à la réunion de tous les produits industriels du globe.

« Nécessité des expositions et de la publicité en industrie. — Utilité du morcellement ou de la spécialité en industrie. — Respect des Anglais pour la propriété industrielle anglaise.—La liberté du travail diminue le travail, comme la liberté du pâturage détruit l'agriculture. — De la nécessité et des moyens d'augmenter le nombre des propriétaires. — De la marque de fabrique considérée comme blason de l'industrie. — Les objets exposés devraient porter les marques et les prix. — L'industrie accomplit des miracles de bon marché qui sont cachés aux consommateurs. — Les petits profits multipliés donnent les plus grands bénéfices. — Pas de jurys, pas de médailles.

« Les expositions sont un moyen puissant de publicité pour tous les producteurs, dont le plus grand malheur est de n'être jamais assez connus; les petits et les nouveaux surtout, ont un besoin impérieux de publicité, sans laquelle ils sont exposés à s'étioler et à périr, comme de jeunes plantes, privées de lumière. La *publicité est le soleil de l'industrie;* tout ce qui n'est pas connu en fait de produits industriels est comme s'il n'existait pas.

« Les ouvriers des anciennes corporations n'avaient pas besoin personnellement de publicité, embrigadés qu'ils étaient chez les chefs des corps de métiers, sortes de polypiers dont ils ne représentaient que des bras participant à la vie commune.

« Mais depuis que les liens des jurandes ont été brisés, que les corporations ont été dissoutes, que les travailleurs libérés se sont éparpillés, que chacun opère à ses risques et périls et fait le métier qui lui plaît le mieux, qu'il le sache bien ou mal et même pas du tout, ce qui est le cas le plus ordinaire, la publicité, la notoriété, la divulgation, condition de tout succès, est devenue une nécessité. Car le succès en industrie dépend plus de la publicité que de la réalité. C'est ce que les charlatans savent beaucoup mieux que les honnêtes gens, dont ils prennent en pitié la modestie mal placée et le défaut de savoir-faire.

« Les industriels anglais sont sur ce point-là bien plus avancés que les continentaux, et ils ont coutume de dire que *tant qu'il existe au monde un individu qui a besoin d'un objet et qui ne connaît pas l'adresse du fabricant, la publicité ne peut être considérée comme suffisante.* Aussi consacrent-ils à la divulgation des sommes souvent plus considérables que celles que l'on affecte à des entreprises regardées sur le continent comme de très-grosses affaires.

« Les expositions sont, pour ainsi dire, le seul remède applicable aux maux qui attendent le travailleur moderne, en possession de tous les bienfaits de la liberté et dépouillé de tous les appuis du patronage et du servage ancien.

« Pauvres mineurs émancipés, ils n'appartiennent à personne, il est vrai, mais plus rien ne leur appartient; nul ne s'intéresse à leur sort, ne les aide et ne les guide, au contraire : ils peuvent louer leurs muscles, s'ils trouvent preneurs, mais ce qui naît dans leur cerveau ne leur appartient pas, c'est comme le tribut, la rançon perpétuelle de leur ancien esclavage.

« Jacques Ier a voulu les rendre majeurs en leur accordant la propriété de leurs œuvres intellectuelles, mais ses ministres la leur ont vendue à des prix inabordables; s'il avait pu empêcher cette exaction, nous proposerions de fondre toutes les statues des conquérants, pour

en faire une au plus grand des inventeurs, à l'inventeur des patentes ; car c'est lui qui a inventé Arkwright, Hargrave, Watt et Fulton,
lesquels n'eussent jamais pu exécuter leurs grandes idées sans argent,
et qui n'en eussent jamais trouvé sans patentes.

« Ceci est incontestable, mais seulement pour les hommes de pratique qui savent ce qu'il en coûte pour traduire des lignes de crayon
en barres de fer.

« Jadis le droit de travailler était un *privilége régalien* qui se vendait
à beaux deniers comptants ; aujourd'hui chacun a bien le droit de
travailler, mais n'a pas le droit de disposer des produits de son labeur
intellectuel.

« La position que l'on a faite aux artistes, aux savants et aux inventeurs est telle que beaucoup nous ont avoué qu'ils n'exposaient point,
de peur de se voir enlever le fruit de leurs veilles par des frelons
nationaux ou étrangers cachés sous le pseudonyme honnête de concurrents.

« Pour les inventeurs pauvres, l'exposition peut se changer en amère
déception.

« Il est vrai qu'un acte du parlement est intervenu qui leur donne
une année de répit pour payer l'énorme amende dont ils sont frappés, pour avoir fait une invention qui doublera peut-être la force et la
richesse de l'Angleterre, comme l'ont fait la vapeur et la filature, sauf
à leur élever, après les avoir laissés mourir de faim, une statue dérisoire, qui ne fait que mettre en relief l'ingratitude de la société ou
plutôt l'iniquité de la loi qui n'a pas su les protéger contre le plagiat
et la contrefaçon, inséparables compagnons de la concurrence ou
plutôt de la libre déprédation, comme l'appelle le père Lacordaire (1).

« Il n'en sera plus ainsi quand l'agitation qui commence en faveur
de la propriété intellectuelle aura posé, pour limite au libre pacage,
la limite de la propriété d'autrui ; c'est la question la plus nécessaire

(1) Ceci nous rappelle l'épitaphe gravée sur la tombe du poëte anglais Collins :
*Il leur demanda du pain pendant sa vie, ils lui ont donné une pierre après sa
mort.*

à régler aujourd'hui, et il ne faut pas oublier de répondre à ceux qui s'y opposent, au nom de la liberté, que *régler n'est point empêcher*.

« Il faut tendre à diviser, spécialiser, morceler et individualiser le plus possible le champ de l'industrie, afin que chacun puisse en avoir une parcelle et la cultiver avec amour, avec courage.

« C'est alors que les frais de divulgation auront acquis une utilité réelle et redoubleront d'intensité quand on aura la certitude que toute annonce qui *porte, rapporte* non pas aux plagiaires, mais au propriétaire unique, à celui qui paye.

« La colonne des annonces, dans tous les journaux du monde, est le thermomètre qui indique le degré de sécurité accordé par chaque pays à l'industrie. Les journaux anglais reçoivent la plus grande quantité d'annonces, puis viennent ceux des États-Unis et ceux de France, puis ceux d'Espagne, d'Allemagne, de Belgique et de Russie; mais la colonne finit par descendre et tomber à zéro dans les pays qui ne donnent aucune garantie à l'industrie.

« La division du travail par appropriation des différentes et innombrables branches de l'industrie produirait le même effet que le morcellement de la propriété territoriale, sans en avoir les inconvénients ; c'est-à-dire une amélioration de culture, une source d'occupations pour un plus grand nombre d'hommes et un accroissement incontestable de la richesse publique.

« La propriété inventive, reconnue, enclose et protégée, doublerait certainement les éléments de la fortune sociale, elle superposerait un étage entier au monument de la civilisation actuelle, qui ne peut plus grandir que par ce moyen.

« Les personnes désintéressées dans la question croient que les producteurs intellectuels sont protégés, parce qu'elles ont entendu parler de patente, de brevets, d'enregistrement, de dépôts, etc. ; mais elles ignorent que ce ne sont là que des rudiments, que de vains simulacres de loi qui ne donnent qu'un simulacre de droit et n'amènent qu'un simulacre de répression.

« Pour s'en convaincre, il suffit de demander au breveté qui a gagné son procès, s'il voudrait en gagner un second, et à celui qui l'a perdu, s'il n'est pas tout prêt à recommencer.

« Leur réponse vous en dira plus que nos démonstrations sur a grande iniquité dont nous avons pris à tâche de poursuivre le redressement; bien moins dans l'intérêt des inventeurs artistiques, scientifiques, littéraires et industriels, que dans l'intérêt, bien entendu, de la société actuelle, qui se traîne encore à quatre pattes et à laquelle il est temps d'ordonner de marcher droit et de regarder le ciel, *cælumque tueri.*

« Les contrefacteurs anglais ne sont pas aussi protégés que ceux du continent par la mansuétude des tribunaux; mais ils le sont davantage par les frais exorbitants de la procédure.

« Leurs produits n'étant point stigmatisés, comme ceux des Français, par les mots vitupérateurs : *sans garantie du gouvernement,* trouvent un écoulement plus facile à l'étranger, qui se méfie avec raison de la qualité des objets que le gouvernement semble avoir condamnés; l'étranger les repousse, en attendant ceux qui porteront le poinçon que l'État accorde aux objets d'or et d'argent expédiés à l'étranger.

« Et l'on s'étonne de voir ralentir la somme des exportations françaises, que l'absence de toute marque de fabrique suffit déjà pour rendre suspectes !

« L'Angleterre profite habilement de ces fautes, elle marque ses produits, en accepte la responsabilité, remplit loyalement ses engagements et attire à elle la confiance du monde entier.

« Aussi ses exportations ont-elles quadruplé pendant que celles du continent n'ont pas doublé; car on dit à l'étranger, *c'est telle nation* et non pas *c'est telle maison* qui m'a trompé. On ne pourrait plus le dire avec *la marque obligatoire d'origine, légalisée* par les gouvernements. Que la France n'essaye plus de porter ses draps-coton en Chine, et ses bijoux fourrés de plomb au Brésil, où son ancienne réputation a été escomptée au profit de quelques avides *middlemen* commerciaux.

« Oui, c'est par la protection sérieuse des inventions et des marques que l'industrie et le commerce d'un pays peuvent s'organiser, se moraliser et s'étendre; l'Angleterre comprend cela mieux que le reste du monde; aussi commence-t-elle à en retirer les fruits. Nous l'imiterons dans dix ans peut-être ; mais il sera trop tard pour faire aussi bien ; il faudrait faire tout d'un coup mieux qu'elle pendant que nous le pouvons ; car elle nous laisse beaucoup de marge pour arriver à la perfection dans le développement de la production et des transactions, vers lequel elle marche d'un pas bien rapide par rapport à ses compétiteurs embourbés dans la liberté de la contrefaçon et de la fraude.

« Dira-t-on que la garantie mesquine que l'Angleterre a donnée depuis deux cents ans aux inventeurs, a nui au développement de son industrie et détruit l'effet vivifiant de la libre concurrence?

« N'est-ce pas le contraire qui est la vérité, et ne suffit-il pas de voir le triste état de la production et du commerce des pays privés de toute propriété industrielle, et où la liberté de tout faire et de tout contrefaire ne connaît pas de limite?

« Il ne serait pas difficile d'établir que le travail diminue dans les pays dits de liberté, comme l'agriculture diminuerait dans les pays où la liberté du labourage ou de la vaine pâture appartiendrait à tous.

« Nous ne demandons pas qu'on entrave le travail, mais qu'on le règle, et nous le répétons, *régler n'est pas empêcher*. Il faut au coursier son frein, au torrent ses digues, au maraudeur le garde champêtre, aux fiacres un numéro, à chacun son nom et sa chose ; tout cela n'entrave que les fripons, mais les honnêtes gens s'en réjouissent.

« On a laissé aller jusqu'à la limite extrême le droit de libre pâture industrielle ; on en connaît aujourd'hui les funestes conséquences. La carrière industrielle est jonchée des ossements de cette multitude de piétons qui ont osé courir avec des gens à cheval.

« Lutte impuissante de nains contre des géants, qui peut témoigner du courage, mais non du jugement de ceux qui l'ont acceptée et l'accepteront encore sur la parole des économistes.

« Les inventeurs du libre parcours se sont trompés de toute l'étendue de l'histoire du monde en appliquant à l'industrie la vieille charte du genre humain, qui permettait de tout faire et de passer partout.

« Ils ont oublié qu'il n'a pas fallu moins de cinquante siècles d'égorgement mutuel pour faire perdre aux chasseurs et aux pasteurs la déplorable habitude de mépriser la sainteté de la limite et l'inviolabilité de l'enclos. Leurs descendants existent encore, ils s'appellent maraudeurs et braconniers dans l'ordre matériel, contrefacteurs et plagiaires dans l'ordre intellectuel. Le Palais de Cristal en abrite un grand nombre et de toutes les nations, en fait de machines, de modèles et de dessins de fabrique.

« Nous espérons qu'on les en exclura aux prochains festivals de l'industrie, et qu'on exigera des exposants l'exhibition de leurs titres de propriété, c'est-à-dire leurs brevets ou leurs *licences*.

« Tout le monde ne sait pas, ne peut pas faire d'inventions nous dira-t-on ; — tandis que tout le monde peut les dérober. Cela est vrai, mais cela n'est pas juste, et la justice, cette électricité statique du monde moral, ne souffre pas que son équilibre soit longtemps rompu, sans qu'il se rétablisse avec l'éclat de la foudre ; et ces éclats, dont on n'explique pas toujours la cause, s'appellent, d'après leur intensité, émeutes, révoltes, révolutions.

XXII.

« Les temps sont donc venus d'améliorer la constitution vicieuse du travail, ou plutôt de lui en donner une, car il n'en a point encore ; il faut commencer par faciliter l'accès de la propriété aux prolétaires intelligents qui sont les plus maltraités, les plus à plaindre et nous dirons même les plus dangereux ; l'amélioration du sort de ceux-ci élèvera d'un degré le bien-être des autres, en augmentant pour eux les chances de travail et l'élévation des salaires.

« Au lieu de laisser le nombre des propriétaires s'amoindrir par le paupérisme, il faut le doubler, le décupler, le centupler, s'il est possible, sans demander aux possesseurs actuels autre chose que leur consentement légal. Il faut, en un mot, que le prolétaire puisse s'affranchir par son intelligence, son talent ou sa probité, comme les esclaves romains s'affranchissaient par leur pécule.

« Le nombre des individus doués de l'esprit de combinaison est plus grand qu'on ne le pense : il est de un sur deux ; il y a autant de cerveaux mâles susceptibles de produire le pollen de l'invention que de cerveaux femelles susceptibles de le recevoir et de le féconder; c'est une loi naturelle que les botanistes appellent la loi des couples. — Et s'il n'est pas donné à tout le monde d'être inventeur, il est facultatif à chacun d'être honnête homme et d'arriver aussi sûrement à la propriété par la probité, l'activité et la discrétion que par le génie, à l'aide des *marques obligatoires* du fabricant et de l'estampille du débitant.

« Ceci paraîtra paradoxal à ceux qui ont perdu de vue le phénomène important de la création des clientèles et de l'achalandage, qui constituait jadis une propriété, une sorte de *noblesse industrielle* transmissible, souvent mieux motivée que beaucoup d'autres.

« Les marques, les étiquettes, les signes et emblèmes commerciaux les plus anciens étaient aussi les plus appréciés, les plus recherchés. Singulier privilège de la durée!

« Ce n'est point une fiction, c'est un fait que les marques comme les médailles et les écussons acquièrent du prix en vieillissant, parce que le propriétaire d'un nom, d'une firme respectés, tient à transmettre son titre sans tache à ses successeurs, et que pour le négociant, comme pour le duc et le prince, *noblesse oblige.*

« On dirait que le nom, la signature ou le signe légal qui les représente possèdent la propriété de s'assimiler la probité héréditaire et d'en garder l'empreinte. Un nom, une marque de fabrique ou de commerce ancienne est une sorte de talisman qui préserve celui qui le possède de la tentation de la fraude et du maléfice des mauvais exemples et des mauvaises relations.

« La marque enfin est la caisse d'épargne et de prévoyance de l'honneur industriel et commercial des familles et des nations.

« On ne saurait donc trop se hâter de rétablir, en la réglant, la féconde institution des *marques de fabrique et de commerce*, puisqu'elles possèdent la vertu de transformer les clientèles en véritables patrimoines, transmissibles comme toute autre nature de propriété.

« On a vu et l'on voit encore plus d'un riche négociant anglais ne donner pour toute dot à sa fille que son enseigne vermoulue, et c'est un superbe cadeau qui compte souvent pour un million.

« Il est plus d'une plaque de cuivre sur des maisons de la Cité qu'on ne payerait pas avec cette somme.

« Pourquoi donc la France s'est-elle privée de ce capital *chronique*, par un article du code qui défend la libre transmission des noms et des firmes commerciales à des tiers? Cette étourderie a porté le coup de mort à son commerce avec les Orientaux qui, ne sachant pas lire, s'en rapportent à la forme pittoresque des marques, qu'ils regardent comme altérées par la simple addition du mot : *successeur de...*

« Nous regrettons de devoir invoquer l'intervention du gouvernement pour la légalisation des marques de commerce; mais nous ne pouvons nous en passer, à moins que la société de la *marque obligatoire*, fondée par les premiers fabricants de Paris, n'entre bientôt en fonctions.

« Nous ne voulons pas cependant qu'on nous range parmi ceux qui, après avoir proclamé que le gouvernement ne sait et ne doit rien faire, veulent aujourd'hui le charger de tout, et demandent qu'il exploite les travaux publics, les mines, les transports, les caisses d'épargne, les assurances, les banques et l'instruction nationale; ils lui demanderont sans doute un jour d'organiser les tables d'hôte. Ce qu'il y a de singulier, c'est que les gouvernements continentaux ont une tendance marquée à se prêter, en vieillards affaiblis qu'ils sont, à tous les caprices de ces enfants terribles.

« Le progrès ne saurait cependant s'accomplir en se jetant d'un excès dans l'autre. Aller de droite à gauche, de gauche à droite, est la marche de l'homme ivre; celui qui a conservé ses forces et sa raison doit aller droit au but, qui est la justice et la vérité. Or, la justice et la vérité demandent que chacun soit *propriétaire et responsable* de ses œuvres, et n'ait pour juge et pour rétributeur que le consommateur, qui se chargera sans peine du soin de récompenser chacun selon ses œuvres; c'est pourquoi nous ne sommes partisans ni des jurys, ni des médailles et récompenses officielles, qui n'ont pour effet que de mécontenter tous les exposants, même les mieux traités, comme nous l'avons observé depuis trente ans que nous fréquentons les expositions en observateur désintéressé.

« La remarque essentielle que nous avons faite, c'est que l'invention où la science appliquée à l'industrie a réalisé des *miracles de bon marché* dans toutes les branches de la production ; mais les intermédiaires ont trouvé plus avantageux de cacher ce phénomène au public.

« Le voile du temple de Mercure ne sera déchiré que le jour où l'on n'admettra plus aux expositions que des produits revêtus des marques véridiques et des prix de vente à la fabrique ; car si les prix réels et les lieux de production étaient connus, la consommation s'accroîtrait d'une manière extraordinaire, de nombreux débouchés s'ouvriraient, et une grande quantité de bras et d'intelligences, aujourd'hui oisifs, trouveraient à s'employer. Nous voudrions également que le nom de l'artiste fût inscrit sur les objets d'art qu'il a créés.

« Tout s'enchaîne, comme on voit, en industrie ; la misère provient du manque de travail, le travail manque à cause de la cherté qui restreint le débit ; la *marque d'origine* seule suffirait pour faire obstacle à l'exagération des prix. Qu'on l'adopte, et à la prochaine exposition, le prix des choses confectionnées à l'aide de l'étalonnage, de l'emboutissage, du laminage, du moulage, des machines de force et des outils de diligence, fruits de l'invention, ne dépasseront pas le prix de la matière première qui sert à les confectionner aujourd'hui.

XXIII.

« Cassons les vitres du Palais de Cristal pour voir ce qui en sor-
« tira ! disait un visiteur étranger. — Cassez, cassez, lui répondit un
« Anglais, mais soyez sûr qu'il n'en sortira pas la vérité ; car l'indus-
« trie et le commerce sont fondés sur le mensonge, depuis qu'ils
« sont livrés à la concurrence sans frein, sans bornes et sans règles,
« depuis que les plus grands succès sont le résultat des plus grandes
« fraudes, depuis que toute responsabilité personnelle est supprimée,
« et depuis que la probité et la véracité sont des causes certaines de
« ruine... »

« Aussi voyez avec quel ensemble la suppression des prix sur les objets exposés a été proposée, acceptée et décrétée.

« Pourquoi cela, nous demanderont les consommateurs ? Nous allons vous le dire. — C'est qu'il est très-important que le voile du temple reste abaissé pour les profanes; c'est qu'il ne faut pas que vous connaissiez les miracles de bon marché accomplis par l'industrie des machines, et qu'il est bon pour les intermédiaires que vous ache-tiez tout beaucoup plus cher que cela ne vaut.

« Ne vous est-il jamais arrivé de faire cette simple réflexion : com-ment font donc pour vivre ces innombrables marchands détaillants et revendeurs qui encombrent les rez-de-chaussée de toutes les mai-sons? Car, enfin, tout ce monde-là ne produit rien et consomme; toutes ces araignées boutiquières qui tendent leurs toiles à la vitrine tous les matins, ne subsistent pas de la seule espérance d'amuser les mouches : il faut bien qu'elles introduisent leur suçoir quelque part, ne fût-ce que dans le gousset des curieux !

« Vous vous plaignez que la vie devient chère; c'est comme ce propriétaire sans ordre, dans une maison remplie d'une foule de valets inutiles, qui se plaindrait de l'accroissement de ses dépenses.

« Il est évident que s'il entretient trente domestiques, au lieu de dix qui lui suffiraient, sa ruine s'explique.

« Or, les marchands étant les domestiques de la nation, si la nation en entretient vingt fois plus qu'elle n'en a besoin, et si elle en prend chaque jour de nouveaux, elle doit également s'obérer.

« De même que vous n'avez pas besoin de dix valets de chambre dans votre appartement, vous n'avez pas besoin de dix marchands d'objets similaires dans votre rue, dans les rues voisines, dans toutes les rues de la ville et de toutes les villes du royaume.

« Or, tout ce monde-là vit aux dépens du public, sans lui rendre de services bien appréciables. Il y a double, décuple et souvent cen-tuple emploi, voilà tout. Mais, direz-vous, dans la bonté de votre cœur aveugle, il faut bien que tout le monde vive; et vous vous in-quiétez fort de ce que deviendraient ces pauvres parasites. C'est très-bien à vous; mais veuillez réfléchir à la question suivante : Si l'on découvrait demain une panacée capable de guérir tous les maux, ou de préserver de toutes les maladies, vous inquiéteriez-vous beaucoup de ce que deviendraient ces pauvres médecins, ces pauvres apothi-caires, ces hôpitaux déserts, ces académies, ces écoles de médecine et ces pauvres chérubins de carabins? Nous doutons fort que votre sollicitude aille jusqu'à vous rendre malade afin de leur conserver votre pratique.

« Or, nous possédons une panacée pour vous délivrer des trois quarts des *middlemen* commerciaux, dont le nombre monte, monte chaque jour du rez-de-chaussée au premier, d'où ils vous repousseront bientôt au second, au troisième, et peut-être un jour jusqu'à la mansarde ; car, faites bien attention qu'ils vous ruinent en s'enrichissant. Le petit trafic qui a débuté sous un auvent, à l'ombre de vos portes cochères, a conquis vos hôtels, ce sont des palais qu'il bâtit aujourd'hui ; Schylock est devenu banquier, ministre, duc et prince ; il veut et il aura vos *écus*, héraldiquement et financièrement parlant. Comprenez-vous l'apologue ?

« Ah ! cela vous réveille, et vous voulez bien étudier notre panacée ! Eh bien ! nous allons vous la faire connaître, quoiqu'il soit trop tard peut-être ; car il y a quarante ans que vous auriez dû voir monter la menaçante marée du mercantilisme, et grandir le cancer du parasitisme qui vous ronge.

« Savez-vous pourquoi il y a tant de détaillants, à partir de la secte des hurleurs, qui envahissent tous les matins les rues de la ville, pénètrent dans vos cours et vous poursuivent de leurs cris glapissants, farouches ou sauvages, mais inintelligibles, jusqu'à ces splendides et luxueux établissements qui éclipsent vos palais? C'est parce que le métier de trafiquant est un bon métier, on peut même dire le meilleur des métiers ; ce qui explique pourquoi tant de monde se précipite dans cette carrière où l'on n'exige ni examens, ni diplômes, ni certificats de capacité, ni même de moralité, au contraire ; car la science, le talent, la véracité, la délicatesse, les beaux sentiments, sont des *impedimenta* dont il faut se débarrasser quand on veut courir avec succès le *hamock* (1) de la libre concurrence ou de la libre déprédation, comme l'appelle le père Lacordaire.

---

(1) Le Javanais, enivré d'opium, entre quelquefois dans un accès de rage qui le fait courir le sabre à la main et massacrer tout ce qu'il rencontre ; chacun a le droit de le tuer comme un chien enragé. Cela s'appelle courir un *hamock*.

« Le moyen d'empêcher cela, direz-vous? — Eh bien! ce serait de rendre le métier de trafiquant moins lucratif, par conséquent moins affriolant, sans entraver la liberté professionnelle.

« Un exemple suffira pour nous faire comprendre. Vous avez besoin d'une lampe, vous entrez chez tous les lampistes de votre rue; c'est partout trente francs. Il faut bien que ce soit le prix, direz-vous, et vous payez; mais si vous aviez su que le fabricant demeurât dans la rue voisine, vous y seriez allé et vous auriez obtenu la même lampe à quinze francs. C'est un abus, direz-vous! une autre fois je demanderai aux marchands l'adresse du fabricant; mais ils ne vous la diront jamais, c'est là ce qu'ils appellent le *secret du commerce*.

« Pourquoi donc, direz-vous encore, le fabricant n'a-t-il pas l'esprit de mettre son adresse sur ses produits? — Il le voudrait bien, mais les marchands le lui défendent; ils lui défendent même de vendre au détail, car enfin, ils ne vivent que de votre ignorance, et gare au fabricant qui leur désobéirait, ils l'auraient bientôt ruiné, en répandant le bruit que ses articles sont si mauvais, si mauvais, qu'ils seraient bien fâchés d'en avoir dans leurs boutiques! — C'est de la coalition, et les coalitions sont défendues! — Cela est vrai, mais dénoncez et attaquez celle-là si vous pouvez!

« — Comment donc faire, s'il en est ainsi de toutes choses? — Oui, il en est ainsi de tout ou de presque tout; car vous n'obtenez jamais la qualité que vous payez, ni même le produit que vous désirez, et cependant il n'y a qu'un mot à dire pour que tout cela change et que la fraude, l'adultération, la falsification, le mensonge et la ruse disparaissent comme par enchantement; pour que l'industrie fleurisse, pour que le commerce se moralise, que le prix de tous les fabricants diminue de moitié et plus. — Mais enfin que faut-il? Très-peu de chose. Il faut savoir l'adresse des fabricants. — Mais comment l'obtenir? Par une loi motivée comme il suit :

« Attendu que chaque enfant doit porter le nom de son père,
« chaque produit doit porter le nom de celui qui l'a fait : chaque
« article de commerce doit être signé, comme chaque article du
« journal, sous les peines comminées par la loi;

« Car la publicité, la notoriété, sont la sauvegarde de la société. »

4

« Chaque rue doit avoir un nom, chaque maison un numéro, chaque
« individu un état civil, chaque soldat un uniforme, et chaque fabri-
« cant une *marque obligatoire*, légalement reconnue. »

« A ceux qui s'y refuseraient, n'aurait-on pas le droit de dire :
On ne se cache que pour mal faire; pourquoi vous cachez-vous?

« Du reste, le fabricant ne demande qu'à être contraint de marquer ses produits pour se délivrer de la tyrannie des intermédiaires,
qui ne devraient être que ses agents, ses commis et ses subordonnés,
au lieu d'être ses maîtres, comme ils le sont devenus de par la marque
facultative ou *négative*, sorte de non-sens chaleureusement défendu
par les économistes officiels, au profit de... Nous ne voulons citer personne, quoique les noms des principaux nous viennent à la mémoire.

« Voilà pourquoi on a défendu de mettre les prix sur les objets
qui ont figuré dans toutes les expositions, et entravé tant qu'on a pu
la distribution des prospectus et prix-courants industriels.

« *Et nunc intelligite gentes!* Gentilshommes de tous les pays, comprenez-vous à présent pourquoi il faut que vous demandiez une
loi sur les *marques obligatoires de fabrique*, avec la *légalisation* de ces
marques par le gouvernement?

Ah! bah! direz-vous, nous en avons déjà parlé à nos collègues de
la Chambre les plus versés dans le négoce, et même à nos ministres,
mais personne ne veut de la marque; ils disent que cela entraverait
le commerce, déjà si gêné en ce moment par le défaut d'écoulement
de nos produits; il y en a même un qui s'est écrié : « Mais je ne ven-
« drais plus une poignée de mon fil ni un mètre de mes tissus, si je
« devais les signer de mon nom. » Vous voyez bien que cela n'est
point goûté du commerce; demandez plutôt à nos professeurs d'économie politique! — Ces professeurs vous diront que ce n'est point
l'absence de marques ni la facilité que l'anonymité donne aux fraudeurs qui ont diminué le chiffre de nos exportations; ils diront que
c'est à cause que vous repoussez le *libre échange*.

« Il est pourtant bien aisé de se rendre compte de nos mécomptes
en industrie; nos bons produits étant chers, on en vend moins, en
les faisant plus mauvais, on en vend davantage pendant un moment,
puis bientôt on en vend moins, et ensuite on n'en vend plus, car le

mal engendre le mal, comme le bien engendre le bien. Or, nous sommes sur la pente du mal, on n'en saurait douter; il faut absolument changer de versant, si nous ne voulons pas rouler au fin fond de l'abîme, bien que cela contrarie plusieurs de vos collègues; mais veuillez seulement vous compter! D'une part, vous avez tous les fabricants pour vous; d'autre part, vous avez tous les consommateurs qui demandent que chacun soit *propriétaire et responsable de ses œuvres*, et qui ne veulent plus être trompés. — Que reste-t-il donc pour s'opposer à la marque? et quels sont ceux qui s'y opposent? Voyez, comptez, jugez et votez! nous vous garantissons une majorité foudroyante.

« Dès le lendemain de ce vote, les fabricants songeront à doubler le nombre de leurs ouvriers, parce que l'abaissement des prix de toute chose doublera les demandes.

« La confiance en nos produits marqués se propagera au dehors, tandis que la consommation intérieure augmentera; cela est clair, et ces principes d'économie politique valent bien le *caveat emptor* des Romains; c'est même le seul moyen rationnel d'arriver sans choc au *libre échange*, qui nous tuerait aujourd'hui.

« Les libres échangistes comptaient beaucoup sur l'Exposition universelle pour y puiser des arguments irrésistibles en faveur de leur doctrine; mais l'Exposition n'a rien appris à personne à cause de l'absence de prix comparatifs entre les objets similaires de toutes les nations. Malheureusement, le commerce ne se compose que de mystères et ne prospère que dans l'obscurité, tandis que l'industrie ne vit que de lumière et ne prospère que par la publicité. Or, l'industrie est subordonnée aux commerçants qui lui ferment la bouche ou l'étouffent quand elle veut parler : telle est la situation respective de ces deux grands faits capitaux de l'époque actuelle.

« Tournez le robinet, changez la direction du grand convoi qui les porte, et vous arriverez à la gare de la vérité, en passant par les stations de la bonne foi, de la justice et de l'équité.

« Ce que l'Exposition a démontré à tout le monde, c'est que l'industrie n'existe que dans la chrétienté, c'est que tous les pays abandonnés au *fatalisme*, au *boudhisme* et au *paganisme* n'ont pas plus d'industrie que les pays livrés au *chamanisme*, au *sénéitisme* et au *fétichisme*.

« Les mahométans, les Persans, les Indiens et les Chinois n'ont pu exposer que des matières premières et des œuvres d'art individuel, telles que des selles et des housses couvertes de broderies à la main ; des étriers mordorés, des chibouks, des houkas et des narguilés chargés de nielles et de damasquinures ; des mousselines lamées d'or et d'argent et des costumes éclatants de pachas, de schahs, de padi- schah et de mandarins ; le tout confectionné par le simple mécanisme du bambou manié d'une main sûre. Telle est l'industrie du groupe oriental, de ce groupe qui n'a pas la propriété des fruits de son tra- vail et dont le travail est salarié par le rotin.

« On ne sait peut-être pas que cette industrie, telle qu'elle se trouve encore après tant de siècles, était supérieure à la nôtre, il y a deux siècles à peine, et que la Turquie, les Indes et la Chine livraient à notre consommation et à notre admiration tout ce que nous avions de plus exquis en étoffes, en porcelaines, en filigranes, et en orne- ments de luxe, dont nous les écrasons aujourd'hui, grâce à Jacques Ier, roi d'Angleterre, qui a eu l'heureuse inspiration d'attirer dans ses États les inventeurs de tous les pays, par l'appât d'un privilège de quatorze années qui les préservait contre la concurrence à brûle- pourpoint.

« On ne sait pas que c'est ce roi, fort obscur d'ailleurs, qui est le roi des inventeurs, puisqu'il a inventé Newcommen, Savary, Watt et Ful- ton, Hargrawe, Arkwright et Stephenson ; aussi proposons-nous de lui élever une statue faite des tronçons de toutes celles des grands conquérants de la terre entière.

« Savez-vous ce qu'il a fait ce roi, et ce qui ne se serait jamais fait sans lui ? Il a fait la première machine d'exhaure, le premier bateau à vapeur, la première muljenny ; il a fondu le premier fer au coke, établi le premier laminoir et construit la première locomotive : il a couvert l'Océan de vaisseaux, fait la conquête des Indes, et donné le sceptre des mers à son pauvre petit royaume avec ces deux mots échappés de sa plume :

« Je vends à tous les inventeurs de tous les pays le privilège d'ex-
« ploiter seuls, pendant quatorze ans, toutes les inventions qu'ils
« feront ou importeront dans mes États. »

« De ce jour-là date la naissance de l'industrie, puisqu'il n'y a pas d'industrie sans machines et qu'il n'y a pas de machines sans patente; car il faut beaucoup d'argent pour convertir des lignes de crayon en barres de fer et d'acier, et aucun inventeur ne trouverait de capitaux pour le faire, si les prêteurs n'avaient pas l'espoir de les récupérer avec intérêt.

« Voilà pourquoi les Chinois, les Persans, les Indiens et les Turcs n'ont pas d'industrie; c'est, nous le répétons, parce qu'ils n'ont pas de brevets. Si les Anglais ont plus d'industrie que les autres, c'est qu'ils jouissent de meilleures patentes, et depuis plus longtemps.

« La faculté de voler leurs inventions ne suffit pas, car le voleur étant exposé à être volé lui-même, n'ose pas avancer les premiers frais d'importation, d'exploitation et de divulgation; car il sait que tout cela peut lui être enlevé par un capital ou une association de capitaux plus puissants que les siens.

« Voyez où en sont arrivés les pays de la libre contrefaçon! Est-ce que les contrefacteurs ne se sont pas entre-dévorés jusqu'au dernier, au grand détriment pécuniaire et moral de la nation qui a protégé leur piraterie? Tant il est vrai que le vol même doit être organisé pour avoir du succès.

« Les *thugs* du laissez-faire n'ont-ils pas encore assez sacrifié à la libre concurrence cette cruelle *Bowhanie* qui a pour trône un coffre-fort fracturé posé sur un tas de faux poids, pour sceptre une aune rognée et pour emblème deux locomotives qui se rencontrent?

« N'est-il pas temps d'invoquer le plein accomplissement du droit des gens et des anciens traités internationaux pour l'abolition des droits d'aubaine, d'épave et de détraction, qui seront applicables à la propriété intellectuelle dès que vous l'aurez reconnue?

« N'est-il pas temps de poser pour limite au libre pacage la limite du champ d'autrui?

« N'est-il pas temps de borner et d'enclore la vaste bruyère intellectuelle, et d'attribuer à chacun le coin qu'il en aura cultivé?

« Voilà le remède, voilà la panacée destinée à guérir les plus grandes plaies du corps social; voilà les moyens d'occuper les bras et les intelligences oisives et par conséquent dangereuses et menaçantes!

« Voilà le secret pour faire passer de la boutique trop pleine dans l'atelier désert, et de la ville aux champs, les délaissés et les désespérés du travail libre ou vagabond, par l'appât d'un travail régulier et d'un salaire sans intermittence!

« Enfin, voilà le procédé pour augmenter le nombre des défenseurs de la propriété!

« Il est bien simple, comme vous voyez, car vous n'aurez rien à leur donner que la propriété de leurs idées; qu'elles soient bonnes, médiocres ou mauvaises, que vous importe, puisqu'elles seront pesées, jugées et rémunérées par le public, après avoir été traduites en choses matérielles, vénales, échangeables et transmissibles, et payées selon leur valeur réelle. C'est seulement alors que chacun recevra selon ses œuvres, si chacun a ses œuvres. Ce ne sera plus un chef de secte, mais l'acheteur qui récompensera proportionnellement la capacité, la probité, le talent et la discrétion des inventeurs, des fabricants et des marchands. Faites cela, et vous enrôlerez sous vos bannières plus de combattants dévoués que les Anglais dans l'Inde n'ont rassemblé de Cipayes sous leur drapeau. Faites des propriétaires et vous ferez des contribuables, lesquels vous délivreront d'une grande partie du fardeau des impôts qui vous écrasent. Levez enfin l'étendard de la *propriété intellectuelle* à côté de celui de la propriété matérielle, et croisez-vous pour aller à la conquête du saint sépulcre, où les gentils ont enterré la probité, la justice et la vérité!

« Malgré l'innombrable quantité d'individus qui ont visité l'Exposition universelle, le nombre de ceux qui n'ont pu la voir et qui ne verront probablement jamais rien de semblable, est bien plus considérable encore; nous allons essayer de leur en donner une idée.

« Quiconque a vu les expositions de Paris, de Berlin, de Vienne, de Bruxelles, etc., a vu celle de Londres, quant au contenu; le contenant seul est différent; mais les gravures qui le représentent étant répandues à profusion, chacun peut s'en faire une image poétique ou triviale, en les regardant soit à travers le prisme pittoresque de l'artiste, soit à travers la froide équerre de l'architecte.

« Qu'on nous permette à ce propos une remarque aussi juste qu'utile, en fait d'art plastique, sur la charge en beau et la charge en laid.

« Un portrait peut s'obtenir de trois manières, par trois peintres différents, sans cesser d'être ressemblant.

« Un mauvais peintre vous fera toujours laid, un peintre médiocre toujours vrai, et un bon peintre toujours beau. Votre portrait sera pour la postérité un objet d'art, une croûte ou une caricature, à votre choix, c'est-à-dire au choix de l'artiste, du manœuvre ou du rapin auquel vous confierez votre figure.

« Il en est ainsi des gravures du Palais de Cristal. S'il est de grands intérieurs coloriés brillant comme l'imagination biblique de Martens, il en est d'autres plus ternes qui sont à la réalité ce que les comptes rendus de certaines feuilles sont aux étincelants feuilletons de Théophile Gauthier.

« La poésie et le prosaïsme, comme le bien et le mal, se disputeront éternellement le monde.

« Revenons au contenu : quiconque a vu les objets exposés à Paris, a vu ceux de Berlin, de Vienne, de Bruxelles et *vice versâ*; or, l'Exposition universelle se composait de toutes ces expositions particulières placées bout-à-bout; nous regrettons de devoir ajouter, rien de plus, rien de moins. Or, quiconque a regardé défiler un régiment ou une compagnie, peut se faire l'idée d'une armée.

« Les magasins de la rue Vivienne, ceux de la rue de la Madeleine, ceux de Frédéric-Strasse et du Strand, contiennent les mêmes objets dès qu'ils sont fabriqués, comme les boutiques de librairie contiennent les mêmes ouvrages dès qu'ils sont édités ; les ateliers de même nature possèdent également les mêmes machines dès qu'elles sont appréciées.

« Un intervalle de cinq années n'apporte que de très-légères modifications dans l'industrie en général, et il faut de très-bons yeux pour les apercevoir. Le progrès est trop entravé pour marcher vite, quelquefois même il semble reculer, ce qui a fait dire spirituellement à M. Viennet :

> Semblable à l'écureuil, en son étroit cylindre,
> Qui se fatigue en vain sans jamais rien atteindre,
> L'homme avance, il est vrai ; mais ne voyez-vous pas
> Qu'il avance en tournant et revient sur ses pas?

« Quoi qu'il en soit, ce n'est pas à l'Exposition que nous avons pu constater le contraire, mais bien dans les laboratoires obscurs des *tripotiers* qui ont remplacé les souffleurs ou alchimistes du moyen âge ; ces pionniers déguenillés de l'intelligence creusent la mine de l'avenir en se brûlant les doigts, pour fournir les moyens de faire de l'or à ceux qui savent attraper quelques lopins de leurs découvertes, soit en se procurant leurs épures, soit en gagnant leurs ouvriers, soit en leur jetant un morceau de pain les jours de défaillance et de famine. N'inventez jamais, a dit Barnum mais suivez la piste des inventeurs, il y a toujours quelque chose à ramasser.

« C'est dans leurs bouges mal outillés qu'on rencontre les sources de ce grand fleuve du prog rèsqui porte la barque dorée des accapareurs d'invention ; car nous en appelons au témoignage universel sur ce que nous allons poser en axiome.

« Il n'est pas une grande fortune industrielle qui ne repose sur une invention volée. Il n'est pas une industrie florissante qui soit productive pour celui qui l'a inventée. Il n'est pas un inventeur qui puisse tirer parti de ses découvertes, par suite de la position que leur a faite la législation de tous les pays.

« On nous en citera peut-être un sur mille qui fera exception à cette règle ; il y a bien aussi quelques joueurs qui gagnent à la loterie, mais c'est par hasard et non par l'effet de leurs mérites.

« Or, comment le législateur peut-il passer un temps précieux à raccommoder de méchantes lois d'intérêt local, tant qu'il en reste une d'un intérêt universel en souffrance ? Car enfin tout est organisé plus ou moins bien dans notre société : la propriété foncière, l'armée, la marine, les finances, la religion, les tribunaux, les écoles, les arts, les voies, les forêts, les eaux, etc., tout cela a reçu une organisation quelconque ; mais l'industrie, mais le commerce n'en ont aucune. Qu'on les traite au moins comme tout le reste, tant bien que mal, sauf à reprendre le tout en sous-œuvre avec le temps !

« On a l'air de regarder l'industrie et le commerce comme des appendices insignifiants de notre économie sociale, tandis que ce sont les deux faits capitaux de l'époque actuelle. Ce n'était rien chez les anciens, c'est peu de chose chez les Orientaux ; mais nous sommes forcés de reconnaître qu'ils entrent aujourd'hui pour plus de moitié dans les matériaux de notre édifice, et constituent les éléments les plus sérieux de la vitalité des nations modernes.

« Les Grecs et les Romains auraient supprimé l'industrie et le commerce qu'on s'en serait à peine aperçu ; leur société artistique et militante, assise sur l'esclavage, n'en aurait pas éprouvé le moindre frémissement ; mais éliminez par la pensée ces deux institutions modernes, et vous retomberez dans la barbarie marocaine ou tartare, et la moitié des hommes ne trouvant plus de place, comme on dit, au banquet de la vie, sera forcée d'en sortir ou d'en expulser les autres. Vous voyez donc bien qu'il y a urgence, triple urgence de vous occuper, toute affaire cessante, de la constitution de l'industrie et du commerce qui n'en ont pas et qui en demandent une ; car toutes les pétitions, toutes les prières, toutes les plaintes qui vous arrivent, et même toutes les émeutes, toutes les conspirations qui vous menacent, n'ont pas d'autre cause que la gêne, les déceptions et la misère, suite de l'intermittence des affaires et du désordre qui règne dans le travail.

« Nous défions tous les rhéteurs de la *littérature ennuyeuse* de nous prouver le contraire. Ils auront beau s'esquiver de branche en branche, c'est au tronc que nous les rappellerons toujours. Ils ne savent pas, ou feignent d'ignorer que les bonnes lois font les bons peuples, les mauvaises lois les peuples misérables, et l'absence de lois les sauvages. Or, laisser l'industrie et le commerce hors la loi, c'est les livrer à la barbarie.

« Organiser le commerce et l'industrie comme nous l'entendons, n'a rien de commun avec ce que proposent les différentes écoles modernes, qui ne font que voltiger autour de la vérité, soit en repoussant, soit en invoquant l'intervention du gouvernement en tout et pour tout. Nous ne lui demandons, nous, qu'une simple extension légale du principe de la *propriété* et de la *responsabilité* personnelle en faveur de l'industrie et du commerce ; nous voulons qu'il déclare seulement que chacun est né *propriétaire et responsable de ses œuvres*, rien de plus, rien de moins ; car il n'en faut pas davantage pour que l'industrie et le commerce entrent dans le *droit commun;* nous reconnaîtrons alors que le travail est organisé aussi bien qu'il a besoin de l'être, si le gouvernement lui applique la sanction ordinaire; s'il fait son métier de simple redresseur des infractions faites à ce principe, en punissant les plagiaires de la propriété industrielle et les faussaires de la propriété commerciale, après avoir légalisé leurs droits. Ceux qui s'opposent à cette sanction ne se doutent pas qu'ils blessent les racines mêmes de la civilisation, en immolant la propriété sur l'autel du communisme.

« Si le grand écrivain qui a prêté l'appui de sa plume à la cause de la propriété foncière, avait voulu consacrer son talent de bien dire à la défense de la propriété intellectuelle, la société serait sauvée à l'heure qu'il est; nous n'aurions pas vu un ministre du commerce venir supplier la Chambre de s'abstenir, en invoquant *la gravité de la question*, et la repousser aux calendes grecques à cause de son *importance*, nous ajoutons de sa triple urgence, car nous la regardons comme pouvant seule décider du sort d'un empire.

« Et qui donc pourrait nier la profonde action que la reconnaissance de la propriété intellectuelle est appelée à exercer sur les masses, quand on viendrait leur dire: Combinez, inventez, composez, agencez, cherchez et vous trouverez! et ce que vous aurez trouvé vous appartiendra comme la pépite appartient aux chercheurs de la Californie! Musiciens, rêvez des chants nouveaux; artistes industriels, cherchez des dessins gracieux; modeleurs, créez des formes élégantes; chimistes, composez des couleurs et des produits inconnus; ouvriers, méditez des outils faciles, cherchez des méthodes abréviatives du travail; physiciens, inventez des moteurs; technologues, simplifiez les mécaniques; et vous, jeunes victimes d'une instruction irrationnelle, si le Créateur vous a marqués du sceau du génie, ou seulement de la patience, refaites votre éducation, hâtez-vous, car l'heure de l'émancipation a sonné. A l'œuvre donc, répandez-vous tous dans les *placers* de l'intelligence; ce que vous y trouverez sera bien à vous, nul n'aura le droit de vous frapper pour vous faire lâcher le grain d'or que vous aurez ramassé. Vous ne réussirez pas aujourd'hui peut-être, mais demain, mais chaque jour, chaque nuit, chaque chose vous offrent matière à combinaisons nouvelles!

C'est une loterie, dira-t-on, mais c'est une loterie où l'on peut mettre à toute heure, et qui se tire à tout instant; il faudrait avoir bien peu de chances pour ne pas attraper un bon lot; et d'ailleurs, il n'est pas nécessaire que tous gagnent, car une seule invention peut procurer du travail à dix, à cent, à mille ouvriers. Combien l'inventeur de la vapeur, de la filature et des chemins de fer n'en occupe-t-il pas? on ne peut plus les compter que par millions.

« Croyez-vous en conscience que les travailleurs occupés de la sorte songeraient à remuer de stériles pavés, en présence d'un champ aussi riche, aussi fertile à cultiver que le champ de l'intelligence, de l'intelligence française surtout, qui, si mal labouré qu'il soit, défraye de ses produits agréables ou utiles les quatre parties du monde?

« L'Anglais invente peu, mais il sait parfaitement se servir des inventions françaises; la Suisse, la Prusse, l'Autriche, se servent également du goût français pour lui faire une active concurrence à l'étranger.

« Le goût des arts et les arts du goût sont particuliers à la France, a dit M. Prosper Lucas, dans son livre admirable et inconnu sur l'*Hérédité naturelle*; que serait-ce donc si les Français avaient la propriété de toutes leurs inventions, comme ils ont celle de leurs œuvres de goût?

« Heureusement qu'on a échoué dans la tentative d'enlever à la France le sceptre du goût, d'étouffer la seule institution qui lui donne une supériorité incontestable sur toutes les autres nations, de fermer la seule école d'*esthétique* qui soit au monde, la seule enfin qui n'ait pas coûté un centime au gouvernement, tout en rapportant des milliards à la France.

« Est-ce parce qu'ils n'ont point reçu leur investiture du pouvoir, et professent sans diplôme, que le ministère a voulu disperser les maîtres du goût, ces artistes exceptionnels qui dirigent, à Paris, à Lyon, à Rouen et à Mulhouse, ces milliers de dessinateurs, de modeleurs, de graveurs et de coloristes employés dans vos fabriques de bronze, de châles, d'étoffes imprimées et de papiers peints, dont la beauté fait envie à tous vos concurrents? Explique qui voudra cette aberration bureaucratique.

« L'Angleterre s'apprête à profiter do celle bévue, en offrant à vos émigrés la propriété do leurs œuvres de goût qu'elle n'avait jusque-là pas songé à leur donner, pas plus que les autres pays ; mais, depuis le jour de cette tentative de suicide, l'Angleterre s'est empressée de concéder aux artistes un privilège de trois ans, l'Autriche, un privilège de trente ans en sus de la vie de l'auteur; nous ne savons pas combien d'années leur offrira la Prusse avare, mais tous vos rivaux, persuadés aujourd'hui qu'ils ne doivent leur infériorité en fait d'articles de goût qu'à l'absence des privilèges qui l'ont fixé chez vous, ne tarderont pas à vous imiter et à lutter à armes égales sur le terrain dont la France s'est emparée la première, comme l'Angleterre s'était emparée du terrain industriel depuis 1623.

XXIV.

« L'exposition de l'Autriche, de la Russie, du Zollverein et même de l'Angleterre, en fait d'objets d'art et de goût, doit donner beaucoup à réfléchir aux Français. Leurs produits artistiques en bronze, en orfévrerie, en ornements, ne sont plus seulement des surmoulages français, on y devine l'inspiration indigène, on y sent le germe d'écoles originales qui ne sont déjà plus à mépriser. Les bronzes et l'orfévrerie russes, les candélabres et les meubles autrichiens, la porcelaine ornée de Saxe et de Berlin, ne sont pas des essais d'écoliers, car plus d'un aurait le droit de s'appeler des coups de maître.

« Il est utile de conseiller aux flatteurs exagérés du goût français de baisser un peu la voix. S'ils ont oublié la mobilité et les pérégrinations du goût, nous allons les leur rappeler en peu de mots; le goût, parti de l'Inde où il a laissé d'admirables traditions, a longtemps séjourné en Grèce, puis à Rome, puis à Byzance, d'où il est passé avec les Mores chez les Espagnols qui l'ont porté à Naples dans les corbeilles de noces de leurs infantes; de Naples il a gagné Florence et Venise pour venir s'abattre sur Paris, à la voix de François Ier, avec les artistes qu'il a eu l'idée d'attirer à sa cour. Le goût n'est autre chose enfin que le signe d'une civilisation avancée; mais si Paris est devenu la métropole des arts et de la mode, à quoi le doit-on? Ces messieurs vous répondent pertinemment :

« Le goût est dans l'air, dans le soleil, dans le vin, dans le climat,
« dans l'esprit français, rien ne saurait l'en faire sortir. »

« Nous leur répondrons : Prenez-y garde; là où les Anglais
sèment des guinées, tout vient, et il leur suffirait de faire venir chez
eux vos premiers professeurs de goût, pour désorganiser votre brillante école d'esthétique, par le même procédé qui vous a servi à la
fonder. Accordez à chacun le droit de piller les œuvres artistiques
par extension du principe de la libre concurrence qui est la fièvre de
l'époque, et vous verrez combien peu de modeleurs, d'ornemanistes,
de dessinateurs et de graveurs vous resteront. La France ayant été
longtemps le seul pays qui ait protégé les œuvres de goût contre les
écumeurs de l'art, appelés *surmouleurs, surfondeurs, surcalqueurs* et
surestampeurs qui pullulent en Suisse, en Prusse et en Belgique : la
France, disons-nous, devait attirer chez elle les artistes les plus émi-
nents de tous les pays, et c'est ce qui est arrivé, car, il n'y a de patrie
que pour les gens heureux, tout le reste est cosmopolite. Voilà pourquoi vous trouvez, en compulsant le livre d'or de la France artistique, autant de noms allemands, polonais, italiens et même anglais,
que de noms français.

« Pourquoi, disons-nous à un habile modeleur français, que nous
voyions occupé dans les riches ateliers d'Elkington au montage d'une
brillante pièce d'orfévrerie, avez-vous porté votre talent à l'étranger?
—En toute chose il faut considérer la fin, nous répondit-il, et comme
ma patrie me laissait mourir de faim, j'ai préféré deux livres anglaises
à deux livres de France, voilà! Puis il se remit à l'ouvrage.

XXV.

« Pour qui travailleraient les artistes des contrées livrées à la contrefaçon? Quel fabricant consentirait à donner 20,000 francs pour un
modèle de châle ou de pendule, à payer enfin des artistes, quand il
peut les voler impunément et butiner sans frais sur les chefs-d'œuvre
littéraires, artistiques et scientifiques du monde entier et de la France
en particulier, tout en violant le droit des gens et en rétablissant les
anciens droits d'aubaine et d'épave à leur profit?

« Nos meilleurs artistes passés en Angleterre y ont perdu leur talent, dit-on, et ils ont été forcés de venir se réchauffer au foyer parisien ; nous comprenons cela pour des artistes isolés et enfouis dans des fabriques de province ; mais attendez qu'ils aient fait école, qu'ils se soient organisés en foyers, en centres, en corporations ; car tout finit par là en Angleterre ; et vous verrez le goût national anglais offrir le *libre échange* artistique à la France qui le refusera peut-être.

« Nous pouvons donc, dès aujourd'hui, annoncer au monde l'apparition prochaine de quatre à cinq écoles d'*esthétique* en Europe, sans compter celle des États-Unis, qui commence à nous présenter une réforme hardie et radicale dans le costume des dames, moins splendide mais plus commode que celui des Françaises, qui n'ont plus qu'une crainte, c'est de ressembler à un parapluie fermé ; elles préfèrent avoir l'apparence d'un parachute ouvert.

« Ces différentes écoles rompront un peu la *similiformité* et *l'ubiquivisme* de l'école française qui envahit toute la terre et qu'on est non pas fâché, mais désappointé de rencontrer dans les salons des schahs, des pachas et des padischahs de l'Orient, comme dans ceux des princes, des rois et des empereurs d'Occident, chez Abder-Rhaman et chez Soulouque, à Bombay et à Arkangel, à Ispahan et à Lahore.

« Il n'est pas jusqu'au kan de Tartarie qui n'ait son salon orné d'un lustre de Denière, de candélabres de Thomire, de fauteuils de Tahan et d'un piano d'Érard dont le czar lui a fait présent avec le palais de bois, à côté duquel il continue de bivaquer sous sa tente de poil de chameau, à l'ombre de la muraille chinoise.

« Il est de fait que ces rencontres de visages connus *de Paris à Pékin, du Japon jusqu'à Rome*, dépoétisent l'Orient autant que la redingote turque, car l'uniformité, quelque gracieuse qu'elle soit, finit par déplaire, et comme disait le baron Bourgoing, en nous conduisant dans la *Pinacothèque* bavaroise : L'admiration est un sentiment qui ne demande qu'à finir.

« A notre avis, chaque nation doit avoir sa couleur, son goût, comme son pavillon spécial. Trouvez-le mauvais si vous voulez, mais n'oubliez pas que des goûts et des couleurs on ne peut disputer.

« En conséquence de cette liberté de penser et de sentir, nous condamnons les personnes qui ne partageraient pas nos idées, en fait de goût, aux trente mille bronzes de l'Empire français, qui nous semblaient si beaux jadis et qui nous paraissent aujourd'hui si laids.

XXVI.

« La machine à vapeur, ou le cheval artificiel, figure à l'Exposition sous toutes les formes et sous tous les formats, depuis le poney trotteur de Flaud, jusqu'au mastodonte de Seraing; cet animal mécanique est l'œuvre de l'homme qui se rapproche le plus de celle du Créateur. La chaleur est le principe de son existence; le foyer fait les fonctions de poumons, la chaudière est l'estomac, les pistons représentent le cœur, où arrive en abondance le fluide vivifiant qui, après avoir dépensé sa chaleur, retourne à sa source pour recommencer une autre circulation d'après Siemens et Séguin.

« L'état de santé de l'individu est indiqué par la régularité des pulsations et de la respiration. Il se procure ses aliments par son travail, et choisit les parties propres à sa nutrition, tant sous le rapport de la qualité que de la quantité; il a ses évacuations naturelles, qui le débarrassent des matières étrangères. Il guérit ses propres infirmités, modère ses passions, règle ses emportements et exerce quelque chose d'analogue aux facultés physiques et morales de l'homme qui a fait cette machine à son image comme Dieu l'a fait à la sienne.

« Il y a autant de différence entre les chevaux artificiels, qu'entre les chevaux naturels; les uns sont plus forts, plus agiles; les autres, plus pesants, plus paresseux; il en est dont la digestion est embarrassée, les intestins obstrués, la respiration gênée par la vieillesse; d'autres sont boiteux et difformes de naissance; d'autres enfin ont les membres mal proportionnés ou ankylosés et les jointures privées de synovie.

« Il y a donc un choix à faire dans le haras de ces chevaux mécaniques, dont le plus grand défaut est de trop consommer pour les services qu'ils rendent; nous en connaissons qui sont atteints d'une véritable boulimie.

« On a fait de grands efforts, dans ces derniers temps, pour modérer l'appétit de ces animaux; il est des éleveurs qui sont parvenus à réduire leur ration de six kilogrammes à deux kilogrammes par heure ; ceux de Cornouailles ne consomment pas même un kilogramme par individu, quand ils sont réunis au nombre de trois à quatre cents pour tirer l'eau des mines.

« Du reste, ces créatures ne souffrent pas, ne se plaignent pas, on a beau les fouetter à pleine vapeur et les accabler de besogne, pourvu qu'on les alimente convenablement, elles travaillent jour et nuit, fêtes et dimanches ; mais si on les laisse avoir soif, elles crèvent, c'est leur façon de protester contre les mauvais traitements de leurs palefreniers.

XXVII.

« Il est en mécanique un principe philosophique que l'on ne devrait jamais perdre de vue, c'est que l'homme ne peut rien faire de viable, en fait de machines, qu'en prenant la nature animée pour modèle ; l'œuvre humaine, qui approche le plus de l'œuvre divine, est toujours ce qu'il y a de plus rationnel et de plus parfait, voilà pourquoi les ballons ne serviront jamais utilement, parce qu'il n'y a rien de semblable dans l'air qui se meuve selon sa volonté. On peut donc, à *priori*, affirmer qu'on ne dirigera jamais les ballons tant qu'ils y aura des ballons, c'est-à-dire qu'il faut prendre désormais l'oiseau pour exemple à suivre, comme en marine on a pris les palmipèdes, car la roue à aube n'est qu'une succession de pattes de cygnes, et la vis d'Archimède un ingénieux arrangement des mêmes organes pour arriver à la continuité.

« Or, la navigation aérienne ne peut être résolue que par l'emploi du même artifice, qui n'offrira pas à l'air la surface énorme du ballon.

« Il suffira de trouver un moteur puissant et léger, pour traverser un jour les airs avec la même facilité que les oiseaux. Ce moteur léger, on en approche, on sent qu'il arrive.

« Nous allons décrire un petit appareil encore inconnu pour s'élever dans les airs : personne ne l'a pu voir à l'Exposition, où il ne figurait pas, mais il était dans l'atelier d'un pauvre inventeur qui ne nous a pas demandé le secret. Le tout consiste en un simple parasol, dont le manche est un tuyau de cuivre, la bouilloire forme comme la poignée.

« Cette bouilloire, contenant un demi-litre d'eau, est chauffée par une lampe à esprit-de-vin accrochée au-dessous de la bouilloire. La vapeur arrive sous la calotte du parasol, dans une sorte de bouton creux, d'où partent une vingtaine de petits tuyaux courts ployés dans le sens des baleines.

« La vapeur, en s'échappant par ces petits jets, produit une force de réaction ascensionnelle qui fait monter le parasol dans l'air. Cette ascension est considérablement favorisée par la chaleur du petit foyer et par celle de la vapeur même qui remplit tout le dôme du parasol. L'appareil s'élève donc en emportant sa chaudière et son foyer à des hauteurs considérables, et ne retombe que très-doucement comme un parachute ordinaire.

« Avant peu de temps, cet ingénieux joujou scientifique remplacera peut-être les petits parachutes de papier qui font fureur aujourd'hui. Mais les penseurs, en y réfléchissant, agrandiront les proportions de cet instrument, et nous aurons des ascensions à la portée de tous les amateurs. Les chutes ne seront plus dangereuses, et la vis d'Archimède, appliquée à cet engin, n'aura pas de peine à vaincre la résistance occasionnée par un simple parachute, tant grand soit-il.

« Les personnes qui comprendront la simplicité de cette invention, nous demanderont pourquoi l'auteur ne prend pas de brevet pour une chose qui ferait sa fortune; nous leur dirons que l'inventeur est trop pauvre pour payer l'amende des brevets, trop pauvre pour faire l'éducation de l'enfant de son génie, et trop pauvre pour payer la justice, chargée de le défendre *gratuitement* contre les pirates qui se rueraient sur lui aux cris de : Vive la libre concurrence! à bas les monopoles et les priviléges!

« Il est donc obligé d'imiter ces pères dénaturés qui abandonnent leurs nouveau-nés au coin d'une borne. Jean-Jacques a mis les siens à l'hospice, mais nous n'avons pas même un hospice pour y déposer les enfants de l'intelligence; force est donc aux inventeurs pauvres de se conduire en Chinois ou de les exposer aux bêtes, enveloppés dans un journal, bien qu'ils aient la conviction que personne ne s'avisera de les ramasser, puisque la loi interdit l'adoption personnelle des enfants du génie sous peine d'amende, et avec menace de se les voir enlever après qu'ils les auront élevés.

« Admirez la profonde sagesse de nos Solons! Du reste, ils ont pour excuse qu'on a agi de tout temps de la sorte; les preuves en fourmillent dans l'histoire, car presque tout a été inventé avant les brevets d'invention; aussi tout s'est-il perdu, pour ne ressusciter qu'à leur appel.

XXVIII.

« Ainsi la machine à vapeur date évidemment de la fin du x° siècle, c'est l'œuvre de Gerbert (le pape Silvestre II); on n'en saurait douter quand on lit dans l'historien anglais contemporain, Guillaume de Malmesbury, les lignes suivantes :

« Existunt enim apud illam ecclesiam doctrinæ ipsius documenta, horologium arte mechanica compositum, organa hydraulica, *ubi mirum in modum per aquæ calefactæ violentiam ventus emergens* implet concavitatem barbiti, et per multiforatiles transitus æneæ fistulæ modulatos clamores emittunt. »

« C'est-à-dire : « Il existe dans cette église (à Reims) des monuments de sa science (de Gerbert). C'est une horloge mécanique et un orgue hydraulique, dans laquelle *la force de l'eau bouillante produit du vent qui va remplir les concavités de l'instrument* et fait naître des sons modulés en se répandant dans une multitude de tuyaux. »

« Ce pape qui passait pour sorcier, était Auvergnat et natif d'Aurillac. Tout le monde admira son invention; mais comme tout le monde avait le droit de l'imiter, on l'a laissé périr; et si un chicaneur eût trouvé les lignes précédentes en temps utile, il aurait provoqué et obtenu la déchéance des brevets de Newcommen et de Watt, au nom de l'intelligente loi qui régit la matière!

« Il en est de même d'une foule d'inventions consignées dans de vieux livres écrits dans toutes les langues; on vient de retrouver en Russie un bouquin traduit de l'allemand depuis trois cents ans, qui contient très-clairement le télégraphe électrique avec figures, et la photographie expliquée; mais ce qu'il y a de bien curieux encore à l'appui de notre thèse, c'est l'ouvrage d'un Italien qui vécut vers la fin du xvi⁰ siècle; il est intitulé : *Machinæ novæ, Fausti Verentii siceni.*

« Il est écrit en cinq langues, afin que personne n'en ignore. Il conseille de faire des ponts suspendus en chaînes, et ce fut trois cents ans après que le capitaine Brown construisit le premier. Verantio recommande la grue à tambour sur la circonférence duquel marchent des hommes, comme un des meilleurs emplois de la force humaine; mais ce fut beaucoup plus tard qu'un Français nommé Albert en fit l'application aux grues sur le bord de la Seine. Verantio recommande les bateaux remorqueurs avec des rames à roues, mues par le courant des fleuves, et ce fut trois cents ans plus tard que le mécanicien naturel Verpilleux les établit sur le Rhône.

« Le même écrivain propose les moulins portatifs de fer pour l'armée, et trois cents ans après, Napoléon les adopte.

« Il conseille de suspendre les caisses des voitures, ce que l'on a fait longtemps après; il perfectionna le parachute, que Garnerin employa le premier, avec succès. Enfin, ce malheureux qui précédait son siècle de trois cents ans, a été victime de la jalousie de ses contemporains, qui ne lui ont du moins pas fait la moindre *niche* après sa mort.

« Tout ceci prouve que ce n'est pas l'intelligence humaine, mais les institutions qui sont en retard; et nous posons en fait qu'il existe dans les livres, les brochures et les journaux plus d'inventions, plus d'idées utiles, plus de plans rationnels et d'excellents projets, qu'il n'en faudrait pour défrayer l'humanité pendant deux siècles, quand même l'esprit d'invention serait entièrement paralysé; à condition que l'on permit l'adoption de tous ces enfants perdus, relégués dans les limbes, dont la loi stupide des brevets a fait un enfer.

XXIX.

« Si la résurrection d'une invention morte et enterrée était regardée par la loi comme une œuvre aussi méritoire que la production d'un embryon, le monde s'enrichirait bientôt de toutes les découvertes de nos ancêtres.

« Nous ne savons vraiment pas de quelle épithète on pourrait saluer ceux qui s'opposent à la création de la *propriété intellectuelle*, en voyant ce que la société a perdu pour ne pas l'avoir reconnue dès l'origine. La nuit du moyen âge n'aurait pas duré si longtemps, et nous n'en serions plus à la renaissance et aux calamités que nous prépare l'encombrement d'une population inoccupée, qui, ne connaissant pas la cause réelle de sa misère, s'en prend, dans son désespoir, à tout ce qu'il y a de moins coupable et de plus sacré dans la société, la propriété foncière et mobilière.

« C'est évidemment pour avoir agi contre les décrets de la Providence que la misère s'accroît avec la population, tandis que c'est le contraire qui devrait avoir lieu, quoi qu'en disent les malthusiens; car Dieu est aussi fort en économie sociale que Malthus, et il n'a certes pas dit à l'homme : *Croissez et multipliez*, pour le laisser périr dans un précipice, au fond d'une impasse.

« Il est évident que rien ne manquerait à l'homme, s'il travaillait; et il travaillerait fort bien, si le produit de son travail lui était assuré.

« Par exemple, il y a plus de vingt espèces de nouvelles machines à vapeur rotatives, oscillantes et autres exposées par les Anglais et les Français; mais aucune par les Espagnols, les Russes et les Turcs; est-ce que par hasard ces peuples-là n'auraient pas besoin de machines à vapeur? Pourquoi donc n'en inventent-ils pas? Vous n'en savez rien, direz-vous, et vous supposerez qu'ils n'ont pas l'esprit aussi inventif que les Anglais et les Français; c'est la réponse au *cur facit opium dormire*.

« Nous allons vous faire une autre réponse, la seule exacte et véridique : — c'est parce que la propriété de leurs machines ne leur est pas assurée ou l'est trop mal, pour qu'ils n'y perdent pas leur temps et leur argent; tandis que l'Anglais, qui réussirait à remplacer le va-et-vient par la rotation immédiate, ferait sa fortune, attendu que cela simplifierait considérablement les locomotives et les bateaux à vapeur, et qu'il recevrait une petite rétribution pour son travail.

« Or, il en est ainsi de toutes les inventions; il y a des milliers de bras et d'intelligences occupés en Angleterre à la recherche des inventions et des perfectionnements, et il y en aurait des millions en cas de succès. Vous êtes privés de tout ce mouvement, et vous regardez faire les Anglais les bras croisés et les dents longues, tandis qu'ils travaillent, qu'ils vivent et font vivre.

XXX.

« Comprenez-vous maintenant à quoi servent les brevets, et surtout les brevets bien garantis contre les plagiaires? C'est une source inépuisable de travail et de bénéfices, c'est l'ordre, la paix,, le respect pour les personnes et pour les choses ; c'est enfin la volonté de Dieu ! Aveugle qui ne le voit pas, ladre qui ne le sent pas.

« Quant à nous, nous sentons tout ce qu'il y a de providentiel dans la faculté qui nous a été offerte d'exposer les vérités fondamentales de notre doctrine, dans un livre qui les fera connaître en haut lieu, c'est-à-dire là où il importe qu'elles soient comprises et que leur portée politique soit appréciée. Déjà de grandes et nombreuses conversions ont eu lieu; tous ceux qui ont lu sont convaincus; nous n'avons trouvé de réfractaires que ceux qui n'ont pas voulu ou n'ont pas pu lire l'*Organon de la propriété intellectuelle.*

« Tous les ministres de tous les pays sont de ce nombre, malgré les termes polis dont ils cherchent à couvrir l'aveu tout naturel qu'ils n'ont le temps d'ouvrir autre chose que leur portefeuille.

« Mais revenons à nos appréciations générales sur le but et l'effet des expositions.

XXXI.

« Le but des Anglais, qui s'étaient préparés de longue main à la lutte, sur un terrain où ils ont pu se fortifier à leur aise, était d'attirer leurs rivaux, mal armés et mal équipés, dans une arène où ils étaient certainement plus sûrs de vaincre Carthage qu'à Waterloo. Il s'agissait pour eux de prouver au nouveau monde qu'on pouvait trouver en Angleterre tout ce qu'on peut désirer, sans avoir besoin d'autant de correspondants qu'il y a de royaumes dans l'ancien. Un seul devait suffire, et c'était l'Angleterre qui devait l'être et qui le sera.

« Ce plan était très-bien concerté, mais il n'aurait réussi qu'en partie, si les prix avaient figuré sur les produits. On s'est donc empressé de les éliminer, ce qui faisait, d'ailleurs, l'affaire de tous les intermédiaires du monde entier. Cela fait, et quoi qu'en disent les journaux de tous les pays, le but de l'Angleterre est atteint; elle peut prendre le titre de *commissionnaire universel de l'Europe*, et de *munitionnaire général du monde entier*. Cela simplifie tant les écritures, de n'avoir outre-mer qu'un seul correspondant, auquel on puisse tout demander: d'abord ce qu'il fabrique à meilleur marché et mieux que tout le monde, et ensuite ce qu'il se procure aisément chez les voisins, s'il ne le fait pas, et il le fera dès qu'il verra, par les demandes, que la chose en vaut la peine.

« C'est ainsi que raisonnerait un petit négociant. Or, l'Angleterre, qui en est un grand, n'a pas eu besoin d'un triple effort d'imagination pour raisonner le but de son exposition et le faire approuver par le haut et le bas commerce d'Albion.

« Tout étranger qui revient de l'Exposition en se frottant les mains d'avoir vu la belle place que sa nation occupe dans le Palais de Cristal, tous les journaux qui chantent *hosannah!* sur les succès de leur patrie, ne sont que de pauvres cigales qui défient le rossignol. L'Angleterre ne dit rien, elle se laisse même humilier en paroles; mais elle sait que sa revanche va se traduire en lingots, cela lui suffit.

XXXII.

« Le Palais de Cristal nous apparaît comme un grand mont-de-piété où les continentaux sont venus déposer leurs derniers vêtements et souvent leur dernier meuble. C'est-à-dire qu'il ne reste que peu de chose dans leurs magasins; nous en connaissons même où il ne reste rien, et dont les patrons seront forcés de suspendre leurs payements après avoir fait un dernier et sublime effort pour paraître à l'Exposition.

« Quant au stock anglais, il est intarissable.—Qu'un vaisseau colonial leur demande un chargement dans la huitaine, il sera prêt dans quatre jours; on demanderait quatre mois chez nous.

« Vous voulez dix mille pioches, dix mille piques, dix mille bêches, dix mille haches, dix mille machettes, vingt mille serpettes, cent millions de clous? Entrez, vous trouverez tout cela dans les magasins! Voulez-vous cent charrues, trois cents tombereaux, mille brouettes, vingt machines à vapeur? tout cela sera mis à bord en quelques jours; mais allez commander les mêmes choses à Bordeaux, à Nantes, à Cherbourg, à Anvers, on vous priera de repasser dans un an.

« En vérité, nous sommes par trop mirliflores pour nous mesurer avec ces grossiers utilitaires! Mais à nous les statuettes, les presse-papier, les gentils portefeuilles, les étuis mignons, les rubans, les cure-dents, les corsets, les bonnets, les bouquets, les coffrets, les bracelets, les sachets, les cachets, et cent autres bilboquets, attifets, affiquets et colifichets coquets. Mais tout cela ne compte pas autant dans l'exportation que les limes, les marteaux, les marmites et les hoyaux, les ciseaux, les couteaux et les tuyaux, et si cela comptait, les Anglais s'empareraient bientôt de la fabrication, comme ils commencent à s'emparer de la soierie, de la verrerie, de la bijouterie, de l'ébénisterie, de la tapisserie, de la ganterie, de la broderie et de la dentelle; non sans élever chaque industrie dont ils se mêlent à la deuxième ou troisième puissance, par un outillage perfectionné, par des procédés de diligence, par des méthodes et des divisions de travail mieux entendues; par des apports de capitaux à bon marché, par l'organisation d'une énorme publicité et l'*incorporation* obligatoire de toute industrie un peu considérable.

« Chose étrange! pendant que nos lois repoussent avec horreur les corporations et tout ce qui pourrait y ressembler, comme réunions à jours fixes, procès-verbaux de séances, listes des membres et caisses de cotisations, l'Angleterre est couverte d'associations, de clubs, de réunions et de meetings de toutes les couleurs, pour défendre les anciens priviléges contre les empiétements du pouvoir.

« Qui donc se trompe de l'Angleterre, qui a précieusement conservé tout son vieux monde avec ses anciens us et coutumes, ou du continent qui en a fait si bon marché?

« De quel côté du détroit se trouve donc la vérité, la sûreté, la stabilité et la prospérité? Du côté de l'Angleterre, qui est restée assise sur les priviléges, les monopoles, les corporations, les majorats, les fidéicommis, les ventes de régiment, de firmes commerciales, et nous pouvons dire sur les castes; — ou du côté de la France, qui a fait table rase de tout ce mobilier de la vieille société?

« Qui donc a tort ou raison, de l'Angleterre qui a conservé son armée mercenaire et tenu son peuple étranger au maniement des armes, ou du continent qui a fait des armées citoyennes et exercé tous les bourgeois au port d'armes? de la nation qui se fait défendre ou de celles qui prétendent se défendre elles-mêmes?

« Lequel de ces deux régimes opposés a produit de meilleurs résultats sur les pays qui les ont conservés ou abolis? L'expérience comparative a duré soixante ans; il ne reste qu'à constater de quel côté règne le plus d'ordre, le plus de sûreté, le plus de prospérité? Les juges ne peuvent être embarrassés pour prononcer.

« Nos philosophes, nos encyclopédistes, nos physiocrates, nos économistes politiques, se sont-ils trompés ou nous ont-ils trompés, en renversant toutes nos vieilles institutions, fruits de l'expérience de tant de siècles?

« Nos pères n'auraient-ils donc jamais eu la moindre lueur de bon sens et de raison, que pas une pièce de leur édifice n'ait pu trouver grâce devant le marteau de nos modernes démolisseurs?

« Nous en demandons pardon à nos collègues les rapporteurs, si nous ne voyons pas l'Exposition du même œil qu'eux; si, au lieu d'y trouver matière à *Te Deum* pour le présent, nous n'y trouvons qu'un regret pour le passé et une leçon pour l'avenir.

« Il est pénible de devoir rappeler des peuples entiers à la modestie; mais leurs flatteurs et endormeurs officiels nous ont trop longtemps caché l'état véritable de l'industrie de nos voisins. Il est temps que la réalité, réfractée par les vitres du Palais de Cristal, arrive à tous les yeux, pour nous rendre attentifs aux progrès accomplis de l'autre côté du détroit; progrès que nous n'avons pu apercevoir jusqu'ici qu'à travers la queue d'une foule de paons patriotiques qui savent si hermétiquement entrecroiser leurs plumes, qu'elles sont pour ainsi dire imperméables aux rayons de la vérité.

« Parmi les utiles enseignements que les fabricants du continent peuvent remporter du Palais de Cristal en échange des sommes qu'ils y laisseront, nous pouvons poser en première ligne le dogme fondamental de l'industrie anglaise, LA SPÉCIALITÉ, qu'ils doivent s'empresser de substituer à la *boulimie* manufacturière qui les étouffe. *Ne faire qu'une chose et la bien faire*, tel est le pivot de cette doctrine salutaire. Tout prendre et tout entreprendre, telle est la pitoyable erreur des peuples qui adorent les faux dieux du *laissez-faire* et de la *libre compétition*. Aussi voit-on leurs principaux établissements périr, les uns après les autres, d'engouement et de pléthore, ce qui n'arrive jamais aux établissements anglais. Un exemple fameux de gloutonnerie industrielle que nous allons rappeler, suffira pour démontrer les dangers de la liberté d'accaparement, et la nécessité d'y mettre un terme.

« Un industriel d'origine anglaise, tombé après la grande révolution sur une contrée parfaitement déblayée d'entraves légales, terre vierge encore de toute grande entreprise, toute grande ouverte au libre parcours, se dit : Plantons notre tente industrielle sur ces bords fleuris, comme mes concitoyens ont planté leurs tentes commerciales sur les *rives de l'Indus*, en endormant de leurs promesses opiacées les souverains inexpérimentés de ces régions lointaines, qui les protégent, les aident, les favorisent de toute la puissance de leurs armes et de leurs trésors !

« Ainsi dit, ainsi fait : les locaux, les millions, les faveurs du pouvoir souverain, rien ne fit défaut à cet intrépide jouteur, qui débuta par la fabrication de métiers à filer; c'était assez, c'était suffisant pour ses moyens.

« Mais, se dit-il un jour, puisque je fais des métiers à filer, pourquoi n'établirais-je pas des filatures, et il établit des filatures, et beaucoup de filatures.

« Mais, puisque j'emploie beaucoup de fer, pourquoi n'établirais-je pas des fonderies et des forges, et le voilà qui établit des hauts fourneaux et des laminoirs.

« Mais, puisque j'ai besoin de beaucoup de combustible, pourquoi n'exploiterais-je pas des houillères? et le voilà à la tête de plusieurs houillères.

« Mais, puisque je fais du fer, et que j'ai du charbon, pourquoi ne ferais-je pas des machines à vapeur, des bateaux à vapeur et des voitures à vapeur? et le voilà à la tête du plus grand atelier de machines qui ait jamais existé.

« Mais, puisque je fais des machines, il faut que je m'intéresse dans toutes les industries auxquelles je fourniral des outils; et le voilà copropriétaire de papeteries, de faïenceries, de draperies, etc.

« Mais, puisque je ne puis fournir aux demandes qui m'arrivent des pays lointains, pourquoi n'y établirais-je pas des succursales? Et le voilà qui établit des succursales en Hollande, en Pologne, en Russie et jusqu'en Algérie. Dix ans de plus, il se serait emparé de la Chine et du Japon, mais...

> Le Dieu qui met un frein à la fureur des flots
> Sait aussi mettre un terme à l'appétit des sots.

Nous laissons à ses actionnaires le soin de calculer les dividendes que ce *Carabas industriel* leur a laissés à sa mort. Nous passons légèrement sur les appendices qu'il était entraîné chaque jour à raccrocher à l'une ou l'autre de ces grandes entreprises, tels qu'une fabrique de cordes, de clous, de boulons, et le petit chemin de fer du Nord, qui n'a tenu qu'à un fil.

« Quelle forte tête devait avoir un pareil homme, direz-vous, pour monter, entretenir et diriger *cinquante* établissements différents, dont un seul suffirait pour absorber la plus vaste capacité de notre époque? — Vous êtes dans l'erreur, il ne faut que de l'audace et encore de l'audace; mais de capacité spéciale, point. La science, l'instruction, le calcul, la raison, rendent timide et modeste, *audaces fortuna juvat;* remarquez que l'aphorisme latin ne dit pas *sapientes*, et il a raison.

« On ne saurait croire combien de mal a fait ce misérable dicton païen parmi les chrétiens de nos jours; on ne voit partout que plongeurs qui se lancent, les yeux fermés, dans le gouffre de l'inconnu; les entreprises les plus bizarres, les plus extravagantes s'organisent pour exploiter des industries sans nom, des machines impossibles et d'ineffables spéculations. Quant aux bonnes choses, aux inventions rationnelles dans lesquelles on voit clair d'un bout à l'autre, elles n'ont aucune chance de trouver des capitaux, parce qu'elles n'offrent que vingt ou trente pour cent de dividendes assurés; mais parlez-nous des machines à mouvement continu, des moteurs gratuits, du *perpetuum mobile*, comme disent les Allemands, et vous trouverez des millions, car ce n'est pas trente pour cent, c'est trois mille, c'est trois cent mille pour cent que les spéculateurs vous font voir en perspective. Comment résister à cette brillante hallucination ? On aime tant l'incertain, le mystérieux, le merveilleux, qu'on se hâte de placer ses épargnes à toutes les loteries à *lingot d'or*; mais, nous le répétons, gare le jour du tirage et de l'universelle déception !

« Il est bien temps, direz-vous, d'aborder la *spécialité* que vous prônez, de nous dire comment les Anglais y sont presque arrivés quand nous en sommes encore si loin. Il ne suffit pas de nous répéter : Imitez les Anglais, comme une foule d'écrivains *surfaciers* nous le crient; il faut approfondir les causes de leur supériorité et nous les étaler, comme on dit, en *tartines* assez appétissantes pour nous faire éprouver le désir d'y mordre!

« — Eh bien! ce qui s'oppose à la spécialisation de l'industrie sur le continent, nous allons vous le dire : c'est le *communisme* manufacturier qui règne chez vous et qui est limité, en Angleterre, par des patentes bien défendues. C'est le droit de libre pacage intellectuel que vous avez rétabli, en brisant toutes les clôtures des monopoles et privilèges qui protégeaient, quelquefois injustement, mais toujours utilement, les concessions royales, que l'Angleterre a su respecter.

« En supposant que vous eussiez poussé l'expérience de 93 jusqu'au bout, et renversé les murs de la propriété foncière, en la laissant béante aux maraudeurs et aux braconniers, auriez-vous le droit d'être étonné du désordre dont les accapareurs et les aventuriers de toute espèce auraient rempli la France? Cette France, qui vaut aujourd'hui trente-quatre milliards, n'en vaudrait certainement pas dix. Eh bien ! la propriété industrielle et commerciale de l'Angleterre, qui vaut à elle seule quarante milliards, puisqu'elle en rapporte deux, ne vaudrait pas plus que la vôtre, c'est-à-dire quinze à vingt, d'après ce que vous produisent vos exportations, si l'Angleterre n'avait pas mis un frein à l'appétit de ses fabricants marrons.

« Comment ne comprenez-vous pas que, puisque le partage, le

clôturage et la division du domaine matériel, est un moyen sûr d'accroître le nombre des propriétaires et sa fertilité, le partage, le clôturage et la division du domaine intellectuel produirait infailliblement le même effet? Cette division aurait pour résultat certain d'augmenter le rendement. Nous répétons, le *rendement*. Mais vous êtes pressé, et vous criez : Au fait, avocat! Nous y voici ; nous la soulignons pour que vous reteniez bien notre formule :

« *La spécialisation est la fille de l'appropriation légale de toutes les industries, fabrications et inventions diverses entre les mains de ceux qui les ont perfectionnées, acquises ou importées les premiers.*

« Cette appropriation entraînerait ou contraindrait les industriels au respect mutuel des limites, et l'empiétement devenant plus difficile, le libre parcours se trouverait naturellement réprimé et l'ordre s'établirait sur le terrain industriel comme sur le territoire agricole; chacun aurait alors ou pourrait avoir un apanage plus ou moins étendu, qu'il pourrait agrandir seulement dans les limites de sa capacité, de son activité et de sa probité, mais non de sa voracité.

« Voici un spécimen explicatif de notre théorie, choisi au milieu de la salle des machines mouvantes du Palais de Cristal :

« Un mécanicien très-ordinaire, mais qui aurait pu entreprendre comme les autres toutes sortes de machines, a eu la sagesse de faire sa *spécialité* des instruments à broyer, triturer, concasser, piler, pulvériser et porphyriser toutes les substances imaginables. Il a inventé, perfectionné ou acquis tous les appareils et outils concernant son état, et s'est mis à tourner, tailler, creuser, polir le granit, le porphyre, le quartz, l'agate et les molaires pyromaques les plus rebelles à l'acier trempé au cyanure de potassium. Il a formé des ouvriers *spéciaux* à ce travail *spécial*, et a fini par acquérir une clientèle européenne d'abord, et universelle aujourd'hui, par suite du succès hors ligne qu'il a obtenu à l'Exposition pour ses triturateurs à sec, à froid, à chaud, à l'eau, à l'huile, au gras, au maigre, selon les goûts, à partir du grand moulin à chocolat jusqu'au mortier homœopathique, qui est capable de porter la dynamisation des remèdes jusqu'à l'*exacerbation* si on le désire. Il ne lui manque plus que le pulvérisateur d'éponges du docteur Mure.

« Qui ne comprend qu'une pareille fabrique est assise sur d'impérissables fondements et qu'elle est appelée à constituer une fortune héréditaire à la lignée de l'auteur dont le nom, porté par le bâtis de ses machines dans toutes les contrées du globe, durera aussi longtemps sous la firme d'Hermann, *le broyeur de chocolat,* que celui de Napoléon Ier, *le broyeur de couronnes?*

« Nous n'avons qu'un petit conseil technique à lui donner, c'est de placer le cône de ses broyeurs à l'envers, si mieux il n'aime les tenir simplement cylindriques, afin qu'ils ne puissent avancer qu'en glissant, ou glisser en avançant : la besogne en avancerait d'autant.

« Un des avantages de la *spécialité,* c'est de pouvoir facilement résister aux crises politiques ou commerciales locales ; car si les commandes s'arrêtent dans un pays, elles continuent d'arriver de tous les autres ; il n'en est plus ainsi quand tout le monde prétend tout faire, chacun ne fait qu'un peu de tout et le fait mal ; personne n'acquiert une supériorité bien marquée, une clientèle définitive, parce qu'on ne peut donner une publicité suffisante à une quantité d'articles qu'on ne fabrique pour ainsi dire qu'accidentellement, et que beaucoup d'autres fabriquent également en manière d'accessoires ; cela s'appelle de l'anarchie, du gâchis, et nous sommes évidemment aujourd'hui en plein gâchis industriel et commercial sans qu'on s'en doute.

« Vienne donc le règne de la *spécialité* pour nous tirer de là ! Mais la spécialité ne peut sortir que d'une bonne loi sur les brevets et les marques, qu'on renvoie sans cesse aux calendes grecques.

« Ne serait-il pas bon, par exemple, qu'Érard ne fît que des pianos à queue qu'il fait si bien ; Pleyel les pianos carrés où il excelle ; Blanchet les pianos droits ; Pape les pianos singuliers remplis d'inventions nouvelles. Il obéirait ainsi au génie qui le pousse aux innovations dont les autres savent mieux profiter que lui.

« Nous n'avons pas vu à l'Exposition un seul perfectionnement, dans les pianos, pour lequel Pape ne soit breveté depuis longues années. Cet homme est à sa partie ce que Cavé est à la sienne ; ces deux observateurs font, pour les besoins de leur travail courant, de très-grandes inventions, presque sans s'en douter. Ils n'arrêtent pas une minute leur attention sur un objet quelconque, sans trouver à l'instant un moyen de faire mieux, et ils le font immédiatement parce qu'ils ont l'outil à la main et la main à l'outil. Avant peu nous verrons sortir de leur cerveau des inventions étranges et d'une simplicité qui prouvera ce que peut la justesse du coup d'œil aidé d'une longue expérience. La grille à gradin appartient à Cavé comme le marteau pilon.

« Il suffirait d'une demi-douzaine d'hommes semblables, qui ne sortent pas de l'École polytechnique, pour enrichir la France, si leurs découvertes ne devenaient la proie des éperviers qui planent continuellement sur la tête des chercheurs et les empêchent de gratter en sécurité le sol de la Californie intellectuelle.

« Tant que les enfants d'Éden seront subordonnés aux enfants de la bête; tant que les Caucasiens, doués de l'esprit de combinaison, seront les esclaves des *Autochthones*, qui en sont privés, et qui s'en vantent, l'accessibilité à la propriété de leurs œuvres leur sera disputée; ils n'obtiendront ni la *spécialisation* de l'industrie, ni la *responsabilité* individuelle, ni la création de nouveaux propriétaires et de nouveaux contribuables, parce que tout cela sont autant d'inventions, et ne sont pour la plupart que des *illusions*, d'après les cerveaux stériles; soit; mais comme l'existence humaine se compose en grande partie d'*illusions*, et que vous avez droit de prélever un impôt sur la vie, il ne faut pas que les illusions échappent à l'impôt. Voilà un raisonnement digne du fisc.

« Mettez donc les *illusions en régie*, comme la poudre et le tabac, vendez des *illusions* à tous les inventeurs du monde, levez la dîme sur toutes les richesses imaginaires de ces fous du Pirée qui n'ont pas le droit d'en user gratuitement, et qui ne demandent pas mieux que de payer pour jouir du *droit commun*; concédez-leur des majorats dans les régions imaginaires auxquels vous n'attachez aucune valeur; permettez-leur de se tailler des habits dans le ciel azuré et d'aller à la conquête des villes du mirage dans le désert de l'hallucination; puis tendez-leur votre escarcelle et ils la rempliront d'écus sonnants comme vous remplissez celle de tant de jongleurs qui ne vous servent que des mensonges et des contradictions sous le régime *mystificationnel* qui court.

« Que risquez-vous de donner à celui qui vous le demande, l'argent à la main, le droit de créer, de nourrir et de garder ses *illusions*, puisqu'il payera vos parchemins aussi volontiers qu'on payait ceux du chevalier d'Hozier?

« Ne voyez-vous pas que vous les rendrez bien heureux, tout en leur faisant solder l'espoir d'une vie meilleure? Combien de rêves dorés n'avez-vous pas fait éclore dans le cerveau des prolétaires en leur vendant le spectre du lingot d'or?

« Qu'on les appelle à l'émeute avant le tirage, et soyez sûrs que pas un possesseur de billet ne descendra dans la rue.

« Eh quoi! vous hésitez parce que MM. Piercot, Ackersdyck, Quentin Bauchart et de la Riboissière ont peur! Craindraient-ils que quelques-unes de ces *illusions* ne devinssent des réalités? Regretteraient-ils d'avoir concédé un acre de sable à un malheureux qui pourrait s'en faire un jardin? Cela ne serait ni poli, ni politique.

« Vous voyez bien qu'il n'y a qu'à gagner à donner à chacun la propriété de ses idées; car tout le monde a une idée, et chacun croit son idée excellente; permettez-lui donc de payer pour ses idées tant qu'il y croira, car tant qu'il y croira il payera.

« Nous connaissons plus de cent inventeurs du mouvement perpétuel qui, le jour de l'émeute, se sont tous rangés, nous en sommes sûr, parmi les défenseurs de la propriété, parce qu'ils ont la conviction de devenir millionnaires l'année prochaine, et ils le croiront tant que vous ne ferez pas l'imprudence d'annuler leurs brevets.

« Courage donc! s'il en faut, pour encaisser le tribut de ces millions d'insensés répandus comme les Hébreux parmi les nations; prélevez sur eux un impôt volontaire et progressif, qui amènera le dégrèvement progressif de la propriété foncière, chargée de tout le fardeau de l'impôt, comme vous dites.

« En imposant les fous, vous aurez plus de contribuables qu'en imposant les sages; et ces prétendus fous vous béniront et rempliront le vide fait dans vos finances par vos prétendus sages! Soyez donc assez sages, vous, pour préférer l'argent et les actions de grâces aux malédictions de ces lunatiques de tous les pays qui vous font des livres, des opéras, des dessins, des statues, des cosmétiques, des alliages, des outils et des inventions de toute espèce !

« Ouvrez donc dès demain le grand-livre et la grande caisse de *l'impôt des illusions*, enfoncez-vous dans cette terre promise de la fiscalité sans violence ; accordez la protection de vos lois à la marque de tous les fabricants du monde, afin qu'ils puissent poursuivre les contrefacteurs du nom, du signe, de l'emblème, de l'estampille, de l'étiquette, de l'enveloppe, de la bande, du cachet ou du timbre, dont ils croiront devoir abriter leurs produits contre le vol et la fraude ! Prélevez le même impôt de protection sur les écrivains, les musiciens, les dessinateurs, les modeleurs, les graveurs, les embosseurs et les estampeurs du monde entier. Ne refusez pas un tribut volontaire que l'univers demande à vous payer, pour obtenir la révocation du droit d'*aubaine*, si injustement rétabli sur les producteurs intellectuels. Le nombre de ces contribuables, tant étrangers que nationaux, serait si considérable, que nul ne peut dire où s'arrêterait le chiffre de vos recettes annuelles.

« La difficulté de déterminer ce chiffre exactement ne doit pas vous engager à repousser l'initiative d'une mesure que vous vous repentiriez éternellement d'avoir laissé prendre par l'un ou l'autre de de vos voisins.

« Vous voudriez, sans doute, savoir maintenant quels sont les arguments victorieux qu'on oppose à des vérités plantées aussi carrément depuis vingt ans *coram populo* ? Les voici, et nous jurons n'en avoir jamais entendu d'autres. — Oui, mais... cependant... peut-être !... on ne sait pas... on craint... il y a tant de systèmes qui paraissent bons ! — C'est peut-être une utopie socialiste, dit un ministre, voilà pourquoi je m'en défie... — L'avez-vous lue ? lui demande un conservateur. — Est-ce qu'on lit des utopies, répond l'intrépide logicien... — On peut sans doute différer d'opinions avec vous sur plus d'un point, nous écrit un autre ministre; mais il ne les indique point, et pour cause... — C'est de la conservation, dit un communiste... — Il y a déjà trop de propriétaires, dit un proudhonniste. — Quant aux économistes, ils ne nous reprochent qu'une chose, c'est d'avoir décoché quelques épigrammes au *laissez faire*.

« A ceux qui craignent de déranger quoi que ce soit nous démon-
trons que nous laissons tout ce qui existe comme il est, et que nous
ne voulons organiser et approprier que ce qui sera demain.

« Ce qui s'oppose à l'adoption de vos idées, observent les plus ma-
lins, c'est d'avoir trop raison, et il n'est pas bon d'avoir trop ou trop
tôt raison, parce que c'est humiliant pour ceux qui ont tort, et vous
prouvez que tout le monde a eu tort de n'avoir pas vu clair plus tôt
dans cette question, dont la solution, bonne ou mauvaise, doit amener, selon vous, le salut ou la perte de toute société basée sur la religion, la loyauté et la justice; nous ne parlons pas de celles qui sont
fondées sur la mutualité du vol et de la fraude, sur la fourberie et la
violence, sur le droit du plus fort enfin; celles-là se soutiennent
depuis l'origine des siècles. Mais la nôtre, qui a la prétention d'être
assise sur le *droit naturel*, est en danger de se dissoudre dès qu'elle
ment à son principe, qui est la justice. Mais voulez-vous savoir ce
que c'est que la justice? Retenez bien cette définition nouvelle que
nous répéterons jusqu'à ce que vous l'ayez comprise :

« *La justice est l'électricité statique du monde moral; dès que son
équilibre est rompu, il tend sans cesse à se rétablir, même avec éclat;
ces éclats s'appellent, en physique, tonnerre et foudre; en politique,
émeutes et révolutions;* voilà ce que c'est que la justice, tant pis pour
les gouvernements qui ne la pratiquent pas en tout et pour tous. Or,
y a-t-il justice d'enlever à l'inventeur, après quinze ans, la machine
qu'il a construite, lorsqu'on laisse perpétuellement à l'architecte la
maison qu'il a bâtie? Y a-t-il justice de condamner le premier à
l'amende préalable des brevets d'invention, et de dégrever le second
de l'impôt pendant plusieurs années? Y a-t-il justice d'exercer le
communisme à terme contre la propriété intellectuelle, quand on
abrite la propriété matérielle sous l'égide de la pérennité? Y a-t-il
justice de traiter différemment l'auteur d'un livre, d'une partition,
d'un tableau et l'auteur d'une machine, d'un outil ou d'une œuvre
d'imagination quelconque? Y a-t-il justice de donner à perpétuité, à
l'un le champ qu'il a acheté du produit de ses économies, et de refuser à l'autre la jouissance de l'appareil qu'il a inventé ou acheté d'un
inventeur, également avec le produit de ses économies?

« Cette injustice n'est pas une légère exception, une insignifiante anomalie dans nos codes; c'est une immense avarie qui diminue au moins de moitié la valeur de nos institutions; c'est une tache d'huile qui s'est étendue sur la moitié de l'étoffe dont le drapeau de la civilisation est fait, et qui menace de le souiller tout entier ; c'est enfin la cause réelle, mais sourde et non formulée jusqu'ici, du malaise, de la misère et des troubles qui règnent dans le milieu social. Nous terminerons par une figure qui servira de résumé et de conclusion à tout ce que nous venons de dire.

« *La justice veut que chacun puisse prendre librement, dans le milieu social, la place qui lui est naturellement assignée par sa pesanteur ou sa valeur spécifique réelle. Il faut que l'huile surnage l'eau, que les esprits surnagent l'huile et que les essences et les aromes occupent le haut du vase, et la lie le fond; mais si vous refoulez incessamment, par un travail de Sisyphe, les huiles, les esprits et les essences dans la lie, vous n'aurez, à la place d'un milieu limpide et tranquille, qu'un milieu trouble, agité, tourbillonnant, bouillonnant et en perpétuelle fermentation.*

« Il ne faut donc violer en rien les lois éternelles de la gravitation, pas plus dans le monde moral que dans le monde physique; car l'un n'est que le reflet de l'autre, et l'on ne saurait impunément scinder ou dédoubler l'œuvre du Créateur.

« Il y a trois manières d'étudier l'Exposition universelle et d'en rendre compte; on peut la prendre au point de vue philosophique, au point de vue technique, ou au point de vue du chantage.

« Nos lecteurs se seront aperçus que nous avons presque épuisé le premier; nous allons passer au second, mais nous ne toucherons pas au troisième, par respect pour les droits acquis des tiers.

XXXIII.

Nous commencerons avant tout par nous délivrer d'un secret mystérieux qui nous pèse depuis notre entretien avec le savant docteur Jennings qui pense avoir trouvé un corps isolateur de la puissance magnétique. Pour le prouver, voici comment il s'y prend : il pose au-dessus d'un fer à cheval aimanté, tournant avec vitesse, des plaques de toutes

sortes de substances métalliques, végétales ou animales, à travers lesquelles l'influence de l'aimant permanent se fait sentir avec la même
puissance que s'il n'y avait rien ; le tourniquet et la limaille de fer
prennent un mouvement de rotation opposé à celui du fer à cheval ;
mais s'il remplace une de ces plaques par une plaque double de cuivre de même épaisseur, contenant la substance isolatrice, l'influence
est interceptée ; s'il la retire à moitié, la limaille se divise en deux
parties, l'une avec, et l'autre sans mouvement.

Il a répété l'expérience plusieurs fois devant nous et toujours avec
les mêmes résultats. — Savez-vous, docteur, que vous êtes sur la
voie du mouvement perpétuel ? — Je sais, dit-il, que le mouvement
perpétuel pris dans l'ordre mécanique terrestre est impossible, mais
emprunté à la mécanique céleste ou aux phénomènes qui en dépendent,
la chose me semble tout aussi rationnelle qu'à M. Dumas la transmu-
tation des métaux ; car enfin, si nous pouvions attacher une courroie
au soleil, il est évident que nous trouverions la solution de ce fameux
problème ; nous aurions également un moteur gratuit et perpétuel,
dans le vent ou la pluie, s'ils agissaient continuellement ; mais ces
phénomènes ne sont pas les seuls que le soleil produise ; il y a celui
des courants électriques et magnétiques résultant de la lumière et de
la chaleur. Ces deux-là nous paraissent beaucoup plus constants à cause
de leur rapidité, qui est si grande que leur intermittence ou leur affai-
blissement sont inappréciables à nos sens ; ainsi, l'aiguille aimantée
et les aimants en général nous semblent-ils en continuelle tension, ce
qui fait qu'on ne peut s'en servir comme moteurs ; car la force mécanique ne s'obtient que par une succession d'actions et de réactions,
d'attractions et de répulsions ; or, si je puis interrompre à volonté
la coaction de l'aimant dit permanent, le mouvement gratuit est
trouvé. Voilà une mauvaise pendule qui marche depuis quinze jours
par ce moyen ! L'armature, qui remplace la lentille, ne va pas jusqu'au contact, j'ai ménagé un léger passage dans lequel vient se placer
comme un écran, ma substance isolante ; le pendule se porte alors
vers l'aimant opposé, d'où le même artifice le renvoie immédiatement,
et ainsi de suite...

XXXIV.

— Tout cela n'est rien, dit le docteur, et j'en faisais peu de cas; mais depuis que j'ai vu à l'Exposition un aimant permanent qui soutient 1,000 kil., et que j'ai appris qu'un Hollandais avait trouvé le moyen de donner aux aimants une puissance trente fois plus forte qu'autrefois, je vous avoue que je commence à croire qu'un jour nos vaisseaux feront le tour du monde sans dépenser une once de charbon.

— Bravo, docteur! hâtez-vous de livrer vos idées aux corps savants.

— Je connais, dit-il, des savants, mais je ne connais pas de corps savants, et s'il en existe, je crois qu'ils seraient peu flattés qu'un ignorant comme moi se permit de leur enseigner quelque chose.

Je ne leur dirai donc pas que j'ai enfermé une aiguille aimantée dans une boîte composée de ma substance isolatrice, qu'elle y est devenue folle et a perdu la tramontane. Je ne leur dirai pas que l'attraction par les tranches est plus forte que par les surfaces, et qu'il faut que les pôles des aimants soient trempés le plus dur possible.

Je ne leur dirai pas qu'en plaçant les pôles d'un aimant au plus près d'un volant de machine à vapeur pendant quelques jours, cet aimant se suraimante extraordinairement par l'influence de la masse de fer en mouvement; je ne leur dirai pas qu'une aiguille fine déposée sur un verre d'eau, à laquelle on présente un bâton de cire à cacheter, préalablement frotté sur le draps, repousse également les deux pôles de l'aiguille.

La corporation savante débuterait, comme à l'ordinaire, par m'accuser de vouloir la mystifier, et m'accueillerait comme elle a accueilli Harvey, Jenner, Mesmer, Hahnemann, Jouffroy, Fulton, et en dernier lieu ceux qui lui ont apporté des crapauds vivant depuis plusieurs siècles enfermés dans des pierres, chose que tous les carriers connaissent par expérience. Vous savez que ces savants ont nié la chute des pierres jusqu'à ce qu'il en soit tombé sur la tête d'un académicien. Ils ne croiront pas non plus aux pluies de grenouilles avant qu'il leur en tombe sur le nez.

XXXV.

Ce docteur possède un secret qu'il ne veut pas déposer à l'Académie, même sous paquet cacheté, depuis que le secrétaire général s'est plaint que le greffe en était encombré. C'est un procédé pour faire de la cochenille artificielle aussi belle que la naturelle. Nous avons cru entrevoir dans sa conversation que la cochenille véritable n'est qu'une *albuminate de fer*. A bon entendeur *honor et argentum!* Nous entr'ouvrons cette porte à M. Melsens qui a déjà fait, avec de l'albumine, du tissu cellulaire animal, malgré le chagrin que cette découverte paraît causer au docteur Roux, qui ne se songe pas que le poussin est fait d'albumine.

XXXVI.

Il y avait à l'Exposition beaucoup d'échantillons de tourbes, de mousses et autres foliacées réduites en briquettes, en charbon et en coke, avec une foule d'hydrocarbures, de goudrons et de poix extraits de leur distillation.

On marche à grands pas, depuis quelques années, vers l'utilisation de ces matériaux jusqu'ici sans valeur, et dont l'abondance est extrême. La peur d'arriver à l'épuisement du charbon de terre, semée par certains ingénieurs, n'a pas été sans influence sur ces recherches.

> Le monde est plein de tourbe, et quiconque en veut voir
> Dans presque tout pays, n'a qu'à prendre un grattoir.

L'Allemagne, la Pologne, la Russie en sont remplies, et nous apprenons que le czar vient de récompenser un inventeur qui a trouvé le moyen d'alimenter les poêles russes en les emplissant de cette substance toute humide, telle qu'elle sort de la terre.

Un témoin oculaire de ces expériences nous affirme que ce combustible, brûlé dans les fours arrangés par l'inventeur, développe plus de calorique que le charbon.

Ceci dépasse tout ce qui a été fait en Irlande, dans ces derniers temps; car la nécessité de dessécher et de comprimer la tourbe, exige une grande main-d'œuvre que l'inventeur russe économise.

Somme toute, nous devons nous rassurer sur le danger de manquer de combustibles, notre provision est maintenant assurée pour plusieurs milliers d'années; le Créateur s'est chargé de pourvoir à notre chauffage comme à notre nourriture et à nos vêtements, par l'intermédiaire de ses contre-maîtres, les inventeurs. Tâchons seulement de ne pas les laisser mourir de faim, comme ont fait nos pères.

Nous avons sur notre cheminée un morceau de tourbe préparée par M. Reboul, qui a la dureté et le poids de la houille et brûle comme elle. Il paraît qu'en la passant entre deux laminoirs et en la débarrassant de la terre par le lavage, la substance végétale acquiert une affinité d'agrégation qui lui permet de se durcir en séchant, à la façon de la fécule.

Il est évident pour nous que la misère est la suite du manque de travail, que le travail est la conséquence des inventions, et que si les inventeurs de travail sont maltraités ou repoussés par nous, comme ils l'ont été et le sont encore dans tous les pays barbaresques, l'accroissement du travail ne suivra jamais celui de la population, et nous serons condamnés à l'indigence et au paupérisme à perpétuité; c'est évident comme le jour.

Le combustible est la force et le fluide nerveux de nos fabriques de toute espèce; il est donc important d'en avoir à profusion, d'en avoir trop s'il est possible, puisque le combustible peut se traduire en pain, et c'est ce que vient de faire M. Cavé en employant le fameux marteau-pilon, dont il est l'inventeur, à reconstituer en blocs le menu de houille. Son procédé est essentiellement différent de tous ceux qui ont été proposés jusqu'ici. La houille grasse, déposée dans un cylindre entouré de vapeur, acquiert un certain degré de plasticité glutineuse qu'il met à profit pour l'estamper d'un coup de pilon et lui faire prendre la forme de son moule. La houille maigre, liée par une très-petite quantité de goudron (2 p. c.), redevient presque de la houille grasse. Des pains de 10 kilos sortent de son four par douzaine chaque minute, parfaitement secs, parfaitement solides, et leur cassure ressemble en tout point aux cassures de la houille vierge. Nous n'avons rien vu d'aussi beau, d'aussi net, dans les échantillons exposés par les Anglais; c'est au point que nous prenions un tas de charbon moulé pour de la fonte, tant les arêtes en sont vives et résistantes. Que sera-ce donc quand cet outil précieux sera joint à l'appareil *Berard,* qui lave le menu et en extrait les moindres parcelles de schiste? Nous n'hésitons pas à dire que le poussier de charbon, qui encombre le carreau des houillères (au point qu'il a été mis sérieusement en question en Belgique s'il n'y aurait pas plus d'avantage à le jeter à l'eau ou à l'incendier qu'à le vendre), sera préféré au charbon naturel par tous les consommateurs, et surtout par les bateaux à vapeur, où il s'arrime si bien qu'il occupe moitié moins de place que le charbon en pierres.

Nous conseillons à M. Cavé de s'occuper maintenant d'une machine à tourbe; on en demande de tous les côtés, particulièrement de la Bavière et du canton de Turgovie qui en sont encombrés.

Mais enfin, disent les philanthropes qui s'intéressent au sort de leurs millièmes petits-fils, la tourbe et la houille s'épuiseront comme le bois, puisque la consommation va toujours en augmentant. — Nous leur répondrons que tout cela repousse. S'ils n'en croient rien, nous leur dirons qu'on brûlera de l'eau, et qu'un litre et demi de ce liquide à bon marché nous a déjà donné, à nous et à l'ingénieur Grouvelle, 222 pieds cubes de gaz, ce qui est suffisant pour chauffer un appartement pendant deux ou trois jours au moins.

Ovide ne vous avait-il pas déjà annoncé cette bonne nouvelle en ces termes :

> Flamma dabit aquas, dabunt æquora flammas.

Ce qui veut bien dire que si la combustion produit de l'eau, l'eau produira du feu.

Ovide comme Horace était donc poëte (*vates*), c'est-à-dire un prophète, un devin, un sorcier, ou sourcier, ainsi nommés parce qu'ils remontent à la source des choses.

Du reste, à dater de 1857, on peut compter sur une économie de 50 p. c. sur le combustible employé dans les fabriques. Un second rapport de l'ingénieur Grouvelle sur l'appareil Beaufumé établi à Denain et à Chaillot par les frères Cail et perfectionné par eux, va faire une grande révolution dans le monde industriel. Nous aurons soin d'y revenir avec de nouveaux et précieux détails puisés à bonne source.

On trouve chaque jour des moyens de rendre la vie non-seulement supportable, mais de plus en plus facile, de plus en plus agréable, mais on oublie qu'on les doit, qu'on ne les doit qu'aux inventeurs, lesquels ne doivent rien à la société, si ce n'est l'existence qu'ils n'ont point sollicitée, tandis que la société qui leur doit tout ne leur accorde rien et les vexe. Quelle sera, par exemple, la récompense de cet exposant anglais qui s'est si tardivement empressé d'établir un spécimen de pavage en fonte, lequel va donner un essor incommensurable à la production du fer, invention qui fera vivre plusieurs centaines de mille ouvriers mineurs, fondeurs, forgerons et marins? Le fisc a commencé par lui extorquer une somme considérable avant qu'il ait mis la main à l'œuvre que nous lui avons indiquée en ces termes :

« On a essayé de tous les systèmes de pavages, en pierres, en bois,
« en cailloutis, en asphalte, etc., le tout sans succès durable; mais on
« n'a pas essayé du pavage en fonte : elle était trop chère autrefois;
« mais aujourd'hui ce serait le pavage le plus économique, puisque
« cent kilos de fonte coulée, de première fusion, en plaques d'un
« mètre, ne coûtent que 6 francs en Angleterre, 8 en Belgique et
« 12 en France.

« — Cela serait trop glissant, dira-t-on; — oui, si la surface en
« était lisse, mais on peut lui donner telle rugosité que l'on trouve
« convenable pour offrir de la prise aux pinces et aux crampons
« des fers du cheval; — trop bruyante, — oui, si on l'établissait en
« caisse de résonnance, mais on aurait soin de l'appliquer à plat sur
« le sol, qui servirait de sourdine. — Un certain nombre d'ouver-
« tures réservées dans ces plaques absorberaient la poussière, l'eau
« et la boue, qui s'en iraient par des rigoles dans les égouts.

« Rien ne serait plus tôt fait que de relever ces plaques pour poser
« et visiter les conduites d'eau et de gaz. La casse serait bien vite
« réparée, et les débris renvoyés à la fonderie reviendraient neufs à
« leur place. Quant à la rouille, on ne peut plus s'en inquiéter depuis
« que l'on sait, par l'expérience des chemins de fer, que le passage

« des voitures produit des courants électriques qui empêchent le
« métal de se rouiller et qui le dérouillent en travaillant. Ce nouveau
« pavage répond donc à toutes les exigences : solidité, commodité,
« propreté, économie. »

En Ecosse, on a fait un essai de pavage avec des barres carrées
de 6 centimètres et de 60 centimètres de long, écartées de 2 déci-
mètres et posées sur des longrines également en fonte ; l'essai se
continue pour apprécier la durée de service.

Ceci ayant été publié en Belgique et en France, n'a trouvé d'écho
qu'en Angleterre, et cela se comprend. Un Belge ou un Français qui
aurait demandé un brevet pour cette application et qui eût fait les
frais de l'expérience eût été poursuivi en déchéance à cause de notre
publication ; tandis qu'en Angleterre, où la recherche de la paternité
est interdite devant les tribunaux, le patenté pourra exercer son industrie sans crainte d'être troublé dans son exploitation.

Lord Granville comprendra-t-il qu'il n'est pas bon de rétablir,
comme il l'a proposé, la recherche de l'originalité des inventions ?
Comprendra-t-il que cette mesure, enlevant toute sécurité aux industriels anglais dans leurs exploitations patentées, l'industrie de son
pays descendrait bientôt au niveau de celle de ses pauvres voisins,
avec les lois hérodiaques qui régissent, sur le continent, la propriété
intellectuelle ?

XXXVII.

Le verre marche de pair avec le fer pour les constructions archi-
tectoniques : l'un complète l'autre, c'est pourquoi l'Angleterre est
restée si longtemps en expectative avant de se lancer à fond de train
dans l'*architecture métallurgique*, que nous préconisons depuis plus
de vingt ans. C'est que le verre, avant la réforme de sir Robert Peel,
était chargé d'un droit de fabrication énorme qui eût peut-être fait
reculer devant les frais de la couverture du Palais de Cristal ; mais
aujourd'hui que le prix du verre a subi l'avilissement du prix du fer
en Angleterre, tout est possible en fait de bâtisse à bon marché. Quand
l'Angleterre le voudra, elle fera le commerce des maisons dans le
monde entier.

Le conseiller Blome avait eu la bonne idée de le faire avec des maisons de bois et de fer ; car le bois et le fer sont à très-bon marché en Suède.

Figurez-vous un pavillon magnifique pour trois mille francs, une maison à deux étages pour six mille francs et un véritable château pour douze mille francs ; voilà ce qu'a pu faire, depuis trente ans, le conseiller Blome, qui a eu le malheur de tenir à son misérable titre diplomatique, au lieu de donner à l'industrie qu'il avait inventée une extension qui serait aujourd'hui transcendante. L'inventeur a vieilli dans les chancelleries où il est mort ; mais voici venir l'architecture *fer et verre* qui nous apporte le dernier mot.

XXXVIII.

Tout le monde a déploré cent fois l'égoïsme étroit des propriétaires de maisons qui seraient désespérés de laisser saillir de leur demeure le plus léger abri pour les piétons surpris par la pluie. Beaucoup préfèrent même se priver de balcon, pour ne pas rendre au public ce léger service. En Angleterre surtout, où la fraternité n'y déborde pas de l'épaisseur d'un cheveu, les maisons de Londres sont presque toutes précédées d'un fossé comme des citadelles. Ce fossé, qu'on appelle *aérias*, est une sorte de petite cour et de passage pour les gens de service, et il serait très-avantageux de pouvoir les mettre à l'abri de la pluie.

En avant de la grille de fer qui entoure ces fossés, règnent partout de larges trottoirs qu'il serait également très-bon de pouvoir garantir contre l'inclémence du ciel britannique.

Or, rien ne serait plus aisé que d'abriter le tout sous un auvent vitré qui, partant du dessous des croisées du premier étage, irait s'appuyer sur des colonnes-candélabres de fonte, plantées sur le bord extérieur des trottoirs, et pouvant, au besoin, servir de porte-lanternes.

Depuis l'invention des tuiles de verre et l'abaissement du prix de cette matière, joint au bon marché du fer, rien ne serait moins coûteux que cette toiture ; nous avons calculé que le mètre courant ne s'élèverait pas à 20 francs, ce qui ne ferait qu'environ 250 francs pour chaque façade de maison ordinaire.

XXXIX.

Figurez-vous l'agrément qu'il y aurait à habiter une ville dont les trottoirs seraient à l'abri de la pluie, de la neige et du verglas ; la circulation, les plaisirs et les affaires y gagneraient autant que les boutiquiers, dont la vente n'aurait plus d'intermittence, car les dames sortiraient par tous les temps. Ces toits vitrés n'assombriraient en rien les magasins ; mais ils les dispenseraient de ces auvents de toile, aussi disgracieux qu'embarrassants, en prenant des verres dépolis, pour préserver les étalages des rayons directs du soleil.

Pour l'aristocratie, ces trottoirs couverts seraient comme autant de descentes de voitures qui préserveraient les chapeaux de la pluie et les souliers de la boue.

Il n'y a pas de ville aussi bien disposée que Londres pour recevoir ce *sybaritic improvement*, qui, ajouté à la transformation des omnibus en traîneaux et au déversement de la fumée dans les égouts des rues, ferait une ville de plaisance, lumineuse et parfumée, de cet infernal capharnaüm qu'on n'aime à regarder que par le dos, comme disait le docteur Hen.

Espérons que le prince Albert ne bornera pas son patronage au Palais de Cristal ; son début a été trop heureux pour qu'il ne l'accorde pas à toutes les grandes et utiles innovations, y compris un quai sur la Tamise. Il pourra dire alors comme cet empereur romain : « Vous « m'avez donné une ville de boue, de bruit et de fumée, je vous rends « une ville de cristal. »

XL.

Nous sommes heureux d'apprendre que la ville projetée à la Tête de Flandre sera munie de tous ces perfectionnements. Ce sera probablement une ville anglaise plantée en face d'Anvers, dont les négociants rivaliseront de zèle pour imprimer au commerce belge une vie qui lui a manqué jusqu'ici ; car, quand on voit la marine des villes hanséatiques, Brême, Hambourg, Lubeck et Rostock, doublée et triplée depuis vingt-cinq ans, tandis qu'Anvers, mieux placée cent fois, est restée stationnaire, on ne peut que faire de fâcheuses réflexions sur le régime commercial suivi en Belgique.

L'ingénieur Tarte, auteur du projet d'*Antwerpshaven* dont nous parlons, propose de relier les deux villes par un pont fixe donnant passage au chemin de fer des Flandres. Nous ne doutons pas du succès de ce pont, depuis l'invention de l'ingénieur Duval-Pirou, qui sait fonder des piles en coulant du beton dans des coffres de tôle immergés dans le fleuve. Le bateau de Cavé, qui évite les épuisements en refoulant l'eau par l'air comprimé, ce qui permet aux ouvriers de travailler à pied sec au fond des eaux, fonctionnerait admirablement dans cette circonstance.

Quant aux vaisseaux mâtés qui doivent monter plus haut que le pont, l'ingénieur a eu soin de leur réserver un canal de dérivation à travers la ville d'*Antwerpshaven*, qui, à en juger par la réunion de tous les agréments de la vie qu'il a su rassembler, ferait de cette place la demeure la plus confortable du monde.

Il ne manquerait plus que de la déclarer port franc pour en faire la plus riche. Voilà comment un homme de génie pourrait changer un marécage en paradis, si l'égoïsme mercantile qui domine dans la vieille cité permettait l'érection de la nouvelle. Mais...

XLI.

On nous demande souvent si nous n'avons rien trouvé de neuf en fait de chemin de fer à l'Exposition ; nous répondrons qu'il a été fait des merveilles en ce genre, pendant une quinzaine d'années, mais qu'on les a systématiquement repoussées, ce qui a refroidi la verve des inventeurs. Il en est un pourtant dont l'idée mérite d'être connue. Les ingénieurs qui tiennent le timon de la machine se demanderont peut-être un jour s'il est bien rationnel de traîner à perpétuité 660 kilos de poids-mort par voyageur, quand on pourrait réduire ce chiffre des deux tiers, au moyen du chemin *électro-pneumatique* que nous allons décrire.

Il s'agit d'un tube sans rainure et sans soupape, placé au milieu de la voie. Un piston de bois garni d'armatures de fer est forcé de parcourir ce tube, sous la pression d'une colonne d'air comprimé par une machine fixe. Ce piston n'a aucune liaison visible avec le convol, auquel il n'adhère que par deux rangées latérales d'*électro-aimants* suspendus à la voiture qui porte les piles galvaniques.

Le convoi n'est donc attaché au piston curseur que par la seule force coercitive des aimants, que l'on peut faire aussi nombreux et aussi puissants qu'on le désire, d'après Lenz et Jacobi, malgré la distance de 5 à 6 millimètres qui les sépare de leurs armatures, et malgré la déperdition occasionnée par la traction latérale; car on a déjà fait des électro-aimants qui supportent 22,000 kilos, tandis qu'il n'en faut que 400 pour attacher un convoi ordinaire; or, un seul aimant de 20,000 kilos, au contact, aurait encore 2,000 kilos d'adhérence à 5 millimètres, et 666 de résistance latérale, d'après les expériences et les calculs de Baral.

Pour arrêter le train aux stations, il suffirait de serrer les freins; le chauffeur, voyant monter le mercure dans son manomètre, arrêterait la machine soufflante et la remettrait en mouvement quand il le verrait baisser. Une sonnerie électrique, mise en jeu par le convoi lui-même, avant son arrivée en station, pourrait aussi bien gouverner la marche des machines stationnaires, que l'ingénieur, monté sur la locomotive, gouverne son convoi.

Si le piston curseur venait à se détacher par accident, le chauffeur en serait également averti par la subite dépression de son manomètre, et il n'aurait qu'un robinet à tourner pour envoyer un piston d'attente à la *rescousse.*

Arrivé au bas d'un plan incliné, la marche du convoi se ralentirait, et l'air se comprimerait de plus en plus jusqu'au sommet, à partir duquel ce même air servirait, sans perte en se dilatant, à pousser le convoi et à regagner le temps perdu et la force avancée.

L'emploi de ce moyen de propulsion éviterait tous les accidents produits par le procédé actuel; plus de rencontres, plus d'incendies, plus d'explosions, plus de locomotives et économie de plus de moitié dans la construction, par la suppression de la plupart des tunnels et des remblais.

Voilà ce qui résulterait évidemment du chemin de fer *électro-pneumatique* que l'ingénieur William-Williams recommande à l'attention des gouvernants, des compagnies et des ingénieurs, comme le *dernier mot* des chemins de fer.

Les doutes ne peuvent porter que sur deux points: 1° sur la possibilité d'obtenir des aimants assez puissants, ce qu'une simple expérience peut décider *à posteriori*, pour contrôler la science qui le décide *à priori*; 2° sur la déperdition de la force de l'air envoyé à grande distance, question que les essais et les calculs de Péqueur et du général Poncelet ont parfaitement éclaircie, en démontrant que toutes les équations antérieures sont erronées, parce que les analystes ont compté sur une vitesse de translation de 3 à 400 mètres par seconde, au lieu de 30 à 40 mètres au plus, dont on aurait besoin, dans la prévision qu'on dût marcher un jour à 40 lieues par heure.

Les obstacles se réduisent donc à peu de chose, pour arriver à la substitution d'un système excellent au faux système actuel; il n'en coûterait pas 10,000 fr. à la Compagnie du chemin de fer de Saint-Germain, qui est pourvue de puissantes machines soufflantes, pour s'assurer du fait. Cependant, il n'en sera rien, les ingénieurs n'ont pas huit jours à consacrer à l'étude de l'électro-magnétisme; mais ils pourraient s'adresser à M. Froment, qui en sait sur ce point-là plus que tous les théoriciens du monde. Dans tous les cas nous leur signalerons en deux mots le procédé de M. Léon Malecot, pour grimper les plans inclinés, avec une locomotive spéciale à huit petites roues *gaudronnées* portant sur deux rails extérieurs rugueux, tandis que le convoi continuerait à rouler sur les rails unis. Nous leur recommanderons également les roues *horizontales pinçantes* du baron Séguier, dont la pression sur le rail-milieu est constamment proportionnelle à la résistance, ou aux poids à traîner, ce qui résulte d'un mécanisme analogue à celui de la pince du banc à étirer. Cette invention aurait dû gagner le prix du *Sœmmering*, car quand les rails deviendront polis, les Autrichiens cesseront de l'être.

XLII.

L'apparition du premier chemin de fer a eu, comme le simple énoncé de toute grande découverte, la propriété de mettre tous les cerveaux en ébullition, et comme tout le monde a plus d'esprit qu'un seul, il est résulté de cette tension universelle des imaginations vers un même but un grand nombre de solutions bien préférables à la première; mais la locomotive s'étant cramponnée sur ses rails, il a été impossible jusqu'ici de la désarçonner; de sorte que ce chancre des chemins de fer, comme l'appellent les Anglais, continuera à s'étendre sur le globe et à ronger les dividendes de toutes les compagnies.

Dès qu'il sent approcher un inventeur, ce monstre à vapeur se cabre et lui lance tant de ruades avec les mille pieds de ses palefreniers, que le pauvre novateur, effrayé de cet accueil, est forcé de battre en retraite; voilà pourquoi il y a calme plat aujourd'hui dans les inventions relatives aux chemins de fer, si ce n'est qu'on persiste toujours à allourdir les locomotives pour les faire mieux grimper, ce qui n'est guère plus rationnel que de mettre du plomb dans ses poches pour mieux courir.

Il s'ensuit que l'on doit faire les rails pour la locomotive qui pèse de trente à quarante mille kil., tandis que chacune des autres voitures n'en pèse que de cinq à dix; il s'ensuit également que la locomotive écrase tout, démolit tout et occasionne d'incessantes réparations.

Décidément la locomotive, ce chef-d'œuvre de l'esprit humain d'il y a vingt ans, n'est plus qu'un affreux dragon semblable au Béhémoth de l'Apocalypse, qui dévorait en un jour le foin de vingt montagnes.

Tout ce que vous nous proposerez, disent les actionnaires des chemins de fer anglais, sera accueilli et essayé, pourvu que cela ait pour but de nous délivrer de la locomotive!

Tout ce que vous nous proposerez, disent les ingénieurs du continent, sera repoussé, si vous attaquez notre chère locomotive! — C'est un animal vorace, disent les uns. — C'est une vache à lait, disent les autres; — qui nous ruine, — qui nous fait vivre, et ainsi de suite; lesquels croire?

On sent cependant que malgré l'attachement qu'on porte aux choses anciennes, malgré les dérangements qui peuvent résulter du changement, on ne peut repousser tous les perfectionnements qui se présentent, par simple respect pour l'habitude; ce serait donner raison à celui qui a dit : *L'habitude est une difformité morale.*

On rompt souvent ses habitudes pour gagner de l'argent, pourquoi n'en ferait-on pas autant pour cesser d'en perdre? Pourquoi, lorsqu'on a les plans de plus de cent inventions de chemins de fer, qui prétendent valoir mieux que les chemins actuels, ne veut-on pas prendre la peine d'essayer au moins celles qui paraissent devoir donner le plus de bénéfices?

Cette conduite n'est pas justifiable de la part des ingénieurs; c'est croire tout inventé, que de repousser, sans daigner le regarder, tout ce qu'on leur présente, comme s'ils tenaient le dernier mot, la dernière formule de l'intelligence humaine.

XLIII.

Le même reproche peut s'adresser aux ingénieurs de la guerre et de la marine, auxquels nous nous proposions de faire connaître nos griefs, accompagnés d'une foule d'inventions tellement terribles, que cette publication aurait plus fait pour l'abolition de la guerre, que tous les congrès de la paix; nous aurions découvert à l'Europe le procédé de Warner pour faire sauter un vaisseau à deux lieues de distance, et une ville à deux cents lieues; nous aurions décrit la balle obus qui a l'avantage de faire explosion dans le corps des soldats, des chevaux, des caissons, et dont toutes les blessures sont mortelles; nous aurions décrit le fusil-lance à point d'appui sur la baïonnette, qui n'userait pas une livre de plomb pour tuer un homme, tandis qu'on en use 150 d'après Gassendy. Nous eussions fait connaître les engins nouveaux pour faire explosionner les baleines, les requins, les crocodiles, les lions et les éléphants, avec l'électro-galvanisme appliqué à la guerre, à la pêche et à la chasse; nous eussions décrit la fusée nageante et le navire incendiaire, et fourni à la plus petite nation maritime les moyens de résister à la plus grande; mais la politique réclame la place. Nous ne pourrons même pas parler de l'architecture *fer et verre*, ni des cathédrales fondues sur place, ni de l'histoire et des applications du zinc, ni de la prochaine émigration de cette industrie pour les États-Unis, ni de la nouvelle théorie de la navigation à vapeur, ni de la gutta-percha, ni de la production des perles fines, ni de la botte marine, ni du tannage à la minute, ni des tribunaux wehmiques organisés pour condamner à mort les inventions qui les dérangent le plus, c'est-à-dire les meilleures, telles que le drap feutre et tricoté et le gaz à l'eau, qu'ils ont tué par la calomnie maniée d'une main sûre.

XLIV.

Nous sommes obligé de nous taire sur la vraie théorie du feutrage, que nous avons découverte, sur le tannage manillien, sur le rouissage à l'heure, sur l'électricité centripète et centrifuge, sur la conversion du calicot en toile de lin, sur la fabrication et la trempe de l'acier, sur le laminage du fer cordé comme des substances filamenteuses, sur les avantages du transport et du débit de la force à domicile, sur la dynamisation des engrais de Beninghauss, qui obtient d'un kilogramme de guano trente fois l'effet utile, sur les puits forés avec le marteau-pilon, et sur cent autres découvertes qui se sont, par prudence, soustraites au grand jour du Palais de Cristal, et qui reposeront dans les cartons jusqu'à ce qu'un nouveau débouché leur soit ouvert, et qu'elles puissent entrer dans le monde par la grande porte.

XLV.

Nous terminerons par les réflexions suivantes, qui ne seront pas si encourageantes que celles de M. Blanqui, sur l'avenir réservé à nos industriels, mais qui les réveilleront au lieu de les endormir sur l'oreiller du *statu quo*, comme on ne l'a fait que trop longtemps.

Les Français ont vendu tous les objets qu'ils avaient exposés; les Belges, aucun; les autres peuples, très-peu; ce sont pourtant les mêmes choses; cela ne peut s'expliquer que par la manière de *faire l'article*, qui dérive du talent de *faire la médaille*, que les commissaires français possèdent par excellence. Les autres pays n'ont pas été heureux dans le choix de leurs défenseurs, fort honnêtes gens, d'ailleurs, mais fort peu connus dans la république des sciences, par conséquent sans autorité et sans influence sur le jury. C'est à ce manque de tact dans le choix de leurs envoyés, plutôt qu'à la faiblesse de leur indus-

7

trie, que tant de nations doivent s'en prendre de l'exiguïté de leur part dans les récompenses de premier ordre.

Cet échec n'est pas à mépriser, parce qu'il n'est pas réparable, c'est un stigmate indélébile pour leur industrie; méritée ou non, c'est une condamnation sans appel pour ceux que le verdict du grand jury international a frappés, comme c'est un triomphe sans pareil pour les vainqueurs. L'avenir en fera foi, car les conséquences ne tarderont pas à s'en faire sentir par la ruine des uns et la prospérité croissante des autres. Une ou deux grandes médailles, contre 56 et 76 accordées à la France et à l'Angleterre, ne sont rien qu'un certificat d'impuissance ou d'incapacité.

La distribution des récompenses s'est faite, comme toujours, tellement quellement; mais du moins, dans un meilleur esprit qu'aux expositions françaises.

XLVI.

Pour la première fois, l'invention a été prise en considération à Londres et les influences électorales ne paraissent pas avoir fait trébucher la balance en faveur des gentilshommes de la laine et du coton, comme les appelait si malicieusement le duc d'Harcourt, au Congrès libre échangiste de Bruxelles.

Le jury a compris pour la première fois peut-être que l'invention étant le grand ressort du progrès industriel, il pourrait bien être temps de songer à l'encourager; car on n'a jamais fait la moindre attention aux inventeurs exposants, depuis Jacquart, dont le célèbre métier, qui aurait dû recevoir une médaille d'or grande comme une porte cochère, n'a été honoré que d'une médaille de bronze par le jury de 1810.

Puissent les jurys à venir persister dans la voie ouverte par celui de Londres, et puissent les gouvernements, partageant les mêmes convictions, donner au contre-maître de la Divinité, à l'auteur de tous progrès, à l'inventeur enfin, la propriété de ses œuvres, comme ils donnent à chacun la propriété de son héritage, afin qu'il le cultive avec sécurité! Nous sommes assuré que l'inventeur sera reconnaissant de ce bienfait tardif, et qu'il nous le rendra avec usure; nous en avons pour garant tout ce qu'il nous a déjà donné depuis un demi-siècle, en échange du triste cadeau d'un brevet illusoire qu'on lui vend si cher, sans crédit et *sans garantie du gouvernement*, ce qui laisse croire aux contrefacteurs qu'ils ont le champ libre, et aux étrangers que le gouvernement les engage à se méfier des articles stigmatisés.

XLVII.

On doit s'apercevoir que nous nous sommes maintenu jusqu'ici dans ce qu'on peut appeler la philosophie de l'Exposition.

Au lieu de reproduire, selon l'usage, le catalogue suivi de réclames et d'adjectifs laudatifs hyperboliques, nous avons cherché avant tout à l'Exposition les grands enseignements économiques et les germes d'avenir, en y joignant toutes les notions inédites récoltées dans la conversation des hommes spéciaux, sans nous arrêter devant la qualification que nous lancent, pour toute réfutation, les tardigrades étonnés et déroutés, que nous cherchons à faire sortir de l'ornière dans laquelle ils seront enterrés par les Anglais et les Américains, s'ils n'y prennent garde.

Nous les prévenons qu'aux prochaines olympiades industrielles, le nombre de leurs médailles se raréfiera de plus en plus, à voir la marche contraire que suivent les concurrents en lutte.

Le bas prix de la main-d'œuvre lui-même n'est pas plus une garantie de succès que le bas prix de la paye du soldat n'est une garantie de triomphe; ces deux anciens éléments de supériorité disparaissent devant la multiplicité de la production manufacturière et la rapidité des évolutions militaires.

C'est en vain que certains pays s'endorment sur le rouet, la quenouille et les petits secrets de fabrique; tout cela est renversé par les machines, comme les élégants coups d'épée et les bottes secrètes se sont évanouis devant la mitraille. Cela veut dire qu'il n'y a de salut pour l'industrie du continent que dans la fabrication en grand, avec des machines de force et de vitesse, résultat des grands capitaux qui se présentent également partout où on leur offre des garanties égales, et qu'on n'en trouve nulle part, quand la loi ne les défend pas suffisamment contre la concurrence à brûle-pourpoint et les maraudeurs du commerce.

Or, si les capitaux du continent, lancés dans le travail manufacturier, ne trouvent pas de sûreté son industrie sera infailliblement vaincue; car pendant que les uns se préparent à exploiter sur une grande échelle, les autres semblent vouloir retourner vers le bousillage manuel des Orientaux; leur production sera à celle des Anglais et des Américains, ce qu'une pluie fine intermittente est à une averse continue; nous n'aurons bientôt qu'une industrie d'infiltration à opposer aux flots torrentueux de la leur. Pendant que nous passerons notre temps à plaider contre les contrefacteurs de nos petits procédés, ils feront rouler en sécurité le tonnerre de leurs usines colossales, protégées contre les frelons par de bonnes lois; et le futur jury, malgré son désir de nous être agréable, ne pourra plus nous défendre, comme il a encore trouvé le moyen de le faire aujourd'hui sans partialité trop criante. C'est que, dans dix ans, il n'y aura plus que de *grandes manufactures spéciales* de toutes choses, en Angleterre et aux États-Unis, et qu'il n'y en aura plus que de petites sur le continent, à voir la marche suivie par nos manufacturiers qui se retirent des affaires aussitôt qu'ils ont été assez heureux pour réaliser une petite fortune, ou qui s'y ruinent, s'ils persistent quelques jours de trop dans cette course au clocher, sans règles, sans juges et sans garanties. Or, la victoire, a dit un connaisseur, se range toujours du côté des gros bataillons, ce qui est vrai dans toute espèce de lutte.

XLVIII.

Les capitaux et les machines sont à l'industrie ce que la poudre et les canons sont à la guerre; toutes les chances sont pour celui qui en possède le plus. L'habileté manuelle et l'esprit de combinaison, qui comptaient jadis pour beaucoup, ont cessé d'avoir une influence décisive sur la victoire. L'armement militaire et industriel sont les mêmes par toute l'Europe; la bravoure et le génie inventif ne sont plus d'aucun poids aujourd'hui. Les bâtonnistes, les tireurs de savate et les boxeurs les plus agiles n'entameraient pas plus un carré ou une batterie, que les fileuses et les brodeuses les plus habiles n'en.

fonceraient une ligne de *mull-Jennys* et de métiers à tulle, — voilà ce que nous tenions à démontrer; tout le reste n'est que secondaire et ne nous a servi que de points d'appui pour établir l'influence toute-puissante qu'exercent la propriété et la spécialité, en matière industrielle et commerciale.

XLIX.

Nous croyons avoir posé le doigt sur la vérité vraie, car nous ne circulons pas dans les questions sociales autour de vérités relatives ou conditionnelles, comme une foule d'écrivains de profession qui se sont trop hâtés de brocher des systèmes sur la première lueur de vraisemblance. Nous ne pouvons mieux les comparer qu'à un mécanicien en possession d'un atelier qui, dès que l'idée d'une machine nouvelle lui vient, se met immédiatement à l'œuvre sans en dresser les plans, sans en méditer les épures, sans en calculer les rouages, sans en faire jouer les pièces, et qui s'en remet à la chance quant au résultat final.

Il n'est donc pas étonnant qu'il n'accouche que d'un monstre non viable ou d'une indigeste complication de leviers et de ressorts, qui se heurtent, se grippent et ne tardent pas à s'entre-détruire.

C'est ainsi qu'ont procédé, sans aucun doute, les inventeurs de systèmes économiques et sociaux qui courent encore, en se détraquant, se disloquant et tombant pièce à pièce sous les coups de massue de la critique mutuelle et du bon sens le plus vulgaire.

Ce n'est point ainsi que nous avons procédé pour l'*Organon de la propriété intellectuelle*, dont le plan, étudié pendant vingt ans, a été soumis à l'examen de tout ce que nous avons pu découvrir en Europe d'économistes sincères et de politiques éclairés. Tous l'ont approuvé sans réserve, et nous en sommes encore à attendre un adversaire qui veuille bien nous adresser un reproche un peu mieux fondé que celui d'avoir de l'*esprit;* ils ne se doutent pas que l'esprit, comme dit Van Heck, n'est que la crinoline du bon sens et que nous avons eu celui d'asseoir notre mécanisme sur *la justice et le droit commun*, de prendre pour moteur le ressort le plus puissant, celui de l'intérêt individuel bien entendu, avec l'espérance pour levier, et le respect de la propriété d'autrui pour modérateur.

L.

Qui donc trouverait un mot à reprendre à une constitution qui se résume en ces deux mots :

Chacun doit être propriétaire et responsable de ses œuvres!

A moins d'avoir le jugement faux, le sens moral oblitéré ou le cœur mal placé, nul, quelque stérile qu'il se sente, n'oserait se lever pour proclamer qu'il n'est pas juste que chacun jouisse de la *propriété de ses œuvres.*

Et que penserait-on d'un homme qui s'écrierait : Non! chacun ne doit pas accepter la responsabilité de ses œuvres, en les signant de son nom; car je serais déshonoré si l'on savait que tant de produits frelatés et empoisonnés sortent de mon officine!

On ne veut plus que je mette de l'eau dans mon lait; du buis, du sel et du tabac dans ma bière, des pommes de terre et du sulfate de cuivre dans mon pain, de la litharge et du bois de campêche dans mon vin, du cheval mort dans mes saucisses, de la fécule dans mon beurre, de la farine et de la glucose dans mon miel, des tourteaux dans ma moutarde! Mais c'est de la tyrannie, à moins qu'on ne nous indemnise, diront les débitants, car c'est un *droit acquis!*

Eh bien! il se trouve des hommes aussi haut placés qu'il est possible de l'être sur notre tas de boue, qui soutiennent que la *marque obligatoire* aurait de graves inconvénients, attendu qu'on ne pourrait plus vendre du coton pour de la laine, du lin pour de la soie, de l'huile d'œillette pour de l'huile d'olive, de la graine de seigle pour du café, de l'empois pour du tapioca, des feuilles de ronce pour du thé, du plâtre pour du sel, etc., etc.; cela nuirait, disent-ils, à de nombreux intérêts qu'il faut ménager; le haut commerce, consulté d'ailleurs, a désapprouvé la marque; il a des *droits acquis.*

LI.

Nous pensons que si l'on avait consulté les *tire-laines,* sur l'opportunité d'éclairer les rues, ils auraient mis dans la balance les *droits acquis,* et le dommage qu'une pareille mesure allait causer à une classe nombreuse de la cité; mais, comme a dit Béranger :

> Si vous voulez d'aventure,
> Supprimer la pourriture,
> N'allez pas à ce propos
> Consulter les asticots!

Le seul tort de l'*Organon* est de n'avoir tenu aucun compte des *droits acquis* par les fraudeurs, les voleurs, les plagiaires et les contrefacteurs; aussi n'a-il pour appui que les honnêtes gens, les gens de génie et les hommes de cœur et de probité. On le voit, il a peu de chances; car que pèse aujourd'hui l'aristocratie de l'intelligence et de la moralité contre tout le reste?

Ah ! si nous nous étions fait le séide de la fraude et le défenseur des spéculateurs qui escomptent, à l'abri de l'anonymité, le crédit de la nation à leur profit, qui sait s'ils ne nous auraient pas porté de chaire en chaire jusqu'au fauteuil ministériel? Cela s'est vu et cela se verra encore, jusqu'à ce que la misère soit arrivée à son comble, que la démoralisation ait achevé de miner les dernières assises de l'édifice actuel et que la société soit replacée sur les bases solides et inébranlables de la justice et du droit commun, ainsi soit-il!

La pyramide industrielle était sur sa pointe; nous avons voulu la remettre sur sa base, mais nous n'avons pas réussi.

Post-scriptum. — Une des choses qui ont été le plus universellement admirée et approuvée par les personnes qui ont visité l'Exposition, c'est la police et les *policemen*, dont la protection discrète et incessante ne s'est manifestée que par des actes d'obligeance et de politesse envers les étrangers qui auraient dû leur voter une médaille de reconnaissance pour leur fidélité dans la garde des richesses confiées à leurs soins.

LII.

A ceux qui méconnaissent l'influence de la propriété inventive sur la puissance des notions, nous allons répéter quelques questions auxquelles ils ne sauraient répondre autrement que nous, qui tenons à faire toucher du doigt cette grande vérité, que l'état actuel de la société n'est qu'une question de brevets.

Ces questions sont tellement frappantes que nous tenons à les faire entrer dans l'esprit de nos lecteurs par la répétition : *bis repetita placent.*

Pourquoi les Chinois sont-ils traités comme des enfants par les Anglais? C'est parce que les Chinois n'ont ni canons Paixhans ni carabines Delvigne, ni batteries flottantes, ni etc., etc., etc.; mais pourquoi n'ont-ils ni bateaux à vapeur, ni locomotives, ni télégraphes, ni etc., etc., etc.? tandis qu'ils ont une foule de petits secrets très-ingénieux ? Nous disons, nous, que c'est parce qu'ils n'ont ni brevets d'invention, ni propriété de modèles, ni de dépôts, ni d'enregistrement de plans ou de dessins industriels. La démonstration que voici est irréfutable :

Depuis quand l'Angleterre est-elle en possession de la machine à vapeur, de la mull-Jenny, du remorqueur, du marteau-pilon, de la machine à raboter, des laminoirs et de tous les engins de la haute industrie? — Depuis l'établissement de la loi des patentes qui donnait aux inventeurs une propriété de 14 ans, alors que les autres nations ne leur donnaient pas une minute.

Retournez la proposition et supposez que la Chine eût donné des brevets d'invention avant l'Angleterre, et vous verriez l'amiral *Fish-tong-Kan* assiéger Douvres ou Folkestone, et déposer d'autorité les consuls du Céleste-Empire sur les côtes de France, d'Angleterre, d'Espagne, etc.

Il n'y aurait rien que de très-rationnel; car un Chinois peut, tout aussi bien qu'un Anglais, tracer le plan d'un bateau à vapeur ou d'une locomotive; mais quand il s'agit de traduire ses lignes d'encre de Chine en barres de fer, de cuivre ou d'acier, qui voulez-vous qui lui prête les millions indispensables aux essais et à la construction, sans garantie légale, sans patentes ou sans brevets ? Force est bien à l'inventeur chinois de laisser ses grandes inventions en *plan* pour ne s'occuper que de jouets d'enfants ou de petites recettes des arts et métiers qui constituent leur industrie cryptogamique.

LIII.

Supposez qu'aujourd'hui le chef du Céleste-Empire, qui compte près de 400 millions de sujets, s'avise d'assimiler la propriété industrielle à la propriété ordinaire, et dans vingt ans, la Chine fera trembler l'Europe par la puissance de sa production industrielle et de sa force matérielle; car les Anglais eux-mêmes iraient l'enrichir des industries de l'Europe. On dit même qu'ils leur construisent en ce moment des cuirassiers marins et des canons Paixhans et que le fils du soleil a invité *Tolleben* à aller fortifier Canton; du moment où le grand empire du centre se reveillera faute d'opium, il deviendra plus dangereux qu'on ne se l'imagine.

Pourquoi la Russie a-t-elle dû céder devant les forces de l'Occident? Parce qu'elle manquait de grandes machines, de laminoirs par exemple, qu'elle aurait depuis longtemps si elle avait donné aux inventeurs une propriété réelle et non disputée comme elle le fait.

Pourquoi le continent recule-t-il devant le libre échange? si ce n'est parce qu'il protége moins bien les inventions depuis moins de temps que l'Angleterre.

Que la France donne la pérennité aux inventeurs, et avant dix ans l'Angleterre reculera devant le libre échange, tant l'industrie française aura gagné de terrain. Que la Turquie elle-même entre dans la voie que nous signalons, et vous verrez des essaims d'abeilles industrielles de tous les pays, aller construire leurs ruches sur les rives du Bosphore et de l'Hellespont.

Pourquoi l'Amérique du Nord a-t-elle fait tant de progrès, tandis que l'Amérique du Sud n'a pas fait un pas? C'est que l'une accorde des patentes et que l'autre n'en accorde pas. Pourquoi l'Espagne, qui était plus puissante que l'Angleterre au temps de Jacques Iᵉʳ, est-elle restée en arrière? C'est parce qu'elle a oublié de faire ce qu'a fait l'Angleterre. Pourquoi Naples se trouve-t-elle dans la position de Canton vis-à-vis des Anglais? C'est parce que la propriété industrielle n'y est pas reconnue.

Pourquoi l'Inde tout entière est-elle sous la coupe des Anglais?

C'est que les inventeurs n'y sont pas mieux protégés qu'au Maroc et au Soudan.

Les exemples fourmillent pour prouver que l'industrie ne se développe dans un pays qu'en raison directe de la protection qu'elle y trouve.

Ce coin du voile soulevé devrait frapper les yeux des hommes d'État, qui marchandent quelques années de protection à ceux qui font la force et la richesse des nations, à ceux qui donnent l'empire du monde au pays qui les accueille le moins mal.

D'où vient cette aveugle résistance? Nous pouvons le dire aujourd'hui, car nous en connaissons la source : Elle est si petite, si ridicule qu'on ne voudra pas y croire; elle vient de quelques scribes, qui nous ont avoué que si la loi des brevets était meilleure, ils ne suffiraient plus à l'enregistrement de toutes les demandes dont ils sont déjà accablés.

Voilà le salut d'un empire tenu en échec par quelques plumes d'oie fatiguées d'inscrire de nouveaux contribuables au rôle de la patente, sans augmentation d'appointements.

Et nunc intelligite gentes!

Quand on songe qu'il en est ainsi de toutes les améliorations proposées, on ne doit plus s'étonner de la lenteur du progrès.

Il est certain que celui qui aura lu ce qui précède, nous disait un homme de bon sens, sera convaincu de la vérité de vos démonstrations, et après? Après comme avant, silence complet, livre fermé, lumière sous le boisseau.

La société n'est pas mûre, vous venez trop tôt, allez vous recoucher. Bonsoir!

LIV.

La plus noble occupation de l'esprit humain, on pourrait dire sa mission providentielle, est assurément l'invention, la recherche incessante des choses utiles ou agréables à l'humanité. L'égoïste seul ne fait rien pour les autres, et profite de ce qu'ils font sous prétexte qu'il n'a pas le don de l'invention. Nous lui dirons qu'on peut apprendre l'art d'inventer, puisqu'on apprend bien l'art de composer des accords, de grouper des figures, d'agencer des couleurs et de combiner des engrenages; pourquoi n'enseignerait-on pas l'art de combiner des idées à ceux qui en ont? Et ils sont bien plus nombreux qu'on ne pense, les cerveaux capables de produire le *pollen* de la pensée!

La grande loi des couples n'a pas de plus grands écarts en ceci, que la loi des naissances mâles et femelles; soit, un sur deux. Nous avons eu trop d'occasions de le vérifier pour hésiter à proclamer l'existence de ce grand *binôme* physiologique.

Il n'est donc pas vrai que les inventeurs soient plus rares que les musiciens, les peintres et les littérateurs, qui sont autant d'inventeurs dans leur genre; mais il faut les cultiver, les enseigner et les encourager, si l'on veut qu'ils se développent et produisent.

Certes, la *géométrie descriptive* existait avant que Monge en eût fait une science; nous entreprenons le même travail pour l'art d'inventer, et nous essayons d'en poser les premières règles, en vertu du devoir qui incombe au navigateur d'indiquer aux autres la route qu'il a parcourue, et d'en noter les écueils.

Nous dirons les espérances et les déceptions, les joies et les douleurs du métier, et nous tâcherons de faire disparaître les obstacles extérieurs dont une législation inintelligente l'a trop longtemps entouré, au grand détriment de la société, qui ne souffre de tant de privations que pour avoir entravé, maltraité et écrasé les auteurs de tout progrès, les contre-maîtres de la Divinité, occupés à mettre en œuvre les matériaux que le Créateur nous livre à profusion.

Nous sommes convaincu que le plus grand crime, aux yeux de Dieu, est de brûler, d'emprisonner et de torturer les inventeurs pour les empêcher de produire.

C'est exactement la même folie que de couper les arbres à fruit; la sanction de ce coupable délit, c'est la disette, ce sont les accidents de toute espèce dont souffre l'humanité, alors qu'elle pourrait être si heureuse en entrant en possession immédiate de toutes les découvertes issues de ses besoins, car on n'invente que ce dont le besoin se fait sentir. C'est pourquoi les gens heureux n'inventent guère. La loi de *Dobelday*, sur le développement des facultés productrices en raison

directe de la misère des individus, trouve ici une nouvelle confir-
mation.

Croit-on, par exemple, que les accidents de chemins de fer n'eussent pas été moindres, si l'on n'avait pas repoussé les moyens nombreux de sécurité présentés par les inventeurs, lo frein Guérin par
exemple?

Croit-on que les explosions de gaz incendieraient encore nos
théâtres et nos magasins, si le *cherche-fuites*-Maccaud ne fût pas resté
si longtemps sans emploi?

Croit-on que l'agriculture ne suffirait pas à nos nécessités, si des
milliers de moyens et de procédés proposés n'avaient été répudiés
ou négligés?

Croit-on que nos villes et nos maisons souffriraient encore de la
fumée et des punaises, si l'on eût suivi les conseils de Van Heck et de
Thénard?

Croit-on que la guerre ne serait pas depuis longtemps terminée
si l'on n'eût pas systématiquement découragé les inventeurs de procédés meurtriers qui épargneraient tant de sang et de milliards, ne
fût-ce que le terrible feu grégeois, et la multiplication des cuirassiers
marins, à l'abri de la bombe et des boulets?

La liste de ces questions est inépuisable.

Le dédain de la société pour les inventeurs a été longtemps supérieur à l'impulsion de ceux-ci, mais elle va devenir égale, grâce aux
châtiments que son ingratitude lui a mérités; car elle commence à
reconnaître que son mépris pour Fulton, a causé les désastres de
Waterloo, et que sa répulsion pour Jenner a décimé la population;
on en peut dire autant de l'homœopathie.

LV.

On doit donc poser en fait que les trois quarts des malheurs de
la société viennent de son imprévoyance et de sa haine pour les innovations et applications nouvelles, qui arrivent toujours, nous le répétons, au moment où le besoin s'en fait sentir.

N'est-ce pas un grand service que de chercher à faire disparaître les préventions, les préjugés défavorables aux inventeurs et créateurs de tout ce que Dieu a laissé à faire à ses enfants?

Qui faut-il accuser, si ce ne sont les cerveaux stériles et envieux, les eunuques qui ne font rien et veulent empêcher de faire, et ces tardigrades atteints d'impuissance ou d'ignorance, qui s'écrient, en se tâtant : Non, il n'y a pas d'inventeurs! Rien de nouveau sous le soleil!

Pas de pitié, pas d'encouragements pour ces gens qui prennent le bien de tous, mais des punitions sévères et des amendes rigoureuses pour ces trouble-fête, ces fous, ces malfaiteurs qui viennent chaque jour apporter des bouleversements dans toutes les branches de l'activité humaine et qui osent s'en vanter encore!

LVI.

Voilà des discours qui se sont tenus à la tribune, ou se sont dits à l'oreille de ceux qui disposent de nos destinées par le pouvoir de la législation et de la richesse.

Heureusement qu'il se crée une école de tirailleurs contre ces ridicules tirades et que nous finirons par faire taire leur feu de poudre de Renouard, éventée à force d'avoir servi.

Déjà bon nombre de nos opposants ont mis bas les armes et commencent à croire que la propriété inventive est aussi reelle, aussi sacrée que toute autre; que l'industrie en est la conséquence, puisque les peuples qui manquent de cette propriété restent barbares, quand ceux qui commencent à en jouir sont en progrès évident.

Qui donc cultive la terre dans les pays où elle n'est point appropriée? Qui donc cultive les inventions là où elles sont livrées au libre pacage?

Voilà les questions sérieuses que nous soumettons aux rhéteurs, avec défi de les étouffer autrement que sous une avalanche de mots dans un désert d'idées. Nous entrons dans une phase où les esprits ne se laissent plus éblouir par des paroles bien brodées, à moins qu'elles ne soient appliquées sur la solide étoffe du bon sens et de la vérité.

Nous sommes convaincu que tout ce qu'on admire aujourd'hui en fait de progrès industriel, n'est qu'un léger prélude de ce qu'on doit attendre de l'esprit d'invention, car tout est à faire, à refaire ou à défaire ici-bas. Il est aisé de le prouver.

LVII.

L'humanité dans son enfance n'a pu nous laisser que des choses enfantines, et comme elle grandit sans cesse, elle s'aperçoit chaque jour combien elle s'est trompée; les jouets qui faisaient le bonheur de l'enfant paraissent ridicules et méprisables à l'adolescent, et nous n'hésitons pas à dire que l'homme détruira toujours dans l'âge mûr une constitution qu'il aura fabriquée dans sa jeunesse. Il en est de même de toutes ses constructions, combinaisons ou inventions. Le progrès consiste justement dans la révision, la refonte et la retouche incessante des œuvres de l'humanité. Quiconque l'arrête dans ses tendances vers la perfection, agit contre la volonté du Créateur. Dieu n'a rien fait pour l'immobilité, lui seul est immuable comme l'axe absolu du pivot du monde. Il n'a pas signé ses décrets des mots présomptueux : « Avons *arrêté et arrêtons,* » mais il aime à voir arrêter les arrêteurs.

LVIII.

Si les inventions qu'on nous présente étaient bonnes, évidemment on les adopterait d'emblée, s'écrient nos contradicteurs, et tout le monde en dit autant, sans y regarder de plus près; car examiner, c'est se déranger, c'est sortir de ses habitudes, c'est prendre une peine, enfin, et souvent une peine gratuite. Il n'y a que des hommes de dévouement qui consentent à faire un tel effort. Les autres tiennent tous plus ou moins de ce grand maréchal qui ferait volontiers enfermer comme Richelieu ce tas d'inventeurs qui ne cessent, dit-il, de lui apporter les moyens de prendre Sébastopol depuis qu'il est pris. Mais revenons à l'infirmité que nous entreprenons de guérir. Le premier qui a proposé de pousser des sondages à de grandes profondeurs, dans la prévision des richesses que renfermait l'écorce du globe, fut repoussé comme un rêveur, attendu, disait-on, que nos ancêtres n'auraient pas manqué d'aller les prendre. En attendant ils continuent à se disputer la surface quand la fortune est en dessous.

Il faut semer pour récolter, est une maxime banale qui n'entre pas dans l'esprit des avares. J'ai un hectolitre d'excellent blé, disait un épicier retiré à la campagne, ma femme m'engage à le jeter dans les champs pour en avoir d'autres; je m'en garderai bien : un *tiens vaut mieux que deux tu l'auras.*

Trop de gens en sont encore là en fait d'inventions, la première mise les effraye; un inventeur est considéré comme un joueur qui doit infailliblement se ruiner. Cette opinion est si générale, qu'elle a donné naissance à une société de prévoyance, destinée, non pas à encourager les inventeurs, mais à leur préparer un lit à l'hôpital.

Nous pensons qu'ils n'en auraient plus besoin dès qu'une loi raisonnable reconnaîtrait leurs droits à la propriété des choses qu'ils auront, non-seulement inventées, mais exploitées les premiers dans le pays. Il faut que les mots *brevets d'invention sans garantie du gouvernement* disparaissent avec d'autres absurdités pour faire place à la simple insertion au *Moniteur.*

Les juges ni le public ne seraient plus trompés par l'étiquette du sac, aussi prétentieuse d'une part que gratuitement vitupératoire de l'autre. Puisque le gouvernement français, disent les étrangers, a la bonté de nous avertir qu'il ne garantit pas les objets que son commerce nous présente, nous attendrons l'arrivée de ceux qu'il garantit.

Cette formule préventive a fait perdre bien des millions à la France et n'a point préservé les nationaux de la fraude qui n'a fait que croître et enlaidir, comme chacun peut le toucher du doigt, du palais et des yeux.

LIX.

Le peu de protection accordé à l'inventeur est le plus grand stimulant donné au contrefacteur, qui se dit : A quoi bon prendre la peine d'inventer quand on peut prendre l'invention toute faite et que les condamnations, quand on est pris font encore du métier de contrefacteur le premier métier du monde!

Vous voilà puni, disions-nous, à un grand contrefacteur condamné, vous n'y reviendrez plus!—Au contraire, nous répondit-il, je ne suis condamné qu'à 96,000 fr. de dommages et intérêts, mais j'en avais gagné 350,000 en contrefaisant, et je suis tout prêt à recommencer.

Si la contrefaçon des brevets est devenue si rare en Angleterre, c'est que tout contrefacteur avéré est condamné à la ruine la plus complète, qu'il est effacé de la carte du commerce, et déshonoré aux yeux de ses compatriotes.

Il n'en était pas ainsi en France sous le régime précédent; le fraudeur conservait ses dignités, même celle de pair de France. N'a-t-on pas vu un ministre condamné pour avoir contrefait un brevet qu'il avait délivré lui-même? Quel respect voulez-vous que le peuple professe pour les inventions après un pareil exemple? Mais cela ne se verra plus quand on aura une bonne loi sur la propriété des œuvres intellectuelles, quand les dessins et modèles de fabrique seront respectés, et que la marque d'origine obligatoire sera imposée au commerce.

Ceci amènera certainement une révolution dans les transactions mais une révolution nécessaire, rationnelle et bienfaisante.

LX.

Espérons que le siècle qui a vu l'achèvement du Louvre, verra aussi cette merveille de l'architecture sociale sortie des décombres du Digeste romain, et que l'ancien Code des païens cessera de gouverner en tyran le monde chrétien.

Un peuple dont la constitution était fondée sur la conquête, la rapine et l'esclavage, ne peut plus nous servir de modèle sous ce rapport. Nos rhéteurs et nos juristes ne pourraient déjà plus invoquer le silence des lois romaines sur la propriété littéraire, artistique et industrielle sans se couvrir de ridicule.

Quant au semblant d'espoir que la politesse nous impose sur les résultats du nouveau lavage que va subir le vieux drapeau troué de la propriété inventive, il ne faut pas que les inventeurs se laissent aller à la douce illusion de le voir mettre à neuf. Les gouvernements constitutionnels sont beaucoup trop formalistes, trop consulteurs de chambres de commerce et de commissions, trop respectueux envers la toute-puissance bureaucratique pour espérer qu'une grande idée, bien que partagée par le chef de l'État et les esprits d'élite de la nation, puisse avoir la moindre chance de passer dans la pratique.

C'est autre chose de convaincre le peuple souverain que le souverain du peuple, disions-nous au roi Louis-Philippe, qui nous conseillait de pousser notre réforme, qu'il trouvait juste, par la voie de la presse.

Nous avons assez vu fonctionner le gouvernement irresponsable pour constater sa complète impuissance en fait d'améliorations transcendantes, tant qu'il prendra le vote de la majorité pour le critérium de toute vérité. On connaît le proverbe.

LXI.

Mais à force d'inventer, les inventions ne finiront-elles pas par s'épuiser comme toute autre chose? nous demandait un sénateur bien connu par ses spirituelles saillies. La mer aussi s'épuiserait, mais on ne saurait où placer l'eau qui s'empresserait d'y retourner ; il en est de même de l'océan intellectuel.

Quelque nombreux que puissent être les inventeurs, la besogne ne leur manquera jamais, car, en regardant autour d'eux, ils s'apercevront bientôt et toujours que tout est à faire ou à refaire ici-bas. Cet état d'imperfection universelle est le *critérium* de l'existence du *progrès indéfini*. Rien n'étant parfait, tout est donc à parfaire ou à défaire. Il faut bien que les optimistes en prennent leur parti et les *statuquistes* aussi. Nous savons bien qu'une longue habitude d'être mal finit par devenir un plaisir pour les victimes de cette habitude ; mais il ne faut pas que les autres puissent en souffrir.

Néron avait beau dire aux Romains : Vous êtes mal logés, vous empestez la ville, nettoyez vos cahutes ou je les brûle ! il les a brûlées pour donner des palais aux habitants de Rome. Les inventeurs n'ayant jamais eu le pouvoir de brûler les autres, l'ont été et le seront jusqu'à ce qu'ils soient inscrits aussi légalement que les chiens, sur le rôle des patentables. On les ménagera dès lors comme un produit réel. Ce jour-là sera le commencement d'une ère de paix entre les hommes, l'aurore du bien-être social, le grand jour de la justice distributive ; car, nous ne saurions jamais assez le répéter, « la justice est l'élec-
« tricité statique du monde moral, a dit Franklin ; quand son équi-
« libre est rompu, il tend sans cesse à se rétablir, avec éclats, et ces
« éclats qui s'appellent en physique foudre et tonnerre, s'appellent
« en politique, émeutes et révolutions. »

On ne saurait trop réfléchir à la grande loi du monde moral cachée dans ces paroles de l'imprimeur américain. Or, n'est-ce pas une injustice, une immoralité, une stupidité, de s'opposer à ce que chacun soit *propriétaire et responsable* de ses œuvres, comme chacun est propriétaire de son champ et responsable de ses actions? C'est ici surtout qu'éclate à tous les yeux la lutte éternelle du bon et du mauvais génie, de l'esprit juste et de l'esprit faux, de l'honnête homme et du fripon.

LXII.

Nous sommes à la veille d'assister à la grande péripétie de l'émancipation des parias de l'intelligence d'où dépend la fin de cette guerre impie qui règne depuis si longtemps entre les propriétaires et les prolétaires; guerre d'envie injuste et de misère réelle qui fut cause de toutes les révolutions sociales, sans qu'on ait jamais imaginé d'appliquer sur ce mal organique autre chose que d'impuissants palliatifs qui ne font qu'entretenir la plaie redoutable du paupérisme. Mais voici qu'un inventeur s'écrie : Eureka ! Je l'ai trouvé, rien de plus simple, de plus naturel et de moins coûteux; c'est de grossir sans cesse la petite armée des propriétaires, en provoquant la désertion dans la grande armée des prolétaires qui changeront volontiers leur besace contre la cocarde de propriétaire.

Une fois rangés sous les drapeaux du *monautopole*, il n'y aura pas de plus ardents défenseurs de l'ordre et de la propriété, ni de plus grands conservateurs que ceux auxquels vous pouvez donner quelque chose à conserver sans rien ôter à personne, ne fût-ce qu'une espérance, une illusion, une ombre, un mirage lointain de fortune, un brevet d'invention enfin, qui leur assure la propriété de la chose bonne, médiocre ou mauvaise, qu'ils ont ou qu'ils croient avoir inventée, importée ou ressuscitée.

Cela n'est pas ruineux pour l'État, et pourtant, l'État repousse, dit-on, ce remède infaillible, à l'aide d'arguments fantastiques des plus enfantins, tels que ceux-ci : Il y a tant de mauvaises inventions, pourquoi en faire des propriétés? — Mais il y a aussi tant de mauvaises terres, ce n'est pas un motif pour les exproprier.

LXIII.

Quand il y aura beaucoup de brevets, cela occasionnera beaucoup de procès ! — Mais ne dit-on pas : *Qui terre a guerre a ?* — Pourquoi ne pas abolir la propriété foncière, si c'est la peur des procès qui vous travaille ? Dites alors avec Proudhon : « La propriété, c'est le vol, » puisque vous semblez croire qu'en abolissant ou en refusant de reconnaître la propriété nouvelle, vous supprimerez les voleurs.

Nous pensons, nous, que le véritable mobile qui pousse certains cerveaux creux à s'opposer à cette importante réforme, c'est l'instinct de la préservation personnelle qui leur fait pressentir qu'en donnant aux gens d'esprit la propriété de leurs œuvres, ces *misérables* deviendront bientôt aussi riches qu'eux et les relégueront sur le second plan. Voilà, en effet, tout ce qu'ils pourraient avoir à perdre dans un avenir très-éloigné, et c'est à cela qu'ils sacrifient le bonheur de la société présente et future. Si ce n'est à ce pauvre mobile qu'est due l'opposition que rencontre l'établissement de la propriété intellectuelle, nous ne pouvons l'attribuer qu'à l'ignorance ou à la routine, cette rouille du progrès, comme l'appelait Chaptal; mais nous la frotterons si souvent et si fort, que nous la ferons disparaître.

LXIV.

Permettre à chacun de tirer une propriété de son cerveau, n'est-ce pas le beau idéal de l'économie sociale ? La propriété n'est-elle pas la borne d'or plantée au bout de la carrière humaine ? Qui donc courrait vers le *Sacramento* pour y remuer la terre s'il n'espérait rester maître absolu des pépites de toute dimension qu'il y pourra trouver ? Il ne fera tort à personne et enrichira la société d'une valeur nouvelle.

Il en est de même de l'inventeur qui découvre un procédé, un outil, une machine ou un produit nouveau. Ne crée-t-il pas une valeur nouvelle, utile ou agréable à tous ? Est-il juste que lui seul n'en profite pas ? C'est cependant ce qui se passe à son égard.

L'inventeur est exactement traité comme les *cormorans* de l'empereur de la Chine; on les fait plonger pour Sa Majesté sans leur permettre d'avaler un goujon. On les loue aux pêcheurs du fleuve jaune et l'empereur partage avec eux. L'État partage également avec les contrefacteurs ce que les inventeurs pêchent pour Sa Majesté le *domaine public*, ce paresseux sans cœur, sans soins et sans souci, pour lequel on s'est épris, dans ces derniers temps, d'un amour si frénétique que peu s'en est fallu qu'on ne le fît légataire universel de l'héritage de tout le monde.

Eh bien! cette passion n'est point encore effacée ; nous connaissons des hommes qui se révolteraient d'être accusés de socialisme et de communisme, et qui voteront à deux mains pour faire tomber dans le domaine de tous ce qui est le bien d'un seul.

LXV.

La chose la plus désirable, en industrie, serait le remplacement du désordre qui règne dans toutes les branches de la production, par une hiérarchie spontanée qui mît tout le monde en position de prendre sa place, d'après sa valeur réelle, aussi naturellement que les corps matériels prennent la leur d'après leur pesanteur spécifique.

Il n'est pas difficile de comprendre que cet ordre s'établirait de lui-même avec la justice et la liberté bien entendues.

On conçoit que si la loi commune existait pour les inventeurs, que si elle accordait à chacun la libre exploitation de ce qui lui appartient par droit de priorité, l'antagonisme impie qui règne aujourd'hui disparaîtrait, et que le travailleur le plus méritant marcherait en tête de la colonne du progrès, au lieu de marcher à la queue. On n'aurait plus le spectacle désolant et si général de ces hommes de génie mourant de misère et de faim à la porte des fabriques qu'ils ont créées ou enrichies par leurs découvertes ; on ne verrait plus l'auteur de la soude artificielle, Leblanc, solliciter la permission d'aller réchauffer sa vieillesse auprès des fours qu'il a passé sa jeunesse à inventer ; on ne verrait plus ces *troncs pour la famille de Fulton* sur les bateaux à vapeur américains ; on ne verrait plus un P. de Girard solliciter de M. Cunin-Gridaine une pension de 1,200 francs après avoir gagné le million promis à l'inventeur de la filature du lin à la mécanique, sans avoir pu obtenir ni l'un ni l'autre ; on ne verrait plus l'ingénieur Cochet réclamer en vain une récompense nationale d'un gouvernement qu'il a enrichi par la découverte du guano; on ne verrait plus l'inventeur de la machine d'exhaure à traction directe solliciter une pension alimentaire de ceux qu'il a rendus millionnaires et qui lui disputent l'honneur même de l'invention devant les tribunaux avec un succès qui ne peut être douteux dans cette lutte inégale.

En somme, l'histoire des auteurs de toutes les grandes découvertes qui ont fait faire un pas à l'humanité, n'est qu'un long martyrologe qui sera la honte des siècles passés et entachera les trois quarts du nôtre. Mais l'heure de la justice approche; doucement, lentement, à vrai dire, et comme à regret; mais elle a fait déjà un chemin notable par l'allongement de la chaîne de l'intelligence qui, de quinze pieds, est portée à vingt en Belgique et qui le sera bientôt à trente ailleurs, en attendant l'affranchissement complet, qui aura lieu vers l'an 1880 environ, c'est-à-dire dix ans après la mort de celui qui a mis en lumière cette grande iniquité, dont il sera naturellement la dernière victime. Ce qui se passera dès lors ne sera rien moins qu'une immense et salutaire révolution, comme on va le voir.

· LXVI.

Aujourd'hui, quand on passe devant une usine, un atelier, une fabrique flanquée d'un château moderne meublé avec un luxe impérial, on peut dire sans crainte de se tromper : tout cela marche, roule et prospère sur des inventions légalement volées, car ce sont les inventeurs qui peuvent s'écrier à juste titre : *La légalité nous tue*, en nous dépouillant, après dix ou quinze ans, du fruit de nos travaux au profit du premier venu qui en tire des millions sans en rien devoir légalement à l'auteur de sa fortune.

On cite cependant un trait de charité unique en son genre d'un établissement colossal qui fait une pension de douze cents francs à la veuve de l'auteur de sa prospérité fabuleuse.

Il n'en sera bientôt plus de même, quand chacun aura la propriété de ses œuvres. Lorsqu'on passera en revue les fabriques, les magasins, les boutiques, les villes et les royaumes, on jugera par leurs divers degrés de splendeur des divers degrés d'intelligence de ceux qui les auront fondés et les posséderont alors. La richesse de la façade de toute habitation sera comme la représentation extérieure du génie qui l'a construite ou de ses héritiers. C'est alors que la capacité politique pourra se déduire de la capacité pécuniaire, car chacun aura autant d'argent qu'il aura de talent réel; sa valeur personnelle sera représentée par sa valeur monétaire, aussi exactement que la force d'une machine à vapeur est représentée par le dynamomètre.

Remarquez bien que ce ne seront pas seulement les fabricants, les producteurs, dont l'échelle de la richesse sera la mesure de la capacité, mais elle sera en outre la mesure de la probité du négociant et du marchand, quand le commerçant acceptera la responsabilité des produits qui sortent de ses magasins. On ne dira plus comme aujourd'hui : Ce négociant doit ses succès à son habileté dans l'art de frauder sa marchandise, à son talent de cacher l'origine de ses produits, et à la finesse avec laquelle il a su faire accepter la troisième qualité pour la première. On ne dira plus : Ce riche équipage est celui d'un des très-respectables millionnaires qui ont su vendre pendant trente ans cinq cent mille hectolitres d'eau de la Seine pour du vin. On ne dira plus : Ce riche épicier qui marie sa fille à un vicomte, est l'inventeur de la chicorée moulée en grains de café, ou du thé fabriqué avec des feuilles de ronces; cet autre qui brûle le pavé dans cette jolie voiture, est l'inventeur ou le commanditaire d'un moulin qui broie de l'albâtre pour alourdir la fécule de pomme de terre. On ne dira plus: Ce riche crémier s'est enrichi sans avoir jamais possédé une vache, mais en fabricant du lait de toute qualité pour les Parisiens qui sont habitués dit-il, à la cervelle pilée.

LXVII.

Il serait trop long d'énumérer les fortunes acquises par la fraude sous le régime de la libre déprédation qu'on nous a donné pour le beau idéal de l'organisation de l'industrie et du commerce; car il s'est trouvé une quantité assez notable de niais honnêtes et candides qui ont cru voir le salut de la société dans ce cri de *sauve qui peut!* laissez faire la fraude et laissez passer le fraudeur. Cette école a vu avec peine et a combattu avec tous les sophismes possibles la devise du *monautopole : A chacun la propriété et la responsabilité de ses œuvres.*

Les économistes politiques ont la naïveté de dire qu'en demandant la liberté de l'industrie et du commerce anonyme et sans contrôle, ils entendaient seulement : laissez faire le bien et laissez passer la bonne marchandise ; ce n'est pas leur faute si les trafiquants se sont mépris sur leurs intentions, disent-ils.

Ces braves et dignes théoriciens n'ont pas compris que la liberté doit avoir pour sanction la responsabilité, puisqu'ils se sont prononcés contre l'établissement des marques de fabrique et la propriété des inventions ; mais ils veulent bien de la propriété de leurs livres, qu'ils trouvent bien méritée et de droit naturel.

LXVIII.

Quittons ces pauvretés, qui font autant de pitié que de mal, pour dérouler le brillant avenir réservé à l'industrie, quand elle aura conquis la liberté de faire bien ou mal avec la responsabilité ; car nous marchons dans la vérité, et, comme nous l'écrit le comte de Cazes, on ne croira pas, dans un temps prochain, que nos doctrines aient pu rencontrer un seul contradicteur, et pourtant nous n'avons trouvé que cela au début. C'était comme une forêt de Bondy dans laquelle nous sommes entré la cognée à la main, frappant les chardons et les grands arbres qui s'écroulaient en cherchant à nous écraser. Mais enfin la trouée est faite ; on commence à voir poindre dans le lointain le riche palais de l'industrie future, Fourier dirait le faîte du *phalanstère*, triste demeure où il n'y a pas le moindre cabinet pour l'inventeur, tandis que, dans le royaume du *monautopole*, ils auront chacun un château ou une habitation relative à leurs capacités, puisqu'ils les auront librement bâtis avec le produit de leur intelligence particulière. Celui qui ne saura se construire qu'une hutte n'aura ni le droit de se plaindre ni d'envier le château du voisin.

On comprendra que ce régime est le seul juste, le seul vrai, le seul désirable, le seul solide et durable ; c'est l'opposé du régime du plus fort qui a fait son temps, et qui sera remplacé par le régime du plus intelligent, du plus laborieux, du plus actif et du plus honnête.

On est étonné de voir sortir tout cela de ces deux mots vulgaires : *propriété* et *responsabilité*.

LXIX.

M. Barthélemy Saint-Hilaire, qui nous a tracé un tableau si vrai de l'état malheureux de l'Égypte, a eu la vue assez juste pour en attribuer la cause à l'absence de toute propriété territoriale chez les fellahs, ce qui entraîne l'absence d'activité, de travail, de richesse, et par conséquent de moyens d'instruction et de moralisation. Il est évident que ce peuple ne fera pas de progrès tant qu'il n'aura pas de propriété matérielle, comme les Turcs, les Persans et les Indiens n'avanceront pas en industrie tant qu'ils n'auront pas de propriété intellectuelle; c'est d'une évidence qui saute aux yeux : un pareil argument est fait pour saisir à la gorge celui qui prétendrait le réfuter, aujourd'hui que l'Exposition universelle a montré que le progrès industriel ou civilisateur peut se mesurer, dans chaque pays, au plus ou moins de sécurité et de durée accordée à la propriété inventive.

Eût-on jamais pu croire que cette banalité, ce *truisme*, cette vérité triviale jusqu'au *lapalisme,* eût dû attendre six mille ans avant d'apparaître au monde comme une sublime révélation!

Aucun, que nous sachions, des publicistes qui traitent de rétrogrades ceux qui s'opposent au progrès politique violent, n'a fait la remarque que l'invention est la source de tout progrès, en législation comme en mécanique, en politique comme en industrie, en littérature comme en agriculture.

LXX.

Sans l'esprit d'invention et de combinaison, pas d'améliorations, donc pas de progrès. D'accord, diront les économistes et les rhéteurs; et après, par une inconséquence déplorable; ces mêmes individus ne veulent pas des mesures qui favorisent l'esprit de recherches. En un mot, ils s'opposent à l'établissement de la propriété intellectuelle. Ils veulent le progrès à la façon de ces bonnes gens, simples d'esprit, qui font des vœux pour voir les friches et les bruyères en plein rapport, mais qui attendent qu'elles se cultivent d'elles-mêmes, ou que d'autres les cultivent gratuitement, à condition de déguerpir quand le désert commence à donner des fruits.

LXXI.

Il est bien évident que les bonnes idées, les bonnes solutions, les bons projets ne manquent pas; mais ils restent enfouis dans les livres, les brochures et les journaux. Ceux qui disposent de nos destinées n'ont pas l'occasion de les rencontrer ni d'en profiter. Le mal est que les bonnes idées se dessèchent dans les livres comme les fleurs dans un herbier; espérons qu'il tombera quelques-unes de nos semences entre deux pavés, et qu'elles y germeront un jour à venir. On trouvera peut-être alors que le *droit aux fruits du travail* est une idée supérieure à celle du *droit au travail* tout sec, qui n'est qu'un non-sens ou une aberration de la raison humaine pendant la fièvre.

Puisque, selon tous les hommes sensés, l'invention est la source de tout progrès, nous ne croyons pas pouvoir employer mieux notre plume qu'à planter les premiers jalons sur la route que nous avons si longtemps parcourue, afin de faciliter la marche de nos successeurs, car nous sommes persuadé que l'art d'inventer peut s'enseigner comme l'art de parler, d'écrire, de peindre, etc.

L'esprit d'invention que certaines personnes se félicitent de ne pas avoir, peut s'acquérir par la réflexion et l'exercice comme toute autre profession.

LXXII.

Il y a quelques aptitudes congéniales qui abrègent de beaucoup les efforts que les intelligences ordinaires doivent faire pour atteindre certaine supériorité. Mais s'il y a peu de cerveaux réveillés à l'esprit de combinaisons, il y en a beaucoup d'endormis qui peuvent surgir et étonner le monde.

On peut dire qu'il existe en général un homme sur deux, capable d'inventer; la loi des couples est applicable aux cerveaux humains; il existe, comme dans les animaux et les plantes, autant de mâles que de femelles. Les uns sont aussi utiles que les autres et se complètent par l'association. L'inventeur seul ne peut pas plus exploiter ses découvertes, que le père allaiter, soigner et élever ses enfants; la tâche de la maternité ne lui sied pas; nul ne peut être père et mère à la fois.

Tout breveté qui se vante de n'avoir fait qu'une invention qu'il exploite lui-même, n'est certainement pas un inventeur; c'est un plagiaire qui s'est emparé de l'idée d'un autre, ou un invalide qui a perdu ses facultés reproductives.

LXXIII.

Le propriétaire d'une invention est comme un individu qui cherche à se marier ou à s'associer; la difficulté est grande de trouver à contracter une union sortable; il ne manque pas plus d'entrepreneurs verreux que de femmes vertueuses qui se jettent à sa tête; mais il est perdu s'il accepte les premiers venus.

La mise à point d'une invention est la plus petite moitié de la tâche d'un inventeur; c'est quand il croit avoir fini de lever tous les obstacles de l'invention que commencent les obstacles de l'exploitation. Les découvertes les plus lucratives en apparence s'atrophient au fur et à mesure que la brouille se met dans le ménage; la femelle ne faisant que des dépenses intempestives, le divorce devient urgent et l'enfant mal élevé succombe.

Bien des gens se réveillent un matin qui, sans rien savoir, se croient inventeurs, comme certains fous se réveillent poëtes; ceux-là débutent par le mouvement perpétuel, comme ceux-ci par une tragédie.

Mais ne nous arrêtons pas à ces infirmités; prenons le jeune homme au sortir du collége, qui veut toujours essayer ses forces sur ce qu'il y a de plus difficile, un sonnet sans défaut ou un moteur universel. Celui-là veut détrôner Corneille, l'autre Watt et Fulton; son coup d'essai doit être un coup de maître. Hélas! a-t-on jamais vu un homme qui n'a jamais tenu un pinceau ou un violon détrôner Rubens ou Paganini?

LXXIV.

Eh bien! le métier d'inventeur est plus difficile encore; c'est même le plus difficile de tous par la multiplicité de connaissances préliminaires dont l'individu doit, indépendamment de son aptitude, être pourvu, avant de se dire inventeur, titre que le premier venu prend cependant sans façon, comme celui d'homme de lettres et d'artiste.

Le véritable inventeur est évidemment le premier homme du monde, bien qu'on le traite comme le dernier; il est le contre-maître de la Divinité, le perfectionneur de ses œuvres, car il améliore les races animales et végétales. C'est à lui que nous devons tout ce qui existe en deçà de la nature brute; nos sciences, nos arts, nos codes, toute notre civilisation est le fait de l'inventeur. Sans lui nous serions encore à l'état sauvage, car l'homme reste sauvage jusqu'à l'arrivée de l'inventeur. Triptolème, Cadmus et Solon étaient des inventeurs aussi bien qu'Archimède, Hargrave et Fulton.

LXXV.

L'esprit procède de même dans l'invention d'un poëme, d'un tableau, d'un opéra ou d'une machine; quand l'un combine des rimes et des hémistiches, l'autre combine des lignes et des couleurs, des sons et des mesures, des engrenages et des leviers.

Seulement, par une aberration qui se dissipera peut-être, on fait plus de cas de ceux qui s'occupent de nos plaisirs que de ceux qui pourvoient à nos premiers besoins; ainsi, le laboureur qui nous donne le pain quotidien n'est pas aussi bien posé dans la société que la danseuse et l'escamoteur qui nous amusent un moment.

Le souverain qui a élevé son prestidigitateur à la dignité de premier physicien de Sa Majesté, a laissé condamner les inventeurs qui ont illustré son règne à l'amende des brevets d'invention, se croyant plus humain que Richelieu qui les mettait à la Bastille, et surtout que ses prédécesseurs qui leur crevaient les yeux pour les empêcher de faire un second chef-d'œuvre.

LXXVI.

Nous entrons enfin dans une ère meilleure; les inventeurs ne seront pas plus maltraités désormais que ceux qui n'ont jamais rien inventé; bientôt les hommes utiles seront honorés, décorés, anoblis et marcheront de pair avec tout le monde. Voir la dernière Exposition.

Le dédain attaché au nom d'inventeur s'affaiblit chaque jour, comme celui qui s'attachait au travail manuel; bientôt les hommes instruits et haut placés de France n'hésiteront pas plus à se livrer aux recherches scientifiques et industrielles que l'aristocratie anglaise ne craint de se livrer à l'agriculture.

LXXVII.

Le travail manuel, cet ancien attribut des ilotes, des esclaves et des serfs, ne déshonorera plus ; il ne faut déjà plus déposer son épée avant de se livrer au commerce et à l'industrie. Que de merveilleuses inventions ne va-t-on pas voir surgir, alors que des hommes de valeur intellectuelle se joindront aux hommes de valeur monétaire pour aider, favoriser, commanditer les inventeurs? Et cela ne saurait manquer du moment où la propriété inventive sera déclarée inaliénable et transmissible; dès qu'on s'apercevra que la plus petite industrie nouvelle peut devenir une source de profits illimités quand elle est patronée, protégée et exploitée comme le sont les mines depuis la loi impériale de 1810, qui en a fait des propriétés. Aussitôt que les premiers exemples de succès frapperont les esprits, on verra toutes les pensées, toutes les aspirations se tourner de ce côté de l'horizon qui est cent fois plus riche et plus inépuisable que les mines de l'Oural, du Sacramento et de l'Australie.

LXXVIII.

Prenez garde, nous diront les moralistes, les publicistes, les économistes, les philosophes, les romanciers et les législateurs; voyez les statistiques judiciaires.

En poussant à l'industrie, vous démoralisez les populations.

Le sage esprit qui dirige la *Gazette de France* a répondu à ces détracteurs de l'industrie, que la démoralisation du peuple ne venait pas de ceux qui créent du travail, car le travail moralise, mais bien de ceux qui exercent ce qu'ils appellent un sacerdoce populaire par leurs écrits et leurs discours.

Les vingt-cinq éditions belges du *Juif-Errant* à treize centimes le volume, ont fait perdre plus de temps et démoralisé plus de filles de fermiers et de portiers, que la machine à traction directe de Fafchamps et le ventilateur Fabry. L'auteur d'un mauvais livre ou d'un livre inutile devrait être condamné à rembourser à tous ceux qui l'ont lu le prix du temps qu'il leur a fait perdre.

Comparez l'inventeur de romans à l'inventeur de machines qui court les ateliers, paye des ouvriers et se ruine en outils divers pendant que l'autre s'enrichit avec une plume et du papier; et c'est cet autre qui prétend que les progrès de l'industrie sont en raison inverse du bien moral! C'est un de ces moralisateurs par l'aumône qui nous disait un jour que nous lui déroulions les avantages de l'invention comme créatrice de travail :

LXXIX.

— Est-ce que toutes les inventions ne sont pas faites, ou à peu près, depuis que nous avons la vapeur, les chemins de fer et les télégraphes?

Nous lui demandâmes s'il pensait que tous les livres fussent écrits, tous les tableaux peints, tous les enfants nés.

— Cependant, répondit-il, je ne vois pas ce que vous pourriez encore désirer, car il ne me manque plus rien.

— Nos ancêtres en disaient autant; le Cheroké, l'Esquimaux, le Papou, pensent de même, et la secte des rétrospectifs, *laudatores temporis acti,* à qui la nature semble avoir placé les yeux sur la nuque, pour ne regarder qu'en arrière, pense aussi que tout a été inventé par les Grecs et les Romains.

Laissons ces amateurs de bric-à-brac historique ressasser les ordures du passé, sous prétexte d'y chercher les germes de l'avenir, et parlons à ceux qui regardent toujours en avant en laissant derrière eux les misères du prétérit, pour n'attacher leurs regards que sur le brillant mirage de l'avenir.

Mirage, c'est le mot, dira-t-on; mais entre le mirage et la réalité, il existe un abîme. Eh bien! l'esprit qui n'est pas lourd ne peut-il le franchir? Toutes les inventions ont commencé par n'être qu'un mirage, qu'une théorie métaphysique, une nébuleuse, un souffle porté sur les eaux avant de s'incarner. L'inventeur crée en réalité une chose qui n'aurait probablement jamais existé sans lui.

Le statuaire disant au bloc de marbre : Seras-tu dieu, table ou cuvette, représente parfaitement l'inventeur devant un problème qui peut se résoudre de mille façons ; il imagine, combine et arrête son plan, comme le statuaire arrête la forme du groupe qu'il voit en idée dans son bloc ; mais personne ne soutiendra que cette forme soit la seule, et qu'il n'y en ait pas un million d'autres qui n'en sortiront peut-être jamais ou resteront à la disposition de ses successeurs jusqu'à la fin des siècles, de siècles qui ne finiront pas.

LXXX.

Il en est ainsi de toutes les inventions dont le nombre est illimité, inépuisable, infini, comme les grains de sable de la mer qui s'augmentent sans cesse au lieu de diminuer.

En fait d'inventions, nous sommes et nous serons toujours plus près du commencement que de la fin. Chaque découverte, chaque progrès nous éloigne du terme au lieu de nous en rapprocher, comme chaque augmentation du pouvoir télescopique nous éloigne du moment où nous connaîtrons le nombre des étoiles.

Si la combinaison des vingt-quatre lettres de l'alphabet est infinie en littérature, que ne pouvons-nous pas faire avec les quinze cents éléments ou lettres de l'alphabet mécanique que nous possédons déjà et qui s'accroît chaque jour de nouvelles trouvailles ? Que de poëmes industriels ne peut-on pas composer avec un pareil lexique ?

Mais quand on ajoute aux simples éléments mécaniques, les éléments physiques et chimiques pour les combiner entre eux dans toutes les proportions, le nombre des résultats possibles est effrayant pour l'esprit doué de la force de pénétration la moins intense.

Nos ancêtres les plus clairvoyants ne comptaient que quelques milliers d'étoiles, les myopes quelques centaines et les aveugles point. Ceux qui s'imaginent que toutes les inventions sont faites sont de véritables aveugles.

Croire tout inventé n'est qu'une erreur profonde,
C'est prendre l'horizon pour les bornes du monde.

LXXXI.

Ceux qui prennent l'horizon pour les bornes du monde ne voient pas loin, mais c'est bien pis s'ils sont myopes et qu'ils soient par malheur pour la moindre chose dans la direction de la société. Quand ils s'arrêtent ils veulent tout arrêter pour mettre un frein, disent-ils, à l'esprit d'innovation qui les fait trembler. La faute en est un peu aux inventeurs qui présentent toujours leurs découvertes comme appelées à faire une *révolution* dans l'un ou l'autre département de l'empire industriel. Et comme on est fatigué de révolutions, il n'est pas étonnant qu'on repousse tous ceux qui s'affublent d'une cocarde révolutionnaire quelconque.

D'autres se félicitent d'être entrés dans le siècle des lumières, parce qu'ils comptent sur leurs doigts une douzaine d'inventions remarquables. Hélas! ils en verront bien d'autres quand on ne laissera plus mourir de faim les inventeurs.

« Il est remarquable que tous les siècles ont eu leurs flatteurs, qui les ont salués du nom de siècle de lumière au fur et à mesure qu'apparaissaient la torche, l'huile, la chandelle, la bougie, le gaz ou l'étincelle électrique.

L'étonnement, l'admiration saisit certaines gens à la vue de la moindre invention. Ceux qui n'y comprennent rien sont toujours prêts à crier au miracle; d'autres, au contraire, les dédaignent ou les dénigrent sans plus de motifs.

Celui-là seul qui a fait et réalisé une invention dans sa vie, ne fût-ce qu'un casse-noisettes, est apte à porter un jugement sain en matière d'invention. Son admiration est surtout acquise à l'invention la plus simple, qui semble n'avoir pas coûté le moindre effort, tandis que la complication, la multiplication des pièces arrachent des applaudissements à la foule.

LXXXII.

S'il faut beaucoup de temps pour faire une lettre courte, il en faut bien davantage pour réduire une invention à sa plus simple expression.

En général une chose n'approche de la perfection que quand elle est marquée au *sceau de la bête* qui porte pour exergue : *Omne trinum perfectum*. Mais on n'arrive là qu'après un long travail, et c'est alors seulement que l'inventeur a terminé son œuvre. Il ne doit pas s'arréter quand le vulgaire est content, mais seulement quand il est satisfait lui-même.

Que de grands peintres se sont dit, en entendant les louanges de la foule devant leurs tableaux : « J'en ai un bien plus beau dans la tête; celui-là que vous admirez me dégoûte. » Je ne parle que des grands peintres et des grands inventeurs, car pour les médiocres, ils sont toujours très-satisfaits de leur œuvre; n'ayant aucune idée de la perfection, ils sont incapables de comparer ce qu'ils ont fait avec ce qu'ils auraient dû faire ; ils s'arrêtent quand un ignorant ou un flatteur leur dit : « C'est bien. » C'est cela qui fait qu'un grand prince ne peut être ni un grand poëte, ni un grand artiste.

Toute la mécanique actuelle n'en est encore qu'à la complication, c'est la moitié chemin de la perfection; il y a donc un immense travail de décomplication à entreprendre aujourd'hui par la race inventrice.

LXXXIII.

Il est singulier qu'on débute toujours par ce qui est le plus compliqué, et que l'on finisse par où l'on aurait dû commencer. L'esprit de l'homme est ainsi fait, qu'il va toujours, comme on dit, chercher midi à quatorze heures.

Dieu ne donne rien sans travail; c'est une loi de nature à laquelle il est impossible d'échapper, et l'on y échapperait si la simplicité qui est la fin s'offrait au commencement.

Inventeurs qui improvisez, défiez-vous de votre œuvre, elle est mauvaise. A moins que vous ne soyez rompu à l'invention par une longue suite d'expériences, et un grand nombre d'échecs, vous n'inventerez que lentement et péniblement. Semblables au statuaire qui commence par improviser un ours d'argile, et qui, à force de retouches, en fait une Vénus ou un Apollon, vous ne ferez rien de bon qu'en remettant vingt fois votre œuvre sur le métier, selon le précepte de Boileau.

Les comparaisons de ce genre sont nombreuses; ce qui est vrai pour la littérature, la peinture, la musique, la chimie, est vrai pour l'invention; il faut toujours de l'étude, de la réflexion, du travail et du temps pour produire un résultat de quelque valeur; méfiez-vous donc de ce qu'on appelle *facilité*.

La facilité ne vient qu'à ceux qui ont longtemps travaillé difficilement. Le génie, c'est un peu la mémoire; mais il en coûte pour la meubler.

LXXXIV.

L'invention vient quand le besoin s'en fait sentir, et qu'on y joint le stimulant de la récompense de l'effort, qui doit appartenir à celui qui a fait l'effort, comme le dit le judicieux Bastiat que les malthusiens traitent de schismatique ou tout au moins d'inorthodoxe, parce qu'il approuvait la propriété intellectuelle.

Il est évident que c'est le million offert par Napoléon qui a produit la filature du lin, et les prix de la Société d'encouragement qui ont fait baisser l'outremer de 4,800 francs à 3 francs le kilog.; mais, nous le répéterons à satiété, le premier et le meilleur des stimulants de l'invention serait la propriété exclusive accordée à l'inventeur, et, en cas de besoin national ou communal, l'expropriation forcée, après juste et préalable indemnité. Ceci est la loi et les prophètes. Qu'on se le dise!

Mais le vol, le dépouillement, le déguerpissement qui fait loi en ce moment, n'en est pas moins une injustice flagrante; car la loi artificielle ne peut prévaloir contre le droit naturel. L'enfant appartient à son père comme ses autres créations : les peuples ne restent dans la barbarie, comme les Égyptiens, que par la violation séculaire des droits naturels et l'absence de toute appropriation individuelle. Ces notions sont trop terre à terre pour atteindre à la hauteur du génie des hommes d'*État* qui ne peuvent se figurer les besoins de ceux qui en exercent un.

LXXXV.

Ainsi ces messieurs vous disent d'un ton protectoral : Quinze ans, c'est déjà bien joli comme ça pour un inventeur, s'il ne sait pas faire sa fortune en quinze ans, c'est que son invention ne vaut rien ou qu'il est un maladroit; dans ce cas, il est juste qu'on le mette à la porte de sa propriété.

Ne dirait-on pas que les inventeurs sont les nègres de ces messieurs qui délibèrent sur la longueur de la chaîne qu'ils ont l'intention de leur octroyer s'ils sont gentils!

Détournons la vue de ces petites misères parlementaires où la minorité qui sait, doit céder à la majorité qui ne sait pas, et parlons des inventions qui s'avancent, comme les plantes poussent sans qu'on s'en aperçoive. Par exemple, personne n'a fait attention à deux modestes plans exposés aux deux extrémités de l'annexe par deux savants qui ne se sont jamais concertés et qui pourtant se complètent, pour opérer une véritable révolution dans les moteurs industriels.

Chacun sait que les fleuves roulent des millions de chevaux de force à la mer sans qu'on leur demande un coup de collier au passage, car nous comptons pour rien ce qu'en récoltent quelques rares moulins placés sur des bateaux à cause de l'exiguïté de leurs aubes, et on ne peut guère songer à les faire plus grandes, parce que les axes suspendus sur leurs coussinets extrêmes se rompraient sous leur propre poids. Mais M. Coladon, de Genève, s'est dit : Si la rivière portait mon axe, je le ferais aussi long que je voudrais, il monterait et descendrait avec l'étiage ou le niveau, entre deux fourchettes. Si cet axe creux comme une chaudière à vapeur était garni d'aubes ou d'hélices j'aurais au besoin toute la force du fleuve à mon service, et je pourrais couvrir ledit fleuve de mes appareils, sans pour cela empêcher l'eau de se rendre à la mer.

Oui, mais que faire de cette force? Devra-t-on démolir toutes les usines éparses dans la contrée pour les reconstruire sur le bord des fleuves et les atteler directement à ces moteurs? Nullement; voici l'ingénieur belge Delperdange qui prend cette force et l'envoie où l'on veut, par des tuyaux de fonte réunis, pour la première fois, d'une manière, complètement étanche, à l'aide d'un anneau de caoutchouc vulcanisé, maintenu en place par un collier de fer à serrage.

Nous avons assisté à une expérience où la pression a été poussée jusqu'à 14 atmosphères. On ne passera jamais 7 dans la pratique. Ce joint répond à tout, dilatation, torsion, flexion des tubes, bon marché, rapidité inouïe dans la pose. Le problème si longtemps cherché est enfin résolu sans reste.

LXXXVI.

On peut donc, avec la force du fleuve, comprimer de l'air dans les tubes pour le conduire en guise de vapeur, sous le piston des machines, à toute distance raisonnable du fleuve.

Cette idée doit être ancienne, mais les tuyaux de fonte sont modernes et permettraient de la reprendre et de l'appliquer partout, même dans les grandes villes où la Providence, dit-on, a toujours fait passer les plus grandes rivières. Le barrage de la Seine, par exemple, pourrait envoyer de l'air comprimé aussi bien que du gaz, dans toutes les usines et les mansardes de Paris occupées par des ouvriers en chambre, auxquels on fournirait la force d'un homme ou deux pour mouvoir leurs tours et souffler leur forge, en activant une petite machine à vapeur économique à piston de bois et à cylindre de tôle dont l'air d'expansion aurait encore l'avantage de ventiler et d'assainir leur demeure.

Faisons remarquer à ceux qui craindraient de voir entraver la navigation des fleuves, que le système dont nous parlons est le seul qui puisse réserver des passages aux navires, quand tous les autres barrages s'y opposent, en produisant des chutes artificielles. Prévenons encore l'objection des glaces qui laisseraient chômer les usines, en disant que le moteur de ces usines, étant une machine à vapeur, on peut au besoin se servir de sa chaudière. Mais ce qui serait un temps d'arrêt sur les fleuves du Nord n'en serait plus un dans les eaux du Midi.

LXXXVII.

Voilà donc une source de forces à prendre et à vendre.

Cela est bien aisé à dire, nous répondront les gens qui n'ont jamais pu faire deux cents mètres de conduite étanche à la vapeur et à l'air comprimé, alors qu'il en faudrait des centaines de kilomètres pour transporter la force au loin, comme nous le proposons.

Ils avaient raison hier, ils ont tort aujourd'hui. Il fallait trouver le joint; le fameux joint est trouvé par deux inventeurs à la fois, MM. Delperdange et Petit. La Société d'encouragement a fait connaître ces excellentes solutions si longtemps et si inutilement cherchées avant l'invention du caoutchouc vulcanisé qui vient combler une foule de *desiderata* eu industrie.

LXXXVIII.

Chaptal disait : « On a tourmenté de mille manières le caoutchouc pour le dissoudre; si l'on y parvient un jour, cette admirable substance rendra les plus grands services à l'industrie. » Que dirait-il du caoutchouc sulfuré qui vient doter nos machines des principaux organes dont leur squelette était privé? Le caoutchouc leur apporte à la fois les tendons, les cartilages, les muscles, les artères, les veines et la peau.

Nous pouvons donc nous attendre à voir nos machines s'animaliser de jour en jour davantage, et, si nous osions compter sur la découverte d'une source inépuisable et gratuite d'électricité, le rêve des chercheurs de mouvement perpétuel ne serait pas loin de s'accomplir. Nous pensons que le gaz sous-cortical qui met les volcans en activité résoudra un jour ce grand problème.

LXXXIX.

Il existe une erreur officielle dans l'équation du frottement de l'air dans les conduites, qui a fait beaucoup de mal à l'idée du transport de la force à distance; le savant général Poncelet l'a découverte dans ses expériences avec Pecqueur; mais l'erreur était si ancienne et si invétérée, que la vérité n'a pu la déraciner. Nous nous bornerons à dire aux inventeurs qu'en usant de l'air comprimé par intermittence, on peut négliger le frottement dans le canal abducteur, quelle qu'en soit la longueur, parce qu'il n'a lieu que sur quelques mètres, et pendant la fermeture de la valve, ce qui n'est qu'une très-imperceptible fraction du quotient d'écoulement calculée à 500 mètres par seconde, multiplié par la longueur du tuyau, comme on le compte toujours.

Nous espérons que les inventeurs reconnaîtront que cette explication est d'accord avec leur intuition, comme elle le sera dans la pratique.

XC.

Nous avons voulu vérifier l'histoire répandue dans tous les petits traités de physique, de ce maître de forge qui avait voulu activer un fourneau placé à une demi-lieue de la soufflerie, à l'aide d'un long tube, l'air n'arrivait pas à l'autre extrémité, parce que, disait-on, sa vitesse était entièrement absorbée par les frottements de la fameuse équation que vous savez; le maître de forge soupçonnant une obturation dans quelque point de sa conduite, y avait fait passer un chat, lequel était sorti sain et sauf par l'autre bout.

Comme on plaçait la scène de ce fait merveilleux en Angleterre, nous nous sommes enquis de la chose dans ce pays; on nous a renvoyé en Allemagne; mais les Allemands nous ont renvoyé en France, où personne n'a pu nous en donner de nouvelles.

Nous avons ainsi acquis la preuve que ce chat n'était qu'un animal du genre *anas*, et nous restons convaincu que l'air comprimé à Lille serait presque immédiatement à la même pression à Marseille, dans un tube étanche qui traverserait la France. Arago lui-même nous disait qu'un jour on verrait fonctionner les machines de Paris avec les chutes de Schaffouse.

S'il en est ainsi, dira le lecteur, pourquoi ne s'empresse-t-on pas d'utiliser cette découverte? C'est que personne de ceux qui sont en position de le faire ou faire faire, ne la connaît, et qu'il se passera peut-être un demi-siècle avant qu'on l'essaye.

XCI.

Il manque réellememnt, parmi les nombreuses institutions de notre nécessaire gouvernemental un ministère du progrès où toutes les découvertes puissent aboutir, s'étudier et s'essayer. Il y a bien dans toute l'Europe des comités d'artillerie, de marine et de travaux publics qui paraissent avoir pris leur mission à rebrousse-poil, car ils s'appliquent à dénigrer, décourager et étouffer les nouvelles inventions. C'était bon à l'époque où l'inventeur était traqué comme la bête du Gévaudan, parce qu'on regardait toute innovation comme un malheur social; le bris des machines était une bonne action aux yeux des économistes de l'ancien régime, et ces traditions se sont conservées dans les comités susdits. Ils ne brisent pas, nous en convenons, les machines mêmes, mais ils abîment les plans par des hypothèses préventionnelles, sans rime ni raison, ni essais, et il n'y a pas de tribunal d'appel. Quand la première académie du monde a condamné Fulton, à qui pouvait-il en appeler ?

Nous avertissons donc les inventeurs qu'ils doivent s'abstenir de rien présenter à une corporation officielle ; c'est se jeter de gaieté de cœur dans un guêpier. Ils ne doivent jamais non plus poursuivre une invention pour laquelle il soit besoin de l'intervention de cette corporation; car plus l'invention sera belle, économique et merveilleuse, plus elle sera repoussée avec acharnement; c'est un fait trop bien prouvé pour qu'on hésite à le poser en axiome. L'homme *de génie* doit se méfler de l'homme *du génie*.

XCII.

Tout inventeur devenu sage ne doit travailler que pour le public, seul appréciateur impartial et rémunérateur généreux. Il doit s'abstenir de faire de grandes inventions, car il n'aurait pas le temps d'en jouir. Ne plantez pas de glands, mais semez des petits pois, vous en mangerez dans trois mois, et il faut cinquante ans pour avoir un chêne. Tous ceux qui ont fait de grandes découvertes et qui ont entrepris de les faire accepter par les gouvernements se sont ruinés ou sont devenus fous ou enragés de ne pouvoir se faire comprendre. C'est que les gouvernements sont eux-mêmes de vastes mécaniques mal organisées en dehors de leurs fonctions politiques ; toute idée que vous jetez en haut retombe naturellement en bas et se trouve broyée dans les engrenages inférieurs.

Combien d'inventions exposées dans cette vaste morgue en quatre-vingt-dix volumes in-4° des brevets tombés dans la mare du domaine public, qui seraient faciles à ressusciter s'il était permis de les galvaniser? Mais il est interdit de les sortir de ces limbes où elles dorment inutiles au nom de la loi, qui les a privées des soins et de la sollicitude paternelle, avec défense de leur donner un père adoptif.

Ressusciter un adulte nous paraît cependant plus méritoire que d'élever un enfant *ab ovo*. Telle invention n'a péri que parce qu'il manquait alors quelques ingrédients ou substances que nous possédons aujourd'hui, tels que le caoutchouc, la gutta-percha, l'iode, le brôme, l'aluminium, les hydrocarbures, la glu marine, le blanc de zinc, la benzoïne, l'étirage des tubes, le marteau-pilon, et cent autres outils ou éléments que ne possédaient pas les inventeurs d'il y a cinquante ans.

XCIII.

Si Héron d'Alexandrie ou l'architecte Ctésibius eussent connu la fonte moulée et les tours à aléser les cylindres, la machine à vapeur existerait depuis deux mille ans, et le monde serait tellement transformé à l'heure présente, qu'on ne pourrait se faire une juste idée de sa magnificence. Mais l'Égypte, pas plus que l'Italie, n'offrait aux inventeurs les ressources qu'ils trouvent aujourd'hui dans nos moindres usines.

Aristote ne comprenait pas la possibilité d'une société civilisée sans esclaves, et nous ne la comprenons pas sans machines. Les ilotes étaient, il est vrai, des machines faites pour procurer des loisirs aux philosophes; mais quelles pauvres machines à côté de nos esclaves de 4 à 500 chevaux qui ne se révoltent pas et travaillent jour et nuit sans se fatiguer! On ne donnait, il est vrai, que des oignons aux machines égyptiennes; la nourriture des nôtres est moins coûteuse encore, puisqu'on ne leur donne que de l'eau et du charbon; un jour peut-être ne leur donnera-t-on que du vent, un filet de poudre ou un coup de soleil.

C'est à faire de la force à bon marché que doivent tendre tous les émancipateurs de l'humanité.

XCIV.

Les détracteurs de l'industrie sont évidemment les fauteurs de l'esclavage, de la misère et de l'abrutissement de l'esprit humain; tandis que chaque inventeur est plus ou moins un Spartacus, qui cherche à nous donner notre pain quotidien, en nous délivrant du mal. Mais, pour être inventeur, il faut encore plus savoir que pour être un architecte selon Vitruve, qui prétendait qu'un faiseur d'arcades (pontifex), doit tout savoir, à l'encontre de Martial, qui enseignait aux parents cette insolente hérésie : *Si duri ingenii natum habes, facias præconem vel architectum :* un architecte ou un huissier.

Mais l'inventeur peut se borner, comme les boutiquiers de Paris, à une spécialité, sauf à recourir aux technologues qui sont les académiciens de l'industrie et dont la *spécialité* est la *généralité.* Le technologue doit être versé dans les sciences physiques, chimiques, mathématiques et naturelles; il doit connaître l'action de toutes les substances les unes sur les autres; avoir visité, étudié, comparé les fabriques et manufactures les plus renommées, et les plus diverses comme les plus humbles. Il doit avoir compris les tours de main et les outils de diligence des ouvriers en chambre, et savoir par qui et comment peut se faire tel ou tel objet dont on lui présente le plan. Mais tout cela est insuffisant s'il n'a pas travaillé lui-même et surtout *tripoté,* mot expressif qui dépeint fort bien ce qu'on veut exprimer, car il faut au moins trois pots pour faire un mélange, un alliage, une combinaison quelconque.

XCV.

Le technologue doit être le guide et le conseiller des inventeurs.

Quant au constructeur mécanicien, qui ne combine que des engrenages, des vis et des leviers, il doit en posséder les lois et la théorie, parfaitement connues aujourd'hui, et savoir écrire et dessiner sa pensée. Son outillage est simple et sûr; il peut, quand il le possède, marcher sans hésiter; mais malheur à lui s'il est saisi de la *maladie du volant!* Il tombe alors dans l'abîme du *mouvement perpétuel,* du *mouvement continu,* du *mouvement progressif,* qui s'empare de tous ceux qui n'ont pas étudié les lois de l'équilibre général et de la gravitation universelle.

Nous devons dire, en passant, ce que c'est que le volant, ce grand tentateur des esprits faux, ou faibles, ou ignorants.

XCVI.

Le volant n'est que le *banquier de la mécanique*; c'est lui qui escompte la force dont on a besoin pour faire aller l'atelier, mais il retient un fort agio. Sur un billet de cent dynames, il ne vous en rendra jamais cent dix ; et vous devez vous trouver fort heureux s'il ne vous retient que 20 p. c. Le volant est un régulateur, un réservoir, et non pas un producteur de force, comme tant de gens le croient. Le volant est le parasite de l'atelier, mais il est souvent aussi indispensable à un fabricant que l'escompteur hébreu. Le volant est un voleur de force : il en use, mais il n'en produit pas. Il est inutile d'expliquer les raisons qu'il donne pour justifier son usure, comme d'être obligé de battre l'air inutilement, et de vaincre les frottements de son axe. Quelles que soient les transfigurations qu'on lui fasse subir, le volant exige imperturbablement son salaire, comme le *lazarone* dont on trouble la sieste.

Maintenant que vous voilà prévenus sur le compte de ce grand vaurien, ne vous laissez plus attraper; ne dites pas, comme nous l'avons entendu si souvent : Avec un homme ou deux au plus qui tourneront mon moteur, je remplacerai la machine à vapeur, je ferai marcher les convois, les navires, etc. N'appelez pas le volant un *moteur*, puisqu'il a besoin d'être mû lui-même. Les moteurs sont rares comme les merles blancs : on en aperçoit quelquefois quand on chasse beaucoup, sans pour cela les attraper. Ne prenez pas non plus la presse hydraulique pour un moteur, et n'espérez pas que, parce que vous lui voyez faire un immense effort, vous lui ferez mouvoir des vaisseaux, comme nous l'avons entendu si souvent annoncer.

XCVII.

La presse de Pascal soulèverait une cathédrale par la main d'un enfant, il est vrai, mais cet enfant devrait travailler autant d'années qu'il lui en faudrait pour déplacer la tour brique par brique; elle ferait également marcher un navire, mais avec une vitesse de tortue, ce qui ne serait pas suffisant, comme vous savez, pour remplacer la vapeur.

Il y a deux éléments, la force et la vitesse, qui ne veulent jamais s'accorder pour être agréables aux chercheurs de mouvement perpétuel ; ce qu'on gagne d'un côté on le perd de l'autre ; l'inventeur doit d'abord savoir cela et beaucoup d'autres axiomes de ce genre, sous peine de se fourvoyer à chaque pas. Beaucoup font des écoles parce qu'ils n'en ont jamais fréquenté ; c'est par centaines que nous en avons rencontré qui nous invitaient à venir admirer leurs moteurs en construction ; nous en avons vu qui avaient coûté des sommes immenses, avancées par de très-hauts personnages que l'idée de tenir le mouvement perpétuel avait séduits et souvent ruinés. Paris est plein de ces *loups*, ainsi nommés parce qu'ils dévorent tous ceux qui les caressent.

XCVIII.

Plus l'ignorance des règles de la mécanique est grande dans un pays, plus les inventeurs de mouvements perpétuels, ces alchimistes de l'industrie, y sont nombreux. C'est peine perdue d'essayer de les éclairer ; vous aurez beau leur démontrer que tout est en équilibre dans la nature, qu'il faut une force pour soulever un poids, et que ce poids en retombant ne rendra, au grand maximum, que la force employée à le soulever ; tous ces raisonnements ne portent pas ; ils vous répondent : *Je l'ai trouvé*, il est là, dans ma tête ; j'en suis sûr comme de mon existence. L'Académie a beau condamner le mouvement perpétuel, il n'est pas moins vrai qu'un ignorant peut trouver un diamant.

— Mais, mon cher ami, le diamant existait, et le mouvement perpétuel n'existe pas. — Je sais bien que l'Académie le dit, mais l'Académie s'est si souvent trompée !

XCIX.

Ces malades sont incurables ; il faudrait consacrer à leur traitement, au Conservatoire des Arts et Métiers, une salle remplie de tous les mouvements perpétuels, continus et progressifs qui existent dans les greniers ; nul doutequ'ils n'y rencontrassent leur idée favorite réalisée, car les idées de ces rêveurs ne sont pas très-nombreuses et se répètent souvent. J'ai vu des douzaines de volants à bras pendants en montant et se développant en descendant; il y a aussi des boulets roulant du centre à la circonférence; d'autres qui emploient l'eau ou le mercure aux mêmes fins. Le brave Cellier-Blumenthal employait des soufflets, et voulait que la cause produisît l'effet et l'effet la cause. Je pense qu'avec une centaine de ces spécimens, on guérirait bien des gens et on en préserverait beaucoup de ce typhus.

Le gouvernement qui fait tant pour les aliénés d'autre sorte, ne devrait pas négliger cette variété d'autant plus intéressante que ce sont souvent de très-habiles ouvriers manuels qui se trouvent atteints de cette infirmité mentale. Il en coûterait fort peu, car il suffirait d'un appel aux héritiers des victimes pour obtenir tous ces produits avortés qui dorment au rancart.

C.

Nous parlons sérieusement; au lieu de repousser les mouvements perpétuels des *conservatoires*, on devrait les y rassembler tous; ils rendraient plus de services que les bonnes machines déjà vieilles et souvent dépassées par de meilleures quand elles y trouvent place. Une machine utile est d'ailleurs bientôt répandue dans les ateliers; il y en a de nombreuses éditions, tandis que les *perpetuum mobile*, les machines manquées, sont des *manuscrits*, des *autographes* qu'on ne trouve nulle part ailleurs.

Nous déclarons tout d'abord à ces créateurs de force qui nous visitent pour se faire adorer qu'ils seraient plus puissants ou plus généreux que Dieu même, puisqu'ils ont la prétention de venir exaucer la prière éternelle de l'humanité : « Seigneur, délivrez-nous du mal, » car alors les hommes cesseraient d'être condamnés à gagner leur pain quotidien à la sueur de leur front. Nous croyons cependant que les collections de Vienne, de Berlin, de Londres et de Paris auraient une grande similitude entre elles.

Il n'est pourtant pas absolument exact de dire que le mouvement perpétuel n'existe pas; car il est dans la nature, et si nous pouvions attacher une courroie sur la grande poulie solaire, le problème serait résolu, comme nous l'avons déjà dit.

CI.

Il existe encore un moteur perpétuel sur la terre, qui nous offre de la force dont nous ne profitons pas assez : c'est la grande machine à vapeur naturelle dont la mer est la chaudière et le soleil le foyer.

La vapeur s'élève et va se condenser sans cesse sur les montagnes, d'où elle retombe en cascades et s'écoule dans de vastes rigoles pour retourner à la chaudière. C'est là le moment de la saisir et de l'atteler à nos machines, pour comprimer de l'air dans des réservoirs.

Cette compression absorbera de la force, diront les classiques; mais quand il y en a en surabondance qui ne coûte rien, on peut bien se permettre un peu de prodigalité. Il ne faut pas imiter cet ancien propriétaire de houillère à bras et à échelles, qui ne voulait pas de machines à vapeur parce qu'elles consommaient du charbon; ni ce maître de moulin à vent hollandais qui s'arrangeait, disait-il, pour ne pas gaspiller ce précieux éléments.

L'emploi du vent a bien quelques inconvénients dans nos régions, tels que l'inconstance, le calme plat et les bourrasques; mais il faut savoir prendre le bien comme il vient. Un jour on enmagasinera sa force irrégulière pour la dépenser régulièrement, soit en lui faisant remplir des réservoirs d'eau supérieurs, soit en le forçant de remonter des poids énormes du fond d'un puits. Nous en dirons autant des marées; mais les fabricants de machines à vapeur emploient leur éloquence à médire de ces concurrents muets qui ne savent pas faire l'article, comme on dit : attendons que la houille se raréfie encore, et leur tour viendra comme celui de la tourbe.

CII.

On a dit : le calorique, c'est la force; cela est vrai, même pour l'eau, même pour les vents qui renversent nos cheminées et emportent nos chapeaux, comme pour nous dire : Nous sommes là une multitude de pauvres ouvriers en grève, employez-nous donc, s'il vous plaît. Nous ramassons notre chapeau, sans comprendre leur invitation.

On donne des primes à celui qui plantera le plus de mûriers ou de sapins; on devrait en offrir à celui qui répandra le plus d'air comprimé dans le faubourg Saint-Antoine; celui-là devrait partager le prix Monthyon avec le constructeur qui garnira le faîte de nos maisons de petits moulins à vent d'Amédée Durand et de Franchot, que la tempête ne saurait renverser, et qui s'orientent et se règlent seuls. Ne servissent-ils qu'à élever le contenu de nos citernes, ils nous délivreraient des porteurs d'eau que nous payons pour remonter ce liquide après l'avoir laissé tomber de nos toits, au lieu de le recueillir gratis dans des citernes placées sur nos greniers, comme le demande un architecte de génie, M. Horeau, dont les projets sont si grandioses qu'ils ne seront appréciés que par la génération suivante.

Les inventeurs doivent surtout tourner leurs idées vers les aisances de la vie et faciliter l'accès des étages supérieurs par des moyens analogues à l'escalier d'Andraud qui vous soulève à chaque pas au niveau de la marche suivante. Il faut surtout créer une architecture *fer et verre* dont les murailles transparentes ou coloriées tamiseront la lumière de toutes les maisons au profit de la rue, sans laisser voir l'intérieur. Si la vie privée était seulement dépolie au lieu d'être murée, ce serait la moyenne entre nos maisons opaques et la maison de verre de Caton le Censeur.

Nous avons exposé, dans le *Morning Chronicle,* la nécessité de couvrir les beaux trottoirs de Londres par des auvents de verre dépoli qui n'obscurciraient pas les magasins et les protégeraient contre le soleil, tout en offrant un abri aux passants. On dit que ce projet va recevoir une prochaine application.

CIII.

Il faut que les maisons soient chauffées au gaz à l'eau non carburé et éclairées par le même gaz, rendu lumineux en traversant des boîtes pleines d'hydrocarbures, si l'on ne veut pas du gabion de platine de M. Gilliard, de Passy. Ainsi disparaîtraient de nos appartements la houille, le bois, la tourbe qui les encombrent et les salissent, et nous serions délivrés de tout l'appareil des cheminées actuelles, et surtout de la fumée et de la poussière.

Mille réformes utiles de ce genre ont été proposées par des inventeurs isolés qui n'ont pu les faire prévaloir, mais qu'on adoptera dès que des compagnies se formeront, comme cela ne manquera pas d'arriver, alors que des concessions durables seront accordées. Le même phénomène se produira pour les inventions comme pour les mines, qui n'ont été convenablement et profondément exploitées que depuis la loi du 21 avril 1810.

CIV.

Cet exemple devrait éclairer le monde sur les avantages de la pérennité en matière de concessions, puisque de cette époque seulement datent les grandes exploitations (1). Nul doute qu'il ne s'en forme

---

(1) L'origine de presque toutes les grandes inventions est ou inconnue ou entourée de tant de ténèbres qu'il est pour ainsi dire impossible de la retrouver, à défaut d'un état civil des inventions que M. Vincent a formé le projet d'ouvrir à Paris sous le nom d'*Archives de l'industrie*. C'est un peu tard, mais il n'est jamais trop tard pour bien faire, et nous l'engageons à prendre pour point de départ l'histoire de la vapeur, dont nous nous empressons de consigner ici un des plus intéressants épisodes emprunté au *Moniteur des cours publics*. On y verra la conduite des *comités d'examen* dans toute sa hideur, en même temps que le mal que peut faire à l'humanité le refus d'un brevet. M. de Calonne marchait sur les traces du grand Richelieu qui fit enfermer l'inventeur de la vapeur, comme M. Piercot marchait sur celles de Calonne. Telle est la puissance des antécédents sur les administrations qui se succèdent, que l'arrêté de Pilate contre Jésus-Christ sert encore de point d'appui pour condamner tous les précurseurs, inventeurs ou fauteurs de vérités nouvelles.

L'histoire de la découverte de la navigation à vapeur offre des faits irrécusables. Fulton ne fut pas le premier qui songea à appliquer la vapeur à la propulsion des navires. C'est une idée ancienne : elle germa dans la tête de celui auquel remonte la découverte de cet immense levier dont l'humanité est enrichie aujourd'hui. Je veux parler de Papin. Il a pensé que la vapeur pourrait être employée à la navigation. Mais, pour ne nous occuper que de temps plus rapprochés, je dirai que l'idée pratique de la navigation à vapeur est née en France. C'est le marquis de Jouffroy qui, le premier, l'a appliquée, et qui a fait marcher un bateau aussi bien sur la Seine que sur la Saône. Il demanda le privilège. Le privilège a été refusé. Comment ce fait a-t-il pu se produire? L'histoire est assez intéressante pour que je la raconte.

Depuis 1775, le marquis de Jouffroy a été sur la voie de l'application de la vapeur à la navigation. L'Académie des sciences avait proposé, en 1753, comme sujet de concours, le moyen de suppléer au vent pour faire marcher les vaisseaux. Des hommes très-habiles s'étaient présentés pour résoudre la question, un prix fut remporté. Ce n'est pas la navigation à vapeur qui sortit de ce concours. Cependant la pensée d'un moteur nouveau germait dans la tête du marquis de Jouffroy.

bientôt de semblables pour l'exploitation des inventions, comme cela commence en Angleterre où le respect pour la propriété des *monopoles* industriels existe depuis longtemps, non-seulement sans inconvénients, mais avec des avantages aussi réels pour leurs possesseurs que pour le public. Mais on rit encore sur le continent d'un inventeur

---

Il arrive à Paris, et là, après avoir vu le jeu de la pompe à feu de Chaillot (c'était la première application en France de la vapeur à l'industrie), il eut la conviction qu'on pourrait également bien l'employer comme propulseur. Plusieurs autres personnes s'étaient préoccupées de la même idée ; on avait toujours échoué devant la force insuffisante qu'on employait. La difficulté alors était beaucoup plus grande qu'aujourd'hui, car on ne connaissait encore que la machine à épuiser les mines, la machine à simple effet.

Un ingénieur, Constantin Perrier, qui avait installé la pompe à feu à Chaillot, se livra en même temps que de Jouffroy et quelques amis de ce dernier aux premiers essais.

Ils avaient calculé la force contraire que devait présenter l'eau pour remonter le courant, d'après la résistance que présentait le navire remorqué avec deux chevaux sur le chemin de halage. De Jouffroy avait parfaitement compris qu'en prenant son point d'appui dans l'eau, au lieu de le prendre sur la terre, il fallait une force plus considérable. Perrier ne voulut pas se rendre à ces raisons ; peut-être fit-il peu d'attention à ce gentilhomme, qui, à ses yeux, se mêlait de ce qu'il ne devait guère savoir. Il avait réuni une compagnie : l'expérience ne réussit pas, et le projet fut abandonné. Voilà le point de départ. De Jouffroy, avec la foi d'un homme qui a entrevu la vérité, bien décidé à aller jusqu'au bout, continua, de retour en province, à se livrer à de nouvelles expériences ; et enfin, en 1780, il fit fabriquer dans les ateliers de MM. Frères-Jean, à Lyon, une machine qu'il mit sur un bateau, laquelle pesait 27 milliers, et que l'on chargea du poids de 300 autres milliers. Il s'agissait donc d'une grande expérience.

Revenons à la délivrance du brevet après examen préalable, et demandons-nous si toutes les découvertes se seraient présentées dans des circonstances aussi favorables que celle de M. de Jouffroy ; si la position qu'il occupait, si les travaux auxquels il se livrait ne devaient pas attirer l'attention sur lui. On avait beau l'appeler Jouffroy *la Pompe* et le plaisanter de ce qu'il prétendait embarquer des pompes à feu sur la rivière pour faire accorder l'eau et le feu. Un fait certain, c'est que l'on s'occupait de son invention. Il se présentait avec une expérience accomplie dans des conditions excellentes. Le 15 juillet 1783, il remonta la Saône au grand ébahissement des spectateurs qui voyaient le navire se mouvoir par sa propre impulsion, sans rames, sans voiles. L'Académie de Lyon avait été conviée à cette expérience. Elle y assista, et procès-verbal fut dressé. Ce procès-verbal, fait à Lyon en 1783, signé par les hommes les plus honorables de la ville, et enregistré par-devant notaire pour plus grande authenticité, est arrivé jusqu'à nous.

Vous croyez qu'en ce temps où les priviléges se délivraient après examen préalable, rien n'était plus facile, quand, de l'aveu des hommes les plus considérables,

qui propose d'exploiter sa découverte par actions. On lui demande combien d'années il lui reste encore à vivre et l'on refuse de s'associer avec un homme à la veille d'expirer ou condamné à mort sans appel ni rémission par la loi draconienne des brevets, pour une minute de retard dans le payements de ses annuités.

---

l'expérience avait réussi, que d'obtenir un brevet! De Jouffroy le pensait, et, en attendant, il cherchait à former une compagnie dont les fonds le missent à même de construire un bateau plus grand et d'exploiter d'abord les rivières, car c'est à cela que l'on songeait alors. (On ne rêvait point les bateaux transatlantiques. En 1836 — ainsi il y a seulement vingt ans de cela — un professeur de Bristol avait consacré une de ses leçons à démontrer qu'il était aussi absurde de songer à franchir l'Océan à l'aide de la vapeur, que de prétendre aller dans la lune.) La compagnie, avant de donner des fonds, voulait être garantie par un brevet. De Jouffroy le demanda en s'appuyant sur l'expérience si heureusement accomplie.

M. de Calonne, alors ministre, crut devoir consulter l'Académie des sciences pour savoir s'il y avait invention. L'Académie nomma des commissaires, et parmi ceux-ci se trouvait Constantin Perrier, homme très-éclairé, mais un peu effarouché par son échec dans l'expérience que nous avons mentionnée plus haut, et peu disposé à croire au succès annoncé à Lyon. L'Académie donna donc pour juge à de Jouffroy son rival dans la question, et demanda que l'expérience, bien qu'elle fût attestée par les hommes les plus honorables de Lyon, fût renouvelée à Paris. Il n'y avait qu'un inconvénient, c'est qu'il fallait des sommes considérables pour recommencer pareille expérience, et de Jouffroy était à bout de ressources. Les capitaux ne s'offraient pas : il leur fallait le privilège. En 1784, de Jouffroy reçut une lettre de Versailles, signée de Calonne, dans laquelle le ministre promettait un privilège de quinze années, si l'on renouvelait l'expérience sur la Seine, « l'épreuve faite à Lyon ne remplissant pas toutes les conditions requises. »

De Jouffroy ne voulut pas recommencer l'expérience à Paris. Il redoutait Perrier, qui devait être un des juges, et aussi quelque fâcheux accident qui pouvait contrarier l'expérience nouvelle. Ensuite les événements politiques d'alors firent obstacle. De Jouffroy, qui était royaliste, émigra, et l'idée de la navigation à la vapeur fut perdue pour un certain temps, jusqu'au moment où Fulton vint la reprendre.

Ce ne fut qu'en 1807, en Amérique, que celui-ci obtint un véritable succès, bien qu'en 1803 il eût fait des expériences à Paris. Le brevet lui a été refusé en Amérique comme à Paris.

C'est là un fait décisif pour mettre en garde contre des procédés conduisant à de pareils résultats. Fulton ne fut pas plus heureux d'abord. La belle lettre datée de Boulogne, et dans laquelle se révèle tout le génie de Napoléon, prouve qu'il était appuyé par le souverain, et que celui-ci voulait qu'on examinât la découverte.

Voici le texte récemment publié de ce remarquable document :

« Monsieur de Champagny, je viens de lire le projet du citoyen Fulton, ingénieur, que vous m'avez adressé beaucoup trop tard, *en ce qu'il peut changer la*

Tant que subsistera ce régime barbaresque, ce sera bâtir sur le sable que fonder une opération sur les brevets, mais quand la propriété intellectuelle sera devenue une réalité, les capitaux se porteront de ce côté qui présentera des chances beaucoup plus nombreuses et plus sûres que la recherche aléatoire des mines. Une des meil-

---

face du monde. Quoi qu'il en soit, je désire que vous en confiiez immédiatement l'examen à une commission composée de membres choisis par vous dans les différentes classes de l'Institut. C'est là que l'Europe savante doit chercher des juges pour résoudre la question dont il s'agit. Une grande vérité, une vérité physique, palpable, est devant mes yeux. Ce sera à ces messieurs de la voir et de tâcher de la saisir. Aussitôt le rapport fait, il vous sera transmis, et vous me l'enverrez. *Tâchez que cela ne soit pas l'affaire de plus de huit jours, car je suis impatient.*

« Sur ce, etc. NAPOLÉON.

« De mon camp de Boulogne, 21 juillet 1804. »

Par des motifs que l'on ne connaît pas très-bien, on sait que l'examen n'eut pas lieu. Ce n'est que plus tard que, de retour en Amérique, Fulton put appliquer sa découverte, et Dieu sait à travers quels obstacles il y parvint. La concession lui fut faite à la condition de remonter le courant de l'Hudson avec une rapidité de 6,400 mètres à l'heure. Son premier bateau, qu'il lança au mois d'août 1807, le *Clermont* avait reçu le sobriquet de la *Folie-Fulton*, et nul n'osa parcourir alors les 60 lieues qui séparent New-York d'Albany. Fulton dirigea ce navire qui portait sa fortune, et parvint à remonter l'Hudson. Au retour, comme le bâtiment allait redescendre le fleuve, un habitant de New-York offrit 6 dollars pour le transporter chez lui. L'inventeur était abîmé dans ses pensées au moment où l'étranger se présenta, et l'on dit qu'il versa des larmes en recevant ces 6 dollars, premier prix d'une vie entière consacrée aux travaux de l'intelligence. Il serra la main de ce passager courageux (l'histoire aurait dû conserver le nom de cet homme), et il s'écria : « Merci ! Je voudrais, ajouta-t-il, consacrer le souvenir de ce moment en vous priant de partager une bouteille de vin, mais je suis trop pauvre pour vous l'offrir. »

La cause était gagnée ; le colosse de feu, devant lequel les marins se prosternaient d'épouvante, atteignit New-York. Depuis, nous savons combien de navires sillonnent les fleuves des États-Unis et les plaines immenses de l'Océan.

C'est en avril 1838, date curieuse, que le premier voyage transatlantique fut accompli par le *Sirius* et le *Great-Western*.

Nous sommes trop oublieux. Les prospérités industrielles dont nous sommes entourés nous rendent un peu ingrats pour les merveilles accomplies. Qui eût dit, quand Fulton remontait l'Hudson, que si peu de temps après la vapeur franchirait l'espace qui sépare l'Amérique de la vieille Europe? Ce miracle aujourd'hui est presque regardé comme un jeu d'enfant; mais si nous mesurons les progrès réalisés, nous aurons le cœur rempli de reconnaissance pour les hommes qui ont créé ces merveilles, et nous rangerons dans ce noble cortége le marquis de Jouffroy, dont j'aime à rappeler ici le nom, trop oublié.

leures décisions qu'aurait pu prendre la conférence de Paris après avoir conclu la paix, c'eût été d'en assurer la continuation en proclamant la reconnaissance de la propriété *intellectuelle internationale*, qui peut seule donner du travail à tous les bras, à toutes les intelligences en perpétuelle révolte contre la société.

Si les brevetés seuls obtenaient le travail des prisons, par exemple, ce qui ne nuirait pas à l'industrie ordinaire, les produits spéciaux s'y fabriqueraient à un prix tellement bas qu'ils vaincraient toute concurrence sur les marchés étrangers. Il est ridicule de condamner les reclus à l'inaction, c'est-à-dire à la démoralisation, faute de travail, puisqu'on peut les employer aux objets nouveaux brevetés. Les fabricants du dehors n'auraient pas lieu de se plaindre que les prisonniers leur font une concurrence intolérable, dans les articles qu'ils fabriquent, plus chèrement que dans les prisons, où l'ouvrier est logé et nourri aux frais de l'État.

Nous sommes persuadé que tout se fera bientôt par des machines de force et de vitesse, ou avec ce que les ouvriers appellent des outils de diligence, qui réduiront le prix de toute chose au-dessous peut-être de la valeur actuelle de la matière brute, avec de beaux intérêts pour les actionnaires, car *les petits profits multipliés font les plus gros bénéfices*. Tels sont les miracles qui résulteront avant peu de l'appropriation sérieuse des œuvres de l'intelligence. Nous disons avant peu, parce qu'il est impossible que les avantages de cette institution échappent longtemps à l'œil des législateurs, guidés par l'esprit supérieur qui pense que l'œuvre intellectuelle est une propriété comme une terre et une maison.

Courage donc, chercheurs laborieux qui sentez en vous l'étincelle qui brûlait et fit brûler les grands inventeurs! Le temps approche où vous serez compris et appréciés selon vos mérites, c'est-à-dire à l'égal de ceux qui n'en ont pas, et c'est beaucoup dire pour vous rassurer.

CV.

Nous voyons d'ici l'époque heureuse où chaque famille aura son inventeur qui créera de l'occupation pour tous ses membres, organisera la division du travail entre eux et les mettra tous à même de concourir à la fabrication et à la vente de quelque objet d'utilité générale qui les occupera, les moralisera et les fera vivre dans une douce aisance, comme les ciseleurs de bois du Tyrol. A ceux-là ne parlez pas de faire une démonstration, de se mettre en grève ou d'aller à l'émeute !

S'ils prennent un fusil, ce sera pour se ranger sous le drapeau des conservateurs, car ils auront quelque chose à conserver dès qu'ils seront possesseurs du moindre titre de propriété qui relie leurs intérêts à ceux de la société. Ne fût-ce qu'une illusion, que la direction des ballons par exemple, l'espoir de devenir millionnaires l'année prochaine les maintiendra dans l'ordre et dans la sainte horreur des révolutions.

CVI.

Tant que le lingot d'or n'a pas été tiré, il eût été impossible d'organiser une émeute à Paris, parce qu'il y avait cent mille ouvriers porteurs du lingot, sous la forme d'un billet d'un franc ; tous auraient répondu à l'appel par un mot identique : *attendons le tirage*, c'est-à-dire l'heure du désenchantement.

Tout le monde connaît le fou du Pirée, auquel appartenaient tous les navires et tous les docks d'Athènes, qui tua comme voleur le médecin qui s'était avisé de le guérir. Eh bien ! tout inventeur auquel vous refusez ou retirez un brevet se trouve dans de pareilles dispositions à l'égard de ceux qui ruinent ses espérances de fortune bien ou mal fondées. Ne dites pas que vous croyez bien faire en détruisant des illusions : c'est un vol réel que vous commettez sans profit pour personne. Soyez sûrs que vous amassez plus de haine en détroussant les créateurs de moteurs universels et les directeurs d'aérostats qu'en les accablant d'impôts.

CVII.

L'Europe est à la veille de recevoir une grande leçon de la Russie qui ne s'empresse de mettre bas les armes de la destruction que pour prendre celles de la production, qui la rendront cent fois plus puissante et plus riche. Le nouveau czar, éclairé par les progrès réalisés en Angleterre et en France par le développement industriel, songe à couvrir son vaste empire de lignes de fer qui ne lui coûteront pas la dixième partie de ce qu'elles coûtent ailleurs. Pays plat, terrain gratuit, bois pour rien, main-d'œuvre idem, fer de première qualité. La ligne de Saint-Pétersbourg à Kiakhta sous la muraille chinoise ne lui coûtera pas autant que celle de Londres à Liverpool.

C'est bientôt dit, objecteront les affreux petits rhéteurs de M. Thiers; mais comment auront-ils des ingénieurs, des fabricants de rails, des machinistes, des directeurs, conducteurs et inspecteurs? Eh quoi! vous ne voyez pas que l'Angleterre, que la France, que l'Allemagne en ont fait tant et tant qu'elles en ont à revendre.

— Oui, mais ils ont trop de patriotisme pour porter leur talent ailleurs.

— Ah! vraiment, vous croyez qu'il leur faudra un pont d'or pour passer la frontière! Détrompez-vous; écoutez ceci et retenez-le bien :

CVIII.

Une nouvelle révocation de l'édit de Nantes se prépare; Alexandre II n'a qu'à prononcer par un ukase que « tous les inventeurs, « fabricants, mécaniciens et manufacturiers qui apporteront les pre- « miers leur génie, leur talent et leurs outils en Russie, seront pro- « priétaires exclusifs de l'industrie qu'ils y viendront établir. » Et vous croyez pouvoir arrêter alors la caravane de déserteurs, maîtres et ouvriers, qui se dirigera sur cette Californie voisine? Il faut bien peu connaître l'esprit d'aventure qui distingue notre siècle pour douter du succès d'un pareil appel.

Il y a plus : le serf indolent se métamorphosera en ouvrier actif, et les seigneurs applaudiront à l'ukase qui les en délivrera. Bien plus encore, ils porteront la santé des savants aventuriers qui viendront leur servir de professeurs dans tous les arts et métiers de l'Europe.

Comment ne voyez-vous pas cela poindre à l'horizon depuis que des princes, des comtes et de nobles seigneurs russes viennent embaucher des directeurs d'usines pour leur propre compte, seulement pour tirer parti des abondantes matières premières dont ils sont encombrés faute de routes, faute de ponts, faute de tout ce qui fait leur admiration en parcourant nos pays?

Nous prévenons les inventeurs d'avoir à se tenir prêts, car ce sont les industriels qui feront la conquête de la Russie, et c'est par eux que la Russie fera celle de la Chine et de..., si l'envie lui en vient; mais non, elle n'aura plus besoin de rien prendre, les peuples de l'Orient qui n'ont pas d'idée de patriotisme et de nationalité, qui disent comme l'âne de Phèdre : *Quid refert! clitellas dum portem meas,* ne lui donneront pas cette peine et se laisseront civiliser avec autant d'indifférence qu'ils se laissent opprimer.

CIX.

Ce n'est pas tout ce que prépare le grand réformateur pacifique de toutes les Russies; la guerre lui ayant fait découvrir que la corruption et le vol sont les maladies chroniques de toute l'administration russe, il a décidé de les traiter par la presse, qui est la seule puissance capable d'intimider les voleurs officiels.

Tout docteur universitaire sera admis à parler au public dans un journal, comme un pope dans son église et un professeur dans sa chaire; mais il sera révocable comme eux pour abus. Voilà, nous semble-t-il, l'organisation la plus rationnelle de la presse, ce sacerdoce civilisateur si longtemps exercé par les lévites de mauvais aloi.

Croyez-vous que quand un souverain a l'esprit assez élevé pour concevoir de tels projets, il puisse hésiter à faire toutes les pauvres concessions qu'on lui demande? Regardons la paix comme définitive et parlons d'autre chose.

CX.

La mine est si riche, que nous ne savons où donner de la pioche; on nous pardonnera d'avoir effleuré la politique; mais c'est de la politique industrielle, et la politique touche à tout, même à la mécanique, ce qui nous fait répéter que si la mécanique militaire était aussi avancée que la mécanique civile, on ne serait pas resté onze mois devant une muraille sans l'avoir abattue vingt fois pour une. Si on avait mis la prise de Sébastopol en adjudication, elle n'eût pas été prise à moitié; le cahier des charges eût été mieux exécuté. Nous sommes persuadé que les ingénieurs hébreux de M. de Rothschild exploiteraient la guerre aussi savamment que les chemins de fer.

Mais ne parlons plus de cela, parlons avec de nouveaux détails d'un charmant chemin de fer que la Russie se propose d'adopter comme infiniment plus parfait que les nôtres.

Il se compose d'un tube de cuivre ou de tôle de vingt centimètres de diamètre seulement et de deux millimètres d'épaisseur, placé au milieu de la voie. Un long piston de bois garni d'armatures de fer, glisse à l'intérieur, poussé par une forte machine stationnaire comprimant de l'air derrière le piston, qui part comme un pois chassé par une sarbacane.

Mais comment pourrait-il entraîner le convoi avec lequel il n'a aucune connexion? — Voici l'artifice employé par l'inventeur :

La locomotive, ou le chariot qui en tient lieu, porte de fortes piles galvaniques qui vont activer deux grandes séries d'électro-aimants rangés à droite et à gauche du tube et suspendus sous la voiture. Ces aimants sont, non pas le moyen de traction, mais le moyen d'attache du piston à la voiture, et ne remplacent que la cheville du *tender*. Quand le piston est sollicité pour marcher en avant, par l'air comprimé, il entraîne le convoi sans autre intermédiaire ; car on sait qu'aucun corps interposé ne détruit, ni n'affaiblit l'aimantation, qui ne diminue que comme le carré de la distance du fer à l'aimant; ce qui fait qu'un aimant de 1,000 kilos au contact, n'en a plus que 100 à 5 millimètres, et encore en perd-il la moitié par une obliquité de tirage de 45 degrés nécessaire en cette conjoncture. — Cette perte n'a nullement désarçonné l'inventeur, qui peut multiplier ses aimants à volonté, et peut obtenir une force coercitive de plusieurs milliers de kilos, tandis qu'il n'en a besoin que de 100 pour être dans les conditions des convois ordinaires.

L'ingénieur anglais W. William a déclaré, dans le *Mecanic's Magazine,* qu'il s'était longtemps occupé de cette idée et qu'il la regardait comme le dernier mot des chemins de fer. Il termine en la recommandant à l'attention de tous les gouvernements, de toutes les compagnies et de tous les ingénieurs.

La Russie seule y a fait attention, comme elle le fait à toutes les inventions nouvelles, par l'intermédiaire de la diplomatie technologique qu'elle entretient partout. Voici un aperçu des avantages : 1° Plus de rencontres, 2° plus d'incendies, 3° plus d'explosions, et presque plus de déraillements; tous les accidents arrivant par l'une ou l'autre de ces causes. Le nouveau chemin de fer sera donc le plus sûr comme le plus économique de tous, et montera les plans inclinés sans difficultés; voici comment :

Nous supposons la pression normale en plaine à trois atmosphères; le chauffeur consulte le manomètre placé sous ses yeux et le compteur de sa machine; il sait ainsi toujours où se trouve son convoi. Arrivé à une station, on serre les freins, ce qui fait monter son manomètre; quand le convoi repart, il voit descendre son manomètre. S'il est en rampe, la pression monte à quatre, à cinq, à six atmosphères. Arrivé au sommet, le manomètre baisse, et il peut même arrêter sa machine, puisque tout l'air comprimé dans la montée se détend sur le plateau. On voit donc qu'il n'y a rien de perdu dans les rampes qu'on peut laisser subsister sans inconvénients, avec économie de déblais et de remblais. Voilà le moyen de locomotion le plus rationnel parmi des centaines qui ont été proposés, mais il est plus que probable que le comité chargé par l'empereur des Français de chercher des moyens de sûreté ne le connaît pas plus que le comité de la guerre ne connaît la fusée nageante de Warner que la Russie confectionne, dit-on, en ce moment.

CXI.

Voici ce que nous en savons : c'est une congrève plus longue que les congrèves de terre; sa charge étant plus considérable, dure plus longtemps et peut la conduire à une ou deux lieues en mer. Sa tête est de fer creux rempli de fulminate de mercure; une enveloppe de tôle pleine d'air lui permet de surnager comme une nacelle; elle glisse donc à la surface et va se ficher dans le flanc d'un navire à fleur d'eau où elle éclate en faisant une brèche irrégulière et irréparable; tout navire touché est un navire perdu corps et biens.

La fusée se maintient dans sa direction à l'aide d'une balle de plomb attachée à un long fil de fer, ce qui est l'analogue de la queue du cerf-volant.

Cette description suffirait pour un artificier ordinaire, mais non pour les comités d'artillerie, qui demanderont les longueurs, les largeurs et les épaisseurs, avec un modèle que nous ne pouvons pas leur donner pour le moment. Qu'ils prennent la peine de les chercher, c'est le métier de ces savants.

CXII.

L'inventeur doit, comme le statuaire, se faire un idéal de ce qu'il veut réaliser, il doit y songer avec persistance jusqu'à s'abstraire du monde et des événements qui se passent autour de lui; il ne doit surtout pas souffrir en son corps. La moindre douleur le distrait, comme le moindre bruit trouble et dissipe le plus beau rêve.

Si les inventeurs sont rares, c'est que les infirmités chroniques sont communes. Quand on est préoccupé de son ménage, de ses visites, de ses gants blancs, de sa santé, quand les idées se portent sans cesse vers le mal secret qui vous inquiète, quand vous prêtez l'oreille aux intermittences de l'artère, et quand d'autres infirmités morales, l'ambition, l'intrigue ou l'envie, vous travaillent, il faut renoncer à l'invention, ou ne s'attendre qu'à des résultats médiocres, à des enfants rachitiques, entachés du péché originel de leur père.

L'inventeur doit être sain de corps et d'esprit. Il doit manger, boire et dormir avec son idée, heureux s'il en peut rêver; car bien souvent la solution lui vient en dormant, et le matin il n'a qu'à saisir son crayon et son compas pour tracer clairement les premiers linéaments de son embryon; mais le premier jet n'est pas le meilleur, au contraire, c'est le pire; il faut s'en méfier, comme Talleyrand se méfiait de son premier mouvement, parce qu'il était bon, et ne pas se livrer tout de suite à la mise en œuvre, bien que la loi vous y contraigne.

La précipitation fait souvent échouer ceux qui ont un atelier et des outils sous la main. L'emploi précipité des forces vives est dangereux, il vaut mieux attendre et ruminer que de s'indigérer.

CXIII.

Rappelez-vous toujours qu'il est plus facile d'effacer, d'allonger et de refouler une ligne de crayon qu'une barre de fer. Les inventeurs trop pressés ne font que des ours mal léchés ou des loups qui les dévorent. Quelquefois ces monstres marchent et fonctionnent tant bien que mal, comme l'aï ou la tortue; mais à quel prix? ils coûtent souvent plus à nourrir que le mauvais engin qu'ils cherchent à remplacer.

Quand il n'a pas assez médité son plan, quand il n'a pas fait fonctionner chaque pièce à part, quand il n'a pas tout vu et clairement vu jouer en idée, avant de commencer, l'inventeur s'aperçoit trop tard que certains leviers se rencontrent ou se contrarient, que d'autres sont trop lourds ou trop frêles; il croit y remédier en ajoutant un engrenage par-ci, un ressort par-là, et, de pièce en pièce, il accouche d'une chose tellement compliquée et difficile à comprendre, que les ignorants tombent en admiration devant son génie, comme le grand roi devant la monstrueuse machine de Marly.

Il existe un certain nombre de mécaniciens classiques possédant tous les théorèmes de la science du constructeur, qui composent, sans hésiter, la machine qu'on leur demande, comme l'étudiant fort en thème compose un discours d'ouverture pour une distribution de prix; c'est correct, c'est classique, il n'y a rien à dire au style. Mais ce n'est qu'une amplification sans génie, qui se lit et qui sert faute de mieux.

CXIV.

Nos meilleures manufactures sont encore peuplées de pareilles machines; il y en a une pour chaque effet, dans laquelle passent successivement les produits qui ne sont achevés qu'en quittant la dernière. On fait cependant de bonnes choses par cette méthode, comme on fait de bonne musique avec ces régiments russes dont chaque homme ne souffle qu'une note; mais quand le génie a passé par là, les trente-deux tuyaux se résument en un seul instrument servi par un seul, comme les nombreuses machines parcellaires de nos manufactures finiront par se concerter et faire le travail de plusieurs, comme on le voit déjà dans certains tours qui tiennent lieu d'une demi-douzaine d'outils distincts. Il y en a qui divisent, rabotent, alèsent, liment et taillent les engrenages et les vis; le tout dans la perfection. C'est ainsi que le compas universel tient lieu de tout un ancien étui de mathématiques. Il en sera de même de toutes nos machines, de tous nos outils, quand le génie de la synthèse viendra s'abattre sur tout cela. Demandez à de Coster, qui travaille à supprimer la lime et le marteau, c'est-à-dire le bruit et la retouche dans ses ateliers. Ses dessinateurs tracent leurs lignes sur la pièce même, et son étau limeur se charge du reste.

La machine à papier continu, qui peut imprimer le papier sans fin à mesure qu'elle le fabrique, et l'appareil à carder, fouler, chardonner et teindre le drap feutre dans une seule passe, sont des exemples de cette centralisation des forces productives, qui tend à se généraliser.

CXV.

Un homme du monde qui parcourt un atelier rempli de machines diverses, trouve tout cela admirable, comme un campagnard qui traverse un salon de peinture; l'idée qu'on pourrait mieux faire ne lui vient pas. Mais l'inventeur, qui sait ce qu'il s'agissait de produire, est frappé de la complication des moyens employés, souvent pour obtenir de si minces résultats.

Les procédés si simples des Chinois prouveraient qu'ils ont passé par la période de complication dans laquelle se trouve l'industrie de l'Occident; ils rient de notre fameux métier Jacquart et font les mêmes dessins, les mêmes étoffes à 40 p. c. meilleur marché que nous, en se passant fort bien de nos quarante mille cartons perforés. Ils font du papier sans fin, ils impriment des millions d'exemplaires sans ces énormes machines qui exigent d'énormes capitaux en Europe.

En un mot, ils exécutent immédiatement tout ce que nous faisons, et nous ne pouvons rien faire de ce qu'ils font; tout cela par des tours de mains, des outils simples et peu coûteux. Notre seule supériorité consiste dans nos patentes et brevets d'invention dont ils sont encore privés, ce qui les empêche de trouver les capitaux nécessaires à l'étude et à la construction des grandes machines de force et de vitesse que les patentes nous ont permis de construire dans ces derniers temps seulement; car, avant les brevets, l'industrie des Orientaux était supérieure à la nôtre.

CXVI.

On nous comprendra mieux en montrant encore une fois un Chinois qui vient de concevoir le plan d'un marteau-pilon, d'un bateau à vapeur ou d'une locomotive. Quand il s'agit de passer à l'exécution, c'est-à-dire de convertir ses barres de crayon en barres de fer ou d'acier, où trouvera-t-il de l'argent? Les mandarins de la Banque auxquels il s'adressera ne lui avanceront pas un centime, attendu que la contrefaçon immédiate ne leur permettrait jamais de rentrer dans leurs frais d'essais; ce qui fait que la plus belle invention chinoise reste *en plan*, comme on dit.

Nous le répétons avec conviction, si la propriété des œuvres de l'industrie avait été proclamée en Chine avant de l'être en Europe, c'est la marine chinoise qui viendrait nous inonder des produits du Céleste-Empire, et placer des consulats sur nos côtes.

CXVII.

L'hérédité professionnelle, à peu près générale en Chine, n'est pas étrangère aux perfectionnements des arts et métiers de ce pays, où le père transmet à ses enfants le dépôt des petits secrets et tours de mains qu'il a reçus de ses aïeux, augmentés de ceux que sa propre expérience lui a fait découvrir. Comparez cet apprentissage paternel à l'apprentissage mercenaire de nos pays, et dites si un apprenti chinois de sept ans ne doit pas en savoir plus que les nôtres à dix-sept!

Nous n'avons pas le droit de mépriser les Chinois, comme disait un poète industriel :

> Les Chinois ne sont pas ce qu'un vain peuple pense,
> Leur porcelaine existe avant notre faïence;
> Ils avaient inventé la poudre et le papier,
> La boussole et la soie, et le zinc et l'acier,
> Les puits de sel, de gaz et le terrain houiller,
> Que nous n'étions encor que de pauvres sauvages...
> Habillés en nageurs, vivant de coquillages.
> Il nous sied bien à nous, impertinent bourgeois,
> De railler les Chinois.

Notre moyen âge aussi avait ses secrets qui ne sortaient pas des corporations dans lesquelles on ne recevait que les fils de maîtres; aussi l'adresse manuelle et le talent individuel étaient-ils plus communs et plus parfaits qu'aujourd'hui, que nous cherchons à remplacer ces qualités personnelles par la perfection de l'outillage.

Certains métiers qui ont pu traverser les révolutions sans en subir l'influence, comme celui des ferblantiers par exemple, possèdent des ressources infinies, des artifices nombreux que l'on ne soupçonne pas avant d'avoir vu travailler quelques compagnons d'après les bonnes traditions.

CXVIII.

L'inventeur doit commencer par s'adresser à la ferblanterie pour ses essais; il sera étonné des facilités et de la promptitude d'exécution de tous ses petits *bimbelots*; on lui bâclera tout ce qu'il désire avec une feuille de fer-blanc, du fil de fer, la cisaille, la bigorne, la tranche, le tas, le maillet et le fer à souder.

Heureux l'inventeur qui sait manier lui-même ce modeste outillage qu'on pourrait appeler l'étui de la géométrie descriptive en action.

Le métier de ferblantier donne une idée assez exacte de ce que doivent être les métiers en Chine : point de machine, peu d'outils, mais beaucoup d'adresse, de savoir-faire et de patience.

L'orfévrerie est de cette catégorie. Un de nos amis, qui a visité les magasins de Canton et ceux du Palais-Royal, donne la préférence aux Chinois; leurs filigranes, leurs chaînes d'or et leurs bracelets sont inimitables en Europe; la fonderie et le moulage y sont portés à un assez haut degré de perfection, ainsi que l'art du tourneur, qui est devenu un métier ambulant ainsi que celui d'orfévre et de fondeur de marmites.

CXIX.

Ceux-là viennent à votre porte et exécutent sur le perron ce que vous leur demandez; mais quand vous allez frapper à la mansarde d'un tourneur sur métaux européen, il vous tourne et retourne, vous fait tourner et retourner vingt fois avant de vous donner vingt minutes, et il s'obstine à polir malgré vous ce qui n'a pas besoin de l'être, en vous faisant payer des sommes fabuleuses pour la plus petite pièce d'essai qui ne doit probablement servir à rien. Nous pouvons montrer pour 25,000 fr. de ces pièces sans valeur qui, si nous eussions été un peu plus tourneur et un peu moins latineur, ne nous auraient pas coûté 100 fr. Avis aux jeunes inventeurs qui devraient avoir une teinture de tous les métiers avant de se lancer dans la plus difficile et la plus ruineuse de toutes les carrières, mais qui deviendra la plus glorieuse et la plus lucrative dans cette période de paix rationnelle dans laquelle nous avons l'air de vouloir entrer.

CXX.

Remarquez que ce ne sont, en général, que de pauvres diables qui inventent, et que des messieurs ruinés qui se font les protecteurs, les colporteurs et les entrepreneurs des inventions nouvelles. Privés des premières notions de l'industrie, incapables d'apprécier leur valeur commerciale, pas plus que leurs réalités, ils se donnent, de la meilleure foi du monde, une peine infinie pour recruter des actionnaires et fonder des sociétés pour l'exploitation d'une bagatelle qui doit rapporter, d'après leurs calculs, des profits fabuleux.

Prenons, par exemple, le couteau à peler la pomme de terre. Il y a, disent-ils, quinze millions de femmes en France dont cinq millions, au moins, sont des cuisinières et ne peuvent se passer de ce couteau. En ne gagnant que 10 centimes sur chaque, cela ferait cinquante millions de centimes, ou cinq cent mille francs. Or, en prenant le brevet anglais, américain, autrichien, etc., cela donnerait au moins autant. N'est-ce pas un joli bénéfice, plus d'un million par an? Prenez des actions! prenez-en beaucoup... il n'en reste presque plus!

CXXI.

Voilà comment on travaille le royaume industriel en finances. Mais on s'aperçoit bientôt que le monsieur si riche cherchait à se rattraper, n'importe à quelles branches, et qu'il n'entend rien à celle dont il s'est adjugé la direction; mais il est bientôt arrêté faute d'argent. L'inventeur engagé ne pouvant rattraper son marché sans procès,

abandonne son invention pour en chercher une autre que de nouveaux messieurs attendent pour remplir les vides que le jeu a faits
dans leur bourse.

Chacun peut juger de l'exactitude de ce croquis et croira reconnaître
l'original; mais nous n'avons voulu désigner personne, c'est un portrait trivial dont les copies encombrent la place.

Mais tout cela changera quand, au lieu de grec et de latin, ou avec
le grec et le latin, on enseignera les sciences utiles à la jeunesse;
quand des fils de famille prendront goût aux recherches, avec le moyen
de satisfaire aux dépenses que nécessitent les essais technologiques.
Ce ne sera plus à Mobile ou à la Maison-Dorée qu'ils porteront leur
argent mignon; ils imiteront les marquis de Caligny, les baron Séguier
et les comte de Moncel, et contribueront plus à l'illustration de leur
pays et de leur race que tous les brillants chevaliers du *turff* et de
Tortoni.

Ceux-là, du moins, sauront comprendre un inventeur, discuter avec
lui et l'aider en connaissance de cause. Les fils, sous ce rapport, vau-
dront mieux que leurs pères, et l'on pourra rétorquer avec raison la
condamnation du satirique romain :

> Ætas parentum, pejor avis tulit
> Nos nequiores, mox daturos
> Progeniem vitiosiorem.

Nous dirons, nous :

> Nos pères plus savants que n'étaient nos aïeux,
> Ont eu des enfants plus capables
> Qui seront remplacés par de meilleurs neveux.

Et c'est le travail, la science et l'industrie qui feront ce miracle.

CXXII.

Si vous avez besoin de la verrerie dans vos inventions, je vous
plains de tout mon cœur; car, depuis l'abolition des gentilshommes
verriers, le premier venu s'est mis à construire un four, à prendre
enseigne et patente, ramassant les apprentis, rebuts des autres ateliers, qu'il fait souffler, non pas tant bien que mal, mais toujours au
pire; vous aurez beau leur donner des plans, des tracés, des modèles,

ils ne vous produiront que des monstres; car ils n'ont le compas ni dans l'œil ni dans la main. Pour les maladroits, tout est impossible; à les entendre, ils seraient les premiers ouvriers du monde; s'ils ne réussissent pas, personne ne réussira. Tous ces petits gâte-métier vous demandent 20 fr., 30 fr. par heure pour mal faire un objet d'un franc. Mais quand ces objets doivent s'ajuster à des pièces métalliques toujours identiques, quelle que soit la tolérance que vous leur accordiez, ils n'en feront pas deux sur cent avec les mêmes proportions; quant à la grâce de votre dessin, ils ne s'en soucient pas le moins du monde et prétendent que leur ours est beaucoup plus joli que votre modèle étudié.

Si vous vous adressez aux habiles verriers, car il y en a, ceux-là sont tellement occupés, qu'ils vous font attendre des mois entiers avant de vous donner un échantillon de votre idée, et à des prix capables de décourager le plus intrépide chercheur, qui avait compté sur le bon marché de la verrerie courante pour établir sa spéculation.

CXXIII.

Dégoûté de la grande verrerie, si l'inventeur se met à grimper les cinq étages des petits souffleurs de perles, ce sont les mêmes embarras; tout ce qu'ils n'ont pas fait toute leur vie est déclaré impossible, inexécutable; mais si vous insistez, si vous leur montrez la manière dont il faut s'y prendre, ils finissent par trouver que cela est trop simple. L'inventeur est obligé, pour ainsi dire, d'étudier tous les métiers pour arriver à son but, en n'épargnant ni ses pas ni sa bourse, que la vue de la misère et les plaintes de la plupart de ces malheureux le forcent d'ouvrir largement. N'inventez donc rien entre les habitudes du souffleur à la canne et du souffleur au chalumeau qui ne peut dépasser un certain format auquel le premier ne peut atteindre. Le besoin d'un art intermédiaire se fait réellement sentir pour combler cette lacune.

Ce sont toutes ces déceptions qui découragent les chercheurs, impatients de voir la réalisation de leurs idées.

Il est à désirer que l'on mette dans le commerce de la fonte de verre comme on y met de la fonte de fer, et que l'on puisse en liquéfier deux ou trois kilogrammes dans un petit creuset pour des ouvriers en chambre. L'essai a été tenté par un verrier belge, mais la douane française a fait échouer sa spéculation (1).

Voilà ce que les gens du monde et les hommes de cabinet ne comprennent pas ; ils ne peuvent se faire une idée des misères de l'inventeur sur la vue de ces milliers d'objets utiles ou agréables qu'on leur offre pour rien.

CXXIV.

La pensée nous est venue d'étaler dans une bibliothèque toutes les pièces qui ont servi à la création d'une petite lampe que nous avons voulu amener à sa plus simple expression ; mais le nombre des transformations de chaque pièce est tellement considérable, que le nettoyage et l'étiquetage seuls de ce que nous avons fait faire pendant sept ans exigeraient plusieurs mois. On pourrait donner un cours d'invention avec une pareille collection qui ferait voir toutes les transformations successives par lesquelles l'esprit de l'inventeur doit passer avant d'arriver à son entière satisfaction, tant sous le rapport de la facilité et du bon marché que de la forme.

Longtemps avant d'avoir obtenu la simplicité cherchée, tout le monde était satisfait ; l'inventeur seul ne l'était pas, et c'est lui qui doit l'être. Mais sa misère augmente encore quand il doit passer par l'emboutisseur, le repousseur, l'estampeur, le décapeur et le vernisseur, tous métiers où la province est en retard de trente ans sur la capitale. Ces arts charmants n'y sont connus que par quelques invalides maladroits renvoyés des bons ateliers avec des demi-connaissances, lesquels éreintent vos pièces, les crèvent, les brûlent ou les maculent à des prix exorbitants.

Tels sont les collaborateurs, les aides que l'inventeur rencontre dans les petites villes. On a dit qu'il était impossible de faire de bonne littérature ailleurs qu'à Paris ; on peut le dire à plus juste titre des inventions.

---

(1) Nous apprenons que cette invention vient d'être acquise par la société des glaces et verreries de Sainte-Marie d'Oignies, pour la somme de 500,000 francs.

CXXV.

Un homme qui n'est pas au courant des idées et des découvertes de chaque jour s'épuise à refaire ce qui est déjà fait, mieux qu'il ne le ferait; par exemple, M. Dubrulle, de Lille, nous apporte une lampe de mine que nous cherchions depuis longtemps. Après l'avoir examinée dans tous ses détails, nous avons renoncé à nos recherches, car la sienne réunit toutes les conditions que nous rêvions; sans cela, nous chercherions encore pour ne pas trouver mieux. Quand cet inventeur nous dit qu'il était lampiste, nous lui répondîmes que cette lampe ne devait pas être de son invention, car, en règle générale, jamais un lampiste n'a inventé une lampe, un pompier une pompe, un poêlier un poêle, un armurier un fusil, etc. Ce ne sont guère les gens du métier qui possèdent le temps et les connaissances voulues pour faire une découverte; ce sont les physiciens, les médecins, les hommes de science qui font les inventions capitales. Mais quand un lampiste a suivi, comme M. Dubrulle, des cours de physique, quand il est descendu dans la mine, quand enfin il connaît les *desiderata* du mineur, et que cet habile ferblantier a passé dix ans à poursuivre son idée, et n'est enfin satisfait de son travail qu'aujourd'hui, il fait exception à la règle. Mais il aura un nouveau travail à faire, celui de renverser les mauvaises lampes qui tiennent le haut du pavé.

CXXVI.

Si l'inventeur classique qui n'opère que sur des leviers travaille à coup sûr, il n'en est pas de même de celui qui doit combiner la machinerie avec l'air, le feu, l'eau la vapeur, l'électricité, etc.

C'est là que commencent les inventions transcendantes qui exigent une si grande variété de connaissances théoriques, et que surviennent bien des échecs imprévus. Ainsi nous connaissons une entreprise de sept cent mille francs qui fut paralysée pendant deux mois par l'immobilité des plaques de caoutchouc qui restaient adhérentes au siége des soupapes hydrauliques par l'effet du soufre sur le métal. Il a suffi de les soulever une fois pour les faire aller à souhait.

A propos de soupapes, le caoutchouc vulcanisé nous en donnera d'une étonnante simplicité et d'une exactitude à toute épreuve. Les essais sont faits et nous pouvons annoncer que ce petit organe si précieux, que les anciens pompiers appelaient le *secret*, ne sera plus qu'un joujou par sa simplicité et son prix insignifiant. On en a cependant fait de bien des sortes; presque tous les mécaniciens s'en sont occupés; eh bien! on sera porté à croire, en voyant celle dont nous parlons, qu'on n'y a jamais pensé, parce qu'elles étaient dans nos artères et dans nos veines; ce sont les valvules et les méats naturels de l'animal. Les lèvres elles-mêmes, avec le râtelier dentaire pour appui, sont la plus simple et la plus sûre des soupapes que le Créateur ait pu inventer; nous pouvons la contrefaire sans crainte d'être poursuivis en dommages et intérêts, car il applaudit à ceux de ses enfants qui savent deviner les rébus qu'il a semés sur toutes les pages du journal de la création.

CXXVII.

Nous ne cesserons de le répéter, l'inventeur d'ici-bas n'a rien de mieux à faire que de contrefaire l'inventeur de là-haut; car il a tout prévu, tout éprouvé, tout trouvé, la forme et le fond. Que les artistes industriels parcourent un jardin botanique, ils y trouveront toutes les formes gracieuses, et, quoi qu'ils produisent, ils n'auront le don de plaire que lorsque leurs bronzes, leurs porcelaines, leurs verreries, leurs dessins, rappelleront quelque forme prise dans la nature, moins l'échelle qui peut être agrandie ou diminuée sans faire perdre le souvenir et la grâce de la fleur, du fruit, de la corolle ou du bouton naturel.

Mais il faut conserver les proportions des choses, et ne pas faire un petit enfant qui flaire une rose plus grosse que sa tête, une femme de deux pieds qui danse sur une fleur de deux pouces, un lion qui marche sur la tranche d'un ruban de soie, et mille autres contre-sens comme on en voit tant, comme on en voit trop.

CXXVIII.

L'inventeur du style ogival s'est inspiré de la gracieuse cycloïde des forêts de palmistes. L'inventeur des ressorts habilement dégradés s'est inspiré de la penne de l'oiseau, et quand nous rencontrons une de ces intelligences qui courent après la direction des aérostats, nous lui demandons où elle a vu dans les airs un animal construit comme un ballon, se dirigeant contre le vent, et nous terminons notre démonstration sur l'impossibilité de résister au moindre zéphyr avec une surface aussi grande que celle des ballons, par ce mot brutal mais juste, que nous avons entendu sortir de la bouche du baron Séguier : « Non, mon ami, vous ne dirigerez les ballons que quand il n'y aura plus de ballons, c'est-à-dire quand vous imiterez l'oiseau; quand, à une si mince surface, vous ajouterez la force et la vitesse du volatile, quel qu'il soit. Les modèles ne manquent pas, c'est à vous à choisir de l'oiseau-mouche au condor, du moustique au hanneton, du papillon à la chauve-souris. » Mais le moteur à la fois puissant et léger nous manque encore et tout ce qu'on tentera jusque-là n'atteindra pas le but. Une seule proposition raisonnable a été faite par un fou raisonnable, celle de chercher des courants divers dans la voûte du firmament, en s'élevant et s'abaissant sans perdre ni gaz ni lest.

D'où vient le succès de la navigation ? C'est qu'on n'a pas hésité à imiter les oiseaux nageurs ; la barque et ses deux rames ne sont autre chose que le cygne et ses pieds palmés. La roue à aubes n'est que la multiplication des palmes, et l'hélice n'est que le vibrion rotifère qui se visse littéralement dans l'eau ; mais on n'a pas encore imité le propulseur du phoque qui consiste en deux mains palmées qui s'ouvrent et se ferment angulairement en glissant sur le coin liquide qu'elles enserrent, ni la queue du poisson dont la puissance dépasse tout ce que nous avons choisi en fait de propulseurs. Celui-là sera le meilleur de tous, mais on ne l'appliquera sans doute qu'en dernier lieu, parce qu'il a été mal compris et mal essayé une première fois. Un temps viendra où tous les steamers auront la forme et le mécanisme d'une baleine; alors ce sera bien.

CXXIX.

Le caoutchouc, ce cartilage de la mécanique, est là, prêt à compléter toute notre industrie; c'est le plus riche présent que Dieu ait pu faire aux pompiers du xix⁰ siècle.

En fait de pompes, on a été fort loin, mais le piston, les soupapes, les glissières et les robinets ne sont que des lieutenants artificiels du seul spécimen naturel que nous connaissions, la mamelle; or un tube de caoutchouc n'est autre chose qu'une grande mamelle avec laquelle on traira désormais la citerne comme on trait la vache.

La chose est faite, et le résultat parfait; cette pompe est aspirante et foulante, sans piston ni soupape; elle n'a pas besoin d'être amorcée et conserve indéfiniment son vide; elle s'applique à tout, même aux acides, et n'a presque pas de cause de détérioration. Il est probable qu'on n'en fera bientôt plus d'autres, attendu la modicité de son prix. Plusieurs ont passé l'hiver avec de l'eau gelée dans leurs tubes, sans éprouver aucune détérioration.

Mais l'inventeur surchargé de richesses de ce genre cherche une nourrice, comme tous les inventeurs dont les nombreux enfants ne savent à quel sein se vouer; car il manque un établissement qui se chargerait de ces transactions, un monsieur de Foy qui s'occuperait de marier le génie à la monnaie. Une pareille institution serait d'une immense utilité, car elle répondrait à un des plus grands besoins de l'époque.

· Heureux les cerveaux mâles quand ils pourront s'unir en toute sûreté avec les cerveaux femelles destinés à incuber, allaiter et soigner les petits Hercules qui périssent si souvent au berceau.

CXXX.

· L'imitation de la nature et la recherche des analogies doivent toujours guider l'inventeur, lequel n'est, au reste, que le contre-maître de la Divinité, qui lui livre les matériaux et les modèles. Tout inventeur qui s'en éloigne fait fausse route et devra revenir sur ses pas. Or, nos inventeurs de systèmes sociaux, aussi bien que nos inventeurs d'engins, se sont également fourvoyés pour avoir négligé d'observer les lois naturelles. *Laissez tout faire et laissez tout passer*, disent les uns; *ne laissez pas tout faire ni tout passer*, disent les autres.

Protégeons, défendons, gouvernons tout; ne nous mêlons de rien. Voilà les deux extrêmes, mais nul n'a trouvé la moyenne, et c'est pourtant dans le juste milieu qu'est la vérité, ou plutôt qu'est la justice.

La première règle de la justice est que chacun soit propriétaire et responsable de ses œuvres; or, cette loi nous ayant manqué jusqu'ici, les orages n'ont cessé de bouleverser la société. La formule est aujourd'hui trouvée, il ne s'agit plus que de vaincre la résistance des sots, cette classe intéressante par son nombre et sa prépondérance dans les pays qui comptent les voix et ne les pèsent pas. Les sots et les fous n'en sont pas moins dignes de notre respect, car ils ont leur rôle à remplir aussi bien que la terre d'ombre dans un tableau. Sans fou, pas de sage, dit un vieil adage; les sots dont on rit font les gens d'esprit.

Tout homme qui contesterait la justesse et la justice de cette formule, serait, selon l'acerbe expression du docteur Marc, un ignorant ou un fourbe.

Il faut convenir qu'un système qui peut supporter, sans en être renversé, une aussi violente épreuve, doit être bien établi. C'est qu'une grande vérité est comme une pyramide assise sur sa base, car tout le travail dépensé pour la faire tenir sur sa pointe, ne peut que s'appeler *labor improbus*, travail malhonnête; c'est le seul nom que mérite l'activité des plagiaires, des contrefacteurs, des fraudeurs et des agioteurs.

CXXXI.

La chimie, quelle riche carrière pour un inventeur; que de transmutations des éléments naturels; que d'actions, de réactions n'a-t-elle pas déjà produites avec ses acides et ses alcalis seulement! Mais que sera ce bien autre chose avec l'intervention de l'électricité!

Ce moyen nous a longtemps manqué pour obtenir exactement dans nos laboratoires, les mêmes résultats que la nature obtient dans les siens.

Mais ce sera bien autre chose encore quand viendra la chimie à haute pression, comme l'appelait Thilorier. Tous les esprits vont se porter de ce côté pour réparer les désastres de l'oïdium qui vient sans doute providentiellement nous forcer à remplacer le vin naturel par le vin factice, pour lequel il n'y aura jamais de mauvaises années. On sera honteux d'avoir tant négligé la fermentation, quand on boira de ces excellents vins donnés par la chimie; on n'aura plus la force de regretter les abominables vins du cru que le peuple avale en grimaçant, quand il sera remplacé par des boissons plus agréables, et nous disons plus naturelles, produites par une infinité de fruits divers que nous laissons perdre par ignorance.

On aura beau se récrier contre les fabriques de vins, nous sommes sûr qu'elles vont se multiplier, comme les distilleries de betteraves. On fera, sinon du vin, au moins des liqueurs vineuses à tous les degrés et de toutes les sortes; les goûts de terroir seront remplacés par les goûts de laboratoire, qui ne seront jamais aussi écœurants que celui de certains coteaux fumés à grand renfort de purin, qui semble passer par endosmose dans le raisin.

CXXXII.

Règle générale : pulpe, acide et chaleur suffisent à convertir toutes les substances végétales en gomme, en sucre, en vin et en alcool. Tous ces corps ne diffèrent, disait Van Mons, que par quelques atomes d'eau de composition. Que de précieuses découvertes pourraient faire nos chimistes ! Mais la moitié se trouve occupée à rechercher les fraudes que l'autre moitié s'ingénie à inventer pour falsifier toutes les substances commerciales de quelque valeur, ou à faire la guerre aux usines pour les chasser des centres habités qui se sont formés et tendent incessamment à se reformer autour d'elles, parce que la population y trouve du travail et du pain sans trop se soucier des mauvaises odeurs qu'elle ne sent même plus; mais passe par là un chimiste officiel, il perd la respiration, il est asphyxié, il étouffe.

Vite un procès-verbal; à bas cette sentine qui promène la mort au milieu de ces pauvres ouvriers qui croyaient si bien se porter de père en fils, même en respirant l'odeur du goudron ou celle du gaz; mais seront-ils plus avancés quand ils auront de l'air et n'auront plus de pain ?

On ne vit pas de l'air du temps, comme on dit. Que les Sybarites au flair délicat s'éloignent des fabriques ; mais qu'on ne force pas les fabriques à se fermer pour le bon plaisir des désœuvrés qui n'entretiennent pas cette population affamée, laquelle finira peut-être par les manger eux-mêmes quand elle n'aura que du vent à respirer, quelque frais qu'il soit.

CXXXIII.

Nous croyons, nous, que les chimistes occuperaient plus utilement leurs loisirs en cherchant les moyens pratiques de neutraliser les émanations nuisibles des fabriques qu'en leur faisant une guerre impie pour caresser les nerfs olfactifs des poupées que l'odeur du vétyver même fait tomber à la renverse. Il y a pourtant bien loin du voisinage d'une fabrique à l'intérieur d'une hutte de Lapons, qui vivent dans la fumée pendant cent ans. Nous ne sommes pas des Lapons, diront nos petits-maîtres. Aussi ne vivez-vous pas si longtemps dans l'air parfumé de vos boudoirs. La Fontaine l'a dit :

> Les délicats sont malheureux,
> Rien ne saurait les satisfaire.

Les chiens, qui ont le flair plus délicat que les hommes, ne fuient pourtant pas les fabriques, ce qui est à nos yeux une grande preuve de l'innocuité des odeurs dont quelques sybarites se plaignent.

CXXXIV.

On nous a quelquefois demandé s'il ne serait pas plus facile d'inventer à deux ou trois associés qui mettraient leur génie en commun que de se livrer seul à ce travail de conception. Nous avons répondu qu'une pareille association ne pourrait réussir qu'à la condition d'ajouter des esprits incubateurs à un seul producteur. Il ne faut qu'un coq dans un poulailler, qu'un seul cocher, qu'un seul pilote, qu'un seul souverain.

Tout chef-d'œuvre est l'œuvre d'un seul, tout enfant n'a qu'un père, tout résultat éminent en fait d'art, de science, de littérature et de législation est l'œuvre d'un seul. L'homme est fait à l'image de Dieu qui était seul pour créer le monde. S'il eût soumis son projet à une assemblée de saints, d'anges et de séraphins, le monde serait encore à l'étude. Jamais corporations, comités, comices ou commissions n'ont fait de chef-d'œuvre. Il n'est donc pas rationnel d'espérer ni chef-d'œuvre législatif, ni chef-d'œuvre mécanique d'un aréopage quelconque; s'il en était autrement, il n'y aurait aucune question qui ne fût parfaitement résolue, rien qu'en augmentant le nombre des collaborateurs, et, malheureusement, comme l'a dit lord Chesterfield, plus la foule augmente, plus la raison décroît. Si l'on avait proposé à une assemblée d'ingénieurs de résoudre le problème de la locomotive, voici ce qui serait arrivé : chacun, se reposant sur les autres, aurait apporté sa pièce, mais toutes ces pièces n'eussent pas plus fait une locomotive que quand dix personnes apportent chacune un dixième d'idée, car dix dixièmes d'idées ne font pas une idée comme dix dixièmes de mètre font un mètre. C'est en cela que pèche le système *commissionnel*, qui ne tardera pas à laisser voir son impuissance à faire le bien, à force de prouver sa puissance à laisser faire le mal.

CXXXV.

Pour inventer, vous serez donc seul, dans le calme du cabinet et dans l'ombre de la nuit, débarrassé, autant que possible, du tracas des affaires, des ennuis de la famille et des préoccupations du monde extérieur. C'est pour cela qu'il serait avantageux d'avoir des couvents d'inventeurs, des corporations de chimistes, des chartreuses d'astronomes, etc., qui feraient avancer la science et les arts, comme les bénédictins et les bollandistes ont fait avancer les connaissances littéraires et historiques.

Travaillez seul à votre invention, ne consultez les autres que sur les détails de leur spécialité, mais jamais sur le fond de vos recherches; quand vous aurez fait la synthèse, ils feront l'analyse. N'oubliez pas surtout que les hommes de routine sont plus disposés à décourager et à entraver les inventeurs qu'à les aider.

Les analystes poursuivent à coup d'*x* et d'*y* les hommes de synthèse et les *emberlificogent* d'équations, souvent aussi étrangères à l'affaire que les arrêts cités par certains avocats qui veulent démolir leur adversaire à tout prix ; l'inventeur ne doit point tenir compte de cette opposition quand il aperçoit clairement la figure de son idéal.

Celui-là serait le plus riche et le plus habile inventeur du monde, qui pourrait se flatter d'être l'auteur de toutes les belles et bonnes inventions qui ont été condamnées et étouffées par les comités officiels des ponts et chaussées, de la marine, de l'artillerie, des chemins de fer et des académies.

CXXXVI.

N'oubliez pas que c'est faire un affront à un corps constitué que de lui présenter un chef-d'œuvre qui ressort de sa spécialité : s'il l'approuvait, ce serait mettre à nu aux yeux du ministre, aux yeux de la nation, sa propre insuffisance, surtout quand l'invention part d'un homme étranger à la partie dans laquelle ces messieurs sont censés passés maîtres. Mais ils n'ont rien à risquer en le condamnant, car il n'existe pas d'autre tribunal d'appel que la postérité, qui ne connaîtra jamais le nom des coupables.

C'est le même sentiment qui fait dédaigner et repousser par les chambres et le gouvernement tout projet de loi présenté par un *homme de rien*, ou qui n'a pas qualité législative.

On peut bien s'imaginer que l'inventeur, froissé par un semblable accueil, ne saurait s'incliner sous une décision qui lui paraît odieuse, injuste et ridicule ; il en appelle, il réplique, la discussion s'envenime, le corps constitué s'indigne qu'un utopiste, un fou, ose avoir raison et, qui plus est, ose le convaincre d'ignorance ou de mauvaise foi. Est-il besoin d'en dire plus pour expliquer comment et pourquoi les plus grands inventeurs sont morts de faim ou des suites d'une misère sans intermittence, pour s'être permis d'avoir plus de talent qu'une commission ?

CXXXVII.

Il est un fait certain, c'est que chaque progrès de l'humanité est l'œuvre d'un seul homme qui a raison contre tout le monde. Voyez combien d'ennemis à vaincre ou à éclairer : ne faut-il pas être fou pour oser l'entreprendre?

Ce qu'il y aurait de mieux à faire, serait un journal où les inventeurs feraient insérer leurs découvertes en gardant l'anonyme. Un signe particulier qu'ils pourraient invoquer après le succès, leur donnerait des droits, soit à une récompense nationale, soit à la propriété de leur invention. Mais il faudrait une loi, loi de progrès si jamais il en fut.

Ne vous arrêtez donc jamais à des inventions qui nécessitent l'intervention du gouvernement, c'est-à-dire d'une commission; travaillez pour l'industrie privée, qui sait apprécier les services qu'on lui rend. Si la mécanique militaire était aussi avancée que la mécanique civile, il y a longtemps que la guerre serait devenue impossible. Il a fallu que les chasseurs essayassent pendant un demi-siècle la capsule, avant qu'elle fût adoptée par l'armée, c'est-à-dire qu'il a fallu que l'inventeur eût disparu ainsi que ses droits à la priorité.

Nous sommes convaincu que la meilleure manière d'obtenir de bonnes lois sur un sujet quelconque serait de faire comme certaines académies, qui proposent des prix pour la meilleure solution d'un problème. Il y a tout à parier qu'il serait résolu plus souvent par un habitant des mansardes que par ceux du palais législatif, comme il arrive pour les solutions demandées par les sociétés savantes auxquelles on doit savoir gré de ce sacrifice d'amour-propre.

Les abeilles isolées travaillent, mais dès qu'elles se rassemblent en corps autour d'une branche, elles ne font plus que bourdonner. Il y a des académies qui, pour prévenir un échec, interdisent à leurs membres de prendre part aux concours, précaution aussi superflue que l'arrêté de certain ministre des travaux publics qui interdit à ses ingénieurs et employés de faire des inventions. A quoi bon prendre un arrêté pour boucher une bouteille vide? disait à ce propos un spirituel Liégeois qui a eu le bon esprit d'abandonner la littérature pour la mécanique, prétendant qu'il y a de la poésie en tout, même dans un rail et un coussinet. Soyez persuadés, répondait-il aux observations de ses amis, que j'aurai plus tôt appris à faire une machine à vapeur comme Cockerill, que Cockerill un couplet comme moi. Il en a donné la preuve bientôt après, ce qui montre que l'esprit de combinaison, quand on en est doué, peut s'appliquer à tout.

CXXXVIII.

Nous avons souvent regretté de voir tant de jeunes gens se livrer à la stérile manipulation des rimes et des hémistiches, quand ils pourraient s'adonner à l'agencement productif des leviers et des cames, ou de tant d'autres éléments précieux que l'instruction publique a négligé de leur faire connaître, et que l'étude des classiques romains leur a quelquefois rendus odieux, parce qu'Ovide et Horace n'ont jamais daigné s'en occuper; tout cela rentrait pour eux, comme les travaux manuels, dans les attributs de l'esclave, ce vil instrument producteur sans lequel ils pensaient qu'une société ne saurait exister. La dernière fin que l'homme libre devait désirer d'atteindre à Rome était, selon les écrivains, une honnête paresse, *otium cum dignitate.*

Ces idées fausses du paganisme ont grandement retardé le progrès des sciences; elles commencent à se dissiper, mais il en reste de nombreux vestiges dans l'esprit de la jeunesse dorée et de nos rhéteurs empesés qui continuent à croire que le travail racornit le cœur parce qu'il salit les mains. Les nations qui n'en sont qu'au moyen âge, comme la Hongrie, la Pologne et la Russie, sont encore un peu sous le poids de ce fatal préjugé.

Les patriciens et les chevaliers romains, qui n'inventaient rien, laissaient cette servitude aux esclaves, aux affranchis ou aux médecins grecs, les seuls industrieux de l'époque; c'est sans doute en sortant du laboratoire d'un de ces alchimistes, qu'Ovide s'écriait :

Omnia jam fient, fieri quæ posse negabam ;

C'est-à-dire ils font des choses impossibles, et parviendront à tirer du feu de l'eau et de l'eau du feu. Il parlait alors, comme d'une chimère, de ce double problème résolu par la science moderne, à moins que son instinct vaticinateur ne lui eût fait deviner la possibilité de la décomposition et de la recomposition de l'eau. Nos pères ont bien dit aussi par ironie : Ils tireront de l'huile d'un caillou, mais ils n'ont pas osé supposer qu'ils se tisseraient des gilets en filant les pavés de Paris, comme Gaudin l'a fait.

CXXXIX.

Les anciens n'ont connu que l'art individuel, mais ils ne possédaient pas cet art universel que nous appelons l'industrie, laquelle n'existe que depuis et par l'invention des grandes machines qui ont produit des merveilles de bien-être, rien qu'avec ce semblant de propriété appelée patentes et brevets. A quoi ne devons-nous pas nous attendre, après l'assimilation complète de la propriété intellectuelle à la propriété matérielle ? Comment ne s'est-on pas aperçu jusqu'ici que cette porte de salut n'était qu'entre-bâillée, et qu'en l'ouvrant tout à fait, des flots de misère s'en échapperont pendant que des flots de prospérité s'y précipiteront.

Il faut être privé de logique pour ne pas comprendre que l'instinct de la propriété est le plus proche parent de l'instinct de la paternité, et que l'homme est un animal propriétaire, comme le castor est un animal constructeur ; le plus sûr moyen de les rendre malheureux est de contrarier leurs instincts naturels.

L'abeille passe sa vie à construire des alvéoles et à les remplir de miel ; l'homme en fait autant quand on le laisse faire ; mais tous les deux s'irritent, se révoltent et se vengent, au risque de leur vie, quand on les trouble dans leur travail instinctif.

CXL.

Pour prouver la puissance de la propriété, même imaginaire, sur l'homme, prenons un breveté pour le mouvement perpétuel. Il est certain que, s'il se fait une barricade dans sa rue, contre les millionnaires, il se rangera sous le drapeau de ceux-ci, attendu qu'il espère, que dis-je ? qu'il est convaincu que l'année prochaine il sera millionnaire aussi. Mais quand vous aurez fait tomber son brevet dans le domaine public, il se trouvera désenchanté et ruiné dans ses espérances; ne vous étonnez donc pas qu'il passe derrière les barricades et s'il tire sur les conservateurs, car il les accusera, et il accusera le gouvernement de ne lui avoir rien laissé à conserver.

Nous le répétons encore, parce que cet exemple est concluant : tant que la loterie du lingot d'or n'était pas tirée, il eût été impossible d'organiser une émeute à Paris; car cent mille ouvriers avaient le lingot en poche sous la forme d'un billet d'un franc.

La bonne politique vous enseigne donc qu'il faudrait toujours avoir un lingot d'or en loterie. Ne guérissez pas le fou du Pirée, car il sera toujours porté à tuer ceux qui lui feront voir trop clairement la profondeur de sa misère. Entretenez plutôt son illusion, et, si vous regardez toutes les inventions comme des illusions, vendez des illusions à ceux qui vous les payeront en vous bénissant, au lieu de vous faire maudire par eux en les leur arrachant.

Voulez-vous avoir la liste officielle des mécontents et des ennemis du gouvernement, prenez la liste des brevetés déchus pour une cause ou pour l'autre.

CXLI.

Il serait à désirer que les lignes qui précèdent tombassent sous les yeux de nos législateurs et surtout de nos administrateurs qui veulent savoir, avant d'accorder la pérennité aux œuvres de l'intelligence, si cette propriété est de droit naturel ou de droit civil, ou si elle procède de l'un et de l'autre. Quelle noble curiosité !

Ces tricoteurs de phrases font un mal immense en enchevêtrant de leurs subtiles distinctions les roues du char du progrès qui s'arrête comme pour les écouter.

Il est pénible de penser que tous ces esprits déliés, que toutes ces imaginations poétiques, qui ne sont pour la plupart que d'improductives entités, seraient probablement devenus de grands inventeurs, si leur éducation eût été dirigée vers les sciences naturelles, au lieu d'être faussée par les études banales de la rhétorique, qui ne met à leur disposition qu'un déluge de mots dans un désert d'idées.

D'autre part, les grands capitalistes, les grands seigneurs surtout, ne sont pas assez avancés pour examiner et discuter une découverte qu'on leur présente ; ils ajouteront plus de foi à l'inventeur d'un mouvement perpétuel, qui leur fait entrevoir dix mille pour cent de bénéfice, qu'à l'inventeur réel qui ne leur parle que de cinquante à cent pour cent. Ils prendront de préférence les actions du premier, parce que, disent-ils, en admettant que l'inventeur se trompe de moitié, des trois quarts, ce serait encore une fort belle affaire. Il ne leur vient pas à l'idée qu'il puisse se tromper totalement.

Les plus grands noms de France ont donné dans ces travers et alimenté plus de mouvements perpétuels que d'entreprises rationnelles ; nous ne voulons pas citer ceux qui nous ont consulté... quand il était trop tard.

CXLII.

Si l'indignation fait des vers, comme l'assure Juvénal, nous ne pensions pas qu'elle fit des maisons ; c'est cependant ce que M. Coignet, chimiste lyonnais, de la tribu des précurseurs, vient de nous prouver.

Voulant bâtir une maison de campagne pour sa fille, cet inventeur s'adressa à un architecte qui lui fit un devis de cent mille francs. Eh bien, dit-il, je la ferai moi-même, et d'une seule pièce, pour en faire une bonne aux architectes patentés, car elle ne me coûtera pas dix mille francs.

Il se mit aussitôt à fabriquer du béton,. à le pilonner entre des planches, à la façon dont on bâtit en pisé dans le Midi, et éleva en peu de mois, non pas une maison, mais un château, mais une usine avec tenants et aboutissants, magasins, écuries, caves et égouts, le tout comme taillé dans un monolithe. C'est pour nous assurer de la réalité de la chose, que nous avons fait le voyage de Saint-Denis.

Après avoir vu fonctionner une machine à vapeur de trente chevaux appuyée sur des béquilles de béton, nous n'avons plus le moindre doute sur l'importance et l'avenir de cette découverte renouvelée des Romains ; car c'est évidemment ainsi qu'ils bâtissaient avec ce fameux ciment que M. Coignet a retrouvé. C'est tout bonnement un mélange de chaux, de sable, d'escarbilles, de briques pilées, de cendres et autres matériaux triturés par un grossier moulin. On dépose ce magmat terreux et pierreux très-légèrement humide entre des planches préparées pour le recevoir; on pilonne le tout et le lendemain la matière est assez prise pour permettre d'enlever les planches et de les changer de place. Si ces planches portent des moulures ou des ornements creux, la façade se trouve sculptée ou ornementée aussi richement que l'on veut et au plus bas prix imaginable.

M. Coignet a publié ses procédés et ses diverses proportions dans une brochure où il explique pourquoi sa découverte n'a point attiré l'attention du jury de l'Exposition. Le prince demanda, en passant auprès de son bloc, à un architecte qui l'accompagnait, quelle pouvait être la valeur de ce procédé. — Prince, cela coûte trop cher et fond à la pluie, fut le renseignement qu'on lui donna.

Le moyen de donner une médaille à ce maraud !

L'architecte prétendra qu'on l'a mal compris et qu'il a voulu dire : *Cela coûte trop peu cher et se fonde par la pluie.*

En effet, le béton prend dans l'eau aussi bien que dans l'air, et le prix en est trop bas pour que les architectes y puissent trouver de grands profits. Le fait est que cette invention va diminuer le prix des constructions de plus de 70 p. c. Le dock de la vie à bon marché devrait s'emparer de cette découverte et la propager rapidement. Nous n'hésitons pas à déclarer que tout propriétaire qui bâtira désormais une maison autrement qu'en béton, est une victime de la maçonnerie.

CXLIII.

Qu'on ne s'étonne pas de nous voir parler de choses qui n'ont eu aucun retentissement à l'Exposition ; c'est qu'en présence des grands parents bien parés, personne n'a donné un coup d'œil aux enfants mâchurés, relégués dans les petits coins, où nous avons été les caresser pour nous assurer que la plupart deviendront très-grands et très-forts, si Dieu leur prête vie, c'est-à-dire de l'argent. Par exemple, que manque-t-il au pendule annulaire à vapeur de Galy-Cazalat, pour remplacer les autres moteurs? De l'argent! Son piston de métal fondu n'a certainement pas autant de frottement que les autres, et le prix de ces machines serait insignifiant. On n'a pas une seule bonne raison à lui opposer. M. Galy est un chercheur aussi savant que modeste et qui ne gagne rien, parce que ses inventions expirent au moment où elles sont près de respirer. C'est encore une victime des brevets à courts termes.

On n'a pas non plus regardé le modeste tuyau de zinc du marquis de Caligny qui élevait jour et nuit de l'eau de la Seine par une retenue insignifiante pratiquée dans un coin de cette rivière. C'est une sorte de bélier hydraulique sans choc, un appareil rustique, comme dit l'inventeur, qui rend 80 p. c. de la force qu'on lui donne à escompter, ce qui est fort généreux, surtout quand cette force ne coûte rien.

CXLIV.

On n'a pas fait attention non plus à une espèce de romaine hydraulique de fer-blanc qui culbutait à chaque minute, en portant de l'eau dans un bassin supérieur, et retombant à sa place pour recevoir un nouveau chargement. Ceci est l'œuvre d'un fonctionnaire de l'enregistrement, nommé Raveneau; il pense que son appareil, qui donne 70 p. c., doit se vulgariser rapidement; en conséquence, il est disposé à donner sa démission de son emploi, pour se livrer tout entier à l'exploitation de cette invention. Nous avons jeté quelques gouttes d'eau froide sur son enthousiasme en lui apprenant que sa découverte ne serait pas plus comprise par le public, qu'elle ne l'a été par le jury, et que son brevet serait expiré avant qu'on lui adressât une commande de son appareil encore plus rustique que le précédent. Les exemples de cette lente divulgation des bonnes choses ne manquaient pas plus à l'Exposition que les exemples contraires de choses médiocres et même mauvaises, prônées par la réclame et adoptées par le public. On a une juste idée de la force du levier de la réclame par le succès de l'eau de Lob pour faire pousser les cheveux, et de la pâte de Regnault pour guérir la toux.

CXLV.

Pour 80,000 francs d'annonces, je vous ferai placer 100,000 francs d'eau de la Seine en bouteille pour faire pousser les dents, les nez et les yeux, nous disait le plus habile journaliste de Paris. Nous sommes convaincu qu'il avait raison, car la moyenne de la raison humaine est celle d'un enfant de six ans.

Les gens qui supposent qu'il y a peu de bonnes inventions d'après le petit nombre de celles qui parviennent à casser la coque de l'œuf où elles sont renfermées, sont dans une erreur profonde; il ne manque qu'une poussinière pour les élever et les nourrir dans leur enfance.

Nous savons que de nombreux efforts ont été faits en pure perte, pour créer une compagnie de protection et d'exploitation des découvertes nouvelles; mais si la nouvelle loi des brevets déposée au conseil d'État en ce moment répond aux intentions d'un puissant personnage, la réalisation de mille sociétés de ce genre deviendra possible et donnera une immense impulsion à l'industrie qui se débat encore dans les langes dont son enfance est entourée, moins par sollicitude que par crainte de voir cet embryon grandir et devenir un géant capable de manger ses nourrices et le tas de bonnes chargées de veiller sur lui.

CXLVI.

On ne croirait pas à quelle chétive cause tient le progrès industriel et le bien-être d'un peuple. Ce qui arrête tout, c'est la crainte que la bureaucratie a conçue d'avoir trop de signatures à donner, dans le cas où la loi serait assez favorable aux inventeurs pour les faire arriver des quatre vents du ciel. Tel est le motif non pas secret, mais avoué, qui va retarder encore de vingt à trente ans, l'adoption d'une loi raisonnable sur les brevets, car les pouvoirs législatifs accepteront comme l'expression des vœux de l'industrie, la guenille rapiécée qu'on va leur présenter pour du neuf. Véritable habit d'arlequin, la loi nouvelle sera vieille et décrépite le jour de sa naissance.

Une seule idée ancienne comme le monde sortira des débats, celle du droit naturel qui veut que chacun soit propriétaire et responsable de ses œuvres.

Rien de plus juste, diront les bureaux; mais il y aurait tant de brevets à classer, tant de dossiers à dénouer pour les curieux qui encombrent déjà le peu d'espace dont nous disposons, que nous ne pouvons y consentir! Ces bonnes gens ne voient pas qu'en publiant les brevels, comme en Angleterre, les intéressés ne viendraient pas plus consulter les originaux qu'ils ne vont consulter les minutes des lois et décrets insérés au *Moniteur*.

CXLVII.

Cette idée est une invention, mais ceux qui gouvernent et conduisent les inventeurs, ne le sont pas et il n'en peut exister parmi ceux qui administrent une branche quelconque de l'atelier national; on dirait que l'esprit d'invention est antipathique à l'esprit d'administration, seule qualité que l'on estime dans un fonctionnaire.

Aussi, quand un employé quelconque, frappé de la complication inutile des rouages de la machine dans laquelle il est engrené, propose une amélioration ou une simplification, il est non-seulement mal accueilli de ses chefs, mais n'a plus de chance d'avancement; il doit donner sa démission s'il ne peut mettre une sourdine à sa langue et un éteignoir sur son génie. Nous avons entendu un haut personnage se plaindre d'avoir plusieurs employés atteints du typhus de l'invention, que toutes ses admonestations ne pouvaient guérir.

> Quand cette folie
> S'empare d'un homme,
> Il faut qu'on le lie
> Ou bien qu'on l'assomme,

disait-il, à propos d'un individu qui lui avait soumis un plan de réforme postale consistant à transporter les livres et brochures en même temps que les lettres, sans l'intermédiaire des libraires et du roulage.

CXLVIII.

Voici comment il débutait : cela se passait en Belgique vers 1831. Un habitant de Liége ou des environs voit annoncer dans son journal, un livre imprimé à Bruxelles. Il se rend à la poste, remplit un bulletin, paye le prix indiqué et reçoit le lendemain l'ouvrage dont il a besoin. La poste rend à l'éditeur le prix payé, moins 5, 10 ou 15 p. c. si elle veut, parce que le libraire retient au moins 33 p. c., plus le port de la diligence, et fait attendre souvent plus d'un mois l'impatient lecteur qui refuse la plupart du temps l'envoi qu'on lui avait promis sous trois jours au plus tard.

Par ce moyen, le prix de vente des livres pourrait être abaissé de moitié, leur diffusion doublée et l'état d'auteur et d'éditeur considérablement amélioré. Chaque facteur n'aurait probablement pas plus d'un ou deux volumes à distribuer par tournée et la recette serait telle que l'administration pourrait les munir de paletots imperméables et de semelles de rechange en gutta-percha, comme les facteurs de Londres.

A l'époque des malles-poste, on pouvait craindre l'encombrement; mais, avec les chemins de fer, cela va tout seul; aussi paraît-il que le directeur des postes de France a eu nouvellement cette vieille idée; nous l'en félicitons; c'est bien peu que vingt-six ans d'incubation pour l'enfantement d'un pareil Goliath. Pourvu que la parturition ne soit pas aussi longue que la gestation!

CXLIX.

On voit que l'esprit d'invention trouve à s'exercer sur tout et que la philosophie, la politique et l'administration ne peuvent pas plus faire de progrès que l'industrie, les beaux-arts et la littérature, sans l'invention; quiconque en est privé n'a d'autre valeur qu'une borne milliaire plantée sur la route comme pour nous indiquer le chemin que nous avons fait sans elle.

Beaucoup disent qu'ils ne veulent rien innover de peur des sots; c'est se condamner à vivre à l'état de terreur chronique, comme a dit un philosophe moderne : la science et la sottise sont comme la lumière et l'ombre, mais la lumière fait ombre et l'ombre ne fait pas lumière; pourquoi donc un homme de mérite aurait-il peur de son ombre?

Il faut bien l'avouer, c'est moins la peur des sots qui galope les novateurs, que la certitude d'être pris pour un fou par les imbéciles ou pour un imbécile par les fous, et de perdre ainsi la plupart de leurs amis. C'est pour obvier à ce point d'arrêt dans le développement de l'esprit d'invention, que nous avons proposé, plus haut, de créer un journal destiné à publier toutes les découvertes, toutes les idées neuves communiquées sous le sceau du secret, avec une marque particulière qui serait déposée en double à l'enregistrement ou chez un garde-notes officiel.

Si l'idée obtient un succès pécuniaire ou honorifique pour ceux qui la ramassent, l'auteur anonyme aurait alors le droit de se montrer et de revendiquer la paternité de son enfant et 5 p. c. des bénéfices. Il ne serait du moins plus retenu par la peur d'avoir à soutenir la terrible lutte du *seul contre tous;* car, nous le répétons, l'auteur d'une idée, d'une invention ou d'une vérité nouvelle, ayant seul raison contre tout l'univers, il lui faut un courage immense ou aveugle pour oser ouvrir la main de Fontenelle. Heureusement que les inventeurs ne réfléchissent pas à cela, bien au contraire! Ils s'imaginent que chacun va les féliciter et les accueillir comme des bienfaiteurs de la grande famille; c'est pour cela qu'ils sont si décontenancés de la première rebuffade. Qu'ils se rappellent que les pierres jetées à un animal l'assomment, tandis que l'homme d'esprit les ramasse et s'en fait un piédestal. La haine pour les inventeurs est extrême; nous connaissons l'ami d'un puissant personnage auquel celui-ci a retiré son salut et son estime depuis qu'il a fait une invention.

CL.

Nous *montagnardâmes* trois jours dans les Pyrénées, disait le poëte Jasmin qui n'a pas craint d'inventer le verbe *épiménider.* Or, s'il arrivait que quelqu'un *épiménidât* pendant une trentaine d'années, il serait bien surpris de trouver tout le fer des monuments de Paris changé en or; grilles, balustres, balcons, serrures, etc., plus rien de noir; le fer dans les mains de Sorin devient cuivre, comme le cuivre dans les mains de Cristofle devient or ou argent à volonté. Ceci veut dire que le cuivrage du fer va remplacer le zincage, et que Sorin succède à Sorel.

Il suffit d'envoyer à Passy, dans l'avenue de Saint-Cloud, 81, ses vis et ses écrous, ses balcons, ses fusils, ses canons, pour les en voir sortir habillés de cuivre rouge ou jaune, par le galvanisme, ce mystérieux ouvrier qui se fourre partout depuis des siècles pour démolir et dévorer tout ce qu'il touche; mais quand on a daigné le reconnaître,

le diriger vers le bien, il a commencé à travailler utilement pour la
société qui en obtiendra désormais tout ce qu'elle voudra. N'est-ce
pas là un sujet de parabole très-applicable à l'esprit d'invention dans
la démocratie qui ne demande qu'à être reconnu et guidé pour accomplir des merveilles et nous inonder de chefs-d'œuvre?

Or le galvanisme, ce frère de l'électricité, ce double agent moteur
du monde physique et du monde moral, comme on ne tardera
pas à le reconnaître, ouvre une voie toute nouvelle à nos investiga-
tions.

Il est évident que les anciens étaient hors d'état de rien expliquer
sans l'électricité, puisqu'elle joue le rôle le plus général dans tous les
phénomènes de la création. Est-ce à dire qu'il nous soit réservé à nous
de les expliquer davantage? Nous répondrons, sans hésiter, affirmati-
vement, car nous croyons que la tâche imposée à l'homme est précisément la recherche et l'explication des secrets de la nature; nous ne
prenons pas le Créateur pour un manufacturier forcé de faire des
cachotteries par peur de la concurrence, puisqu'il nous ouvre ses ateliers à deux battants en nous disant : *Nunc intelligite gentes!* Tant pis
pour les invalides volontaires privés de curiosité.

Il y a bien encore quelques milliers de découvertes à faire sur l'électricité, et ils ne sont encore que quatre ou cinq qui l'étudient; mais
la plus curieuse, selon nous, sera celle qui divisera l'électricité en
deux ou trois espèces, selon les éléments qui la produisent, pile minérale, pile végétale, pile animale. Déjà un chercheur audacieux a osé
avancer que la pile cérébrale produisait la pensée; que la réunion
de plusieurs éléments pensants peuvent charger une table comme une
bouteille de Leyde, et former un foyer intelligent, un vrai cerveau
sans corps, jouissant de son libre arbitre, et capable de formuler et
d'exprimer des pensées pendant son existence éphémère.

Nous ne voudrions pas être à la place de ce malheureux novateur
qui va soulever une tempête à faire frémir le dôme de l'Institut.

Ceci n'est pas une digression dont nous devions demander pardon
à nos lecteurs : c'est une preuve que tout se tient dans la nature et
que l'on peut passer sans effort d'un clou cuivré par l'électricité brute
à l'électricité intellectuelle.

CLI.

Il y a, dans la vie des peuples, des révolutions inattendues qui déroutent les historiens habitués à chercher au milieu des ruines du passé, les germes des choses de l'avenir; nous les défions bien d'y trouver le moindre symptôme qui ait pu leur faire prévoir ou dia-gnostiquer l'invasion de l'industrie actuelle, enfant des martyrs de l'Invention. Ce qui n'était rien dans les siècles passés, promet de deve-nir tout dans les siècles futurs, et ne manquera pas de tenir sa pro-messe. La puissance de l'industrie est déjà telle au moment où nous parlons, qu'il suffirait du moindre lien, de la plus faible attache entre ses forces éparpillées, pour qu'il ne se fît rien sans elle ou malgré elle, et même pour qu'il ne se tirât plus un coup de canon dans le monde entier sans sa permission.

Tous les germes sont dans la nature; mais ils attendent pour éclore que les milieux ambiants leur soient favorables.

Or les temps sont arrivés pour l'industrie; elle a poussé par bou-tures et trochées éparses dans tous les coins de l'Europe; mais ces bouquets grandissent, s'étalent de proche en proche, et finiront par se rejoindre et couvrir nos contrées occidentales d'une immense forêt, ou plutôt d'un splendide et fertile verger capable d'abriter, comme l'arbre des banians, l'armée entière des travailleurs, c'est-à-dire tout le monde, parce que tout le monde travaillera quand on sera devenu assez chrétien pour comprendre que la dernière fin et le premier devoir de l'homme, que le salut et le bonheur de la race créée à l'image du Créateur pour créer elle-même est dans le travail intelli-gent et non dans l'oisiveté, ce reste de l'ancien paganisme que dix-huit siècles n'ont pas encore extirpé, tant s'en faut.

CLII.

Est-il nécessaire, est-il même encore temps de s'opposer à l'enva-hissement d'une puissance qui ne menace rien et vient satisfaire à tous nos besoins? Nous ne le croyons et ne le conseillons pas, même à ceux qui vivent encore grassement sur les derniers débris du paganisme et du Bas-Empire.

Ce qu'ils ont de mieux à faire, c'est de lever les herses et de baisser les ponts-levis pour laisser passer la locomotive du progrès, ce bélier moderne qui enfoncera toutes les murailles chinoises et fera la conquête de toutes les nations, car cet invincible conquérant est le seul dont les accents soient compris de tous les peuples de la terre.

Nous croyons au triomphe assuré de l'industrie, qui a déjà placé des agents consulaires sur tous les rivages et noué de solides relations dans tous les pays. Le commerce a posé les bases d'une éternelle solidarité entre tous les producteurs de l'univers, ce qui fait que des négociants de Canton, de Lahore, de New-York, de Londres ou de Paris, se trouvent pour ainsi dire amis, cousins et alliés par les mêmes intérêts, sans s'être jamais vus qu'à travers le prisme de la lettre de change, ce miraculeux talisman auquel la confiance donne la consistance de la réalité. Ce parentage est si vrai, si sincère que le fils d'un marchand hong ou d'un parsi indien sera reçu et choyé comme un enfant dans la maison Twining, à Londres, et *vice versâ*.

CLIII.

Tout homme qui ne crée rien durant son passage ici-bas, abdique la plus belle faculté de l'homme et se range, de son propre gré, dans les rongeurs acéphales.

Une preuve que l'invention est une des plus saintes obligations de l'homme, c'est le bonheur intime, c'est la satisfaction sans amertume qui résulte pour lui d'avoir accompli un devoir de conscience en découvrant quelque secret de la nature et en dérobant enfin le feu du ciel; mais ces pauvres Prométhées ont aussi un vautour qui leur dévore les entrailles : ce vautour s'appelle taxe ou fisc.

Demandez à l'inoccupé s'il est heureux après une journée passée à ne rien faire, et une année, et une jeunesse donc? Nous ne dirons pas une longue vie, car le *far niente* se charge de l'abréger. Ils cherchent à tuer le temps, mais le temps se venge bien, disait Franklin.

Supposez maintenant, à côté du congrès des puissances politiques occupées à faire la paix, un congrès des puissances industrielles pour empêcher la guerre par tous les moyens qui sont en leur pouvoir, en adoptant à l'unanimité le mot d'ordre : *Paix et commerce universels,* qui serait gravé en tête de toutes les lettres de change, connaissements et factures des associés. Qui donc oserait encore troubler le monde sans le consentement de cette haute puissance qui dispose du nerf de la guerre et dont les flottes couvrent l'Océan? Voici l'instant de répéter notre apophthegme, pour en faire sentir toute la vérité:

> Le travailleur est libre et son joug est brisé.
> L'industrie, autrefois embryon méprisé,
> Longtemps emmaillotté, naguère à la lisière,
> De ses bras vigoureux presse aujourd'hui la terre.

CLIV.

Quand rien ne pourrait se faire de mal sur la surface du globe, sans avoir compté avec cette sainte alliance capable elle-même de si grandes et de si nobles choses, avec son unité de croyance en la lettre de crédit et sa foi aux bénéfices de la production et aux avantages de l'échange, vous verriez s'accomplir des miracles. Mais de quelle influence ne jouirait-elle pas dans l'intérieur des États? Quelle action bienfaisante n'exercerait-elle pas en vertu de son expérience des choses sur une administration toujours vieille, incertaine et sans guide? Croyez-vous qu'elle ne serait pas plus consultée, pas plus écoutée qu'aujourd'hui? Croyez-vous qu'on la vexerait et maltraiterait impunément s'il existait le moindre lien de solidarité entre les créateurs de la richesse publique et les véritables et presque uniques pourvoyeurs du travail national?

CLV.

L'industrie est non-seulement une philosophie sans controverse, un dogme sans schisme, une religion sans protestantisme, c'est l'*empire œcuménique* par excellence, qui fera la conquête du monde quand elle saura se rendre compte de ses forces réelles, mais éparpillées, qui n'attendent pour se rallier qu'un Messie industriel dont nous sommes peut-être le précurseur, puisque nous prêchons depuis si longtemps dans le désert.

Bien aveugles sont ceux qui ne remarquent pas la marche accélérée des découvertes modernes dont le nombre et l'importance s'accroissent en raison directe du carré des brevets, lesquels s'élèvent à six mille cette année, et dépasseraient bientôt vingt et trente mille, s'ils offraient plus de garantie aux inventeurs; car il en est, et des meilleurs, qui préfèrent garder leur secret et mourir avec lui que de le livrer aux chances de ce jeu de dupes où le banquier associé ne pose rien et retient tout.

Nous avons longtemps douté que les inventeurs fussent capables d'agir ainsi; nous n'en doutons plus depuis que nous avons vu un grand physiologiste garder obstinément depuis dix ans un remède certain *contre le mal de mer*, ce mal affreux dont la disparition doublerait, quintuplerait peut-être les voyages maritimes.

CLVI.

Supposez une compagnie affichant sur tous ses paquebots : *Garantie contre le mal de mer*, il n'est certes pas un seul passager qui ne lui donnât la préférence.

« Vous voulez que je prenne des brevets dans tous les pays, nous disait cet inventeur obstiné; songez au capital considérable et aux démarches sans nombre qui m'incomberaient, et aux procès immédiats que j'aurais à soutenir contre de puissantes compagnies, devant toutes les juridictions du monde. Ah! si une convention internationale réciproque sauvegardait la propriété des inventions, seulement comme celle des livres et des objets d'art, je pourrais risquer de me faire breveter; si d'autre part des récompenses nationales étaient stipulées pour les services rendus à l'humanité, je lui livrerais mon secret; mais comme cela n'est ni dans les lois, ni dans les mœurs de la société actuelle, celle-ci continuera à subir des coliques du bastingage dont j'ai seul le privilége d'être exempt, même pendant les tempêtes où l'équipage succombe sous les étreintes du *vomito viride*. »

Tous nos arguments philanthropiques n'ont pas eu plus d'effet sur son cœur endurci que les secousses du mal de mer. Il paraît qu'une mauvaise loi de brevet rend les inventeurs féroces. Avis à MM. Heurtier, Julien, Romberg et Brixhe.

Un inventeur, plus généreux que celui dont nous venons de parler nous autorise à mentionner un remède qui paraît oublié, probablement parce qu'il n'a pas été breveté ; remède communiqué à l'Académie des sciences il y a une dizaine d'années, et que nous avons essayé souvent avec plein succès ; voici comment l'auteur s'exprime :

CLVII.

« Le mal de mer est un mal mécanique qui ne peut être prévenu que par un remède mécanique, *similia similibus*, etc. Ayant remarqué que, dans les roues et balançoires des Champs-Élysées, la nausée ne se fait sentir qu'en descendant, comme dans le mouvement de tangage, quand le navire plonge, tandis que le répit a lieu quand il se relève, j'en ai conclu que la masse des intestins étant mobile dans l'abdomen, se soulevait quand le navire descend et semble manquer sous les pieds, comme un corps contenu dans un vase se porte en haut quand on abaisse un peu vivement le contenant. Les intestins ainsi soulevés vont presser ou seulement chatouiller le diaphragme et provoquer le hoquet vomitif. De là, compression du foie et dégorgement de la vésicule biliaire dans l'estomac, qui est forcé de rejeter le fiel avec des efforts navrants pour les témoins, que l'imitation gagne assez généralement.

« Cela posé, j'ai pensé qu'il suffirait de fixer la masse des intestins sur le bassin pour l'empêcher de se soulever et même d'osciller, sans cependant se mettre à la torture. J'ai donc fait confectionner un ceinturon à deux branches croisées : l'une qu'on serre sur l'abdomen, précisément sous les dernières côtes, l'autre partant de derrière la ceinture, passant sous le pubis et venant s'ardillonner sur le devant du ceinturon, afin de pouvoir ramener, en tirant sur la boucle, toute la masse vers le bas. Ainsi sanglé ou bâté, je me mets en mer par les plus gros temps sans éprouver la moindre nausée ; j'ai procuré le même allégement à plusieurs de mes amis, et entre autres à M. Meynier, chimiste de Marseille, qui m'en a témoigné longtemps sa gratitude, car il était malade pendant trois semaines après la plus petite traversée maritime.

« Le *decubitus*, près du grand mât, réussit quelquefois, mais à condition que la tête soit tournée vers la proue ; la position inverse ne fait qu'aggraver le mal, toujours d'après le même principe dont je maintiens l'exactitude, malgré certaines critiques qui ne manquent jamais de s'opposer à l'adoption des vérités les plus palpables. Le séjour sur le pont, quand il est possible, est considéré comme retardataire du mal de mer; mais il est nécessaire, pour marcher et se tenir debout, de ne jamais perdre de vue l'horizon. C'est là tout le secret du *pied marin* que les hommes de mer se font un malin plaisir de cacher aux hommes de terre; secret de maçonnerie nautique que tout le monde peut dérober comme nous, en observant attentivement la direction du regard des matelots ambiants. »

CLVIII.

On ne saurait nous accuser de sortir de notre sujet, quoi que nous écrivions, puisqu'une exposition n'est rien moins qu'une encyclopédie en action à travers laquelle nous continuerons nos pérégrinations mentales avec la même liberté que nous l'avons fait pendant neuf mois sans gêne et sans itinéraire obligé, nous trouvant tantôt accaparé par un membre du jury, tantôt par un industriel qui nous expliquait ses progrès, et plus souvent par les inventeurs qui nous racontaient leurs douleurs en nous faisant remarquer le nombre de leurs contrefacteurs souvent récompensés à leur détriment. C'est ainsi que nous avons appris plus de choses positives et curieuses aux Expositions de Berlin, de Londres et de Paris, en qualité de commissaire libre, que nous n'en eussions jamais connues en qualité de commissaire priseur.

Rentrons dans la marine. — « Vous qui savez tout, nous dit un inventeur, en nous saisissant par l'habit, savez-vous qu'il est possible de voyager au fond de la mer sans danger? Par exemple, de passer le détroit de Calais en voiture roulant sur le galet? Eh bien! *Eureka!* écoutez et jugez: je fais couler chez Cala une caisse de voiture en fonte épaisse, je la place sur quatre roues portées sur des essieux de dix mètres d'envergure, je l'attache à la queue d'un bateau à vapeur à Calais avec une longue chaîne, et je dis à ceux qui craignent le mal de mer: Entrez par ce trou d'homme, la lampe est allumée et les cartes sont sur la table; mon omnibus complet, je ferme la porte garnie de caoutchouc avec de bons boulons, et, *all right!* Le bateau part sur l'eau et ma voiture sous l'eau; ils arrivent l'un traînant l'autre, à Douvres. Je déboutonne ma porte, la lampe est éteinte, et tous mes voyageurs sont morts. Je vois ce que c'est, j'avais oublié de placer un long tuyau de caoutchouc pour mettre l'intérieur de ma voiture en communication avec l'air du bateau. Recommençons cela; ça va beaucoup mieux, mes seconds voyageurs ne sont qu'asphyxiés; il manque cependant encore quelque chose à mon invention, c'est un petit tube placé dans le grand pour évacuer l'air vicié, à l'aide d'un soufflet placé dans l'habitacle. On avertit seulement les voyageurs que quand la lumière vient à faiblir, ils n'ont qu'à faire jouer le soufflet pour expulser l'air corrompu par la respiration, jusque sur le pont du vaisseau remorqueur; il faut bien alors que de l'air pur vienne remplacer l'air expulsé; comme cela, mes voyageurs n'ont subi aucune avarie, et on les trouve occupés à finir une partie d'écarté, quand on leur apprend qu'ils sont arrivés.

CLIX.

Eh bien! que dites-vous de mon invention? — Ça n'est pas mal, mais les gens que vous avez tués?... — Ils étaient assurés, et puis je ne suis pas bien sûr que cela soit arrivé; je ne puis même vous montrer de voiture faite selon mon système, mais on pourrait en faire, convenez-en. — J'aurais bien quelques légères objections, mais cela mérite d'être tenté; c'est le contre-pied de la navigation aérienne; il n'y aurait pas plus de difficulté à descendre dans un ballon captif en fonte au fond de l'Océan, qu'à monter dans un ballon de soie, en haut du firmament. — Ah! voilà Sorel, voilà Galy, voilà Boutigny. Venez, venez, je vais vous montrer quelque chose de neuf. — Je suis cloué à ma place depuis huit jours en attendant le jury. — Ah bah! je l'ai tant attendu que je ne l'attends plus. — Oui, mais ma chaudière à cascades, qui évapore huit litres d'eau et beaucoup plus par kilogramme de houille. — Et moi donc qui mêle de la vapeur sèche à la vapeur humide, j'ai bien un autre rendement; demandez à l'Américain qui me l'a volé et qui a eu la médaille parce qu'il m'a fermé la bouche avec quelques billets de mille. — Quant à moi, j'emploie tout le combustible utilement; j'envoie la vapeur, les gaz et la fumée du

foyer sur mon piston liquide, et je ne perds plus rien. — Bah! Siemens
fait encore mieux : il emploie toujours la même vapeur. — Oui, mais
ses presse-étoupes brûlent et sentent la friture. — Ah! voici Moigno
qui en est enchanté; il nous dira pourquoi son volant est cassé. —
C'est une preuve que la machine est trop forte — ou le volant trop
faible. — Toujours plaisant!... — C'est l'invention de Séguin; quelle
rencontre!

CLX.

Oh! en voici un qui rendra des points à tous; je vous présente un
inventeur qui fait de la vapeur sans feu, par le simple frottement. —
Racontez-nous donc comment cette idée vous est venue? — Voici :
Je polissais sur le tour un cylindre de cuivre avec un morceau de bois
qui s'échappa, et je me brûlai la main, ce qui me fit réfléchir qu'on
pourrait faire bouillir de l'eau par le frottement. J'ai fait un cylindre
conique de bois, je l'ai garni de tresses d'étoupes et je l'ai fait tourner
rapidement dans mon cylindre de cuivre; j'ai entouré celui-ci d'une
seconde enveloppe remplie d'eau, et l'eau bout et fait de la vapeur
jusqu'à trois atmosphères. Venez voir, c'est cela qui fait trois mille
tasses de chocolat par jour pour Gremailly, presque autant que l'appareil de Loysel fait de tasses de café pour Chevet. — Vos étoupes doivent s'user. — Pas du tout, quand on a soin de les graisser. — Mais
le cuivre s'use. — Pas davantage; il se polit et c'est tout. — On avait
toujours cru qu'il fallait une certaine désagrégation des substances
pour produire de l'électricité ou de la chaleur. C'était une erreur, les
électriciens contagionistes ont raison : l'empereur m'a commandé
une machine pour la Crimée où le bois est rare, comme il a commandé
à Franchot un grand miroir parabolique pour faire bouillir la soupe du
soldat au soleil d'Afrique. Il est heureux que le souverain encourage
les inventeurs, car les académiciens s'appliquent à les décourager
avec leurs dynamomètres, manomètres, thermomètres, baromètres,
photomètres, anémomètres, aréomètres, etc., à l'abri desquels le
charlatanisme ne peut plus se mettre. »

CLXI.

Les savants n'inventent rien que les moyens de toiser, peser et mesurer les inventions des autres, comme pour les désespérer.

Figurez-vous que l'auteur du *Traité de la chaleur*, qui indique si bien les moyens de n'en pas perdre un atome, quoiqu'il soit le plus mal chauffé des savants de France, a trouvé, à l'aide de l'inévitable dynamomètre de Morin, qu'il faudrait employer un régiment pour faire la soupe d'une compagnie par le frottement :

« Ce ne serait pas de la soupe économique, mais, aux chutes du Niagara, elle ne coûterait rien et chaufferait un moulin à poudre sans danger. »

Chaque découverte a, comme on voit, son utilité et son application spéciale, excepté les rébus de l'*Illustration*, qui font perdre, par numéro, plus de cent mille francs à l'Europe.

CLXII.

Il n'y a pas de pays plus encourageant que la France pour les écrivains ; c'est probablement pour cela qu'on y écrit tant et si bien.

Nous recevons de toutes parts des félicitations et jusqu'à des remerciments de personnes que nous ne connaissons pas et auxquelles nous ne pouvons répondre qu'en nous efforçant de faire mieux ce qu'elles ont la politesse de trouver bien. La variété de style qui semble leur plaire est due au mortel dégoût que nous a toujours inspiré la *littérature ennuyeuse*, monotone et prétentieuse que M. Thiers a stigmatisée à la tribune. Nous croyons qu'il est nécessaire de saler le potage le plus nutritif et d'épicer les mets de difficile digestion. Cela veut dire qu'il faut quelque chose de plus neuf que le style de la politique à répétition, pour entraîner le lecteur du haut en bas des colonnes que nous lui préparons d'un peu loin, il est vrai ; mais cela ne nous empêche pas de voir d'ici toutes les machines en mouvement, d'entendre grincer la majestueuse et imperturbable raboteuse de Decoster, ronfler la soufflerie de Thomas et Laurens, pleuvoir à verse les pompes d'Apold, de Letestu et de Leclercq, et danser le marteau-pilon de Favresse sur ses livrets de baudruche. Nous voyons également le petit Perrin avec sa scie à ruban débitant des blocs de bois en festons et en arabesques, plus promptement et plus proprement qu'on ne les a tracés au crayon. C'est là un outil vraiment miraculeux, pour le faubourg Saint-Antoine surtout. Quel que soit le dessin qu'on donne à gruger à cette petite lame, elle passe à travers un bloc de bois, comme à travers un bloc de savon; peu nous importe que ce soit Pauwels qui en ait eu la première et peut-être la centième idée, s'il n'a pu la faire marcher depuis trente ans.

C'est Perrin qui l'a rendue pratique et indispensable désormais à tous les ébénistes et menuisiers du monde. Hélas! nous disait-il, quand je travaillais seul dans mon grenier, je gagnais 36 francs par jour en me cachant; depuis qu'on m'a conseillé de prendre des brevets et d'agrandir mon atelier, je perds mon temps à courir après les contrefacteurs qui surgissent de tous les côtés, et qui finiront probablement par me ruiner; la loi est si mauvaise, qu'il faut être millionnaire, ou s'appeler Cail ou Christofle, pour gagner quelque chose avec un brevet.

CLXIII.

Nous voyons, non loin de là, deux scies magistrales de la composition de M. Lenormand fils, savant constructeur maritime qui, à l'aide de la géométrie descriptive appliquée, est parvenu à scier les courbes de vaisseaux selon toutes les surfaces gauches désirables.

« Pourquoi vous donner tant de peine, lui disions-nous, le fer remplit si bien toutes ces conditions? — Il faut bien en revenir au bois, dit-il, puisque le gouvernement ne veut pas nous laisser tirer nos fers d'angle de l'Angleterre, et que nos maîtres de forge français ne veulent pas nous en fabriquer; tandis que d'un autre côté le gouvernement naturalise des vaisseaux de fer tout construits, ce qui fait crier les maîtres de forge aussi haut que les constructeurs de navires. Arrangez tout ce monde-là si vous pouvez; les uns menacent d'émigrer si l'on ne change rien à la loi, les autres menacent d'éteindre leurs fourneaux si l'on y change quelque chose. Bien habile sera la main qui les mettra d'accord sans blesser les protectionnistes ou les abolitionnistes. »

CLXIV.

Nous avions proposé, dans un congrès de libres échangistes, de diminuer les droits par dixième, d'année en année, pour donner, à ceux qui ne croyaient pas pouvoir tenir, le temps de liquider lentement, et aux autres le temps de s'organiser pour soutenir la lutte. Un économiste allemand compara notre moyen à celui d'un homme qui voudrait couper la queue à son chien par dixième pour lui faire moins de mal; ce qui fit rire la sérieuse assemblée et rejeter notre moyen.

CLXV.

C'est encore la scie de M. Eug. Chevalier qui nous a le plus surpris, parce que ce n'est pas une scie, mais un simple fil de fer sans fin qui passe sans cesse sur la même place, qu'on a soin d'entretenir de sable mouillé.

On scie de la sorte les pierres les plus dures et les plus grosses ainsi que les métaux. Le fil de fer dure quinze jours, et comme il est devenu de quelques numéros plus fin, il peut se revendre plus cher qu'il n'a coûté. On se sert déjà de cet artifice pour débiter les pierres employées aux fortifications du port de Portsmouth et pour débiter les roches de cuivre natif du lac Supérieur. On peut dire que cette scie universelle ne coûte presque rien en comparaison de toutes les autres. M. Lenormand exposait encore une scie droite animée d'un mouvement de recul très-ingénieux et très-utile pour diminuer le frottement des lames; c'est une heureuse imitation du mouvement hacheur des scieurs de long.

CLXVI.

Voyez quels progrès on a fait dans la scierie depuis Brunel et sa scie circulaire à segments, qui semblait le dernier mot de la science! Mais oserait-on dire qu'on verra jamais la fin d'une invention! Eh bien! nous ne nous tromperions guère en affirmant que toutes les branches de la mécanique utile n'ont pas fait moins de progrès depuis une vingtaine d'années. Voyez si la philosophie en a fait autant depuis Schelling, Kant, Read, Herder, Jacobi et Cousin! Voyez si les beaux-arts, la littérature, le droit des gens et l'économie politique ne semblent pas à bout de voie, quand l'industrie n'est qu'à l'entrée?

Qui donc peut donner du travail et du pain à la population croissante, si ce n'est l'industrie qui croît précisément comme la population, en raison géométrique, et vient donner à Malthus la satisfaction qu'il désirait?

Ceux qui doutent de la Providence pouvaient se rassurer en parcourant l'Exposition; ils l'ont fait, disent-ils, mais ils n'y ont rien compris et lui ont jeté de la boue en sortant. L'un d'eux nous disait : « Vous aurez beau filer des montagnes de laine et de coton, fabriquer des montagnes de clous, de vis et de boulons, fondre des colonnes d'acier et de cuivre, débiter pour rien des forêts en planches, madriers, tonneaux, et sabots, tout cela n'est pas du pain et ne se mange pas! »

Non, mais cela s'échange contre du blé, de la viande et de l'huile, avec les peuples barbaresques qui ne sont encore qu'à l'état de chasseurs, de pasteurs ou de laboureurs. Nous ne pourrons certainement jamais fabriquer assez d'étoffes, de haches, de bêches, de marteaux, de marmites, de couteaux, de ciseaux, de fusils, tant qu'il y aura un demi-milliard d'hommes tout nus, qui n'ont pas une scie, pas une hachette, pas une aiguille, pas une épingle, pas un bout de fil de fer, et qui ne demandent pas mieux que de pouvoir échanger avec nous les produits naturels de leurs forêts, tels que l'huile de palme, de coco, d'arachides, les gommes, la gutta-percha et le caoutchouc, que nous leur renverrions sous les formes les plus séduisantes pour avoir d'autres produits qu'ils sauront arracher au sol dès que nous les aurons pourvus des instruments du travail agricole.

CLXVII.

Ne voyez-vous pas que les nations les plus avancées sont providentiellement chargées de civiliser les autres et de monter leur ménage? N'est-ce pas la mission du commerce d'aller au secours de ces pauvres insulaires séparés de vous par la grande inondation des mers? Ne les voyez-vous pas, ces malheureux, arborer le pavillon de détresse et tendre les bras vers les voiles qu'ils aperçoivent à l'horizon?

Hâtez-vous donc de multiplier vos navires et de les lancer, chargés de richesses industrielles, à la rescousse de ces pauvres abandonnés, aussi besoigneux des produits de votre industrie et de vos lumières que des bienfaits de l'Évangile.

CLXVIII.

Comprenez-vous maintenant ce que signifiait la grande Exposition et ses produits multiformes à bon marché qui ont bien une autre valeur aux yeux du sage qu'une ode d'Horace, qu'une chanson de Pindare et qu'un quatrain d'Anacréon, qui vous font pâmer d'aise dans vos fauteuils académiques?

Le petit couteau de Saint-Claude, la pointe de Paris, le bouton de porcelaine et l'allumette chimique ont rendu plus de services à l'humanité que vos plus éloquents discours, dont le plus utile emploi est peut-être de servir de matière première à l'ingénieuse machine à faire des sacs à papier.

C'est encore quelque chose, car le papier manque aujourd'hui, comme à certaine époque le *papyrus* et le parchemin ont manqué quand les écrivains se sont multipliés. Qui donc aurait cru que la matière à papier eût jamais pu s'épuiser, alors que tout le monde est occupé, nuit et jour, à fabriquer de vieux chiffons? Mais il paraît que chaque individu emploie plus de papier qu'il ne fabrique de chiffons. La paperasserie bureaucratique est arrivée à un tel excès de puissance griffonnière qu'elle amène une véritable disette de papier dont les journaux mêmes ne sont pas aussi coupables.

A l'œuvre donc, inventeurs, car sans vous les rhéteurs seraient obligés d'écrire leurs discours dans le creux de leurs mains ou sur leurs ongles, comme ils l'ont fait souvent pour passer leurs examens et conquérir un parchemin de docteur qui leur permet de revendre du grec et du latin à 50 p. c. de bénéfice. Cherchez de nouvelles substances, faites de nouvelles pâtes à papier, car la disette est à nos portes; n'écoutez pas ces boutiquiers qui prétendent qu'on ne peut faire du papier qu'avec des chiffons de lin, tandis qu'ils ne vous vendent depuis longtemps que du coton et du plâtre.

CLXIX.

Pour avoir une idée de ce que le régime constitutionnel a fait dévorer de papier, apprenez que la consommation, qui n'était que de 25 millions de kilogrammes en 1826, est montée à 42 millions en 1850, et n'est pas au-dessous de 50 millions aujourd'hui, selon l'historien du papier, le plus compétent et le plus expert en fabrication ; M. Piette nous apprend aussi qu'il y a 240 machines à papier continu et autant d'anciennes cuves en activité en France.

Cette belle machine à papier, conçue par Robert, à Essonne, en 1796, dont le brevet a été cédé à Didot, qui dut aller la faire construire en Angleterre, tant les ateliers français étaient encore mal outillés à cette époque, trouva là pour parrains John Gamble, Henry et Daly Fourdrinier, qui se ruinèrent à la perfectionner jusqu'à ce que Bryan-Doukin vint à bout de rendre pratique, onze ans seulement après sa naissance, la pensée de l'inventeur. Qu'on dise encore que les brevets de quinze ans sont suffisants pour faire la fortune des inventeurs ! Oui, suffisants pour les ruiner, à la bonne heure ; car ce ne fut qu'en 1811 que cette machine revint en France, où Berthe et Chappelle se mirent à la confectionner sérieusement. Chose curieuse ! c'est que le premier rouleau de papier sans fin que l'on porta aux Chinois ne les surprit pas du tout et qu'ils offrirent d'en faire autant avant huit jours, et sans machine encore !

CLXX.

Le manque de papier qui se fait sentir dans les deux mondes a fait proposer des prix pour la découverte de nouvelles substances propres à suppléer aux chiffons, aux vieux câbles et aux étoupes. Oh ! alors, chacun apporta, qui de la paille, qui de l'aloès, qui du palmier, qui des orties, qui du bois, qui de la pulpe, qui du chiendent ; nous même avons apporté notre contingent d'une matière qui se trouve sous la main ou plutôt sous le pied de tout le monde, le crottin de cheval, qui a déjà subi une préparation préliminaire de trituration et de blanchiment.

Mais voici qu'un chimiste reconnaît qu'en résumé toute matière végétale est propre à faire du papier, puisque la *cellulose* ou matière ligneuse est la base constitutive, essentielle du papier; qu'il suffit de la broyer, de la blanchir et de la délayer dans l'eau pour la couler en feuilles. Ce n'était pas difficile, dira-t-on; mais ce qui est plus ingénieux, c'est l'entreprise qu'il a conçue de diviser l'industrie du papier comme celle du fer. Il monte en ce moment une fabrique de *cellulose* ou matière première du papier, aux portes de Paris, où tous les bouts d'asperges, toutes les feuilles d'artichauts de la capitale viendront se faire piler et blanchir, pour reparaître sur nos tables en charmants petits volumes ou en grands vilains journaux.

Que les philosophes et les aigles de la rhétorique nous fassent de pareils miracles, et nous nous inclinerons devant leur profond savoir! S'ils disent que nous parlons avec irrévérence de ce que nous ne connaissons pas, nous leur répondrons qu'ils nous ont donné l'exemple en traitant l'Exposition de l'industrie par-dessus l'épaule, en tombant dans le singulier travers enfantin qui consiste à mépriser ce qu'on ne connaît pas. Cela ressemble assez au caprice de ces enfants gâtés, qui n'aiment rien de ce qu'ils n'ont jamais goûté.

CLXXI.

On a dit que la civilisation d'une nation pouvait se déduire du nombre de tonnes de charbon qu'elle brûlait; on a dit la même chose du fer, de l'acide sulfurique et du sulfate de soude, mais on peut le dire à plus juste titre du papier. Supprimez le papier et vous éteignez la chandelle, vous retombez dans la nuit noire, et cependant l'industrie du papier qui emploie plus de cent mille ouvriers et un capital de plus de 60 millions n'a pas été jugée digne d'une médaille d'honneur, que l'on a redonnée pour la cinquième ou sixième fois à la bougie, tant il est vrai que l'on fait plus de cas des lumières matérielles que des lumières morales.

Cependant il est un moyen certain de faire une énorme économie de bougies et de chandelles que Franklin avait indiqué aux Parisiens, c'est de se lever matin pour profiter de la lumière du soleil; il y aurait plus de cent millions de bénéfice de ce seul chef dans le budget des familles.

CLXXII.

Puisque nous voici dans les lumières, parlons du gaz qui fait tous les jours des progrès et se creuse sans cesse d'innombrables canaux souterrains, comme une doctrine persécutée, pour porter les lumières jusque dans les villages encore remplis de païens assez difficiles à éclairer.

Il y a bien loin de la pipe pleine de charbon de terre de l'ingénieur Lebon à ces immenses laboratoires où se distillent chaque année des bancs entiers de houille grasse dont nous ne manquerons cependant jamais; car la Providence, avant d'installer l'homme dans son ménage, a eu soin de lui préparer sa provision de chauffage jusqu'à ce qu'il ait l'esprit de brûler l'eau de la rivière, qui ne lui fera pas défaut de sitôt. Dieu est grand et la mer aussi !

CLXXIII.

Il est de fait que la Providence n'a déshérité aucun pays de la tourbe, du bitume ou du charbon, et que là où l'on en a le plus cherché, c'est là qu'on en a le plus trouvé : voir l'Angleterre, la Belgique et la Prusse. L'Italie même en avait exposé, et si les *Kirghis* n'en ont pas envoyé, c'est qu'ils n'avaient pas encore découvert que leur pays tout entier, plus grand que la France, repose entièrement sur la houille. Quand les vieux préjugés mahométans qui s'opposent, comme en Chine, à laisser toucher aux entrailles de la patrie, auront disparu, les Anglais, les Français et les Belges iront creuser des bures sur cette terre imperforée, et par conséquent demeurée vierge industrielle, comme le reste de l'Asie, par l'absence des brevets et des concessions.

On riait de ce pauvre Lebon, qui s'amusait à faire du gaz dans sa pipe, comme on rit de tous ces vieux chercheurs qui fabriquent de petits moulinets de papier ou font flotter des coquilles de noix sur une baignoire pendant des journées entières : leurs parents les plaignent et les amis s'en vont profondément affligés de voir des hommes de tant de mérite d'ailleurs, tombés en enfance. Ils ne savent pas que les plus sublimes inventions ont commencé par n'être que des joujoux insignifiants, comme un chène a commencé par n'ètre qu'un petit gland, et le plus grand homme du monde qu'un embryon.

Le propulseur de Sauvage, ou de Dallery, ou d'Archimède, si l'on veut s'arrèter là, n'a consisté, comme le nouveau ventilateur dont M. Acarier vient de confier l'éducation à l'ingénieux Bourdon, qu'en quelques rognures de fer-blanc soudées autour d'un fil de fer.

LA HOUILLE.

SA FORMATION.

Les deux Expositions universelles étaient fort riches en échantillons de houilles de tous les pays; on avait même construit dans celle de Paris, un charmant spécimen des travaux d'exploitation qui donnait une idée de l'existence pénible de nos laborieux pionniers souterrains. Mais qu'est-ce que la houille, d'où vient-elle, comment a-t-elle rempli ses nombreux bassins par couches successives et de qualités diverses? C'est ce qu'on se demande depuis sa découverte.

Ce sont des végétaux primitifs accumulés et carbonisés sous l'eau, disent les uns; ce sont de vieilles tourbières ou des lignites élaborés par l'acide humique, disent les autres; elles poussent naturellement, ajoute un troisième; mais tout cela, sans être entièrement dénué de vraisemblance, n'explique pas d'une manière satisfaisante et générale, cette uniformité de stratifications successives qui montre clairement que les couches de houille ont dû s'étaler sur un plan horizontal à l'état liquide, s'y durcir et puis s'enfoncer, absolument comme le ferait une couche de glace.

CLXXIV.

La houille s'est donc formée sur l'eau tranquille, avant l'apparition de l'homme qui n'eût pas manqué de déranger ce travail comme il le fait aujourd'hui sur le lac asphaltite, en enlevant le bitume au fur et à mesure qu'il s'élève du fond de la mer Morte.

L'explication suivante répond mieux que toutes les autres à la généralité des cas ; les exceptions apparentes se rangent aisément dans le cadre dont nous ne donnons ici qu'une esquisse suffisante pour les gens du monde et même pour ceux qui n'en sont pas.

CLXXV.

On ne peut plus douter aujourd'hui de l'existence d'un feu central recouvert d'une croûte solidifiée par le refroidissement. Cette croûte finit par se couvrir de moisissure, comme une vieille croûte de pain ; cette moisissure en grandissant devint une végétation d'autant plus vivace que les feuilles se trouvaient baignées de vapeurs tièdes, tandis que les racines plongées dans l'acide humide étaient échauffées par la chaleur du sol. Cette époque était celle des volcans, des soulèvements et des effondrements de l'enveloppe encore mince, chargée de ces riches végétaux qui se trouvaient fréquemment engloutis et pour ainsi dire avalés comme l'ont été anciennement les quatre villes de la Pentapole, Sodome, Gomorrhe, Adamas et Séboïm. L'eau remplissait bientôt ces dépressions, et des lacs venaient souvent remplacer des montagnes et *vice versâ*.

CLXXVI.

Que se passe-t-il, à la suite d'un enfouissement de matières végétales et animales, si ce n'est une distillation en vase clos, plus ou moins activée d'après sa distance du feu souterrain ? Cette distillation produisit des gaz oléfiants, des pétroles, des asphaltes et de nombreux carbures d'hydrogène qui surgirent du fond des lacs, se refroidirent en traversant ce réfrigérant lacustre et vinrent s'étaler à sa surface en couches bitumineuses, qui s'épaissirent de plus en plus en se durcissant à la surface sous l'action du soleil et des vents, lesquels ne cessaient d'y semer, avec la poussière, le pollen des plantes environnantes.

Ces lacs solidifiés se couvrirent donc de végétation en commençant par les mousses, les lichens et les équisétacées ; mais les semences légères devenues plus pesantes en grandissant, rompirent la glace qui s'effondra sous le poids de ces forêts, pour aller tapisser le fonds et les bords du lac. Ce fut la première couche, le premier lit, le premier fond de bains de la houille, dont les affleurements plus ou moins visibles indiquent le périmètre des bassins.

CLXXVII.

Ces espèces de forêts vierges, composées de fougères, de palmiers, etc., entraînées avec le sol factice sur lequel elles avaient grandi, s'empâtèrent dans la masse où l'on retrouve les empreintes de leurs débris moulés dans les matières argilo-siliceuses en suspension dans les eaux, qui donnèrent lieu à ces murs de schiste et de grès qui séparent les couches de houilles, différentes par leur épaisseur et quelquefois par leurs qualités. Après ce premier effondrement, le phénomène de la production des bitumes ne s'arrêtant pas, il se forma de la même manière une seconde, une troisième et souvent des centaines de couches semblables qui se superposèrent les unes aux autres, jusqu'à ce que le lac en fût rempli et toute l'eau chassée; de là le parallélisme général des couches; de là aussi leur peu d'épaisseur et l'impureté de la terre-houille aux affleurements, par suite de la tendance des bitumes à glisser vers les parties déclives.

Comme les différentes espèces de végétaux se succèdent sur le sol après certaines périodes, on pourrait dire que les forêts d'arbres résineux auraient donné les houilles grasses; les forêts mélangées, le demi-gras, tandis que les essences de plantes sèches auraient produit les veines de charbons maigres dans le même bassin. C'est là une explication que l'on peut contester si l'on veut.

CLXXVIII.

On peut reconnaître aux empreintes des troncs, des feuilles et des semences, l'influence que les diverses espèces botaniques ont pu exercer sur la qualité de la houille; on pourrait même dire à priori, que les essences les plus lourdes ont dû germer sur les couches les plus minces qui se sont affaissées le plus tôt. On a trouvé des arbres restés debout dans une couche et qui traversaient le toit de la couche suivante, ce qui vient à l'appui de notre théorie.

On doit aussi tenir compte des fracassements et renversements postérieurs des couches, par l'effet des soulèvements et des affaissements qui les ont disloquées, culbutées et quelquefois posées sur champ, de façon à se plisser comme un ruban qu'on laisserait tomber verticalement et dont les plis, d'abord arrondis et en retraite, se seraient contournés en angles vifs par un poids posé dessus. Ceci explique les zigzags si fréquents dans les houillères.

Des failles perpendiculaires ne sont que des toits redressés n'offrant d'empreintes que d'un côté.

CLXXIX.

Si l'auteur de cette théorie existe quelque part, nous l'invitons à en revendiquer l'honneur, car elle restera comme une révélation de faits que pas même un animal n'a vu, mais que plus d'un critiquera. Si quelque géologue ne l'approuve pas, nous lui cédons la parole.

Le graphite, l'anthracite et le jayet seraient les formations les plus anciennes de la houille ; les lignites et les tourbes seraient les plus modernes. Les sources de pétrole de Siam, de Baçou, des monts Ourals, les sables asphaltés, les schistes bitumineux, etc., ne seraient que les résultats du phénomène de la formation des bitumes par la distillation des végétaux dans le grand alambic à haute pression à haute température qui existe sous nos pieds. Il n'est pas si ridicule qu'on le croit de dire que l'humanité *navigue sur un volcan*, car la mer ne doit pas manquer de houillères que nous irons exploiter après avoir épuisé celles des continents.

CLXXX.

C'est fort bien, fort intelligible, cette formation de la houille ; mais il reste à savoir comment des gaz oléfiants ont pu se produire dans cette grande fournaise qui ne doit contenir que des minéraux en fusion ou en voie de solidification, selon qu'ils sont plus ou moins rapprochés des foyers volcaniques.

Cette objection prouve que nous avons été quasi compris ; nous allons la lever au moyen d'un exemple terrible et récent qui l'éclairera mieux que toutes les hypothèses.

La terre vient de s'ouvrir sous la seconde capitale du Japon ; cent mille *maisons de bois* et trente mille habitants ont disparu dans le gouffre qui s'est refermé sur le tout. Ceci représente un chargement de cornue dont la distillation va commencer régulièrement pour produire les gaz et les huiles dont nous avons parlé.

Cet effondrement a laissé une cuve ou bassin qui s'est rempli d'eau ; du fond de ce bassin surgiront, pendant de longues années, les produits de la distillation des hommes et des choses. Nous verrons donc bientôt, dans le commerce, le bitume du Japon, comme nous avons le bitume de Judée, car ce sont encore les Sodomites qui fournissent nos droguistes de cet article important. Ce bitume contient plus d'ammoniaque que celui de l'île de la Trinité, propre tout au plus à faire des trottoirs.

CLXXXI.

Il paraît que la spéculation ignore encore l'existence de cet immense amas d'asphalte qui ne coûte que la peine de le prendre comme le guano. On vient aussi de découvrir la source de pétrole qui a servi à sceller les briques de la tour de Babel ; elle n'a pas cessé de couler jusqu'aujourd'hui ; non loin de ce célèbre *observatoire* destiné sans doute à voir venir de loin les sauvages ennemis du progrès qui n'ont pas attendu son achèvement pour faire une irruption nocturne sur ce noyau de civilisation placé dans la plaine, alors que la barbarie habitait encore la montagne. Le voyageur Buckingham qui a découvert les restes de ce monument de salut public, prétend qu'il l'a trouvé conforme au cahier des charges relaté par la Bible ; bien que Sanchoniathon n'en ait pas fait mention, nous revendiquons pour lui la priorité qu'on veut lui enlever.

Mais rentrons dans notre sujet.

CLXXXII.

Vous comprenez maintenant ce qui arriverait de l'enfouissement de ces immenses tourbières de deux à trois cents pieds de profondeur, comme il s'en trouve en Irlande, de ces forêts autochthones de l'Amérique centrale qui pourront fournir de riches matériaux aux distillations futures ; il ne serait donc pas exact de dire que l'époque de la formation des houillères a cessé. Ce phénomène est peut-être plus rare à cause de l'épaississement de la croûte refroidie du globe ; mais nous ne devons pas nous croire entièrement à l'abri de ces cataclysmes qui seront si utiles à nos descendants dont nous dépensons l'héritage avec une si grande prodigalité.

On demande à quoi peut servir la connaissance de la formation de la houille ; cela sert à soupçonner ses gisements, comme les hydroscopes soupçonnent les cours d'eau souterrains, et par suite à les découvrir.

CLXXXIII.

Un ingénieur européen en possession de ces données, vient de passer en Amérique avec cette conviction que le nouveau monde étant aussi vieux que l'ancien, il doit être aussi riche en charbon de terre ; aussi a-t-il découvert que l'immense vallée de l'Ohio n'est qu'un vaste magasin de houille de 256 mille kilomètres carrés. Le seul État de l'Illinois en possède 113,000, ce qui fait 67,700 kilomètres de plus que tous les bassins de l'Europe réunis.

Ceci nous annonce en termes assez clairs que ces contrées sont destinées à devenir l'atelier industriel de la civilisation, car l'industrie c'est la civilisation qui fait le tour du globe en suivant le soleil, comme le démontre *Fortunatus*.

La houille c'est la force, et l'empire du monde appartient encore à la force plus qu'au droit. La civilisation qui se retire du vieux monde, va donc passer dans le nouveau, cela nous paraît évident.

CLXXXIV.

Si les anthracites et les houilles d'ancienne formation ne contiennent pas d'ammoniaque, c'est que le règne animal n'existait pas encore et ne fut créé que le quatrième jour, ou plutôt qu'à la quatrième époque généstaque dont chaque jour se compose peut-être d'un million d'années.

Mais quand les animaux se distillèrent en compagnie des végétaux, l'ammoniaque dut naturellement entrer dans la composition des houilles : c'est ce qui se remarque dans les charbons gras que nous brûlons aujourd'hui.

Il est évident que rien ne se perd, mais que tout se transforme incessamment, par l'effet du calorique, père de l'électricité, et de l'électricité, mère du mouvement qui entraîne les molécules minérales par des myriades de petits canaux capillaires qui les réunissent en filons, les filons en amas, lesquels forment les mines absolument comme les petits ruisseaux font les grandes rivières.

C'est l'électricité qui fait monter la sève dans les végétaux, couler le sang dans nos artères, en même temps qu'elle fait tourbillonner dans l'espace ces innombrables légions de globes qui sont autant de ganglions du système névralgique universel. En un mot on peut dire que tout se transforme, mais que rien ne se perd, puisque rien ne peut sortir de l'univers.

> Le champignon qui tombe et la bûche qui brûle
> Sont dissous, rien de plus ; le globe est la capsule
> Où se fait l'analyse ou la formation
> D'une bûche nouvelle ou bien d'un champignon.

Le charbon que nous brûlons sera rebrûlé par les générations à venir ; car l'acide carbonique et les autres gaz absorbés par les plantes, redeviendront graphite, anthracite, houille, lignite, tourbe, etc.

CLXXXV.

La houille a été longtemps inconnue et longtemps méconnue en Europe.

Selon toute apparence les Chinois nous ont précédés en cela comme en soierie, en papeterie, en céramique, en philosophie, etc. Il nous reste beaucoup à apprendre des Chinois, a dit un savant missionnaire. C'est bien dommage que l'entrée du Céleste-Empire va nous être interdite pour bien longtemps encore par l'escapade du docteur Bowring.

La densité de la population est une cause de destruction des forêts, et sans combustible, une société industrieuse comme celle de la Chine ne pourrait subsister.

CLXXXVI.

Les Chinois exploitaient donc les houillères, et Pékin était chauffé au charbon de terre avant qu'on l'eût découvert chez nous. Il est vrai que leur exploitation est fort primitive et se fait à dos d'hommes par des échelles. Le père Imbert, auquel nous devons les premières nouvelles des puits forés chinois, écrit que les malheureux houilleurs vont chercher les blocs qu'ils remontent au jour sur leurs épaules. Leur condition est si misérable, dit-il, que le désespoir les fait parfois se précipiter avec leur charge, en vue d'écraser les piqueurs qui montent derrière eux un aiguillon à la main.

Ils s'éclairent, dans leurs travaux, à l'aide d'une composition de sciure de bois et de bitume, plaquée sur un bout de latte qui brûle sans flamme et dont ils font tomber la cendre en l'agitant dans l'air.

CLXXXVII.

Un vieux manuscrit latin porte qu'un forgeron de Liége, nommé Hullos, reçut d'un mystérieux voyageur l'avis qu'il trouverait sur le flanc de la montagne de Saint-Gilles, une pierre noire qui lui servirait à alimenter sa forge au lieu de charbon de bois. Le manuscrit est, dit-on, maculé de manière à laisser croire que cet avis avait été donné par un ange et non par un Anglais, *ab angelo* au lieu d'*ab Anglo*. L'altération des textes n'est pas nouvelle; comme on voit, ce n'est pas Paul-Louis Courier qui a découvert la *tachographie*. Il est plus probable que l'auteur de cet important avis venait réellement d'Angleterre, où l'on connaissait la houille avant qu'elle fût trouvée chez nous.

CLXXXVIII.

Une autre légende attribue au *bonhomme Prudhomme* la découverte de la houille du bassin de Liége vers l'an 1100; de là l'idée que les premières houillères exploitées furent celles de Liége, mais quelle exploitation! Sans concession, ce devait être un pillage analogue à celui de la libre concurrence, tant prônée par les hommes à cheval, qui sont sûrs de dépasser les hommes à pied.

En Angleterre, le roi Henri III accorda une licence d'exploiter aux bourgeois de Newcastle, au commencement du XIIIe siècle, et à quelque temps de là la houille était employée par les brasseurs de Londres, au grand déplaisir du Parlement, qui adressa une supplique au roi datée de l'an 1316, pour le prier de défendre l'usage d'un combustible fatal à la santé publique, traduisez : nuisible aux grands propriétaires de forêts. L'imbécile Édouard Iᵉʳ ordonna la fermeture des usines qui continueraient à brûler un combustible qui faisait tousser Sa Majesté.

Chez nous, d'autres Édouards menacent d'interdiction les fabriques qui ont le malheur de faire tousser les *royous* investis du droit exorbitant de violer le domicile des fabricants pour aller flairer leurs procédés.

CLXXXIX.

Ce fut sous Charles Iᵉʳ que la houille conquit sa liberté, en payant sa rançon, car le fisc en tira de grands bénéfices. Aujourd'hui la houille fait vivre plus d'un million d'Anglais ; elle emploie 2,800 vaisseaux et 20,000 marins à son transport, et son extraction s'élève à quarante millions de tonnes, quatre fois plus que dans le reste de l'Europe, preuve que sa puissance industrielle est quatre fois plus grande. Essayez donc de lutter avec un boxeur quatre fois plus fort que vous !

La consommation de la houille en Angleterre est quatorze fois plus importante qu'en France ; la seule ville de Londres en dépense plus que la France n'en produit. Les droits perçus sur la houille consommée dans Londres seulement, s'élèvent à 15 millions de francs par an.

CXC.

La stupide idée d'abandonner le fonds au propriétaire de la surface, nuisit considérablement à l'exploitation des houillères françaises. En 1791, l'État se déclara propriétaire des mines et accorda des concessions de 50 ans ; c'était trop peu pour les grands travaux de recherches aléatoires et d'aménagements préalables qu'exige une exploitation régulière et puissante.

C'était enfin la même erreur qui domine en ce moment à propos des inventions pour l'exploitation desquelles un brevet de 15 ans n'est pas suffisamment rémunérateur, tant s'en faut, puisque tous les inventeurs se ruinent.

CXCI.

Il fallut le bon sens du grand Napoléon pour trancher la question des mines comme elle devait l'être, par la mémorable loi du 21 avril 1810, qui admit en principe la concession *perpétuelle et transmissible* des mines, malgré l'opposition des chambres de commerce et de toute la hiérarchie des bureaucrates unis aux grands propriétaires de la surface qui prétendaient que leur propriété devait s'étendre en pyramide jusqu'au centre du globe. Dira-t-on qu'il a eu tort de trancher despotiquement cette immense question? Nous dirons, nous, aux avocats de la légalité qui tue : Voyez le développement de l'industrie qui n'existerait pas sans cela, et taisez-vous!

Aujourd'hui le descendant du grand homme se trouve en présence de semblables obstacles, d'aussi fortes et d'aussi aveugles oppositions, pour asseoir la propriété des œuvres de l'intelligence sur la pérennité; suivra-t-il les idées napoléonniennes jusque-là? Nous avons recueilli à ce sujet les paroles rassurantes que voici : « *J'ai changé de position, mais je n'ai pas changé d'opinion.* »

Eh bien, c'est là le point de départ d'une prospérité indéfinie pour la France, et la France attend! L'Europe attend aussi, car elle n'a plus d'espoir que dans la création d'une nouvelle propriété plus nécessaire et plus juste que toutes les autres. Le décret de 1857 serait certainement plus efficace encore que la loi de 1810; car il s'appliquerait à plus de monde. La bureaucratie sera-t-elle plus puissante cette fois que le plus puissant souverain de l'Europe? Si Napoléon III faiblit devant elle, il faut se résigner à la reconnaître comme gouvernement définitif de tous les peuples.

CXCII.

On conte qu'en 1770 l'arrivée du premier bateau de charbon de terre sur le quai de l'École, mit en émoi tous les Parisiens, qui achetaient à la livre cette curiosité minéralogique, plutôt pour la placer sur leurs cheminées que dedans, car, dit la chronique du temps, la *malignité* de sa fumée en dégoûta les amateurs; ce ne fut que plus tard que la cherté du bois força d'y recourir. A quelque chose malheur est bon.

On dirait que la Providence est toujours prête à suppléer à l'imprévoyance des hommes qui ravagent et détruisent les forêts partout où ils se multiplient. On peut les comparer à ces mites qui après avoir tondu la surface d'un tapis, y creusent des trous pour y chercher leur nourriture.

L'Égypte déboisée a aussi creusé des houillères, comme elle creuse aujourd'hui les tombeaux de la chaîne lybique pour se chauffer avec ses ancêtres embaumés. Mais toute exploitation houillère était impossible sans les puissantes machines à vapeur dont nous disposons aujourd'hui, grâce au brevet de 21 ans accordé à Watt.

Des antiquaires modernes prétendent que les Romains ont connu et égratigné la surface de quelques houillères de la Corse et de la Sardaigne, mais ils les abandonnaient sans doute aussitôt que l'eau commençait à les envahir. Nous trouvons dans une notice de M. Pégot-Ogier, savant rédacteur du *Crédit financier*, des réflexions bien faites pour nous rassurer sur l'avenir de nos provisions de chauffage.

CXCIII.

La science, dit-il, a mesuré l'étendue et la profondeur des couches de houille aujourd'hui connues et exploitées en Europe : « Il résulte
« de ce calcul qu'en supposant tous les réseaux de chemins de fer ter-
« minés et mettant tous les jours en mouvement des milliers de loco-
« motives, la navigation à vapeur quadruplée, le nombre des usines
« augmenté dans des proportions considérables, toutes les villes éclai-
« rées au gaz, tous les ménages chauffés de même, nous aurions
« encore un approvisionnement suffisant pour 2,000 ans. » — Qu'en
pense M. Gonot, qui ne nous en promet que pour 25 ans (1)?

---

(1) M. Gonot est un ingénieur consciencieux qui a publié, il y a plusieurs années, une brochure tendante à prouver qu'au train dont on y va, les houillères du bassin de Mons seront épuisées dans 25 ans; l'alarme se répandit à tel point parmi les grands propriétaires des mines, que le nouveau Galilée fut mandé à la barre des grands conseils et sommé d'avoir à se rétracter; cela fait, les houillères

Du reste, en admettant qu'après l'épuisement de la houille la science ne parvint pas à brûler de l'eau ou de l'air dépouillé de son azote, par quelque procédé catalytique, nous en serions quittes pour aller à la découverte du gaz sous-cortical qui remplit le système caverneux formé par le retrait de la masse ignée laquelle se refroidit lentement, mais certainement, quoi qu'en dise Arago.

Au pis aller, nous dirions notre *in manus*, s'il plaisait à Dieu de briser son théâtre et d'écraser les *fantoccini* qui lui donnent un si misérable spectacle qu'il doit en être ennuyé.

La civilisation ayant fait le tour du globe comme un vol de sauterelles, en détruisant tout sur son passage, aurait accompli le cycle de ses destinées, en faisant le tour du globe; il se peut qu'elle n'en recommence pas un second. Quand la tête du serpent rencontre sa queue et qu'il est forcé de l'avaler, il étouffe.

Il n'y aurait d'ailleurs rien d'étonnant à ce que notre globe périt comme un vieillard, par le refroidissement, à l'exemple de la lune qui n'est plus qu'un glaçon faisant fonction de réflecteur Troupeau. Mais si les jours de l'humanité sont comptés, nous sommes encore loin du quotient de 96,000 ans que lui assigne Buffon, d'après le refroidissement comparé d'un petit boulet et d'un gros boulet chauffés au rouge blanc.

Le petit boulet est au grand boulet, dit-il, comme la lune est à la terre. Suivez l'équation si cela vous intéresse.

CXCIV.

Nous poursuivons notre histoire *philosophique* de l'industrie humaine, que nous trouvons bien faible et bien misérablement exploitée en comparaison de ce qu'elle devrait être si l'on pouvait la faire dévier de la voie féodale dans laquelle elle est engagée, pour la démo-

---

ont considérablement augmenté de valeur, et se sont richement vendues pour la plupart à des sociétés étrangères. La même chose est sur le point de nous arriver pour avoir parlé du gaz sous cortical. Déjà un journal libéral de Liége jette les hauts cris et déclare qu'il est temps de nous arrêter dans nos hypothèses du feu central et des puits de gaz, mais il est trop tard cela est imprimé et la censure n'existe plus en Belgique.　　　　　　　　　NOTE DE L'AUTEUR.

cratiser un peu ; mais à dire vrai, nous ne l'espérons plus depuis que la seule main qui pouvait tourner l'excentrique devant la locomotive du progrès paraît avoir fléchi sous la grandeur de cette tâche. L'industrie est donc fatalement destinée à passer par les mêmes phases que la société civile, c'est-à-dire par la hiérarchie des barons, des comtes et des ducs, pour arriver par les fusions volontaires ou forcées vers une monocratie industrielle et financière qui ne tardera pas à devenir tyrannique et intolérable.

Il s'ensuivra donc de nouvelles révolutions, qu'on ne pourrait éviter qu'en empêchant la formation des majorats industriels et en démocratisant le travail comme on a démocratisé la rente. Si chacun possédait un coupon du travail national aussi bien garanti que les coupons de l'emprunt, chacun aurait un intérêt direct et personnel à la conservation de la communauté ; mais qu'importe à qui n'a rien que les liens de la société se rompent et que le désordre et le pillage s'ensuivent.

C'est pain bénit, comme on dit, pour le vitrier, que l'on casse souvent les réverbères.

Comprenez donc enfin, *et noli esse sicut equus et mulus quibus non est intellectus.*

CXCV.

La France ne s'est occupée de la houille qu'après la Belgique, parce que ses montagnes découronnées ne la livraient pas aux inondations comme aujourd'hui, et que la savante Encyclopédie avait stigmatisé cette sorte de *pierre-ponce noirâtre* qui brûle, mais dont la vapeur est si maligne et l'odeur tellement insupportable, qu'on ne peut en faire aucun usage. Ceci équivaut, en béotisme, du sucre de betterave qui ne sucre pas du tout.

Le fait est qu'il y a 50 ans, pas un foyer parisien n'eût voulu substituer la houille au bois flotté. On professait alors pour elle le même dédain que pour la pomme de terre ; c'était bon tout au plus pour les pauvres gens, disait-on. Il n'y a pas jusqu'à l'aristocratique locomotive qui ne se soit refusée jusqu'ici à y mordre, à moins qu'on ne la lui préparât à son goût en la faisant griller. Mais les temps sont bien changés, la disette rend les gens moins délicats ; aujourd'hui les selgneurs consomment aussi bien des pommes de terre cuites que les remorqueurs du charbon de terre cru ; nous verrons même sous peu les nobles hauts fourneaux très-heureux de pouvoir en faire leur ordinaire.

CXCVI.

Ce ne sont ni les cuisiniers, ni les palefreniers qui cherchent les moyens de diminuer la consommation ; ce ne sont pas non plus les maîtres ; ce sont les inventeurs et les physiciens qui se mettent l'esprit à la torture pour enrichir les burgraves de l'industrie, sans que ceux-ci les aident en rien dans leurs recherches, tant ils sont généralement persuadés que toutes les inventions sont faites et que ceux qui cherchent à faire mieux ne sont que des rêve-creux. Ils ne savent pas qu'un simple observateur, de la force de Cavé par exemple, n'a qu'à dire un mot pour donner des milliards au monde, et il l'a dit ce mot, avec cette simplicité qui caractérise le génie : *Faites une grille à gradins*, comme il avait dit : Élevez un mouton par la vapeur et laissez le choir sur le fer rouge, et vous aurez le *marteau-pilon*. Il ne l'a pas seulement dit, il l'a fait avant Nasmith.

Cavé savait que la grille horizontale s'encombre de scories qui ne laissent pas passer assez d'air pour opérer la combustion de la fumée, et il a songé à la grille à gradins.

Pour être juste même envers les riches, nous dirons que depuis dix ans l'ingénieur de Ridder brûle de la houille crue sur son chemin de fer de Gand à Anvers, sans que les ingénieurs de l'État aient voulu en essayer.

Aujourd'hui que plus de cent locomotives de la Compagnie d'Orléans ont adopté la grille à gradins qui économise 20 à 30 p. c. de combustible en brûlant de la houille crue, cette invention va se propager partout. Avant un an, nous sommes persuadé que son emploi sera général ; il faudra seulement avoir soin dans les nouvelles constructions, de tenir le *fire-box* ou foyer, plus grand.

CXCVII.

Qu'on ne croie pas que cette idée doive s'arrêter aux locomotives, elle s'adaptera à tous les foyers quelconques où l'on brûle de la houille, de l'anthracite et des lignites. Nous l'avons immédiatement appliquée au poêle ordinaire, en collaboration des frères Dekeyn, qui sont au bois ce que Cavé est au fer, c'est-à-dire des hommes aussi avancés dans la synthèse que Poisson, Libri et Hoené Wronsky l'étaient dans l'analyse algébrique, dont Poinsot attaquait l'impuissance avec des armes aussi acérées que celles dont se servent Charles Emanuel et Morin contre les erreurs de l'astronomie officielle.

Est-il nécessaire de dire que la grille à gradins est construite en escalier formé de barres de fer plates, imbriquées et en retraite les unes des autres? L'air peut donc toujours pénétrer librement et abondamment entre ces marches espacées de quatre à cinq centimètres, ce qui fait brûler la fumée trop abondante dans certaines houilles grasses.

CXCVIII.

Il y a bien un autre moyen pour empêcher les voyageurs d'être incommodés par la fumée, c'est de coucher des tubes-cheminées ouverts en pavillon du côté qui prend le vent, sur toutes les voitures, et de faire que la cheminée de la locomotive se plie comme celle des petits bateaux à vapeur qui doivent passer sous les ponts. Tous ces bouts de tube, se raccordant à quelques centimètres près, recevraient un courant d'air tel pendant la marche, que le tirage du foyer en serait assez activé pour supprimer le jet de Pelletan qui prend plusieurs chevaux de force à la locomotive.

CXCIX.

On reconnaîtra bientôt qu'une mine de houille maigre n'est qu'une mine de coke naturel dont les hydrocarbures ont été volatilisés par une chaleur trop intense, ce que voyant, un de ces fous sublimes, nommé Tardieu, a imaginé de lui rendre le goudron qui lui manque pour en faire d'excellent coke.

CC.

La houille n'est, comme nous l'avons démontré, que de la tourbe ou des lignites distillés sous pression, dans de vastes cornues naturelles. Les végétaux morts accumulés dans les bas-fonds depuis un temps immémorial, sont donc la matière première de la houille. Or, comme la végétation a presque toujours été générale et luxuriante dans l'origine, sur presque toute la surface du globe, nous en avons inféré qu'il devait y avoir de la houille partout et nous avons écrit, il y a trente ans, qu'on en trouverait d'autant plus qu'on en chercherait davantage; puisque les pays qui en ont cherché le plus jusqu'ici, en ont aussi le plus trouvé et *vice versâ*. Notre prédiction s'accomplit tous les jours: voilà que Bornéo, Sumatra, les Célèbes, les Moluques, ne sont que de vastes magasins de houille préparés, dit un auteur anglais, par la divine Providence, pour la compagnie des Indes.

Toutes les côtes de la vieille Asie en regorgent; la Turquie elle-même en montre de riches affleurements aux marins qui parcourent le Pont-Euxin; la Pologne vient d'en découvrir, et, ma foi, la peur de voir tarir le bassin de Mons avant 25 ans ne nous effraye plus; on devra peut-être aller chercher le charbon de pierre dans des couches plus profondes; mais les grands engins ne nous feront pas défaut, la machine *Fafchamps* et la *Waroquère* viendront à notre aide en temps opportun.

CCI.

Quand on voudra écouter les inventeurs, ils nous donneront les moyens de pousser les exploitations à 1,000 mètres plus facilement qu'on ne le fait à 100 mètres aujourd'hui. La force sur les houillères coûte peu et ne coûterait rien si on voulait recueillir et faire brûler le grisou sous les chaudières. Quant à la puissance mécanique, nous n'avons plus rien à craindre, sous ce rapport, avec des fondeurs aussi hardis que M. Marcellis, de Liége, qui entreprendra, quand on voudra, une machine d'exhaure de 2,000 chevaux.

Il est bien évident que les ouvriers seront moins fatigués de travailler désormais à d'immenses profondeurs qu'au voisinage de la surface aujourd'hui ; puisqu'on les ramènera de leur atelier avec des omnibus à trois sous, que vous verrez bientôt s'établir à l'entrée des bures pour les voyageurs souterrains. Les ouvriers pourront travailler jusqu'à un âge très-avancé, n'ayant plus besoin de monter aux échelles ; les femmes et les enfants descendront sans peine dans les entrailles de la terre, quand la nécessité aura forcé les propriétaires de mines, de faire le nécessaire pour leur bonne et fructueuse exploitation ; car, il faut bien le dire, on exploite aujourd'hui les richesses minérales comme les barbares ont exploité Rome, en brisant les statues pour chercher de l'or et en brûlant les manuscrits pour se chauffer les pieds.

CCII.

Les galeries souterraines seront alors éclairées au gaz comme celles de Saint-Hubert, car on peut y établir une canalisation plus facile qu'à la surface ; les becs brûlant dans des lanternes de verre épais enveloppé de doubles toiles métalliques, offriront plus de sécurité contre les explosions, que la fragile lanterne de Davy et ses nombreux dérivés. Cette canalisation aura un double emploi : en cas d'explosion ou d'éboulement elle pourra servir de *logophore* pour mettre en communication les ouvriers bloqués entre eux et ceux de la surface qui pourront, au besoin, leur envoyer de l'air pur et des vivres, si l'on a soin de laisser une corde ou chaîne sans fin dans l'intérieur de la conduite principale.

Il y a bien des années que nous avons publié cette idée, mais elle ne pourrait être promulguée que par une force d'initiative qui n'existe pas dans les gouvernements constitutionnels, par suite de l'institution des corporations savantes qui gardent leur monopole avec autant de jalousie que les vestales gardaient le feu sacré, afin qu'il brûle tout doucettement, assez seulement pour ne pas s'éteindre.

Il faudra encore d'affreux désastres, multipliés coup sur coup, avant qu'on songe à imposer de pareilles réformes, à moins qu'on ne fasse croire à quelque riche nabab des provinces charbonnières, qu'il est l'inventeur de la chose, ce qui a déjà réussi dans une occasion analogue.

CCIII.

Une des innovations les plus hardies que nous connaissions en ce genre, a été la descente et l'établissement d'une machine à vapeur de 200 chevaux, au fond de la houillère de Ronchamps. On sent combien une pareille installation offre d'avantages pour le herchage ou transport des wagons du fond des galeries à la bure d'extraction. Il est heureux que M. Charles Demandres ait su endormir la vigilance des ingénieurs officiels qui se seraient opposés de toute leur puissance de réfrénation, à cet important essai dont ils admirent aujourd'hui la haute utilité.

CCIV.

La houille, qui est le pain de l'industrie, n'est pas plus exempte de fraude que le pain du boulanger.

Le chimiste Kopczinsky a voulu savoir combien d'eau pouvait être introduite dans la houille, sans que l'acheteur pût s'en apercevoir. Il fit bien sécher du menu dans une chaudière, sur un bain-marie, et le pesa; il le fit tremper dans l'eau, puis ressuyer et le repesa. Savez-vous ce qu'il y trouva? Rien moins de 51 p. c. de surpoids! La houille grosse n'en prend guère moins, nous assure-t-il. Ceci vous explique pourquoi vous voyez tant de chariots de houille stationner, non loin des portes de la ville, après le passage des ponts à bascule, sur le bord d'un canal ou d'une mare quelconque. Les chevaux sont à l'écurie, les charretiers sont à table, tout cela est fort naturel; mais ce qui l'est moins, c'est qu'ils tombent en somnambulisme vers l'heure des spectres, pour aller arroser leur charbon qu'ils prennent peut-être pour des parterres de marguerites. Ils sont ordinairement remplacés à l'aiguade par les laitières et parcourent la ville, les uns pesant, les autres mesurant leur marchandise sans pouvoir s'expliquer comment partis, les uns avec deux seaux, les autres avec deux tonneaux, la Providence leur a permis d'en vendre trois, juste récompense, disent-ils, de ceux qui se lèvent plus matin que les autres. Vous voyez qu'il y a houille et houille, comme il y a fagot et fagot, crème et crème, beurre et beurre, bière et bière, etc.

Nous connaissons un savant jurisconsulte qui ne voulait pas faire venir sa houille par le canal, prétendant qu'elle devait être plus humide que celle qui suivait la voie de terre. Il y a certains charbons pyrophoriques qui s'enflamment à l'air; c'est pour empêcher cela, disent les débitants, qu'ils sont forcés, bien à regret, de les arroser toutes de peur d'accidents.

Le fait est que les tas de houille longtemps sur le carreau, subissent une sorte de fermentation *sui generis*, une espèce d'*érémacausie* ou combustion sourde qui en altère la qualité et lui en donne quelquefois qu'elle n'avait pas, par exemple celle de produire à la distillation, trois ou quatre fois plus d'hydrocarbures liquides qu'au sortir de la mine.

CCV.

M. Rouen aîné a éprouvé cet heureux accident avec des houilles d'Anzin. Cette remarque ne doit pas être perdue en ce moment où l'on court après les huiles de schiste, d'asphalte et de goudron pour l'éclairage. Nous reviendrons sur ce chapitre brûlant d'actualité.

Voici une autre remarque capable d'enrichir un empire qui mettrait l'embargo sur le trésor ignoré que nous allons découvrir. Il existe en Belgique une couche de houille, nous ne savons laquelle, qui produit le diamant noir que l'on jette avec mépris comme les autres pierres; celles-ci sont dures et lourdes en diable, disent les ouvriers qui les rencontrent dans leur âtre. Ce diamant, ou plutôt ce carbonate de carbone, selon M. Hermann qui en a fait des outils pour tourner le porphyre, l'agate, le granit et les pierres inattaquables à l'acier, vient, dit-on, du *Cascalho de minas geraes* au Brésil; mais nous avons des raisons de croire qu'il vient tout simplement de la Belgique, comme les cigares de la Havane, car nous en avons vu un morceau entre les mains d'un ouvrier qui s'amusait à taillader les verres d'estaminet. Il disait l'avoir ramassé dans les escarbilles de son foyer. Cette pierre a la couleur et l'apparence d'un morceau de charbon brun. Avis aux porions de Mons ou de Charleroi!

CCVI.

Mais, dira-t-on, que faire du diamant s'il devenait si commun? D'abord on ne peut pas faire de parures de celui-ci qui n'est pas brillant, mais on en ferait des coussinets, des pivots et des crapaudines éternelles; ce serait la découverte la plus utile à la mécanique et qui mériterait le prix Monthyon élevé à la centième puissance.

On va nous blâmer de n'avoir pas gardé ce secret pour nous; mais nous n'avons pas l'ambition d'en profiter, nous serions trop riche et nous ne sommes pas pressé de devenir ennuyeux ou ennuyé.

Cette découverte ramènerait du figuré au positif l'appellation de diamant noir donné à la houille qui fait la richesse des nations bien plus sûrement que les mines d'or et d'argent.

DU GRISOU.

La présence du grisou, auquel on n'a pas accordé toute l'attention qu'il mérite, est aux tremblements physiques ce que l'absence du *monautopole* est aux tremblements politiques; c'est-à-dire qu'ils suffisent pour motiver et expliquer aussi bien les révolutions du globe que celles de l'humanité. Ceci n'est point un vain paradoxe, comme on pourrait le croire.

. Le *grisou* et l'*injustice* lentement accumulés, sont des mines chargées que la moindre étincelle suffit pour enflammer. Un statisticien enregistrant les commotions petites et grandes qui se succèdent sur les différents points et aux différentes époques du monde, pourrait aisément établir un rapport de nombre et d'intensité entre les explosions terrestres et les explosions populaires. Mais ces deux phénomènes commencent à devenir de plus en plus rares par le refroidissement qui consolide le globe et le droit qui consolide la société.

On peut donc dire qu'il est réservé à l'homme de diminuer et peut-être de faire cesser un jour ces deux grands fléaux, les explosions et les révolutions, ou d'en tirer parti en les utilisant à son profit, comme il l'a déjà fait de la guerre et de la foudre.

CCVII.

On peut se représenter le globe, jadis incandescent et recouvert d'une croûte figée par le refroidissement, comme un œuf dont la coquille solide ne peut plus suivre le retrait qu'éprouve le jaune en se desséchant; car à mesure qu'il perd, par l'*osmose*, son eau de composition, elle est remplacée par de l'air. Notre globe, que certaines religions de l'Inde comparent également à un œuf, présente un phénomène analogue. Le noyau igné, en diminuant de volume par le refroidissement, doit se retirer insensiblement et rompre les attaches qui le soudaient dans l'origine à la croûte solidifiée.

Il doit donc exister sous nos pieds d'innombrables vides qu'on pourrait appeler le tissu caverneux sous-cortical; mais ces vides sont évidemment remplis de gaz hydrogène et de toutes sortes d'autres gaz, ainsi que des vapeurs qui se forment sans cesse par l'infiltration de l'eau sur les matières incandescentes. C'est là que s'opèrent la vaporisation et la décomposition de cette eau dont les composants acquièrent une tension assez grande pour supporter et même soulever la croûte sur laquelle nous vivons.

CCVIII.

Malheur à ceux qui habitent une partie faible, car elle avale tout sans pitié quand elle éclate. D'autres fois la tension des gaz et de la vapeur soulève des montagnes, comme le ferait une chaudière surchargée en repoussant un boulon mal consolidé, ou une lourde soupape qui retombe sur son siége après avoir donné issue à la vapeur en trop.

Ceci explique aussi bien les soulèvements que les affaissements du sol, les volcans de feu que les volcans de boue, d'eau chaude et de gaz. Ce serait grand dommage que le feu central n'existât pas, car il explique tout, comme on voit, quand les autres systèmes n'expliquent presque rien.

CCIX.

On comprend également comment l'air, lentement endosmosé avec les gaz souterrains par les fissures ou les volcans béants, forme des mélanges explosifs que la moindre étincelle peut enflammer en déterminant ces tonnerres souterrains dont les roulements ressemblent à ceux qui ont lieu sur nos têtes et dans nos mines, pendant les coups de feu qui se propagent de caverne en caverne et d'amas en amas.

Il est évident que la matière en fusion est un mélange confus de tous les éléments minéraux, *rudis indigestaque moles*, qui représente assez bien le chaos. Il est également évident qu'à la moindre explosion, ces matières se boursouflent et s'élancent vers les points de moindre résistance, comme l'eau, qui s'élève en cône vers la soupape par la pression de la vapeur, sur les parties les plus éloignées et peut-être passées à l'état sphéroïdal.

CCX.

Pour donner une idée de la formation des filons métalliques, il suffit d'observer ce qui se passe dans la fusion des canons de bronze : l'étain restant plus longtemps liquide, se cherche et se réunit au centre, en quantité d'autant plus grande que le refroidissement a duré plus longtemps, comme dans les gros canons, vers l'axe desquels on trouve plus d'étain que dans les petits.

Il doit en être de même d'un amas de minerais tenus longtemps en fusion ; chacun d'eux tend à se séparer de la masse par *self affinity*, en obéissant aux lois de la gravitation et de la fusibilité tout ensemble. Tels sont les moyens dont la Providence s'est servie pour laisser le chaos se débrouiller de lui-même.

On peut donc dire que les volcans ne sont que les soupapes de sûreté de la grande chaudière globulaire dont nous occupons la surface sans plus songer au danger que les chauffeurs de nos machines à vapeur.

Lorsqu'une explosion a débouché un volcan ou soulevé le tampon qui lui sert de soupape, on voit, après une coulée de lave, sortir une bouffée de vapeurs ou de gaz qui s'élève vers les nues et détermine ces violents orages qui mêlent leur tonnerre aux mugissements du volcan.

CCXI.

Il se forme dans certains cas, au sein des chaudières à vapeur, des mélanges explosifs dont nous avons donné l'explication dans un mémoire que l'amiral de Mackau nous a demandé l'autorisation de publier pour l'instruction des chauffeurs et ingénieurs de la marine française. Nous y disions que les explosions foudroyantes, que l'on ne peut expliquer ni empêcher par les moyens ordinaires, étaient produites par le *grisou* formé dans l'intérieur des chaudières. En voici la démonstration mise à la portée de tout le monde :

Sur l'eau d'une chaudière qui travaille depuis quelque temps, il se forme une couche composée de matières organiques en suspension dans toutes les eaux. On peut reconnaître cette sorte de crème graisseuse, huileuse et bitumineuse, en plongeant une baguette dans une chaudière qui a déjà vaporisé une grande quantité d'eau sans être nettoyée. Cette espèce d'adipocire, formée de myriades d'insectes infusoires contenus dans toutes les eaux, s'attache à la baguette comme de la crème.

CCXII.

Voyons ce qui peut arriver quand le niveau baisse faute d'alimentation ; il est évident que cette crème, en se séparant en deux, s'applique comme un emplâtre sur les flancs de la chaudière. Mais ces flancs, exposés au feu des carnaux, se surchauffent, rougissent et distillent ces matières organiques qui produisent de l'hydrogène ; cela n'est pas douteux, puisque le gaz d'éclairage ne se fabrique pas autrement.

Quand l'eau s'abaisse dans la chaudière pendant que la pompe alimentaire fonctionne, c'est qu'elle n'injecte plus d'eau, soit que son suçoir ne touche plus au liquide où il plongeait, soit qu'une fissure ait eu lieu dans le tube d'aspiration ; dans ce cas, c'est de l'air que la pompe injecte dans le bouilleur.

Voilà donc l'oxygène en présence de l'hydrogène dans les flancs d'une chaudière plus ou moins dépourvue d'eau. Que manque-t-il à ce mélange pour éclater ? une seule étincelle produite par le soulèvement d'une soupape, ou par une scintillation pyrophorique qui a lieu dans tout charbon en contact avec le fer rouge.

Rien ne peut égaler la puissance d'une explosion produite par le grisou comprimé à plusieurs atmosphères et extraordinairement sur-chauffé. Si la chaudière était pleine de poudre, elle ne causerait pas d'aussi grands dégâts que ceux que nous avons été plusieurs fois appelé à constater.

Nous ne doutons pas que le grisou ne soit utilisé quelque jour comme moteur, et ne donne des résultats supérieurs à ceux de la pou-dre. Nous avons vu des essais très-satisfaisants dans cette direction à Londres; mais ils s'éloignaient trop des habitudes de Woolwich pour attirer l'attention des lords de l'*Ordonnance*.

CCXIII.

On a fait quelques tentatives pour décomposer le grisou des mines à Liége, mais les inventeurs ont échoué. Le meilleur moyen serait de lui chercher quelque application utile à l'industrie. Il serait alors si recherché qu'on payerait les propriétaires de mines pour s'en laisser débarrasser, car de tous les résidus d'exploitations industrielles dont on commence à tirer si bon parti, il n'en est certes pas de plus précieux que le gaz hydrogène, ni de plus abondant, ni de plus délaissé. En vérité, nous ne comprenons pas les ingénieurs des mines qui doivent être cependant des hommes aussi forts en physique qu'en géologie. Comment ne dirigent-ils pas les exploitants, qui ont la plus grande confiance en eux, vers des expériences éclairées par une saine théorie, qui aboutiraient souvent à de grandes découvertes?

CCXIV.

Voici un fait curieux, mais très-naturel qui nous a été conté par un vieux porion : « Je me trouvais un jour, dit-il, engagé dans une gale-
« rie basse où l'on ne pouvait se tenir qu'à genoux; il y avait dans
« cette galerie quatre couches bien distinctes; la couche inférieure,
« composée de mofette (gaz acide carbonique), éteignait ma lampe,
« qui brûlait normalement dans la couche d'air que je respirais; un
« peu plus haut, une couche de mélange faisait rougir la toile métal-

« lique et emplissait ma lampe de flammes; mais en l'élevant brus-
« quement dans le gaz pur qui régnait sous le plafond, elle s'éteignait
« comme ma vie quand je levais la tête. »

Il serait important de mesurer le temps nécessaire pour que le
mélange du gaz protocarboné placé sur une couche d'air soit complétement effectué. On en déduirait naturellement le temps qu'il faut
pour opérer la complète dispersion de celui qui s'élève dans les hautes
régions de l'atmosphère, avant de passer à l'état inexplosible; notre
théorie serait ainsi confirmée ou infirmée, ce qui éclaircirait un des
problèmes les plus intéressants de la météorologie. Nous pensons que
l'expérience de Bertholet sur le mélange de deux gaz de densité différente ne suffit pas pour déterminer la manière dont se comportent
tous les autres gaz entre eux et avec l'air, tout reste encore à faire
dans cette voie.

CCXV.

Le second étage sujet aux orages du grisou, est la région des houillères en exploitation. Le gaz qui s'en dégage, mêlé à l'air dans certaines proportions, occasionne de fréquentes explosions qui déciment
la population des mines et détruisent souvent les travaux d'exploitation. Le gaz hydrogène protocarboné paraît être prisonnier dans les
pores du charbon, puisqu'en le pulvérisant, la poussière en est quasi
devenue incombustible.

On a bien fait la remarque que pendant les périodes d'abaissement
du baromètre, les dégagements de gaz et par conséquent les coups de
feu sont plus fréquents; mais on n'a pas dit, que nous sachions, que
les hautes cheminées d'aérage peuvent attirer la foudre, comme les clo-
chers, et les hauts sommets en général —feriunt summos fulgura montes.
La foudre peut encore se précipiter dans les houillères, en suivant la
traînée de grisou qui s'élève sans doute jusque dans le voisinage des
nuages, avant d'être entièrement dissipée et rendue inexplosible. Tout
nous porte à croire au contraire qu'elle se trouve seulement mélangée
à l'air dans les proportions voulues pour prendre feu à la première
étincelle qui se dégage, pour rétablir l'équilibre entre les deux électri-
cités de nom contraire dont le gaz et les nuages se trouvent chargés.

C'est ce mélange qui s'étale sous les nuages comme le grisou sous le toit des mines, qui produit le tonnerre et les roulements qui s'en-suivent (1).

CCXVI.

Si l'on pouvait brûler le grisou au fur et à mesure qu'il se forme, soit en tenant de petites veilleuses constamment allumées au plafond des mines, comme nous l'avons proposé, soit par un système de fils électriques établis dans les galeries avec des interruptions de courant, comme le propose M. Jeandel, de Nancy, on débarrasserait de la sorte la houillère de son gaz, avant de descendre dans les travaux; cela serait plus sûr que ce qui se pratiquait dans l'origine, où l'on chargeait un ouvrier couvert d'une peau de bœuf mouillée d'aller en rampant mettre le feu, avec une longue gaule munie d'une bougie, au gaz pro-duit pendant la nuit.

Le lundi était souvent un jour néfaste par suite de la suspension des travaux et de l'aérage le dimanche.

CCXVII.

M. Coulvier-Gravier, qui passe les nuits sur son toit pour compter les étoiles filantes, en a remarqué qui paraissaient tomber du qua-trième étage, c'est-à-dire d'une région supérieure à celle des nuages ordinaires. Probablement que ces traînées de gaz n'ont été atteintes par l'étincelle qu'après avoir librement traversé la région des *nimbus*. Il est probable que la direction plus ou moins oblique des étoiles

---

(1) En admettant que cette idée ne fût pas vraie, où serait le mal? nous ne comprenons donc pas pourquoi certain journaliste jette les hauts cris contre cette hypothèse, à moins qu'il ne tienne à celle de sa grand'maman, qui lui a dit que le tonnerre était un signe de la colère de Dieu qui gronde les petits enfants quand ils ne sont pas sages.

Ce même journaliste qui ne veut pas qu'une colonne de gaz traverse l'atmos-phère sans se mêler avec lui, avoue que le Rhône traverse Genève sans mêler ses eaux à celles du lac, à cause de la rapidité de leur cours dit-il.

Est-ce que le gaz hydrogène qui pèse 14 fois moins que l'air ne s'élève pas avec une plus grande rapidité que le Rhône ne coule?

filantes, indique celle des courants supérieurs, dont la vitesse comparative pourrait se déduire de leur plus ou moins d'inclinaison sur l'horizon.

C'est probablement cette remarque qui a permis au nocturne météoroscope de prophétiser, plusieurs jours d'avance, les tempétes que ces courants produiraient en se rapprochant de la terre.

CCXVIII.

Ne serait-il pas prudent, à l'approche des orages, d'interrompre les travaux, d'arrêter l'aérage et de rappeler les ouvriers sous les bures d'extraction, dans un espace séparé du reste de la mine par une porte de fer? Il y aurait quelque perte de travail, mais moins de pertes d'hommes; reste à savoir si les satrapes des provinces plutoniennes admettraient cette compensation. Nous sommes certain que celui qui a inventé la Waroquère pour diminuer les dangers du cufat et la fatigue des échelles, ne reculerait pas devant un si léger sacrifice pour conserver la vie des ouvriers qui font sa fortune. Ce n'est pas lui qui s'opposerait à ce qu'on tirât de la poussière, pour le placer à côté du sien, les ingénieux modèles de Fahrkunst, de Méhu et de Guibal pour monter les hommes et la houille du fond des mines. Pourquoi ces inventeurs pleins de génie n'ont-ils pas les poches pleines d'argent? Ils sauraient bien tirer leurs enfants des limbes où ils resteront sans doute jusqu'à ce que la rouille *edax rerum* les ait fait retourner au réservoir commun.

CCXIX.

On a inventé plusieurs espèces de parachutes des mines pour retenir les cufats à la place où ils se trouvent quand les câbles viennent à casser. La première idée en est due à un Bruxellois, M. Vanderhecht, dont nous avons vu les premiers essais; puis sont venus les parachutes Lambot, Fontaine, Robert, Chagot, Jacquet, Machecourt, Buttgenbach et Douny; mais si l'on ne dit rien du premier inventeur qui a été découragé, on ne dit rien non plus du dernier qui a été entravé de façon à lui faire bien comprendre la perfidie de l'article 23, introduit dans la loi des brevets sur la proposition de M. Ch. Rogier, article qui exige la mise en exploitation dans une année, sous peine de déchéance.

M. Vermeire avait inventé un parachute que nous croyons le meilleur de tous ; mais il avait besoin d'emprunter un puits de mine pour l'appliquer, et tous les propriétaires étant naturellement d'accord pour le lui refuser, son brevet devait tomber dans les mains du domaine public, ce paresseux sans cœur et sans entrailles, qui ne veut pas faire et ne veut pas qu'on fasse. Il n'est pas d'injustices et de bassesses que ne puissent commettre les amoureux du domaine public, les paladins de l'intérêt social dont ils prennent la défense avec une jalousie capable de lui faire commettre des crimes contre les individus, pour enrichir le fétiche indolent du *communisme*.

CCXX.

Nous avons écrit quelque part que l'on pourrait éclairer les mines à l'aide du gaz qui s'élève des puits d'aérage, en le récoltant sous un récipient supérieur ; l'air se rendant par une sorte de décantation dans une cheminée latérale au réservoir, comme M. Braconnier, de Liége, l'établit en ce moment sur une de ses houillères. Ce gaz serait refoulé dans les conduites inférieures posées dans la mine à cet effet ; bien entendu qu'on le ferait passer par un carburateur où il se chargerait des vapeurs de carbone nécessaires pour augmenter son pouvoir éclairant ; mais comme nous avions omis ce dernier point, trop connu aujourd'hui pour que personne en ignore, notre proposition a été traitée d'absurdité par un professeur des mines qui l'ignorait, attendu que c'est son état de le savoir.

CCXXI.

Quoi qu'il en soit, nous ne pouvons pas croire que le gaz qui s'échappe à flots de nos houillères, doive être toujours perdu, ne l'employât-on qu'au chauffage, comme les Chinois le font de toute antiquité. Nous sommes, en vérité, moins avancés que les Guèbres qui tiennent au moins le feu sacré constamment allumé, d'après les instructions de Zoroastre qui voulait sans doute mettre ainsi son pays à l'abri des ravages de la foudre. Zoroastre était donc plus avancé en

physique que certains docteurs qui font leur métier de la physique ;
il savait probablement que le gaz hydrogène, qui s'élève de terre pour
aller se faire brûler dans la région des nuages, est la cause du tonnerre.

On nous trouvera bien hardi d'oser avancer des opinions aussi
graves avant de nous être bien assuré de leur réalité. Mais quel mal
cela peut-il faire si nos prévisions ne se vérifient pas ? Et si elles se
vérifient, qui donc aurait le droit de nous blâmer ? Nous ne comprenons pas ces esprits escargotiques qui n'osent faire un mouvement
avant d'avoir vingt fois tâté du bout de leur antenne, le brin
d'herbe qu'ils ont à franchir. Comme nous n'avons pas plus envie de
grimper au fauteuil académique qu'aux banquettes du Sénat, nous
sautons à pieds joints par-dessus ces obstacles pour courir en avant,
le flambeau à la main, et tâcher d'éclairer quelques coins obscurs de
notre avenir industriel ; car l'industrie est la seule chose, tout bien
considéré, qui ait un avenir incommensurable. Nous sommes arrivé
à un âge où l'on doit cesser d'admirer la sottise et de respecter l'ignorance même officielle, devant lesquelles nous n'avons si longtemps tiré
notre chapeau, que parce que nous étions hors d'état d'en juger ; mais
après 50 années d'études, nous avons conquis le droit de dire avec
M. de Maistre : Je suis peu de chose quand je me considère, mais
beaucoup quand je me compare. Ainsi nous ne reculons jamais devant
la peur de contredire une autorité, quand il s'agit de rendre justice
au mérite d'une invention qui vient en détrôner une autre, l'eussions-
nous prônée en son temps, comme la lampe Museleer par exemple,
car dès que cet inventeur eût adopté le verre que nous avions proposé au congrès avorté de Liège, nous avons applaudi sans réserve à
ses succès ; mais quand la lampe *Dubrulle,* de Lille, a été placée sur
notre table, nous n'avons pas refusé de la regarder, nous l'avons
même défendue à la Société d'encouragement, contre le rapport de
M. Callon qui l'approuve avec un *mais* restrictif qui suffirait pour
empêcher de l'adopter. Ce *mais* est trop singulier pour ne pas le
relater.

Cette lampe est tellement construite qu'on ne peut l'ouvrir sans
l'éteindre ; *mais,* dit le rapporteur, rien n'empêche l'ouvrier de la
rallumer ensuite avec une allumette, s'il a envie de fumer par exemple,

ou de se procurer une plus grande lumière, dit un autre. — Si l'ouvrier, disions-nous, possède des allumettes, il n'a pas besoin de sa lampe pour allumer sa pipe; quant à se procurer plus de lumière, il a son émouchette et sa vis pour remonter la mèche; il ne pourrait donc se procurer une plus forte lumière en l'ouvrant. Cette lampe éclaire d'ailleurs deux fois plus que toutes les autres; il n'y manque pas grand'chose, puisqu'elle brûle six heures sans être mouchée et quatorze heures avant de s'éteindre, tandis que la lampe Davy proprement dite, ne brûle que trois heures avant de toucher à la mèche si difficile à moucher.

CCXXII.

La lampe Dubrulle est plus légère, plus maniable et plus sûre que toutes les autres; voilà notre opinion; et si on remplaçait la toile métallique par un couvercle de cuivre sillonné de fentes étroites, cet outil indispensable aurait atteint son maximum d'utilité et de durée. Ces fentes entaillées à la fraise dans du métal d'un millimètre, offriraient plus de sûreté et de solidité que les mailles de la toile d'ordonnance; nous en avons fait l'essai. Les fentes inférieures laissent entrer l'air et les fentes supérieures laissent sortir la fumée: cet artifice donne la plus grande tranquillité à la flamme; et cette tranquillité empêche les champignons de se former sur les angles du lumignon; de sorte qu'il devient inutile de moucher la mèche pendant toute une nuit. Nous ne devons pas oublier la lampe d'un jeune ingénieur de Namur qui, repoussée en Belgique, a été adoptée en Angleterre.

Les anciens n'ayant pas découvert la cause qui produit les champignons, en avaient fait un mauvais présage.

> ..... *Testa que cum ardente viderint*
> *Et putres oleum flammas concrescere fungos.*

CCXXIII.

Parmi les huiles à bon marché dont on devrait faire usage dans les mines, au lieu d'huile de colza ou d'autres huiles de lampe ordinaires qui encrassent les mèches, nous indiquerons l'huile d'asphalte produite à 75 centimes le litre par la Compagnie de Lobsann. Nous lui avons reconnu les avantages suivants : plus légère que l'huile ordinaire, elle s'élève par la capillarité à une hauteur au moins quadruple de l'huile ordinaire; on peut donc supprimer entièrement le mécanisme qui sert à élever la mèche, laquelle peut rester fixe au niveau de la gaine plate qui la contient. Elle est moins chargée de substances étrangères qui se déposent en charbon dur sur le lumignon, ce qui lui enlève sa capillarité; elle brûle comme l'alcool en roussissant à peine le coton, ce qui permet de supprimer le mécanisme de l'épinglette. Cette huile minérale, claire, limpide et coulante comme de l'eau, s'évapore lentement, mais ne s'épaissit point avec le temps. Nous en tenons en expérimentation depuis près d'un an, sans y apercevoir aucun changement. Elle n'a, pour être employée dans l'éclairage de luxe, que le défaut de dégager une odeur *sui generis*, qui ne serait pas même appréciable dans les mines. Elle brûle sans fumée dans l'air ambiant, tant qu'on ne dépasse pas une hauteur de flamme très-suffisante, à l'encontre des huiles de schiste et de résine qui ne peuvent donner le moindre cône de lumière pure sans un violent système de tirage. Sa puissance d'ascension capillaire permet de tenir la flamme assez éloignée du réservoir pour que l'huile ne s'échauffe pas.

Tels sont les éléments qui peuvent concourir à la construction d'une lampe de mineurs plus simple et meilleure que toutes celles qui existent; nous les livrons gratuitement aux spéculateurs en matière de brevets d'invention

CCXXIV.

On a beaucoup pris de brevets pour chasser le grisou des mines, depuis le ventilateur de M. Combes, qui est le plus savant et le plus mauvais, jusqu'à ceux des docteurs Létoret et Van Heck, qui sont les plus bêtes et les meilleurs, après toutefois celui de M. Acarier, de Gray, amateur aussi distingué par son talent que par sa modestie, qui en a fait cadeau à M. Bourdon. Cet habile constructeur, dont nous avons prédit les succès depuis vingt ans, ne tardera pas à le mettre en lumière, car dès qu'il entreprend une chose, fût-ce de faire sa fortune, il la fait.

Cet instrument ressemble de loin à la roue à compartiments que

M. Girard emploie pour élever l'eau par la force centrifuge, sans frottement, à la manière d'Apold; elle fait un vide de 20 à 25 centimètres
et souffle avec une puissance supérieure à celle des autres ventila-
teurs, excepté celui de Fabry qui gagne en force ce qu'il perd en
vitesse, et qui tient de la pompe plus que de la turbine. On dit beaucoup de bien du ventilateur Lemiel, dont nous ne connaissons pas le
principe.

CCXXV.

Si l'on voulait pousser à ses dernières limites la recherche de la
paternité, si sottement admise pour les enfants du génie, l'excellent
outil de M. Fabry n'existerait pas; car on aurait prétendu qu'il pro-
cédait en ligne droite de la pompe française à deux roues d'engrenage,
tangentes, qu'on a longtemps nommée pompe anglaise.

A propos de cette pompe, nous citerons une anecdote assez curieuse
pour l'histoire des inventions.

M. Latouche, technologue habile, réinvente, un beau jour, cette
même pompe; il court faire voir son plan à M. Cavé, qui l'avait réin-
ventée lui-même depuis deux ans et qui la lui fit voir dans un coin
de ses ateliers. — Pourquoi n'avez-vous pas pris de brevet, lui dit
M. Latouche? — Parce qu'au moment de le prendre, j'ai appris qu'elle
existait en Angleterre.

A l'Exposition de 1844, apparut avec pompe et pompeusement
prôné, la *pompe française*. — Votre brevet ne vaut rien, alla dire
M. Latouche à l'exposant. — Pourquoi? — Voici un vieux *Manuel
du pompier* qui date de cent ans, où elle se trouve décrite et gravée
comme vous voyez. — S. G. D. G.! s'écria le breveté qui cessa d'en
construire, parce que tout le monde avait le droit de lui faire concurrence.

Vous voyez bien que la recherche de la paternité doit être supprimée de la loi des brevets comme elle l'est de nos codes.

CCXXVI.

Nous croyons devoir nous étendre sur la houille plus que sur toute autre industrie, parce que cette insignifiante *pierre-ponce* joue le plus grand rôle dans le drame de la vie des peuples en marche vers la civilisation.

Après avoir dit ce que c'est que la houille, nous ne pouvons nous dispenser de parler des moyens employés pour l'extraire des magasins où elle a été muraillée par le père des hommes qui n'a pas voulu mettre ses enfants en ménage sans provision de chauffage, à condition qu'ils prendraient la peine de descendre à la cave pour l'aller chercher.

Voici comment on y descend : on commence par enfoncer une sonde pour reconnaître les gisements, le nombre et la puissance des couches ; mais après le petit trou il faut en faire un grand, et celui-là est le plus difficile.

La première idée qui s'est présentée à l'esprit a été une vrille ou tarière, composée d'une quantité de barres de fer, additionnées par des vis qu'il faut assembler et désassembler avec une grande perte de temps. Ce procédé primitif nous vient évidemment des Égyptiens ; car Moïse en s'aventurant dans le désert avec ses fuyards, avait eu soin de se munir d'une verge avec laquelle il frappait la roche souterraine, preuve qu'il employait la percussion et non la torsion pour faire jaillir l'eau. Ce passage de l'Écriture n'a été compris que très-tard par les pères du sondage, Flachat, Mulot et Degouzée, dont les premiers essais ont été faits au vireveau, chose qui devient de plus en plus anormale à mesure que la barre s'allonge, car elle se tord comme un tire-bouchon.

Les nombreuses oasis du désert d'Afrique n'ont dû leur existence qu'à des puits forés que l'on retrouve encore aujourd'hui. Mais pendant que nous percions à la vrille, les Chinois employaient la frappe au moyen d'un trépan suspendu au bout d'une corde de bambou. Ils possédaient déjà plusieurs milliers de puits de sel et de gaz plus profonds que celui de Grenelle, quand nous eûmes connaissance de leur méthode par le père Imbert, en 1827.

CCXXVII.

C'est dans la conviction que le missionnaire, auquel nous avions donné quelques leçons de lithographie avec M. Motte, ne nous trompait pas, que nous fîmes confectionner les premiers outils qui ont été essayés dans le schiste phylade de Marienbourg, avec assez de succès pour nous donner la preuve que si nos outils n'étaient pas identiques à ceux des Chinois, ils étaient peut-être meilleurs, bien que nous n'ayons pas eu d'autre indication de leur forme, qu'une relation hollandaise de 170 ans de date; elle est ainsi conçue : *Les Chinois pratiquent des trous en terre à de très-grandes profondeurs, à l'aide d'une corde armée d'une main de fer (yzerhand) qui rapporte au jour les détritus du fond*, et le mot *couronne de fer,* prononcé par le père Imbert; c'est d'après cela que nous avons modelé notre trépan cannelé, fondu en coquille, pour lui donner plus de dureté.

Ce fut le célèbre Cuvier qui lut à l'Académie des sciences en 1830, la relation de nos essais. Le baron de Sello, qui les avait aperçus par le trou de la serrure de notre baraque, vint, l'année suivante, se donner pour l'inventeur du sondage chinois; mais l'Académie repoussa ses prétentions en rappelant notre communication.

CCXXVIII.

Nous eûmes à lutter avec tout le monde avant de pouvoir faire comprendre la possibilité de forer un trou *avec une corde;* évidente absurdité, disait M. Héricart de Thury, avant d'avoir vu notre trépan, qui n'est qu'une borne de fonte armée d'une tête d'acier trempé, pour briser le rocher et ramener la boue triturée par percussion. Nous devons dire que ce trépan est cannelé extérieurement et creusé en cône dans sa partie supérieure. Ce cône se remplit des détritus qui jaillissent par les cannelures, à chaque coup de mouton. On s'aperçoit, à l'abaissement d'une marque de craie faite sur la corde tendue, au niveau du tube de direction, quand ce cône est rempli; car on est en droit de se dire : Si la marque est descendue d'un décimètre, il y a dans le cône un décimètre de détritus. On retire alors, à l'aide d'un treuil), ledit trépan que l'on vide pour le renvoyer chercher un nouveau chargement.

Cette opération du curage des puits qui dure six heures à 600 pieds avec les barres, ne dure que six minutes avec la corde. L'outillage ancien coûte 50,000 francs, et l'outillage nouveau n'en coûte que 500.

CCXXIX.

On va se demander pourquoi ce procédé n'est pas généralement adopté; c'est parce qu'il est trop simple et à trop bon marché. M. Collet-Goulet a fait plus de cent puits à Reims pour 200 à 250 francs la pièce, et il s'est ruiné, tandis que ceux qui demandent 500,000 francs ou un million, s'enrichissent; c'est aisé à comprendre; on ne veut pas des choses à bon marché, et l'on a renvoyé comme un charlatan un célèbre hydroscope qui offrait de donner de l'eau à Bruxelles pour 1,200,000 francs; s'il eût demandé huit millions, il eût obtenu l'entreprise.

Nous cherchions à faire les plus petits trous possibles pour aller plus vite; M. Kind cherche à faire les plus larges qu'il peut; il a remplacé la corde par des barres de bois qui ne pèsent rien dans l'eau, et il a raison; mais comme ces barres se briseraient en tombant, il a trouvé, après d'Oyenhausen toutefois, que l'on oublie injustement, le moyen de ne s'en servir que pour relever le trépan qu'il lâche à chaque coup, par un déclic manié d'en haut et qu'il raccroche après. Cela se ferait aussi bien avec une corde de fil de fer, au moyen d'une carcasse d'acier; mais il n'y aurait rien de neuf, et il en faut, dit-on, n'en fût-il plus au monde. Ce mot de carcasse d'acier qui répond à ses croix de Malte, fera réfléchir M. Kind, connu en Allemagne sous le beau nom de Napoléon des sondeurs, qu'il mérite à tous égards.

CCXXX.

M. Degouzée a remplacé les tiges de bois par des tubes de fer creux remplis d'air confiné, ce qui allége le poids de ces barres dans l'eau, sans diminuer leur solidité. Il fut un temps où tout le monde se mettait l'esprit à la torture pour trouver un nouveau moyen de forer la terre, comme on s'occupe en ce moment des moyens d'enrayer les convois. C'est que la valeur du domaine que nous habitons ne sera bien connue que quand nous l'aurons perforé comme une écumoire (1).

CCXXXI.

Un ingénieur de Versailles, M. Priquelet, croyons-nous, vient d'inventer un outil foreur et cureur à la fois, qui nous semble être le dernier mot du sondage.

Cet outil commence par un poinçon central ayant la forme d'un champignon renversé; puis vient une petite couronne d'acier un peu plus large, puis une autre d'un diamètre plus grand, et ainsi de suite jusqu'à la largeur définitive du trou que l'on désire. On voit qu'il n'y a pas de terme au diamètre.

Ce qu'il y a de remarquable, c'est que toutes les couronnes faisant entonnoir, reçoivent chacune le détritus de l'emporte-pièce supérieur; cet instrument retourné doit présenter la forme d'un if dont la barre de fer serait la tige. Il suffit donc de le faire danser sur la même place verticalement, pour creuser un trou dans toute espèce de terrains. Ceci nous représente l'outil universel des foreurs de l'avenir seulement, car les burgraves du sondage refuseront de l'employer et empêcheront les autres de le faire, en déclarant, comme ils l'ont fait du nôtre, que cela ne vaut rien, puisque si cela était bon, ils l'employeraient eux-mêmes. Telle est la réponse stéréotypée avec laquelle on détourne pendant longtemps le public des inventions les plus simples et les plus avantageuses.

---

(1) On a longtemps cru qu'on ne pourrait percer utilement des puits artésiens en Belgique; c'était une erreur, car il y en a déjà d'assez nombreux au nord d'une ligne tirée d'Aix-la-Chapelle sur Dunkerque, comme l'avait annoncé M. D'Omalius On vient d'obtenir à Berchem, sur la rive droite de l'Escaut, à une lieu d'Audenaerde après 48 mètres de forage, de l'eau qui jaillit à 8 mètres au-dessus du sol, de même à Avelghem et à Elzeghem. Cependant à deux lieues de là M. Masses se trouve arrêté à 72 mètres par le roc qui n'est peut-être qu'un rognon de silex.

CCXXXII.

Une des plus grandes difficultés qui puisse se présenter à ceux qui creusent des puits de mines, c'est la rencontre d'une grande épaisseur de sable *mouvant, boulant* ou *coulant* qu'on ne peut extraire sans qu'il soit remplacé par d'autre, de sorte que si on s'obstinait à l'épuiser, on pourrait creuser une caverne immense sous ses pieds. On doit donc chercher à le traverser en l'isolant pour arriver au terrain solide où le travail avance lentement, mais sûrement. On a employé plusieurs moyens ingénieux, mais souvent insuffisants pour y parvenir, et de guerre lasse on a fini par l'emploi de cuves de fonte, quelquefois chargées de maçonnerie, qui descendent par leur propre poids, à mesure que l'on creuse en sous-œuvre; c'est le moyen dont l'ingénieur Brunel s'est servi pour enfoncer les deux tours qui terminent son tunnel sous la Tamise.

M. Kind opère le cuvelage avant l'épuisement; il applique son invention, en ce moment, au charbonnage de Rothauzen, en Westphalie, pendant que son chargé d'affaires, M. Chaudron, l'applique à Saint-Vaast, dans le Hainaut. Nous espérons qu'il coûtera moins de peines que le moyen de Triger, qui a pourtant heureusement terminé la guerre de trente ans entreprise contre le boulant de Strépy-Braquegnies, guerre de désespoir qui avait déjà épuisé des millions avant qu'on eût épuisé l'infernal boulant, véritable contre-partie du tonneau des Danaïdes, car plus on en ôte, plus il y en a.

CCXXXIII.

Les gens du monde qui se délectent devant un bon feu de houille, sans se douter de ce qu'il en coûte pour leur procurer ces loisirs, seront bien aises de l'apprendre. Ils n'ont qu'à suivre la narration que nous en avons faite sur place.

L'ingénieur a commencé par creuser un puits de trois mètres de diamètre dans les terrains de la surface; il l'a fait solidement murailler jusqu'à 45 mètres pour retenir les terres. Pendant ce temps, une machine à vapeur suffisait pour épuiser les eaux d'infiltration, qu'on appelle sauvages, mais arrivée là, elle devient insuffisante, parce qu'on touche au boulant; il faut changer les moyens d'attaque. On sonde la profondeur du sable, qui n'a pas moins de 30 mètres d'un côté du puits et 33 mètres 50 centimètres de l'autre, ce qui dénote une inclinaison des couches de 15 à 16 degrés. Le cylindre qu'on se propose d'y descendre, devrait donc être taillé en bec de flûte pour fermer exactement la porte au sable extérieur; cette pièce de rapport s'appellera le faux cuvelage.

CCXXXIV.

On avait fait préparer des cylindres de tôle épaisse de deux mètres de hauteur, destinés à être superposés. Le premier est descendu sur le sable : le voilà qui s'enfonce par son propre poids, mais bientôt il s'arrête; nous croyons, nous, qu'il ne se serait pas arrêté si on lui eût imprimé un mouvement circulaire de va-et-vient continu; car il faut surtout empêcher le sable de se tasser. Il fallut bientôt opérer par pression; on fixa des poutres dans la paroi, et au moyen de fortes vis appuyées contre ces poutres, on exerça une posée qui, portée à onze cent mille kilogrammes, ne put cependant vaincre la résistance. On pensa que quelques rognons de silex rencontrés par le cercle inférieur s'opposaient à sa descente, et pour les dégager on employa une drague circulaire qui retirait du sable sans retirer d'eau, car la contre-pression de l'eau est, dans ce cas, regardée comme indispensable. Le cuvelage continua de descendre, mais si lentement, qu'il fallut souvent 15 jours pour avancer d'un centimètre. C'était à rebuter un homme moins persévérant que M. Delaroche; mais il avait foi en son œuvre, et si la foi soulève des montagnes, elle enfoncera bien un cuvelage. Savez-vous combien a duré le siége de cette citadelle aussi bien défendue par les gnomes, gardiens jaloux des trésors souterrains, que Sébastopol par les Russes? pas moins d'une année!

Le cuvelage touche enfin au roc; les 33 mètres de boulant sont bloqués, moins la fâcheuse ouverture du biseau qui suffirait pour tout compromettre, si le *sas à air* de Triger n'était pas venu à la rescousse.

CCXXXV.

Qu'est-ce qu'un sac à air, direz-vous? C'est une écluse qui ne vous permet de passer dans un compartiment qu'après avoir fermé la porte derrière vous, avant d'ouvrir l'autre.

Entrez avec nous dans le cuffat et tenez-vous bien. Un cheval aveugle détourne son manége, nous voilà déposés sur la calotte du sas; un robinet siffle, la soupape à bascule s'ouvre sous nos pieds, une petite échelle nous permet de descendre dans une petite chambre éclairée par une petite lampe qui brûle avec éclat dans l'air comprimé; mais ce boudoir est sans tapis, sans sofas, sans dentelles! — La trappe est refermée sur nos têtes, nous voilà bloqués; tournons cet autre robinet incrusté dans le plancher, l'air comprimé dans le troisième dessous en sort avec bruit et vient vous serrer les tempes et les tympans, plus moyen de siffler; le manomètre accuse trois atmosphères; prenez garde à la seconde trappe! — La voilà qui s'ouvre d'elle-même, parce que l'air est à la même pression dans le sas que dans le puits;—regardez au fond, qu'y voyez-vous? Des chandelles et des gnomes tout noirs qui montent une échelle; ils arrivent, n'ayez pas peur, ils ne sont pas méchants, au contraire, ce sont de bons diables. — Bonjour, Pierre, bonjour, Jean, bonjour, Jeff, asseyez-vous, vous êtes tout en nage, comment va l'ouvrage? — *Ça va todi ben, nos maisse.*

Vous avez fait vos quatre heures, votre journée est terminée, vous allez vous reposer. — Relevez votre trappe, ouvrez le robinet d'en haut, pour la sortie de l'air; doucement en commençant, cela fait du mal de se décomprimer trop vite. — Entendez-vous le sifflement; ça va durer une demi-heure ainsi. — Le manomètre ne marque plus qu'une atmosphère, on se sent mieux, les lampes ne brûlent plus si vite. — Qui est-ce qui frappe sur nos têtes? C'est le gamin qui nous amène le cuffat pour nous enlever; il essaye d'enfoncer la trappe avec son pied, mais il n'y parviendra pas avant cinq minutes. — Ah! la voilà qui cède. Sortons, soufflons nos lampes et montons dans notre carrosse à la Dubarry. — Nous nous retrouvons enfin sur le gazon; quel beau soleil! ça fait plaisir de revoir le ciel en sortant de l'enfer. Les damnés doivent être bien malheureux!

CCXXXVI.

Voilà ce que c'est que le sas à air et sa manœuvre ; j'ai oublié de vous dire que les matériaux entrent et sortent par le même trou et par les mêmes moyens, à l'aide d'un treuil établi dans le sas.

Reprenons notre narration ; le sas nous est connu ; mais comment l'air qui est comprimé dans la bure ne soulève-t-il pas tout cela comme la vapeur soulève un piston ? C'est ce qui est arrivé à Douchy ; l'appareil n'ayant pu s'enlever, c'est le fond supérieur qui a éclaté, bien qu'il fût de fonte et d'une épaisseur considérable (5 cent.) ; six ouvriers y perdirent la vie. Comme M. Delaroche tient beaucoup à la vie des siens, il a pris des précautions contre cet accident en plaçant sur le haut du sas d'énormes poutres de chêne, profondément engagées dans les parois de la bure, et il est resté bien tranquille de ce côté.

Ce n'est pourtant qu'après avoir fait fonctionner sa machine à vapeur et poussé la pression jusqu'à 8 atmosphères qu'il a été complétement rassuré, puisqu'il n'avait besoin que de 6 atmosphères au plus pour achever son travail. Cependant l'administration des mines n'ayant pas voulu autoriser ces travaux, M. Delaroche en a pris sur lui toute la responsabilité ; mais il ne voulut pas aller au delà de la pression de 4 atmosphères. — Il fallait imaginer quelque expédient. C'est ce que fit M. Delaroche. — Il existait dans le voisinage une ancienne fosse qu'il mit en communication par un bouveau avec la nouvelle, à dix mètres au-dessous du sas ; il y fit passer un tuyau de 6 centimètres qui, pénétrant dans le cuvelage, se recourbait à angle droit jusqu'au fond de la bure. — Voici son calcul : l'eau comprimée, au lieu de devoir s'élever jusqu'au-dessus du sas, trouvera un écoulement à 10 mètres en dessous. — Donc la pression nécessaire à cette opération sera diminuée d'une atmosphère. — Vous voyez qu'il est bon de connaître les lois de la physique en tout et partout ; si M. Delaroche n'avait appris que le latin, il eût été arrêté tout court dans sa glorieuse entreprise. Cela fait, tout était prêt, le grand jour de la répulsion des eaux était arrivé. La machine à vapeur foule de l'air pendant trois jours et trois nuits, et l'eau ne descend presque pas, parce que l'air s'échappe par les clouures et par les joints du cuvelage qui n'avait pas été bien confectionné. — Il fallait pourtant le rendre étanche ; on y fit descendre des ouvriers chargés de calfater les fuites avec de la terre glaise, au fur et à mesure que les eaux mettaient les parois à nu.

Enfin la pression augmentant, les eaux se retirèrent vers leur source comme le sang vers le cœur par la peur de l'ennemi qui s'avance.

CCXXXVII.

Les eaux ayant évacué la fosse, et le manomètre marquant 3 atmosphères et demie, on envoya une brigade d'éclaireurs en reconnaissance. Ils trouvèrent le cuvelage engagé d'un seul côté dans le schiste houiller, et se hâtèrent de faire descendre le faux cuvelage en biseau dont nous avons parlé, pour fermer la dernière porte au *boulant*. Travaillant alors avec ardeur à briser le schiste incliné, ils obtinrent un *plat* à 3 mètres 50 centimètres. Ce fut sur ce plat qu'ils posèrent ce qu'ils appellent un siége à picoter, qui se compose de segments de bois de chêne, très-épais, très-bien joints et que la plus forte pression des eaux extérieures ne pourrait faire céder, parce que ces segments font voûte en dedans. Sur ce siége on établit un nouveau cuvelage de bois de bas en haut pour doubler le cuvelage de tôle.

On croirait que c'est fini. Pas encore. — On continua à creuser dans le roc, à une profondeur de 3 mètres 50 centimètres au-dessous du siége, afin de s'engager plus solidement dans le bon terrain. — Tout ce travail se fit sous la pression de l'air ; l'eau d'égouttement remontait par le siphon renversé, et les matériaux durs traversaient le sas. Au bout de 70 jours l'infernal *boulant* était vaincu, et le niveau franchi.

CCXXXVIII.

On célébra cette victoire immense par une fête qui n'a pas d'exemple dans les annales des mines ; plus de 2,000 ouvriers y prirent part, les chefs de la Compagnie de *Strépy-Braquegnies* se montrèrent à la fois généreux et reconnaissants ; le canon a célébré leurs succès, l'Église a béni leurs travaux, et s'il était permis d'allier le sacré au profane, nous ajouterions que le champagne les a baptisés. Il ne reste plus à la royauté qu'à décorer les vainqueurs de l'étoile des braves; car un pareil triomphe vaut cent fois mieux à nos yeux que la prise d'une citadelle et le massacre de cent mille hommes.

CCXXXIX.

Quelle action la pression exerce-t-elle sur le corps humain? Des 38 mineurs et porions qui ont été occupés à ce travail, pas un n'est moins bien portant qu'auparavant; mais pendant les quinze premiers jours, ils souffraient de fortes douleurs nerveuses dans les bras et dans les jambes.

Il en est qui, incapables de se soutenir debout, se faisaient apporter dans la *fosse à crampes,* comme ils l'avaient surnommée, et aussitôt qu'ils étaient comprimés, ils redevenaient forts et continuaient leurs travaux avec autant de vigueur que les autres.

La première idée du travail à air comprimé date de bien loin; elle appartient, dit-on, à Coulomb, physicien du siècle dernier; mais elle a été appliquée par l'ingénieur Rennie père, aux travaux du port de Liverpool, de 1818 à 1820, avec le plus grand succès, et, dans ces derniers temps, par Triger, sur la Loire. On s'en servit également pour déblayer le port du Croisic et aux mines de Lourches; M. Cavé a fait un grand nombre de bateaux destinés à approfondir les ports.

M. Delaroche n'en restera pas là; il a si bien compris la portée de ce genre de travail, qu'il propose de l'appliquer, non-seulement à la construction des piles de pont, mais même au creusement des tunnels. Nous sommes persuadé que si M. Brunel eût pensé à ce moyen, son tunnel n'eût pas coûté le quart de ce qu'il a consommé d'argent, de temps et de peines avec son bouclier.

En effet, il suffirait d'engager un long sas à air sous les terrains solides du bord d'un fleuve, de le maçonner pour ainsi dire dans une enveloppe de briques, et de le rendre parfaitement étanche; cela fait, on introduirait à travers le sas des waggons remplis de matériaux, et d'ouvriers qui déblayeraient les terres et maçonneraient la voûte en toute sûreté; car l'air comprimé soutiendrait les terres et empêcherait l'eau d'inonder les travaux.

La pression de l'air ne s'élevant pas à plus de une ou deux atmosphères dans le cas dont nous parlons, les ouvriers n'auraient presque rien à souffrir.

Si l'entente cordiale continue entre la France et l'Angleterre, nous ne désespérons pas de voir creuser par ce moyen un tunnel sous le Pas-de-Calais.

S'il ne faut pas croire tout ce que disent les architectes, faut-il croire à ce qu'annoncent les *porions?* La lettre suivante d'un de ces chefs de gnomes nous paraît plus merveilleuse encore que les incantations de Hume; mais comme cela nous semble plus naturel, nous n'hésitons pas à en faire part à nos lecteurs, qui doivent être familiarisés avec les miracles de l'industrie.

CCXL.

PUITS DE GAZ EN BELGIQUE.

« Vous savez que la Belgique possède des mines presque aussi profondes que celles de *Guanaxuato*, dans lesquelles l'intrépide voyageur baron de Humboldt est descendu pour en mesurer la température, qui est si élevée, dit-il, qu'on a dû renoncer à en poursuivre l'exploitation.

. « Un de nos plus riches propriétaires du Hainaut, qui a déjà donné des preuves de sa munificence industrielle, a eu l'idée de creuser, au bas de la plus profonde de ses houillères, un puits de cinq cents mètres. Chaque coup de sonde frappé dans l'inconnu, doit ramener au jour des matières nouvelles et tenir en éveil tous les curieux du monde savant. Il s'est entendu avec l'ingénieur Chaudron, représentant de M. Kind, le célèbre puisatier de Passy, pour fabriquer son outillage à Haine-Saint-Pierre, sous l'intelligente direction de M. Hochereau, aidé de l'habile constructeur de la *waroquère*, M. Ch. Bource.

« L'échelle droite qui accompagne la waroquère sera retirée pour laisser passer le câble chargé d'imprimer le mouvement de frappe aux verges de bois qui soulèvent le trépan broyeur et le laissent retomber libre pour le reprendre après.

« On conçoit la rapidité avec laquelle doit marcher une pareille opération, commencée à cette profondeur, puisqu'on n'aura plus besoin de désassembler les verges pour les retirer, et qu'elles monteront d'une seule pièce jusqu'au jour, sur une longueur de 4 à 500 mètres, sous la puissante action de la machine à vapeur déjà installée.

« Tout concourt donc à faciliter cette grande entreprise, les hommes et les choses. Jamais, peut-être, pareille réunion de moyens energiques et favorables ne se rencontrera. L'auteur de ce beau projet l'a bien senti ; les devis sont faits et leur quotient est loin de l'effrayer, car il est bien au-dessous du prix de la moindre bure d'extraction.

« Ainsi, nous pouvons espérer avant un an, avant six mois peut-être, la solution de cet immense problème, non pas du feu central, qui est au moins à une lieue et demie de la surface, mais du gaz sous-cortical, dont l'écoulement perpétuel et violent ne peut avoir d'autre effet que de faire cesser les tremblements de terre et les éruptions de volcans. Les Napolitains réclameront une indemnité peut-être, mais il n'y sera pas fait droit.

« Quant aux bienfaits qui doivent en résulter pour l'industrie, ils sont incalculables ; nos maîtres de forges ne redouteront plus la concurrence étrangère ; ce sera au tour des Anglais d'avoir peur du *libre échange*, non-seulement en fait de métaux, mais pour tout ce qui se fabrique avec les métaux et à l'aide du feu, car toutes les chaudières à vapeur seront chauffées, et tous les ateliers éclairés par un gaz qui ne coûtera presque rien, même en le carburant pour l'éclairage ; puisqu'en le vendant à un centime le mètre cube, au lieu d'un franc, l'inventeur pourra couvrir toutes ses avances en moins de quinze jours, car le gaz s'échappera avec la vitesse de 500 mètres par seconde, ce qui fait quarante-trois millions de mètres cubes par jour, au lieu de neuf millions par an que dépense Londres. On voit que cela suffirait pour chauffer et éclairer toute la Belgique et mettre en mouvement toutes ses usines, si l'on donne un mètre de diamètre à ce puits. Les puits chinois n'ont que six pouces et ils chauffent toutes les usines d'*Ou-Tong-Kiao*.

« Après tant de progrès déjà réalisés, celui-ci ne serait pas le moindre de ceux que la Providence tient en réserve pour nous préserver des catastrophes dont l'accroissement de la population nous menace dans un avenir plus rapproché qu'on ne pense; si l'on ne songe pas sérieusement à ouvrir toutes les sources du travail à l'activité humaine (1).

« Tout le monde devrait donc concourir à encourager cette grande affaire, parce que tout le monde y est intéressé, princes, ministres, administrateurs, industriels, savants, prêtres et journalistes.

« Eh bien! c'est le contraire qui va arriver; on ridiculisera, on découragera, on entravera et l'on étouffera, si l'on peut, l'inventeur et l'invention. Il n'y a pas un souverain assez puissant, pas un gouvernement assez éclairé, pas un écrivain assez indépendant, pour faire l'aumône de sa neutralité ou donner l'appui de sa publicité à une

---

(1) Cela serait à désirer, dira-t-on; mais où sont ces sources, nous n'en voyons pas d'autres que celles que chacun sait, et on en a tant usé qu'elles tirent à leur fin et que les gouvernements seront bientôt à bout de concessions.

Voilà le mal, c'est que le travail continue à rester un droit régalien et en quelque sorte un effet du bon plaisir de la sainte bureaucratie qui accorde, retarde, refuse, entrave ou retire les concessions. C'est cela qui décourage, arrête et détourne les capitaux qui se retirent du travail pour entrer dans l'agiotage, mieux protégé, le croirait-on, que l'industrie appliquée à la production de la richesse réelle.

Nous pensons que tant que l'industrie positive n'aura pas conquis son indépendance légale, la spéculation aléatoire financière conservera le privilége d'absorber les capitaux au profit des joueurs, mais au détriment des travailleurs. Il est pourtant bien aisé de voir qu'un milliard peut passer d'un coffre dans l'autre sans augmenter la fortune sociale d'un atôme, et que le travail seul peut créer des valeurs réelles. Analysez les résidus de toutes ces grandes compagnies qui passent en ce moment au creuset de la liquidation; quelle est la valeur du culot? L'évaporation aurait-elle tout emporté?

Voulez-vous savoir ce qui reste à faire; lisez le rapport du vicomte de la Cressonnière de Lausanne, sur la nécessité d'établir la propriété intellectuelle dans les cantons suisses. Nous ne croyons pas qu'il puisse se trouver dans l'assemblée fédérale un esprit assez faux pour ne pas comprendre un raisonnement aussi logique, ou assez dépravé pour le combattre.

« Monsieur,

« La propriété, base sur laquelle toute société civilisée s'est toujours appuyée, est une chose non-seulement juste, mais encore naturelle; elle ne peut être regardée comme une concession. L'homme né avec des besoins et des facultés, applique ces facultés au travail pour obtenir la satisfaction de ses besoins, et nul ne peut, sous aucun prétexte, le dépouiller du produit de son travail. On ne peut échapper à cette alternative : ou la société a été instituée pour le bien de l'homme, ou l'homme a été créé pour le bien de la société. Les communistes avoués peuvent

aussi généreuse entreprise. On entendra donc sortir autant de plaintes de la gorge des marchands de charbon que de mètres cubes de gaz du trou dont nous parlons.

« *Un porion du progrès.* »

CCXLI.

On sera curieux de savoir quel phénomène la compression de l'air à quatre atmosphères peut exercer sur l'organisme humain ; M. Junot qui l'emploie, a guéri de l'aphonie des cantatrices mises au rancart. Il guérit les varices en comprimant les jambes dans sa botte à haute pression, mais la compression a l'avantage de guérir des sourds et

---

seuls prendre la seconde partie de ce dilemme pour point de départ, et il est évidemment faux, l'homme ayant nécessairement précédé la société. Que demande donc l'homme en se groupant ? à trouver une protection réciproque pour développer tranquillement ses aptitudes et les appliquer à la satisfaction de ses besoins ; quand la société l'a protégé, elle a rempli son devoir, et l'individu remplit le sien en aidant à la protection de chacun. Comment arguer que l'intérêt de tous, c'est-à-dire de l'agglomération, doit l'emporter sur celui de l'homme isolé. N'est-ce pas le raisonnement des adversaires de la propriété ?

« L'attaque contre la société telle qu'elle est organisée, sur la propriété foncière et mobilière, n'a jamais eu d'autre point de départ, et certes les arguments contre cette propriété étaient des arguments souvent difficiles à repousser. En présence de ces attaques, convient-il aux propriétaires d'invoquer eux-mêmes, pour repousser la propriété industrielle, ces arguments de leurs adversaires ? Évidemment non. C'est en se prononçant franchement pour la propriété sous toutes les formes, c'est en appelant dans leurs rangs le plus grand nombre possible d'hommes, qu'ils fortifieront leur position ; car ils seront en droit de répondre : « Nous partisans de la propriété, nous la voulons dans tout et pour tout, et nous ferons tous nos efforts pour la garantir ; travaillez donc à en conquérir une, en respectant celle déjà établie, car, sous des formes différentes, elles partent toutes deux du même principe : la possession du produit du travail et de l'intelligence. »

« Tous les peuples chez lesquels le droit de propriété foncière ou mobilière n'est pas reconnu, végètent et ne font aucun progrès dans la voie de la vraie civilisation ; tous ceux qui, au contraire, le reconnaissent, y marchent d'un pas rapide. La reconnaître pour tous les produits du travail ou de l'intelligence, n'est-ce pas logiquement accélérer cette marche et par conséquent travailler au bien-être de la société ? La propriété foncière ou mobilière n'est accessible qu'à un certain nombre d'hommes ; ne voyez-vous pas qu'en dehors de ceux-là, un plus grand nombre cherche aussi à posséder ; leur nier la possibilité d'acquérir par le travail une propriété personnelle, c'est nécessairement les engager à vous demander compte de la vôtre. Vous pouvez les vaincre à main armée, mais non

derendre sourds des gens qui ne l'étaient pas. C'est un remède comme tous ceux de la pharmacopée qui guérissent les uns et tuent les autres; mais ce qu'il y a de plus sûr, c'est qu'il donne des crampes à ceux qui n'en ont pas. On devrait bien essayer la contre-partie, ce serait de l'homœopathie pure. Nous croyons que les gens affectés de *courte haleine* comme on appelle les asthmatiques, se trouveraient très-bien du régime de l'air comprimé à deux atmosphères qui leur permettrait de brûler autant d'oxygène avec un poumon que tout le monde avec deux. L'air est le premier aliment de l'homme. Celui qui n'en peut pas consommer sa part dans sa journée, est aussi près de sa fin que le cheval édenté qui ne peut plus broyer assez de foin pour se sustenter.

---

les convaincre que vous avez le droit exclusif de propriété. Profondément convaincu de la justesse de ces idées, j'avais longtemps cherché dans les luttes communistes dernières, un rempart pour la défense de la propriété privée, autre que celui de la force brutale, et quand un homme éminent par son esprit, son savoir et ses connaissances dans l'industrie, M. Jobard, directeur du Musée industriel de Bruxelles, signale un nouveau monde de propriétés; quand après une lutte longue et acharnée contre les préjugés de la foule et les objections souvent peu réfléchies d'hommes d'ailleurs d'une intelligence remarquable, ses idées se répandent, appuyées par les noms de personnages dont l'opinion fait autorité, irai-je, moi, partisan et soldat de la propriété, le dédaigner pour servir dans les rangs des adversaires de la propriété? Et pourtant les gouvernements qui prétendent la combattre, cette idée, travaillent à son triomphe, quand ils accordent une concession temporaire de jouissance aux produits du travail et de l'intelligence. Ils nient la propriété résultant de l'application du travail de l'intelligence et du corps à l'industrie, et cela au nom de la société; pourquoi ne nierait-on pas la propriété résultant de l'application du travail de l'intelligence et du corps à la terre, au nom de cette même société? Ne pourrait-elle pas être le propriétaire général et louer les parcelles de terre aux enchères, pour un temps déterminé et sous des conditions d'exploitation? N'en a-t-on pas des exemples dans certaines communes, pour les biens communaux? On objecte que le locataire n'a pas le même intérêt à améliorer le fond qu'un propriétaire, qu'il cherche à produire beaucoup et à peu de frais, peu soucieux d'épuiser un terrain qui ne lui appartient pas; que pour une possession temporaire, il ne risquera pas les capitaux nécessaires à une bonne exploitation; qu'il ne les trouvera pas, l'objection est la même pour la propriété industrielle. Je me prononce donc complétement pour l'assimilation de la propriété intellectuelle à la propriété foncière ou mobilière, et j'appule le projet de loi que j'ai lu devant la Société de l'industrie et que j'ai remis, au nom de M. Jobard, à la commission nommée par cette société. Je prie Monsieur le rapporteur de reproduire ce projet de loi et d'indiquer mon opinion, me réservant de la défendre devant la Société de l'industrie.

CCXLII.

Il existe dans l'Inde une haute et large tour placée sur le bord de la mer et remplie d'appartements confortables. Les malades vont s'y mettre à la fenêtre pour respirer. C'est une maison de santé connue sous le nom de *Maison à manger de l'air*. On y va passer la saison des airs comme nous allons passer la saison des eaux. Les résultats en sont les mêmes. On dit qu'une société se forme pour bâtir un pareil édifice sur la digue d'Ostende; il sera construit en fer et n'aura pas moins de cent mètres d'élévation; il servira également de phare et d'observatoire maritime.

« Quant à l'utilité de l'introduction de la propriété industrielle en Suisse, en dehors de son incontestable justice, à mes yeux, on peut la saisir par analogie. Les États qui les premiers ont accordé une protection aux produits nouveaux, ont vu leur industrie prospérer et dépasser celle des États où cette protection était nulle. Ainsi l'Angleterre qui précède d'un siècle les autres dans cette voie, est incontestablement à la tête de l'industrie, la France, la Belgique la suivent; et pourtant la protection était donnée d'une main avare. Entrons donc résolûment dans cette voie, et par une reconnaissance formelle du droit, nous developperons les forces de l'industrie nationale, nous exciterons les travailleurs à la conquête d'une propriété personnelle, nous les rattacherons aux principes d'ordre et de justice, et nous atteindrons ce but, le plus juste et le plus naturel : *A chacun la propriété et la responsabilité de ses œuvres;* épigraphe que le savant directeur du Musée de l'industrie de Bruxelles, a prise pour l'inscrire sur le drapeau de la nouvelle propriété.

« Les propriétés sont sœurs, n'en faisons pas des ennemies.

« Si la Société de l'industrie de Lausanne, en reconnaissant le principe de la propriété industrielle, ne voulait pas appuyer la jouissance perpétuelle de ce droit, je me rallieral à la proposition qui assimilerait pour le temps de la jouissance, la propriété industrielle à la propriété littéraire, telle qu'elle résulte du concordat entre les cantons suisses, en conservant le projet de loi de M. Jobard pour base. Ce serait un essai servant à établir d'une manière certaine, l'utilité et la bonté de ce projet. Je repousse, dans tous les cas, les différentes lois des États voisins, qui ne regardent le brevet que comme une concession et non comme un droit, l'entourent de telles difficultés qu'il me semble préférable de rester dans l'état actuel plutôt que de les suivre dans l'ornière où ils se débattent et dont ils cherchent eux-mêmes à sortir. J'insiste surtout sur la nécessité de ne plus permettre la discussion sur la possession du brevet, quand le brevet est accordé. Ces discussions doivent précéder la délivrance du brevet. Remettre toujours en question la possession, c'est écarter les capitaux de l'industrie par l'incertitude du placement. »

Les appartements supérieurs seront exempts de brouillards, dit l'architecte.

On s'étonne de ce que nous avons dit des puits de gaz chinois et on en conteste l'existence et la possibilité, quand nous avons chez nous plusieurs phénomènes de ce genre, auxquels on ne fait pas attention; ainsi, il existe près de Liége des effluves de gaz en feu sur lesquelles les ouvriers, font leur pot-bouille. Il en existe à Wasmes, canton de Charleroi, auxquelles on met le feu pendant les chaleurs de l'été; un ouvrier, nommé Brohet, a creusé une cavité au centre du village, l'a recouverte de planches mastiquées d'argile, y a planté un vieux canon de fusil, qui donne naissance à un gros bec de gaz proto-carboné. Il y a même un forgeron qui se sert de celui qui s'accumule dans sa cave pour alimenter sa forge et faire bouillir sa marmite.

Ce gaz provient évidemment des houillères que ce terrain recouvre, ce qui prouve qu'en forant un puits à travers les nombreuses couches de charbon du bassin du Centre, on obtiendrait un écoulement continu de gaz, tout en débarrassant utilement les houillères de celui qu'elles contiennent.

On s'étonne que cette idée ne soit venue à personne. Il est vrai que ce gaz éclaire peu, mais il n'en chauffe que mieux, et puis on peut le carburer en lui faisant traverser des huiles de goudron distillé, ou une simple solution de camphre dissous dans de l'alcool, ou bien encore une solution de paraffine, ainsi nommée par M. Thénard à cause de son peu d'affinité, (*parum affinitatis*) pour les dissolvants ordinaires.

Nous devons une réponse à l'objection qui nous a été faite que l'air (1)

---

(1) La note suivante, due au savant Chodzko, confirmera l'opinion que nous avons voulu répandre sur la formation des hydrocarbures et des gaz souterrains.

Sources de naphte de Bakou et les adorateurs du feu.

La province de Bakou, située sur le littoral ouest de la mer Caspienne, par 65° 50' et 68° 51' long. E., sur 40° 44' et 40° 40' lat. N., se compose en grande partie de la presqu'île d'Apchéron, dont la pointe, se prolongeant assez avant dans la mer, protège la rade et la ville de Bakou contre les vents du nord. Les maisons terrassées de la ville descendant en escalier du haut d'un promontoire jusque sur la lisière du littoral, et l'aspect général rappellent beaucoup celui d'Alger. Après quelques premières journées passées à voir les antiquités de la

puisé à différentes hauteurs dans l'atmosphère n'a pas donné de traces d'hydrogène. Cela prouve en faveur de notre thèse, que le gaz, par sa légèreté spécifique treize fois plus grande que celle de l'air, ne peut y rester à l'état de combinaison et qu'il s'élève avec rapidité vers les hautes régions de l'atmosphère, qu'il dépasse en se dilatant indéfiniment jusqu'à remplir les espaces interplanétaires; car il n'existe certainement aucun vide dans l'univers, et en admettant que le soleil ne soit qu'un tourbillon central, un foyé, un lieu alimenté par les gaz

---

ville, et à faire des visites de politesse au général Von Grabbe, gouverneur de la province, et aux autres autorités locales, je profitai de leur offre aimable de me faire accompagner au temple ignicole, qui se trouve à l'est de la ville et à 18 verstes de distance sur la côte.

Le chemin passait au travers de collines calcaires dépourvues de végétation. Pas un arbre ni un ruisseau pour égayer la stérilité du paysage. Ce n'est que dans les plis de quelques ravins qu'on voyait des champs de froment, moissonnés déjà. Vers le soir, après trois heures de marche aussi monotone, nous débouchâmes enfin sur une plaine, ayant à notre droite la mer, et devant nous, à 1 kilomètre de distance, quatre colonnes de feu ressortant sur le fond azuré de l'horizon. Un de nos cavaliers descendit de cheval, fit un trou dans la terre avec le manche de son fouet, y approcha sa pipe allumée, et nous en vîmes aussitôt jaillir un feu follet, d'abord bleu, puis rougeâtre, ayant la forme et la hauteur d'une grosse asperge. Chacun de nous essaya la même expérience, et toutes réussirent, car la terre s'y trouve saturée d'un gaz tellement inflammable, qu'il s'allume à la première étincelle. Il est à regretter qu'Oléarius, Kaempfer, Leclerc, Gmelin et autres savants qui ont visité Bakou, ne se soient pas donné la peine de venir jusqu'ici pour analyser ce gaz, que je crois être hydrocarbonique, à en juger par l'odeur que l'on sentait dans l'air. Le principal foyer de ces émanations se trouve près de quatre colonnes de feu, où nous allâmes passer la nuit, et où des pèlerins hindous ont leur ermitage.

Le pavillon est bâti sur un cratère dont les flammes s'exhalent par des cheminées ainsi que par des rigoles coupées dans des dalles de granit et aboutissant aux cellules de l'enceinte, de manière que chaque pèlerin peut adorer chez lui le feu sacré. Afin de mieux concentrer les émanations du cratère et de leur donner la direction voulue, toute la surface de la cour est pavée en dalles granitiques, et les rigoles sont recouvertes extérieurement d'une couche de plâtre.

Toute la journée suivante se passa à visiter d'abord les sources de naphte qui se trouvent au delà et en deçà de Djoalamaï, et ensuite le cratère d'un volcan éteint, dont l'éruption avait eu lieu quelques semaines avant notre arrivée à Bakou. Aujourd'hui, comme hier, l'aspect de la contrée témoigne partout du travail volcanique qui se poursuit sous la surface de la presqu'île d'Apchéron; des montagnes pelées, aux mamelons coniques, coupées de plaines arides. L'eau potable ne se trouve qu'au fond de quelques ravins, et c'est dans ces endroits privilégiés de la nature qu'on rencontre des groupes de villages peu nombreux;

que lui fournissent incessamment les planètes, on pourrait accepter le système d'émission de la lumière, sans rencontrer l'obstacle de la déperdition et de la diminution de ce grand calorifère ; raison qui a fait recourir au système des ondulations, bien moins satisfaisant que celui de l'émission.

Nous serions flatté d'avoir sauvé ce beau vers de Lucrèce.

Luminis occanus sol anima mundi.
Soleil âme du monde océan de lumière.

Il n'y a qu'une petite rivière, seule et unique, dans toute la province de Bakou, dont les sept dixièmes sont occupés par des terrains incultes, des lacs salants et des sources de naphte.

Arrivés sur la plaine où se trouvait le cratère du volcan éteint, nous n'y trouvâmes aucun vestige de laves ni de scories volcaniques. L'éruption, après avoir fait disparaître toute une colline, en rejeta les boues sur la plaine. En les examinant avec soin, nous pûmes nous convaincre qu'elles se composaient de débris calcaires, de sable et de naphte, dont les sources se trouvent encore aux environs du cratère. En 1826, une semblable éruption d'un volcan boueux eut lieu à trois verstes du lieu où nous nous trouvions. Des paysans indigènes nous assuraient y avoir vu quelques poissons cuits et confondus pêle-mêle avec les substances rejetées, fait dont je ne garantis nullement l'authenticité.

Il y a trois espèces de naphte, le noir, le vert et le blanc. Le noir, ou plutôt brun foncé, se rencontre bien plus fréquemment que les deux autres. Sur la presqu'île d'Apchéron on en trouve les puits : 1° entre le village de Balakhane et celui de Sabountchi, 15 verstes N.-E. de la ville de Bakou ; 2° près du village de Bakou ; près du village de Bélbate, 1 1/2 verste de Bakou ; 3° près du village de Binakiadi, 9 verstes vers le N. de Bakou. Enfin sur le cap de Chikhovei aux environs.

Le naphte vert, plus liquide que les deux autres, compte 103 puits en voie d'exploitation, dont 22 à côté des puits de naphte noir, dans le voisinage de Sabountchi, 76 puits près de Balakhane, et 5 puits aux environs de Binakiadi.

Les sources de naphte blanc sont situées E.-N.-E. de Bakou et N.-O. du village de Sourakhian, n'ayant que 16 puits exploitables.

Il paraît que le principe huileux des naphtes est partout le même, et qu'ils ne diffèrent les uns des autres que parce que l'essence primitive du bitume se trouve plus ou moins altérée par l'intervention de matières colorantes et de substances terreuses. Le naphte le plus liquide, et par conséquent le meilleur, marque sur l'aréomètre 18 1/2 degrés, et le plus épais 11 degrés seulement. Les sources de naphte jaillissent ou disparaissent d'elles-mêmes, sans qu'on puisse motiver les causes du phénomène. Le gouvernement, qui les fait exploiter pour son compte, veille à ce que les puits en soient bien entretenus ; ils sont pourvus chacun d'une margelle en briques, et on en fait souvent visiter l'intérieur pour nettoyer les issues du bitume et en faciliter l'écoulement. Le naphte y est puisé au moyen de sacs en cuir et conservé dans des citernes préparées à cet effet, dont on compte 22 dans la ville de Bakou, et 12 dans le village de Balakhane.

Qu'est-ce que la lumière? demandions-nous un jour au célèbre électricien Pelletier.—La lumière est, à n'en pas douter, nous répondit-il, *l'oscillation d'une* DEMI-VAGUE *de l'éther sur la perpendiculaire du rayon vecteur.*

C'est on ne peut pas plus clair, lui répondîmes-nous; mais la chaleur, comment l'expliquez-vous?—C'est tout aussi simple : *la chaleur est l'oscillation d'une* VAGUE ENTIÈRE *sur la perpendiculaire du rayon vecteur.*

La profondeur des puits exploitables varie d'une toise et demie jusqu'à 14 toises. Ils produisent chacun de 8 à 1,220 livres de naphte toutes les vingt-quatre heures. On attribue cette inégalité du produit à plusieurs causes naturelles et accidentelles, comme la saison de l'année, la direction des vents, l'état de propreté de l'intérieur des puits, etc.; car les mêmes sources qui donnent beaucoup en été, et aussi longtemps que règnent les vents du sud, décroissent sensiblement et parfois se dessèchent à l'arrivée des vents du nord, et surtout en hiver. La présence des phénomènes du gaz inflammable, dont il a été déjà question, accompagne invariablement les sources de naphte.

Aux environs du village côtier de Bélbate, on voit une source de naphte noir jaillir du fond de la mer. Comme elle produit, par vingt-quatre heures, de 350 à 720 livres de bitume de bonne qualité, on en prend beaucoup de soins. La margelle du puits sous-marin est faite en forts madriers qui s'élèvent de 6 pieds au-dessus du niveau de la mer, et il y a un couvercle qui se referme toutes les fois qu'on craint l'orage. Du reste le naphte surnage toujours.

La récolte annuelle des naphtes de la province de Bakou produit, en moyenne, 237,600 poudes de naphte noir et 6,700 de naphte vert et blanc. Le prix en varie de 25 à 60 centimes la livre. Il s'en fait une consommation considérable sur le littoral caspien, depuis Derbend jusqu'à Artérabad. Dans toutes ces contrées riveraines, les paysans et les classes peu aisées s'en servent pour l'éclairage de leurs habitations. Toutefois, à moins d'être épuré par des procédés chimiques inconnus ici, le naphte ne réussirait jamais à remplacer en Europe nos huiles de lampe, tant à cause de l'odeur désagréable que ce bitume exhale, qu'à cause de sa fumée chargée de suie et de graisse. Outre cet emploi principal, le naphte sert à rendre imperméables les outres destinées au transport des vins de Géorgie et, des autres spiritueux et liquides qui se transportent à dos de bêtes de somme.

Mêlé avec de l'argile et des cailloux, le naphte s'emploie utilement pour enduire les toitures terrassées des maisons et des magasins. Cet enduit, à l'épreuve du soleil, de la pluie, de la neige, durcit en plein air et dure longtemps. Enfin le naphte joue ici un grand rôle lors des fêtes de nuit et des illuminations : répandu sur la surface de la mer et ensuite allumé, le naphte surnage en brûlant, malgré l'agitation des vagues; ce qui amuse beaucoup les Asiatiques et ce qui a donné origine à un conte populaire en Géorgie, comme quoi les sorciers de Bakou possèdent le secret d'incendier la mer.

Cette explication nous a paru plus vague que la nôtre. C'est pourquoi nous la donnons ici avec la certitude qu'elle sera mieux comprise et fera pressentir le rôle immense que joue le gaz hydrogène dans la nature, bien qu'on n'en trouve pas trace dans les analyses de l'air; ce qui est aussi peu surprenant que de ne pas trouver d'huile dans l'eau après qu'elle l'aurait traversée.

LE GAZ.

Le gaz d'éclairage est le fils aîné de la houille; mais il lui est survenu tant de frères qu'il devra probablement leur abandonner une forte partie de son majorat. L'eau, le bois, la tourbe, le schiste, la résine en revendiquent leur part, car leurs titres augmentent chaque jour de valeur, celui du gaz au bois, par exemple, qui était regardé comme radicalement insuffisant, a beaucoup gagné depuis qu'un observateur a regardé brûler une allumette d'un œil philosophique et s'est demandé pourquoi le bois distillé en vase clos ne donnait pas une flamme aussi pure qu'une allumette. La conclusion naturelle fut que si le bois était sec comme une allumette, le gaz en serait aussi éclairant.

La remarque était juste aussi bien pour le bois que pour la tourbe qu'il faut avant tout dépouiller de leur eau de végétation, de cristallisation et d'imprégnation.

CCXLIII.

Déjà beaucoup de villes d'Allemagne sont éclairées au gaz de bois qui laisse un charbon de ménage d'un placement facile. Ce charbon menace de détrôner le métier primitif et sauvage de charbonnier des forêts, et d'altérer le proverbe : Charbonnier est maître chez soi.

On voit que le secret du gaz de bois et de tourbe consiste dans la dessiccation la plus complète possible; à défaut de cela, nous avons la carburation artificielle, inventée en 1832, date de nos premiers essais de *gaz à l'eau.*

L'histoire de cette invention ne sera pas sans intérêt; nous allons la décrire pour que son origine n'ait rien d'obscur comme celle du gaz de charbon que les Français attribuent à Lebon, les Anglais à Windsor et les Belges à Minkelers, et qui, à vrai dire, appartient à tant de monde qu'elle n'appartient à personne, à défaut d'enregistrement au *Moniteur des inventions*.

CCXLIV.

Le gaz à l'eau doit le jour à la lampe philosophique, perfectionnée par Dobereiner, qui la munit de l'éponge de platine. C'est en la voyant brûler sur notre table en 1832, avec sa flamme bleuâtre, que l'idée nous vint de la rendre lumineuse en faisant barboter le gaz produit par la décomposition de l'eau, dans un liquide capable de lui céder le carbone qui lui manquait. Mais quel pouvait être ce liquide? Nous l'ignorions, et pas un chimiste de cette époque n'était en état de nous éclairer sur une chose qu'ils savent tous si bien aujourd'hui. Nous en étions donc réduit à la méthode empirique, c'est-à-dire aux tâtonnements. Il n'y a que Dieu et les droguistes de Bruxelles qui savent à combien d'essais nous nous sommes livré, poussé par le seul instinct et une curiosité insatiable d'innovations.

Le vénérable Van Mons après avoir vu notre première lampe, nous embrassa en présence de la commission nommée par l'Académie de Bruxelles pour vérifier le fait, en nous disant : Mon ami, tu as fait là une grande invention, il y a quarante ans que je la cherche; il faut nous livrer ton secret, si tu veux que nous le disions à l'Académie.— C'est précisément ce que je ne veux pas : vous lui direz seulement ce que vous aurez vu, une lampe portative qui produit son gaz chargé d'un pouvoir éclairant que vous allez estimer au photomètre.

Ce fut M. Cauchy qui se chargea du mesurage, sous le contrôle de MM. de Hemptinne et Dumortier le représentant, qui purent annoncer à l'Académie que nous leur avions fait voir 36 chandelles. Leur rapport est imprimé dans le *Bulletin* de 1834.

Un fait assez singulier eut lieu lors de la nomination de cette commission : un des membres désignés, M. le docteur Sauveur, se récusa par le motif qu'il ne croyait pas devoir se déranger pour aller voir une *impossibilité*. Ce fut alors que le vieux Van Mons s'offrit spontanément, ajoutant qu'il ne regardait rien comme impossible en chimie; aussi fut-il très-heureux de notre succès; mais la rédaction de son rapport était si louangeuse que le docte aréopage ne voulut pas l'adopter, c'eût été faire la fortune de l'inventeur et lui ouvrir la porte de l'Académie, où l'on n'entre, dit Charles Emmanuel, qu'en cirant les bottes d'un savant ou en enfonçant les portes.

CCXLV.

Le pharmacien du roi, M. de Hemptinne, avait cru deviner à l'odeur, que nous employions la corne de cerf pour carburer le gaz hydrogène; mais c'était tout simplement de l'huile essentielle de goudron de gaz dont les vapeurs en tension soutenue produisaient une flamme si belle que nous n'en avons jamais vue d'aussi dense et d'aussi nacrée, puisqu'avec un bec à 12 jets moitié plus étroits que les jets ordinaires, nous obtenions l'équivalent de 36 chandelles quand le gaz courant n'en donnait que 11 avec des trous d'un diamètre double.

La commission ayant émis le vœu que nous fissions un gazomètre pour voir si le gaz conserverait son pouvoir éclairant, nous fîmes poser des becs dans une vingtaine de pièces de notre hôtel du coin de la place des Barricades et nous conviâmes les principaux banquiers à venir voir cet éclairage *à giorno*. Les compliments furent nombreux et même sincères, mais les encouragements nuls; pas un n'osa entrer dans la voie de l'application. Faites, nous disaient-ils, et quand vous aurez réussi, l'argent ne vous manquera pas; ce que voyant, nous tordîmes le cou à nos becs et partîmes pour Paris avec notre lampe merveilleuse.

CCXLVI.

Nous eûmes la mauvaise chance de rencontrer, en arrivant, M. Selligue, qui s'empressa de signer avec nous et M. Florimont Tripier, de Lille, un marché qui nous assurait le tiers des bénéfices et leur laissait les soins de l'administration et de l'exploitation.

M. Selligue, qui avait l'organe de la vanité très-développé, nous pria de lui céder l'honneur de l'invention contre un pot-de-vin de 10,000 francs.

Voilà pourquoi le gaz à l'eau porte encore le nom de *gaz Selligue*, comme la *Colombie* porte le nom *d'Amérique*, et pourquoi cette sorte de trafic s'appelle un *Selligage* en langage technologique.

A l'Exposition de 1839, ce *charriage* fut éventé par le baron Séguier dont la probité se révolta de voir qu'on s'apprêtait à décerner au frelon ce qui revenait à l'abeille. Nous reçûmes une assignation à comparoir devant le jury composé de MM. Thénard, Payen, Dumas, Darcet, Brongniart, Gay-Lussac, etc.

Le président aborda la question en ces termes : « M. Selligue a fait une magnifique invention. J'ai vu son système appliqué à Dijon, il va fort bien, et le jury a décidé de lui accorder les plus hautes récompenses; mais il nous est revenu que ce n'est point lui qui est l'inventeur et que vous en savez quelque chose, M. le commissaire. »

CCXLVII.

Placé comme nous l'étions, entre nos intérêts et la vérité qui devait faire tomber notre brevet, en vertu du stupide article interdisant, sous peine de déchéance, à un inventeur, de prendre un brevet à l'étranger, notre embarras était visible; mais le président nous rappela qu'il n'y avait pas à hésiter en présence du jury auquel nous devions la vérité, toute la vérité. Nous fûmes donc forcé d'avouer, à notre grand regret, que nous étions le vrai coupable.

— Le premier venu pourrait en dire autant, reprit le président; il nous faut d'autres preuves.

Ces preuves nous les avions en poche; mais en les exhibant, nous perdions nos espérances de fortune et nous ruinions la Société *Sellique, Jobard et Tripier*, enregistrée et publiée dans la *Gazette des tribunaux* du 16 avril 1834. Force fut cependant de nous exécuter.

M. Thénard déroula le paquet, et le passa à M. Payen qui compara notre brevet belge antérieur au brevet Sellique, en faisant observer qu'ils étaient tous deux la copie l'un de l'autre et de la même écriture. C'était la nôtre, hélas ! Il n'y avait plus moyen de tergiverser. Le sacrifice une fois fait, nous livrâmes au jury le petit reçu suivant que nous nous étions fait donner par le Juif genevois, avant de lui livrer notre secret :

« Je reconnais que le brevet demandé en mon nom, le 13 mars 1834,
« pour un nouvel éclairage au gaz, inventé par M. Jobard, est la
« propriété de ce dernier, et qu'il sera libre d'en disposer après son
« obtention en France, laissant à sa volonté la part de bénéfices ou
« d'intérêt qu'il croira devoir m'accorder dans cette opération.

« Paris, le 13 mars 1834.

« SELLIGUE. »

CCXLVIII.

Nous rappelâmes ensuite à M. le baron Thénard, la réponse qu'il
nous fit à l'époque où nous lui annonçâmes, pour la première fois,
que nous avions trouvé le moyen de faire brûler l'hydrogène tiré de
l'eau, avec une flamme très-brillante. — Ça n'est pas vrai, car ça
n'est pas possible, où auriez-vous trouvé cela? — Dans vos livres,
M. le baron. — Je n'en ai pas dit un mot. — Non, mais vous en avez
dit deux, l'un dans le premier volume de votre *Traité de chimie*, et
l'autre dans le dernier, en parlant de la propriété que possèdent les
gaz de se combiner à *l'état naissant*. Je n'ai point oublié cette leçon et
je puis vous affirmer de nouveau qu'il y a encore dans vos ouvrages
plus d'inventions que vous ne le soupçonnez. — Au fait, c'est possible, c'est probable, nous dit-il en nous rendant nos papiers et
nous reconduisant très-poliment à la porte du tribunal.

La cause était entendue, c'était le tour d'autres plaideurs.

CCXLIX.

Voilà comme quoi M. Selligue perdit sa croix d'honneur, sa grande
médaille et la tête; car il mourut de dépit. D'aucuns disent que nous
aurions dû profiter de son héritage augmenté des cent mille francs
que lui compta l'honorable M. Brunton pour la vente de notre brevet;
ce que nous avons appris seulement 23 ans après, de la bouche de
l'acheteur.

M. Selligue l'avait également vendu à un comte de Valmarino qui
fit grand bruit à Londres, et à un banquier de Vienne, le sieur Offen-
heim qui nous fit plus tard offrir d'acheter notre propre invention
pour la bagatelle de 60,000 francs.

Ceci est la partie historique; voici maintenant la partie technique de cette découverte, dont le *Gaz lighting journal* nous a rendu la priorité honorifique qu'une demi-douzaine d'Anglais se disputaient naguère encore.

M. Gillard, de Passy, qui éclaire aujourd'hui Narbonne au *gaz platine,* n'a pas non plus hésité à reconnaître la légitimité de cet enfant dénaturé qui a mangé son père.

CCL.

Trois méthodes sont décrites dans nos brevets : 1° décomposition de l'eau à froid, avec carburation au moyen des vapeurs d'hydrocarbures légers formant un mélange simplement mécanique exposé à se séparer par l'abaissement de la température; 2° décomposition de l'eau sur le feu ou le charbon ardent qui forme un gaz permanent ou à peu près, par la combinaison à l'*état naissant,* du gaz hydrogène pur avec le gaz hydrogène surcarburé produit par la décomposition des huiles, bitumes ou résines, dans une cornue séparée; 3° envoi du gaz hydrogène dans les cornues où se distille la houille, pour en augmenter le rendement, en utilisant le goudron qui ne se dépose plus. C'est ce que les Anglais appellent *hydrocarbon gaz* et les Belges *gaz mixte.*

CCLI.

Les frères Leprince, de Liége, exploitent ce dernier avec avantage; nous allons en esquisser la théorie qui vient confirmer la nôtre. Les professeurs Davreux et Bède, de Liége, ont fait des expériences qui s'accordent également avec les nôtres.

Nous employons trois cornues perpendiculaires; Leprince n'en emploie qu'une horizontale; notre opération était plus complète que celle de Leprince, mais la sienne est plus commode, puisqu'elle ne dérange presque en rien la routine ordinaire. Sa cornue est séparée en deux compartiments d'inégale contenance, par une cloison longitudinale. Il charge la grande de houille, la petite de coke; dès que ce coke est passé au rouge, il fait couler dessus un léger filet d'eau qui se décompose en partie. Ce gaz, mêlé de vapeurs, va prendre à revers le compartiment plein de charbon qu'il traverse pour se rendre au barillet, en s'emparant des goudrons qui lui donnent un grand pouvoir éclairant, et en accélèrent la distillation au point de la rendre plus courte de moitié. Il paraît que la vapeur qui échappe à la décomposition n'est pas inutile pour empêcher la formation de l'oxyde de carbone; elle se dépose ensuite dans l'eau des laveurs ainsi que l'acide carbonique (1).

Il nous est avis que cette opération bien conduite peut aisément donner un rendement de 50 p. c. supérieur à celui que fournit la houille seule. Si l'on échoue quelquefois, c'est qu'on envoie sur le coke trop d'eau qui le refroidit sans se décomposer et sans rien produire, comme il est arrivé au chimiste Longchamps, qui vint contester devant l'Académie la possibilité de décomposer l'eau par notre moyen; car bien qu'il en eût fait passer plus d'un kilogramme par minute sur son charbon incandescent, disait-il, il n'avait rien obtenu. Nous lui répondîmes que s'il n'en avait fait passer qu'un gramme, il eût réussi aussi bien que nous, *est modus in rebus*; il y a chimiste et chimiste.

CCLII.

Nous avons obtenu à Anvers, avec l'ingénieur Grouvelle, d'un kilogramme de résine et d'un kilogramme d'eau, 222 pieds cubes de gaz au lieu de 18 que fournit l'huile de résine distillée isolément; mais il était peu éclairant. En nous arrêtant à 100 pieds cubes, il équivalait au gaz courant, et à 50 pieds, il était égal au gaz d'huile.

C'est à la suite d'expériences longuement constatées à l'usine d'Anvers qu'une société se forma à Bruxelles entre les principaux banquiers de la Belgique et quelques Allemands pour l'exploitation du gaz à l'eau.

Tout ayant été convenu un samedi dans une assemblée générale, on chargea le notaire Bourdin de rédiger les actes le dimanche pour

_____

(1) MM. Leprince éclairent la Vieille-Montagne, la fabrique de laines peignées à Verviers, celle de Fagard à Forest, d'Ignaci Natanson à Varsovie, d'Erkmans à Norkoping. Les établissements de Brumer en Autriche, de Chemnitz en Saxe, sont en construction.

les signer le lundi, à 10 heures. Un des plus forts actionnaires nous ayant invité à dîner, nous annonça que notre fortune était faite, que par conséquent nous pouvions prendre voiture et un château dans le voisinage du sien. — Bah! lui répondîmes-nous, rien n'est encore signé. — Mais, dit-il, tout est décidé, et il faudrait que le ciel tombât avant demain matin pour que l'affaire manquât.

Eh bien! un pressentiment très-net nous dit que quelque chose doit tomber, comme un rideau entre nous et la fortune. Ce ne fut pas le ciel, mais la Banque de Belgique qui tomba à 7 heures du matin; ce qui dispersa nos banquiers comme une compagnie d'étourneaux qui emportèrent notre château et nos chevaux sous leurs ailes grises. — Le notaire les attend encore.

CCLIII.

Quel coup funeste! vous devez en avoir été atterré, nous disent les bonnes gens. Nullement, nous étions prévenu et charmé d'avoir gagné notre pari, bien convaincu que toutes les fortunes qui nous ont échappé au moment de mettre la main dessus, n'ont été que des combinaisons de la Providence qui voulait nous réserver des loisirs pour écrire le *Monautopole* et guider les inventeurs vers la terre promise de la propriété intellectuelle.

Vous voyez que chacun croit avoir sa petite mission ici-bas, et qu'il est bon que les contre-maîtres de la Divinité ne soient pas empêtrés par la richesse; qu'il faut, au contraire, qu'ils soient calomniés, persécutés, pillés, pour accomplir leur tâche; voilà notre opinion; mais voici notre philosophie, *pour être heureux, fuir le plaisir*; ainsi :

Ne blâmons pas la calomnie,
Ne médisons pas de l'envie,
Source des chefs-d'œuvre divers
Qui brillent dans tout l'univers.

Plus d'un coursier doit la vitesse
Qui l'anime en certains moments
A quelque insecte qui le blesse,
A quelques venimeux serpents.

17

Plus d'un poëte de mérite
Ne doit le succès de ses chants
Qu'à la colère qui l'irrite
Contre les sots et les méchants.

L'artiste s'endort dans sa verve,
Le roi dans le repos s'énerve,
Le bœuf trace mal son sillon,
S'ils ne sentent pas l'aiguillon.

J'ai la conviction profonde
Que le bon Dieu n'a fait le monde
Que pour confondre Lucifer
Et fermer la bouche à l'enfer.

Les serpents qui siffleront nos vers, nous en feront faire de meilleurs, voilà tout; nous les remercierons, car c'est à eux que nous devons tout ce que nous savons. Sans eux, nous en serions réduit à siffler comme eux. Nous sommes persuadé qu'en échappant aux honneurs et à la fortune, nous l'avons échappé belle.

CCLIV.

Les gens qui n'estiment que les hommes qu'ils appellent sérieux, parce qu'ils sont tristes, profonds, parce qu'ils sont creux, et graves, parce qu'ils sont lourds, critiqueront notre littérature industrielle; mais comme nous n'écrivons pas pour les savants et que nous voulons être lu par ceux qui ne savent pas, notre but n'est pas plus de les ennuyer par la monotonie que de les assommer par le pédantisme; nous en avons trop souffert dans le cours de nos études pour nous en venger comme ces latineurs qui ne bourrent la jeunesse de racines grecques et de *que* retranchés, que par pure vengeance, croyons-nous.

Nous ne demandons point pardon de cette digression, car ça ne sera pas la dernière. Si tous les claviers ont plusieurs notes et plusieurs tons, c'est pour s'en servir, et nous nous en servirons.

CCLV.

Notre brevet de 1834 comprend la carburation des gaz ordinaires dont nous avons fait un essai à cette époque, au passage des Panoramas, en faisant passer le gaz de la ville à travers une boîte à carbures;

nous nous sommes convaincu qu'il était inutile de faire barboter le gaz dans le liquide, puisque ses vapeurs volatiles sont sans cesse remplacées dans l'espace que traverse le gaz; seulement, nous nous sommes aperçu que lorsque les huiles essentielles étaient enlevées, les huiles plus lourdes cessaient de fournir des vapeurs de carbone; nous croyons que les réinventeurs de la carburation des gaz par ce procédé, doivent s'être aperçus depuis longtemps de ce déchet dans leur espérance (1).

Nous les étonnerons bien davantage en leur disant que la même quantité de gaz qui entre dans leur boîte à carbures n'en sort pas, bien

---

(1) Pour satisfaire ceux qui tiendraient à l'idée de carburer le gaz, nous leur livrons un nouvel appareil, fort séduisant, qui permettra à chacun de fabriquer son gaz à froid quand la benzine sera devenue un produit manufacturier à bon marché, ce qui, dit-on, n'est pas loin d'arriver; car il en peut être de la benzine comme du sulfure de carbonne que nous avons payé 60 francs la livre et qui se fabrique aujourd'hui à 60 centimes.

Carburateur ou saturateur du gaz.

M. Lacarrière vient d'inventer un nouvel appareil, dit *saturateur*, qui a pour but de carburer, pour le rendre plus éclairant, le gaz de houille, et pouvant également servir à rendre lumineuse la flamme du gaz extrait du bois, ou du gaz hydrogène pur. Ce résultat est obtenu en faisant passer le gaz à travers une couche d'hydrocarbure liquide, volatil à la température ordinaire. La principale difficulté qui se présentait pour rendre le phénomène constant, résidait dans l'abaissement successif du niveau liquide, abaissement résultant de l'évaporation. M. Lacarrière est parvenu à rendre ce niveau constant de la manière suivante : le liquide est placé dans un manchon cylindrique hermétiquement fermé, au centre duquel se trouve un tube montant du haut en bas du manchon. Ce tube, ouvert aux deux extrémités, est le tube d'admission du gaz; il est enveloppé d'un deuxième tube concentrique, fermé à sa partie supérieure, et invariablement fixé à un flotteur muni d'une douille. Le tube-enveloppe est percé sur toute sa circonférence d'une rangée de trous, de façon que ces trous se trouvent de 4 à 5 millimètres au-dessous du niveau de l'hydrocarbure du manchon. La douille du flotteur est elle-même percée de trous en haut et en bas, sur toute sa circonférence. Les trous du bas ne servent qu'à établir le niveau entre le liquide de la douille et celui du manchon. Le gaz, arrivant par le premier tube, est forcé, par suite de la fermeture du tube-enveloppe, de redescendre entre les deux tubes, presse sur le liquide jusqu'à ce qu'il rencontre les trous du tube-enveloppe à travers lesquels il passe, traverse la colonne d'hydrocarbure de la douille, sort par les trous supérieurs de cette douille, se répand dans la capacité vide du manchon, et s'échappe par un tube abducteur, fixé au centre du couvercle de l'appareil, pour se rendre aux becs, où doit s'effectuer la combustion.

qu'ils croient l'avoir augmentée de toutes les vapeurs enlevées aux mèches. Il n'y a pas mèche, il faut qu'ils se résolvent à prendre leur carburateur pour un condensateur du gaz hydrogène, lequel se concentre et se contracte en augmentant de poids. L'effet inverse a lieu, mais il est assez connu; c'est que le gaz en perdant son carbone se dilate jusqu'à occuper trois fois plus d'espace. Ainsi le défaut du gaz employé pur par M. Gillard, pour rougir le léger gabion de platine qu'il adapte à ses becs, est d'exiger un plus grand nombre de litres de gaz, mettons 200, quand le gaz courant n'en exige que 108, et le bec de *boghead*, de l'usine de Charonne, que 28, pour une lumière égale.

On comprend que l'action du flotteur est telle que, l'appareil une fois monté, le dégagement de gaz et l'entraînement de vapeurs ont lieu régulièrement, quelle que soit d'ailleurs la hauteur du niveau du liquide dans le manchon, et que, par conséquent, le pouvoir éclairant du gaz sera augmenté d'une manière constante.

L'hydrocarbure liquide dont M. Lacarrière s'est servi pour expérimenter l'appareil est la benzine, qui s'extrait par distillation des goudrons de houille. La benzine émet, à la température ordinaire, une très-grande quantité de vapeurs, propriété qui la rend éminemment propre à la carburation du gaz.

Les expériences qui ont été faites depuis quatre mois par M. Peligot sur l'appareil qu'il présente et répétées par MM. Lissajous et Faure, chargés par la Société d'encouragement d'examiner le saturateur, ont donné les résultats suivants : avec le *bec papillon*, la lumière produite par le gaz ordinaire étant 100, celle du gaz carburé variait, à égalité de dépense, entre 195 et 150, suivant la qualité du gaz à carburer, la moyenne étant à peu près 170.

En employant le *bec rond à courant d'air*, lorsque les becs dépensent 120 litres par heure, le rapport du pouvoir éclairant du gaz carburé au gaz ordinaire est 195/100 et 200/100. Si on augmente petit à petit la dépense, le rapport diminue progressivement et devient 131/100, lorsque les becs consomment 200 litres par heure. A ce moment la flamme commence à fumer. Cette diminution constante dans le rapport des pouvoirs éclairants tient à ce que lorsque la dépense est grande, la combustion s'effectue moins complètement pour le gaz plus carburé, parce que le courant d'air devient insuffisant. La consommation de 120 litres par heure est, d'ailleurs, la consommation normale.

Quelle que soit la forme du bec, la proportion de benzine entraînée est de 40 grammes par mètre cube de gaz.

La benzine, fabriquée en ce moment presque exclusivement par un pharmacien, est un produit peu industriel. Au prix où elle est vendue, l'avantage qu'on retirerait de l'emploi de l'appareil consisterait en une augmentation de 23 p. c. de lumière, à égalité de *dépense d'argent*.

On obtient 38 p. c, avec l'appareil Jobard exploité par MM. *Sagey* et *Bonnet*, sans carbures.

CCLVI.

Pourquoi, nous demandera-t-on, votre gaz à l'eau, que vous dites si avantageux, a-t-il été chassé de toutes les usines que la Compagnie continentale anglaise a reprises pour y installer le gaz ordinaire ? Voici l'explication qui nous en a été donnée par un des directeurs : Votre gaz est meilleur et à meilleur marché que le nôtre, mais si nous le laissions subsister dans une seule de nos soixante usines, toutes les autres voudraient l'avoir. Cela nous occasionnerait des frais de transformation immenses et tout notre personnel aurait un nouvel apprentissage à faire ; nous gagnons beaucoup avec notre gaz de houille et cela nous suffit.

Nous dûmes convenir qu'en présence de pareilles considérations, nous aurions sacrifié nous-même notre propre invention.

CCLVII.

Jetons un coup d'œil sur le gaz portatif dont nous avons suivi toutes les phases depuis 25 ans, et vu échouer tous les essais.

Il renaît enfin, non pas de ses cendres, mais du charbon anglais dit *boghead coal,* sorte de schiste bitumineux, si riche en carbures d'hydrogène, qu'il brûle à la flamme d'une bougie et donne un gaz aussi dense et aussi éclairant que le gaz à l'huile.

On a longtemps cherché à rendre le gaz portatif, afin d'éviter la dispendieuse canalisation souterraine ; mais toutes les tentatives se sont arrêtées devant la difficulté de la compression et de la distribution en raison inverse des pressions. Nous avons assisté au râle de l'usine de Gordon, à Londres, et de celles de Paris ; mais le problème est aujourd'hui résolu par l'habile directeur de la Compagnie de la rue de Charonne, grâce au *boghead,* qui avance réellement la compression de plusieurs atmosphères par sa richesse naturelle ; il ne reste plus à le comprimer, selon l'ordonnance de police, qu'à 11 atmosphères, dans des cylindres de cuivre, au nombre de six par *omnibus,* qui vont déverser leur charge chez les clients, à 4 atmosphères seulement ; de sorte que cette invention est devenue aujourd'hui tout à fait manufacturière, en cessant d'être dangereuse.

Nous avons reconnu que le régulateur du baron Séguier ne laisse rien à désirer, et qu'à l'aide du petit manomètre de Desbordes ou de Bourdon, appliqué sur tous les réservoirs, les ouvriers ne peuvent plus faire de fausses manœuvres, mais seulement des imprudences, comme cela est arrivé dans la rue Rambuteau, par la sottise d'un conducteur qui ayant mis le feu à une fuite que tout autre aurait pu, sinon aveugler, du moins éteindre avec un linge mouillé, décampa en abandonnant sa voiture attelée; un brave homme eut le courage et la présence d'esprit de prendre les chevaux par la bride, de conduire l'omnibus en feu au milieu de la rue et de les dételer à la lumière d'une immense gerbe de gaz qui éclairait un sinistre désormais inévitable; car les autres cylindres, remplis de gaz comprimé à 11 atmosphères, devinrent bientôt tout rouges en augmentant de pression par la dilatation. Une terrible explosion s'ensuivit et causa quelques dégâts aux maisons voisines. Un grand nombre de vitres furent cassées, mais pas une tête, les passants ayant eu plusieurs minutes pour passer au large.

CCLVIII.

On craignait que l'autorité n'interdit le transport du gaz comprimé; mais comme il circule depuis onze ans dans Paris, sans autre accident, on comprit qu'il ne présentait pas plus de mauvaises chances que le gaz courant, et qu'il offrait des avantages spéciaux répondant à des besoins que le gaz courant ne peut toujours satisfaire.

Il vient encore d'arriver non pas un accident, mais un inconvénient auquel on peut obvier en attachant la voiture pendant qu'on la décharge. Des masques ayant effrayé les chevaux de l'omnibus à gaz pendant qu'on remplissait les cylindres du passage Jouffroy, le tube ombilical fut rompu et fit perdre une grande quantité de cette précieuse marchandise.

Pour donner une idée de l'utilité dont peut être le gaz portatif en certains cas, comme de fournir de la lumière pendant le jour aux cabinets noirs des marchands de modes, pour juger de l'effet des étoffes de bal, nous citerons ce qui se passe à Asnières. Le directeur d'une fête de nuit écrit à l'usine : « Envoyez-moi ce soir *un omnibus* de gaz. » Le conducteur part et va visser le tube de sa voiture au tube du régulateur et reste là jusqu'à la fin de la fête. Les 72 mètres consommés, il retourne à l'usine. Il aurait fallu huit omnibus de gaz non comprimé pour faire le même service. On a calculé qu'un pareil établissement pourrait desservir utilement des usines situées dans un rayon de quatre à cinq lieues.

On voit qu'il y a place pour tout le monde au soleil du gaz. Outre l'économie obtenue par les procédés perfectionnés de fabrication dont nous avons parlé, il en est une tout aussi notable à faire sur la combustion du gaz.

On a beaucoup perfectionné les becs; mais, quoi qu'on fasse, la combustion ne sera parfaite que quand les courants seront calculés de manière à brûler à l'air chaud sans tirage, c'est-à-dire sans pression, le gaz surchauffé par la flamme perdue.

CCLIX.

L'air froid, comme le tirage violent, diminue le volume de la flamme de près de moitié, ainsi qu'on s'en aperçoit pendant la gelée.

La portée de la lumière s'accroît plus par le volume de la flamme que par son intensité; c'est-à-dire qu'une mesure de gaz étant donnée, on peut la brûler deux fois plus vite, avec des courants frais et rapides, sans obtenir plus de lumière utile, qu'en la brûlant dans l'air chauffé, avec le moindre tirage possible.

Il est vrai que l'effet de cette flamme n'est pas si violent sur l'œil, la combustion pas si éblouissante; tant mieux, dirons-nous, il y a là triple économie, de gaz, de la vue et des poumons, puisque le carbone est consommé plus intégralement, et l'oxygène de l'appartement deux fois moins vite épuisé. Une commission de l'Académie des sciences, composée de MM. Babinet, Payen et Séguier, a constaté une économie de 35 p. c. obtenue par un bec de notre composition, exploité aujourd'hui par MM. Sagey et Bonnet, 13, passage Saulnier.

Nous nous étions dit que s'il était possible de mêler de l'air au gaz dans le bec, avant de l'allumer, la combustion serait plus complète, quand l'oxygène se trouverait mélangé à l'hydrogène, molécule à molécule, qu'en léchant la flamme seulement sur les deux faces, ce qui laisse encore une couche centrale d'hydrogène, soustraite à l'action de l'oxygène. — Il n'a pas fallu moins de trois ans d'essais pour nous convaincre de l'inanité de nos recherches dans cette voie, qui nous a conduit à la découverte d'un nouveau bec tellement économique que nous ne pourrons jamais le faire adopter.

CCLX.

Voici ce qui nous est arrivé à Birmingham, dans la grande usine de Wienfield qui fabrique les lustres, candélabres, lanternes, et tout ce qui ressort de l'art de l'appareilleur ou *gasfitter*.

Le directeur de l'éclairage de cette immense fabrique qui change le cuivre en or, convaincu comme nous que le bec papillon était le plus mauvais des becs, en avait inventé une demi-douzaine de meilleurs que nous comparâmes avec le nôtre, dans son cabinet photométrique. L'opération terminée, il nous dit avec le flegme d'une conviction profonde : Remportez votre bec sur le continent, car personne ne l'acceptera chez nous. — Mais n'est-il pas une fois plus économique que les vôtres, et deux fois plus que les autres? — C'est justement à cause de cela qu'il sera repoussé par les compagnies; car elles préfèrent le bec qui consomme le plus en éclairant le moins. Je travaille à résoudre ce problème, si j'y parviens, ma fortune est faite. — Bravo!

Il m'expliqua ensuite pourquoi les compagnies de gaz ont invité les appareilleurs, dont la prospérité dépend des clients qu'elles leur adressent, à ne pas employer d'autre bec que le bec papillon qu'elles font colporter et prôner par leurs agents, lesquels donnent pour preuve de son excellence, la préférence qu'on lui accorde partout : car on ne voit plus que cela en Angleterre.

Il nous a confié que ce n'était pas seulement de la menace que se servent les fabricants de gaz envers les fabricants de becs; aussi n'y a-t-il rien de plus mal éclairé que les grands salons des hôtels anglais qui ressemblent à des catacombes avec leurs coupes aplaties et dépolies dans lesquelles s'agite la maigre flamme de leurs papillons bleus.

CCLXI.

Les cafés et restaurants de Paris pèchent par un excès contraire. La profusion, on peut dire la prodigalité des lumières y est si élevée, les plafonds y sont si bas, la ventilation si nulle, l'encombrement si grand qu'il n'y a pas moyen d'arriver à la fin de son dîner sans risquer d'être asphyxié.

Si ce n'est pas l'esprit de spéculation qui guide les traiteurs, il faut qu'ils traitent leurs becs de gaz comme autant de petits poêles, c'est-à-dire qu'ils les munissent de tubes-cheminées pour conduire les produits de la combustion hors des appartements, ce qui les assainira continuellement en emportant les odeurs et les gaz méphitiques.

C'est alors qu'ils pourront se livrer à leur goût pour les lumières, à l'instar du Grand Café parisien qui possède 1,200 becs à lui seul, autant que certaines villes. C'est le gaz portatif comprimé qui dessert ce café, ainsi que le passage Jouffroy et ses dépendances; preuve évidente qu'il peut soutenir la concurrence avec le gaz courant, puisqu'il vient l'attaquer sur son terrain.

Comprendra-t-on en province, que l'éclairage d'un seul café de Paris s'élève à 110,000 francs, en réalisant une économie considérable sur tout autre mode d'éclairage?

CCLXII.

Quand après avoir étudié les perfectionnements introduits dans la misérable usine de Charonne, qui n'avait jamais distribué ni intérêts ni dividendes, nous publiâmes notre opinion sur ses chances de succès, on fut tenté de nous prendre pour un actionnaire ou un compère; nous n'étions que véridique, comme nous allons l'être envers M. Galy-Cazalat, dont nous avons également étudié la charmante invention de l'éclairage parcellaire qui permet à chacun de faire son gaz à domicile.

Puisse notre description lui valoir un pareil succès, car il le mérite autant que M. Durcourt; mais il n'a pas besoin comme lui, de machines à vapeur pour fouler le gaz dans des cylindres bien solides, ni d'un immense attirail de voitures et de chevaux, ni d'un personnel coûteux et choisi, ni de cornues multiples qui se brûlent et ne se réparent qu'après de grands dégâts dans la maçonnerie. Tout cela est remplacé par une espèce de poêle de fer placé dans un coin comme un simple calorifère dont il fait les fonctions tout en remplissant son gazomètre. Un gamin suffit pour conduire et surveiller toute l'opération du chauffage et de l'éclairage.

Celui que nous avons vu et qui est le premier posé, croyons-nous, se trouve chez un bijoutier nommé Luquet, de la rue Charlot, n° 58. Nous engageons M. Christofle à en admettre un semblable dans ses splendides ateliers, car ce gaz est exempt d'acide sulfhydrique qui attaque l'argent et le noircit. Le malheureux essai qu'il a fait du gaz Gillard ne doit pas le décourager dans son dessein de se délivrer des lampes au moment où les huiles sont hors de prix et scandaleusement frelatées par des huiles de résine et surtout par les huiles d'asphalte de Lobsanne, qui trouvent un écoulement tellement rapide à 75 francs les 100 kilos, que cette Compagnie ne peut en fabriquer assez, sans se douter de l'emploi qu'on en fait; car si elle le savait, dit-on, elle refuserait d'en livrer aux fraudeurs. Va-t-en voir s'ils.....

CCLXIII.

Si je maçonne l'intérieur d'un cubilot ou cylindre de fer avec des briques réfractaires, s'est dit le savant physicien manufacturier Galy-Cazalat, si je l'emplis de coke, il brûlera comme dans un poêle muni de ses ouvertures d'entrée et de sortie d'air; mais quand toute la masse sera devenue incandescente, que les briques mêmes seront arrivées à la température rouge, je n'aurai qu'à fermer l'entrée et la sortie de l'air, et à précipiter sur ce brasier ardent, soit de la résine, soit du *boghead*, soit du menu de houille, soit une pluie d'huile de schiste, de poisson ou de n'importe quelle substance contenant de l'hydrogène carboné ou susceptible d'en produire par décomposition, pour le conduire dans un gazomètre. Quand la production cesse, il suffit de recharger l'appareil exactement comme devant.

Cette opération est si parfaite, les goudrons et les eaux ammoniacales sont si bien décomposés, que 100 kilogrammes de houille produisent 32 mètres cubes de gaz, au lieu de 25 que donne la distillation ordinaire.

Il est certain que les cubilots de M. Galy pourraient être substitués partout aux cornues qui durent dix fois moins, dépensent quatre fois plus et ne produisent pas autant.

CCLXIV.

Une grande société gazière a été en marché pour acheter le brevet de M. Galy, qui ne demandait qu'un centime par mètre cube produit par ses appareils; c'était fort modeste, puisqu'il lui en faisait gagner quatorze; mais on a trouvé sa proposition exorbitante, parce que ce marché lui assurait deux cent mille livres de rente; cela ne s'est jamais vu: il ne faut pas gâter les inventeurs, ils ne feraient plus rien. Poule qu'on engraisse ne pond plus.

Soit, répondit M. Galy, vous vendez votre gaz 30 centimes le mètre cube, je vendrai le mien 20 centimes et je gagnerai plus que vous et qu'avec vous. — C'est ce qui donna naissance à la Compagnie thermo-gazière du boulevard Montmartre, n° 22.

Un des avantages considérables du procédé Galy, c'est de pouvoir se passer au besoin de gazomètre à l'aide d'un distributeur mécanique qui sèmerait soit de la résine, soit du *boghead,* ou laisserait couler les huiles au fur et à mesure de la consommation des becs; ou n'aurait besoin que du petit régulateur employé il y a vingt ans par M. de Lépine dans son appareil d'éclairage au gaz à l'huile.

La Compagnie thermo-gazière fournit le mètre cube de gaz de houille à 20 centimes au lieu de 30, le gaz de *boghead* à 60 centimes au lieu d'un franc, le gaz de résine à 80 centimes, bien qu'il soit quatre fois plus éclairant que le gaz de houille, plus pur et plus beau que le gaz d'huile qui coûte deux fois plus, et que le gaz de bougie qui coûte dix fois d'avantage.

La Compagnie fournit également le gaz à l'eau à 15 centimes, très-bon pour le chauffage, puisqu'il ne produit en brûlant que de la vapeur d'eau et ne donne presque plus d'oxyde de carbone en sortant du thermo-gaz.

CCLXV.

Nous voici donc arrivés à un tel abaissement de prix qu'il n'y a plus que le *grisou* ou le gaz sous cortical qui puisse apporter une économie notable, et même réduire à zéro l'éclairage et le chauffage, d'après le procédé de cet ouvrier de Lize, près de Liége, qui se chauffe et s'éclaire gratuitement par un effluve de gaz protocarboné qui débouche dans sa chaumière.

Mais ce n'est pas le seul cas d'un éclairage spontané; il y a peu de contrées d'où le gaz sous-cortical ne s'échappe par quelques fissures, sous la pression de la croûte du globe, et ces phénomènes ne datent pas d'hier; il suffit de feuilleter Plutarque et Hérodote dans sa description des fontaines de naphte qui existaient à Ecbatane, en Médie, et des flammes naturelles entretenues sur les autels des divinités païennes dont le feu des vestales n'était qu'une contrefaçon artificielle.

On a connu de tout temps les feux de *Pietra-Mala*, de *Barigazzo*; les flammes de la *Serra de Grilli*, dans le Bolonais; de *Velleja*, dans le Parmesan; la *Fontaine ardente*, dans le Dauphiné; celle de Sainte-Catherine, près d'Édimbourg; les feux du mont *Admirabilis*, dans le palatinat de Cracovie; les flammes du lac *Quiloloa*, près de Quito, et tant d'autres, sans reparler des puits de feu chinois, du pays des Guèbres et de *Chitta-Gong*, que le major Rennel a vu servir au chauffage, à l'éclairage et à la cuisson des aliments des prêtres d'un temple vénéré des croyants, qui se disent : Si Bouddha fournit à ses élus le chauffage et l'éclairage, nous pouvons bien leur fournir le reste.

M. E. Durand, l'historien du gaz, le plus consciencieux et le plus habile que nous connaissions, a découvert dans les archives académiques, que le docteur John Clayton avait remarqué, il y a près de deux siècles, qu'une vapeur sortie des fissures d'une veine de houille, prenait feu au contact d'un corps enflammé; il écrivait à Boyle, en 1688, qu'ayant distillé ce charbon, il en avait obtenu une vapeur inflammable.

En 1686, Daisenius fit à Paris des expériences pour prouver que les matières organiques distillées en vase clos, produisaient du gaz inflammable, et l'évêque de Landaff constatait que ce gaz lavé dans l'eau ne perdait rien de ses qualités.

Le docteur Hales distilla du charbon de terre vers le commencement du XVIIIᵉ siècle, et reconnut que le tiers environ de la houille se convertissait en gaz. Cavendish détermina le premier la nature du gaz hydrogène et ouvrit la voie à Priestley, qui découvrit l'oxygène en 1774. En 1777, un sieur Néret emplit une vessie de gaz hydrogène et le fit brûler sous la pression régulière d'un couvercle mobile.

La même année, Volta proposa de substituer le gaz hydrogène à l'huile pour l'éclairage. Il est permis de croire que ces hardis penseurs excitèrent la risée et les quolibets des roquets de leur époque.

CCLXVI.

La ville de Dijon, patrie de Guyton de Morveau, qui donna naissance à tant de savants, peut revendiquer la plus grande part dans l'éclairage au gaz, puisque le mémoire de Chaussier, présenté à l'Académie des sciences le 17 août 1777, donne la meilleure analyse pratique du gaz d'éclairage. Winkelers, de Louvain, ne vint que 7 ans après, et Lebon que 8 ans plus tard; mais il put prendre un brevet le 6 vendémiaire an VIII, ce que ses prédécesseurs ne pouvaient faire, car les brevets en France ne datent que de 1791, ce qui fait que le travail de Lebon est seul revêtu d'une date certaine et que seul il a pu se livrer à un commencement d'exécution avec l'espérance de rentrer dans ses déboursés; mais, hélas! il ne fit que les accroître de 1,500 francs, et ses quinze ans de privilége expirèrent avant que ses concitoyens eussent consenti à voir la lumière.

C'est toujours le même refrain, dira-t-on. — Sans doute, et il reviendra jusqu'à ce que le motif soit effacé de l'orgue de Barbarie avec lequel on fait encore danser les inventeurs; car enfin de tous ceux qui ont amené, par leur génie et des expériences coûteuses, l'industrie du gaz au point où elle en est, quel est celui dont la famille ait obtenu une obole des magnifiques dividendes que se partagent les opulentes compagnies en possession d'un *monopole* d'un demi-siècle, monopole qui eût dû appartenir en bonne justice à l'inventeur et à ses héritiers?

Est-il bien normal que l'obtenteur d'un pareil privilége puisse dire au premier venu : Tu n'as que 50,000 fr. de fortune, prends des actions, cela t'assure cent mille livres de rente, sans rien faire ? Il y a 20 ans qu'il les touche, nous le tenons du donataire qui n'a, comme vous voyez, qu'à toucher du doigt un individu pour l'enrichir aussi simplement que nous le racontons.

Il est vrai que ceci découle d'un autre privilége, celui du génie des affaires uni au jugement le plus exquis et à la science profonde de tout ce qui concerne l'exploitation du gaz. C'est un chef de file qu'on peut suivre les yeux fermés ; nous ne le nommerons pas, pour lui épargner les persécutions des coureurs de gaz courant dont la plupart ne savent pas même ce que c'est que le gaz. S'ils tiennent à le savoir, nous leur signalons le petit journal *le Gaz*, ils auront un échantillon de la science et de la loyauté avec lesquelles il est rédigé, en lisant l'admirable analyse qui commence par ces mots :

CCLXVII.

« Toutes les matières organiques, c'est-à-dire tous les corps appartenant au genre animal et végétal, sont susceptibles de produire du gaz plus ou moins éclairant ; ce n'est pas un combustible à proprement parler, c'est un produit *aériforme* de la distillation d'une matière combustible quelconque, même de l'eau, dont il ne s'agit que d'isoler l'hydrogène.

« L'appareil le plus simple pour l'éclairage, est la chandelle ou la bougie dont la mèche allumée échauffe la matière et la fond. Cette matière fondue représente de l'huile qui monte à la mèche par capillarité ; le contact de la flamme la transforme en gaz et la lumière se fait.

« Les bougies et les chandelles sont donc des appareils de distillation complets ; mais il a fallu bien des tâtonnements pour les rendre parfaits, tant sous le rapport de la pureté, de la dimension des mèches et du proportionnement de ces petits luminaires ; et ils sont encore bien loin de l'être, hélas ! »

On y parviendra peut-être quand on aura fait pour brûler la graisse autant d'efforts qu'on en a fait pour brûler l'huile. En attendant le gaz l'emporte ; mais celui de la houille est des plus impurs, il contient de l'acide carbonique, de *l'hydrogène sulfuré*, de *l'ammoniaque* et du *cyanogène* dont il est indispensable de le débarasser, et qu'on est parvenu à lui enlever par des lavages ou des tamisages à travers des matières à bon marché; mais il contient en outre de *l'oxyde de carbone* et du *sulfure de carbone*, qu'on n'a pu jusqu'ici en séparer, bien qu'ils soient fort nuisibles à la respiration.

Il n'y a donc que l'hydrogène pur, l'hydrogène *carboné* et *l'hydrogène percarboné* qui en fassent tout le prix. Il contient bien encore des chlorhydrates, des sulfhydrates, des cyanhydrates et des acétates, mais nous renvoyons au journal *le Gaz* ou aux traités de chimie ceux qui désirent connaître la nature de ces différents corps. Selon toute apparence, le gaz de tourbe, quand on saura le distiller convenablement, pourra bien prendre le rang qui lui fut disputé jusqu'ici faute d'avoir su séparer en deux l'opération de la distillation; car on vient de reconnaître que la première distillation qui ne donne qu'un gaz maigre et léger, fournit une grande quantité d'hydrocarbures qui, rédistillés convenablement, sont d'une richesse lumineuse supérieure à celle du gaz de houille, sans contenir les mêmes produits nuisibles.

M. *Leroux*, directeur du journal de l'éclairage au gaz, s'est particulièrement occupé de la tourbe et du bois; on peut s'en rapporter à son expérience.

Le vent est à l'éclairage en ce moment; nous ne manquerons plus de lumières, chacun tire la sienne de ce qui l'entoure; le gaz hydrogène, comme l'électricité, comme l'éther, paraît se trouver partout. Qui sait si ce Prothée n'est pas lui-même l'électricité, l'éther et la lumière sous des costumes différents; mais ce qui a le plus étonné miss Opie, a été de nous voir tirer du feu de l'eau. On ne dira pas de vous, nous disait-elle, ce que Shakspeare disait de certain seigneur de la cour, *hy will not put the fire to the tames.* Ce qui n'empêche qu'on l'ait dit jusqu'aujourd'hui. Voici cependant des nouvelles de *Narbonne* qui font un grand éloge du gaz à l'eau appliqué dans cette ville par notre courageux continuateur *Gillard*, et que nous empruntons à l'excellent *Ami des sciences*, rédigé par l'impétueux et modeste savant *Victor Meunier :*

« Nous savons aujourd'hui ce qu'est le *gaz d'eau platiné*. C'est le

lumière électrique et sa blancheur éclatante, avec cette heureuse différence qu'elle fatigue moins la vue.

« Sa lumière conserve aux objets leur couleur naturelle, telle qu'elle apparaît à celle du soleil. A deux cents pas dans les rues, on distingue la couleur de chaque partie des vêtements des passants, tandis qu'avec tous les autres gaz, les couleurs sont confuses à distance et ne représentent plus qu'une ombre, quand toutefois on l'aperçoit.

« Point d'odeur, point de dépréciation des meubles et des étoffes. C'était une merveille de voir les cafés et les boutiques de Narbonne éclairés, même par des demi-becs. On l'appréciait surtout lorsqu'on voyait des magasins éclairés par de belles lampes Carcel jadis si orgueilleuses, et dont la lueur paraissait rouge et sépulcrale.

« Pour donner une idée de cette puissance éclairante, nous ne citerons qu'un fait dont tout le monde pourra vérifier l'exactitude. Dans la petite rue du Lion d'Or, il y a un restaurant où nous fûmes conduit en compagnie de beaucoup de visiteurs étrangers. Une vaste salle où cent personnes environ pourraient dîner à la fois y est éclairée par cinq becs de gaz, un à chaque coin du carré, l'autre au centre. Une trentaine de personnes y étaient à table en ce moment; l'éclat de l'éclairage était tel que le chef de l'établissement nous montra, en éteignant les quatre becs des coins, que le bec seul du milieu suffirait, au besoin, pour éclairer toutes les tables de la salle autant que si elles avaient chacune deux bougies.

« Après nous avoir montré l'usine dans tous ses détails, M. Gillard nous donna le plaisir d'expériences diverses de chauffage dont l'effet était aussi étonnant. Il suffit de dire que l'eau froide mise dans un poêlon et tenue sur quelques menus trous donnant issue au gaz allumé, en une minute et demie fut en grande ébullition. Un jet de gaz activé par un courant alimenté par un petit soufflet en caoutchouc, rendait presque instantanément incandescent le cuivre et le fer, mettait le verre en fusion. Il nous fit voir encore les petits aérostats dont il est l'inventeur, et dont le succès est très-grand à Paris. C'était la journée des merveilles pour ceux qui ne connaissaient pas les propriétés de ce gaz extrait de l'élément qui coule dans les ruisseaux ou croupit dans nos puits. »

Une des plus singulières étourderies des inventeurs d'appareils de chauffage au gaz a été de mettre la lumière sous le boisseau en l'enfermant dans des enveloppes opaques. Nous avons pensé qu'en la développant dans un cylindre de verre préfendu, nous aurions à la fois le chauffage, l'éclairage, le rôtissage et la ventilation. C'est tirer quatre moutures d'un même sac, et le succès a été complet; il n'y aura donc plus désormais que des poêles de verre, attendu que le gaz lumineux échauffe autant, à un centième près, que le gaz bleu, mélangé d'air, qui produit plus d'oxyde de carbone que le gaz éclairant.

DE LA LUMIÈRE ÉLECTRIQUE.

Nous voyons chaque jour des gens fort impatients de jouir de la lumière électrique. Nous avons entendu un seigneur s'indigner de ce que M. Archeraux, aux leçons duquel nous assistions, ne voulait pas lui vendre une petite lampe électrique pour éclairer son écurie et même son corridor. Nous ne pûmes jamais lui faire comprendre que cette lumière était indivisible et coûtait plus cher que la bougie.

Voilà, disait-il, ces savants charlatans qui annoncent une découverte et qui la tiennent sous le boisseau; on ne devrait pas leur donner de brevets.

M. Ed. Becquerel vient d'étudier à fond l'état actuel de l'éclairage électrique. Il résulte de son travail que la moyenne du coût d'un arc lumineux produit par 60 éléments de Bunsen qui ont fonctionné pendant trois heures, en donnant une lumière égale à 350 bougies, est de 5 centimes par couple.

Il serait donc quatre fois plus cher que l'éclairage au gaz et égal à l'éclairage à l'huile.

MM. Thiers et Lacassagne, de Lyon, paraissent avoir fait faire un grand pas à l'éclairage électrique tant pour la persistance de la lumière que pour son prix, et par la découverte qui leur appartient de diviser les courants.

Voici des nouvelles du succès qu'ils ont obtenu à Toulon :

Vers neuf heures du soir, quand toute la ville était encore sous la vive émotion de la fête amenée par l'arrivée dans notre port du grand duc Constantin, MM. Thiers et Lacassagne faisaient leur première installation pour l'application de la lumière électrique à l'éclairage des rades, des ports et des côtes.

L'heureux succès des habiles chimistes, déjà constaté par leurs expériences si longues et si multipliées, soit à Paris, en présence des princes de la science, soit à Lyon, où elles se sont prolongées un mois entier, cet heureux succès, disons-nous, ne faisait doute pour aucune des personnes qui connaissaient ces antécédents si honorables et si complétement décisifs.

MM. Lacassagne et Thiers avaient placé leur appareil photo-électrique sur la plate-forme de la Tour-Lambert. Les batteries disposées au pied de la Tour, étaient mises en communication avec les lampes au moyen de fils métalliques, que rien ne consolidait dans le long parcours des sept étages de la tour. Ajoutez à cela que l'expérience avait lieu à ciel découvert, et il sera facile de comprendre qu'il y avait quelque semblant d'outrecuidance à oser tenter un succès dans des circonstances aussi peu favorables.

Eh bien ! le succès n'a point fait défaut à de légitimes espérances, et, selon nous, il a été complet.

Deux lampes seulement avaient été allumées. Le réflecteur de l'une dirigeait le rayon lumineux sur l'escadre française, mouillée à l'entrée du Goulet. Celui de l'autre, le portait sur l'extrémité du port, vers le bâtiment de la Consigne.

Il est facile de comprendre que MM. Thiers et Lacassagne n'ayant pu étudier les localités, puisqu'ils n'étaient à Toulon que depuis quelques heures, ont dû se livrer à quelques tâtonnements sur la direction à donner à ce rayon lumineux : c'est là ce qui explique certaines incertitudes dans la projection de la lumière.

Mais s'il est un fait bien hautement démontré, c'est celui de la continuité, de l'égalité, et surtout de l'intensité de la lumière.

Nous en avons personnellement étudié les effets, placé que nous étions à quelques mètres de la batterie des saluts, sur le mamelon qui domine la grosse tour.

Là nous avons pu constater que la lecture d'un journal était facile, sur tous les points où arrivait autour de nous la lumière électrique (12 à 13 % mètres).

L'ombre portée était extrêmement noire ; et ce fait qui révélerait à lui seul toute la force et toute l'intensité de cette lumière, a donné lieu devant nous à une illusion d'optique, que nous croyons utile de consigner ici.

Cinq ou six personnes nous précédaient, suivant le chemin qui longe la muraille du fort. Nous étions suivis de plusieurs individus, qui se demandaient où pouvaient aller ceux qu'ils voyaient longer le fort d'aussi près.

Il ne fallut rien moins pour les détromper que notre assurance la plus positive que ce qu'ils prenaient pour des passants, n'était que leur ombre.

Nous savons que MM. Lacassagne et Thiers ont apporté à Toulon quatre appareils, qui fonctionneront successivement, puis simultanément pendant plusieurs jours de suite.

Quand de nouvelles expériences auront été faites, nous nous réservons de revenir sur leur résultat définitif, qui du reste va être soumis à l'appréciation d'une commission officiellement nommée.

Nous regrettons vivement d'avoir à constater que M. Lacassagne, essayeur de la monnaie de Lyon, n'assistait pas à son triomphe. Comme tous les hommes chargés d'éclairer leurs concitoyens au physique et au moral, il mourait après avoir accompli sa mission.

Nous l'avons vu user son dernier souffle à faire comprendre aux membres du jury de l'Exposition le mécanisme de son régulateur des courants galvaniques, invention fort remarquable qui sera bientôt généralement adaptée à toutes les sources d'électricité dynamique, et qui manquait à la science.

L. LAURENT.

Nous savons le prix de revient de la lumière électrique; il ne faut pas perdre de vue qu'il s'agit du prix courant du jour d'aujourd'hui, comme disent les marchands; mais la mercuriale est sujette à varier considérablement, et pour peu qu'elle tombe de 30,000 à 300 francs *l'alumine*, nous serons éclairés à bon marché.

L'électricité peut trouver son Sainte-Claire Deville, et nous avons des raisons de croire qu'il vient de se révéler à Gand dans la personne d'un savant praticien, qui s'est délivré du zinc et des hélices où restent emprisonnés tous les électriciens qui se copient les uns les autres dans la confection des piles à acides concentrés. Nous n'irons pas plus loin, la discrétion nous le commande; mais à bon entendeur demi-mot. Nous espérons avoir communication du mot entier avant la publication de notre second volume; mais si l'on a peu d'espoir d'arriver à la division de la lumière électrique, bien que M. O'Connel, de Bruxelles, prétende être parvenu à s'éclairer avec un seul élément de Bunsen et à séparer le calorique de la lumière électrique, de sorte qu'il obtient de la lumière à la température de l'air ambiant qui n'enflamme ni la poudre ni l'amadou et ne brûle pas les doigts, il emploie utilement ces étincelles froides au traitement des rhumatismes; car ce courant traverse le corps d'un homme sans lui causer de douleur. L'étude de ces phénomènes intéressants devrait être encouragée par les gouvernements; mais il faudrait pour cela un ministère du progrès, dont tout le personnel administratif serait composé de vrais savants, ni jaloux, ni envieux, ni vaniteux, ni impertinents, ni bourrus; vous voyez bien que cela n'est pas possible par le temps qui court.

Il est à remarquer que le même courant électrique employé à produire de la force suit une échelle inverse de celui qu'on emploie à produire de la lumière, tandis que l'un peut aisément monter de 1 à 100, l'autre ne peut descendre de 100 à 1.

On y parviendra peut-être par un complet renversement du *modus faciendi*. Car il est une loi mystérieuse en fait d'invention dont l'expérience nous a démontré l'existence, c'est que la plupart des succès s'obtiennent en retournant de fond en comble les questions épineuses : on dirait qu'il suffit de les prendre à l'envers ou à rebrousse-poil pour les tirer plus facilement du *placenta*.

Il est bien singulier de pouvoir obtenir force, lumière et chaleur d'un agent qui s'est dérobé si longtemps à nos sens, bien qu'il nous entoure comme l'air, dont on a nié si longtemps l'existence. Nous avons lu dans notre jeunesse un gros livre intitulé : *Comme quoi l'air n'existe pas*, par un prêtre nommé Le Roy, qui n'avait pas trouvé la moindre trace d'air dans l'Écriture, disait-il (1).

Ceux qui en diraient autant de l'électricité n'ont qu'à toucher un conducteur chargé; ils seront bientôt convaincus de son existence, à moins qu'ils n'aient conservé, comme certaines personnes, la singulière propriété que possèdent tous les enfants en bas âge qui n'éprouvent aucun effet du choc électrique.

Nous signalons ce fait extraordinaire aux physiologistes qui peuvent laisser leurs nourrissons promener leurs petits doigts sur un conducteur de machine électrique, dont les étincelles les amusent sans leur causer la moindre douleur apparente. Il en est de même des mouches et peut-être de tous les insectes qui, sans cette propriété négative, seraient probablement foudroyés en masse par les grands orages et dont les œufs seraient cuits par les grandes chaleurs tropicales.

---

(1) On a condamné Galilée qui était pourtant resté orthodoxe et fidèle aux Saintes-Écritures; car la Bible dit que Josué a arrêté le soleil, d'un mot; sta sol! mais elle ne dit pas qu'il lui ait ordonné de continuer sa course, c'est donc depuis cette époque qu'il est arrêté et que la terre tourne.

LE FER.

Le fer n'était pas connu des anciens, dit-on, puisque Homère ne parle que de l'airain, et de l'airain trempé encore, invention que nous avons perdue comme tant d'autres, faute d'avoir été brevetée ou enregistrée quelque part. Cet airain devait être bien commun pour qu'on en fît des tours pour enfermer les demoiselles (Danaé). Il est vrai que c'est la fable qui le dit et nous ne sommes pas tenus d'y croire comme à la tour d'ivoire de l'Écriture, qui était peut-être aussi une espèce de métal dont il vient d'arriver de Chine un échantillon, qui a, dit-on, toutes les apparences de l'ivoire. Serait-ce encore une vieille invention retrouvée ? On parle aussi d'un temple de fonte, âgé do plus de 800 ans, qui existait dans le Céleste Empire avant que la fonte nous eût été révélée. Les Chinois qui avaient inventé le paratonnerre avant Franklin, nous auraient-ils encore précédés en ceci comme en tant d'autres choses ? Vous verrez changer l'opinion qu'on a d'eux, quand Tottleben aura fortifié Canton et Scott Russel livré ses vapeurs aux fils du soleil. On nous verra peut-être célébrer leurs vertus, leur courage, leur science et leur patriotisme. N'ont-ils pas déjà effacé les hauts faits de Léonidas et des Franchimontois, de l'aveu même des Anglais qui ne sont pas flatteurs ?

On conçoit que les premiers métaux découverts par l'homme aient été ceux que l'on trouve le plus souvent à l'état natif, tels que l'or, l'argent, le cuivre, etc. ; quant à l'*aluminium*, nous marcherions encore sur son oxyde sans Woehler et Sainte-Claire Deville, qui en fabrique 2 kil. par jour à 300 fr. chaque, bien qu'il ne lui coûte pas plus de 30 fr. dit-on.

Les derniers métaux découverts doivent avoir été ceux qu'on ne trouve qu'à l'état d'oxydes, et qu'on est obligé de réduire homœopathiquement, c'est-à-dire de débrûler par le charbon après qu'ils ont été brûlés par l'oxygène.

CCLXVIII.

Pourquoi ne dirions-nous pas aux dames ce que c'est qu'un oxyde ? Elles comprendraient mieux, si on leur disait simplement que c'est de la rouille produite par l'oxygène, fluide aériforme dont 21 parties mélangées à 79 parties d'azote composent l'air que nous respirons, et dont un tiers uni à deux tiers d'hydrogène composent l'eau que nous buvons. L'oxygène joue le rôle d'un acide gazeux qui ronge tout ce qu'il touche; c'est lui qui nous fait crier, quand il entre en contact avec notre chair vive et qui réduit en rouille dégoûtante, le fer le plus pur, l'acier le mieux poli; l'oxygène enfin est un incendiaire qui cherche à brûler tout ce qu'il touche.

CCLXIX.

En admettant que le fer contenu dans le réservoir sous-cortical, ait été vomi à la surface du globe à l'état d'éponge métallique, comme le croit Adrien Chenot, il a eu le temps de se brûler depuis qu'il est exposé au contact de l'air et de l'eau. On ramasse donc ses cendres, on les jette dans un fourneau avec des pierres à chaux et du charbon et l'on souffle dessus. Voilà la fonte qui coule en ruisseau et prend la forme de tous les moules où on la laisse figer; cela s'appelle de la fonte de première fusion. Si vous la refondez, elle devient fonte de moulage; si vous la décarburez, elle devient fonte d'affinage, puis acier, puis fer doux, puis, etc., etc.; mais nous renvoyons le lecteur aux manuels de Pelouze, à Karsten, à Valérius, etc.; car si nous nous laissions entraîner, nous pourrions sortir par la tangente, de tous les points de la petite circonférence dans laquelle nous avons résolu de nous renfermer, ce qui sera fort difficile; car toutes les sciences se touchent de si près, que le trait qui les sépare est aussi difficile à distinguer que celui qui relie le passé à l'avenir; en un mot, toutes nos connaissances se tiennent par la main; celui qui ne possède qu'une science ou qu'une langue est un malheureux plein de regrets : *Væ soli!* Tandis que celui qui n'en sait aucune est un bienheureux, car le pauvre d'esprit est d'autant plus content de lui qu'il ne connaît rien qu'il ne sache, et n'a besoin de rien qu'il ne trouve (avec son argent).

CCLXX.

Ces messieurs les bienheureux n'ont pas assez de dédains pour les chercheurs dont ils regardent les efforts comme tout à fait superflus. Ce sont sans doute ceux-là que l'inventeur de l'Apocalypse appelle les enfants de la bête. Il est bienheureux d'être mort, car on l'enverrait à *Charenton* ou à *Geel* pour avoir parlé avec irrévérence des bureaucrates. Combien n'en avons-nous pas entendus traiter de folies les recherches persévérantes de notre ami Chenot, qui commence à être reconnu comme le plus grand métallurgiste du monde, depuis qu'il l'a quitté; car *sui eum non cognoverunt;* il a fallu que des savants étrangers vinssent à Paris pour lui faire décerner la grande médaille d'or. La veille de sa mort, il nous disait : Vous me félicitez, mais si vous saviez! J'ai été empoisonné par mes expériences, j'ai respiré tant de gaz, et surtout d'oxyde de carbone, que je me sens mourir; et il nous serra la main pour la dernière fois. Heureusement qu'il laisse un digne héritier au courant de tous ses secrets; mais les dérivés de sa grande découverte sont si nombreux, qu'il ne pourra pas en exploiter la moitié.

Les triomphes trop tardifs sont souvent pleins d'amertume. Un autre de nos condisciples qui vient d'être élevé au premier rang, nous écrit exactement la même phrase : Vous me félicitez, mais si vous saviez! je n'ai pu faire autrement. Dieu sait que ce n'était pas là que me portaient mes goûts, mes habitudes, ma nature... Un troisième parvenu au faîte des honneurs nous a fait la même confidence; en vérité, c'est à dégoûter des succès d'ici-bas et à préférer la persécution dont nous jouissons sans le moindre arrière-goût; plus heureux d'avoir à lutter que d'avoir vaincu comme eux : tant il est vrai que l'homme est né pour la lutte plus que pour la victoire, puisque les grands triomphes sont si douloureux.

CCLXXI.

Adrien Chenot, comme tous les hommes de génie préoccupés d'une grande idée, était entièrement privé de l'esprit des affaires et de l'esprit d'ordre que possèdent à un point merveilleux les cerveaux stériles qui méprisent souverainement les malpeignés; car à leurs yeux, l'arrangement, l'alignement, l'exactitude, la précision minutieuse dans les moindres choses, constituent le vrai mérite, le seul qu'ils possèdent.

Chenot portait dans ses écrits le même défaut d'ordre et de précision. Sa dernière brochure intitulée *Crépuscule d'un nouveau système métallurgique*, exprime parfaitement la vague intuition de la prochaine révolution qu'il apercevait dans le lointain, et qu'il ne pouvait pas même exprimer aussi clairement qu'il la concevait : les mots pour le dire ne lui venaient pas aisément; mais il ne manquera ni d'interprètes ni de commentateurs, aujourd'hui que le succès a réalisé un de ses plus brillants mirages.

Nous croyons donc faire quelque chose d'utile en offrant à nos métallurgistes quelques pages de sa main qui sont comme une esquisse de ses idées cosmogéniques sur les transformations de la matière solide de notre planète. Il nous disait souvent que la formation des roches n'était plus un secret pour lui, et qu'il les referait toutes dans son laboratoire.

L'état *spongique* de Chenot, comme l'état *sphéroïdal* de Boutigny, sont donc deux découvertes entièrement neuves. La dernière étant déjà bien connue, nous allons l'entendre parler de la première.

CCLXXII.

PROCÉDÉ CHENOT.

« Je me borne uniquement à dire, comme théorie, que la mienne est générale et repose sur ce principe : Que dans l'étude de la physique du globe et de la formation des roches par combustion de la matière à l'état naissant d'éponge métallique, on trouve les plus grands et les plus positifs enseignements métallurgiques...

« J'espère qu'un jour un savant développera cette pensée de manière à la faire accepter, en démontrant, ce qui est évident *à priori*, que toute matière métallique de la même nature pouvant être ramenée à l'état d'éponge par réduction, et cette éponge pouvant être ramenée au même état initial de minerai par oxydation, il en résulte

que les roches et les minerais ont été à l'état d'éponge métallurgique
ou naissant, et que l'étude des modifications de ces éponges devenues
minerais conduit à la science métallurgique la plus positive et la plus
attrayante par sa philosophie...

« L'éponge est le plus puissant des combustibles; dans la nature
elle a joué ce grand rôle, et c'est sous son influence que se sont
formées les roches de la croûte terrestre... Sous son influence notre
globe manifeste aujourd'hui une chaleur croissante au fur et à mesure
que de la surface on marche en profondeur vers le point où les corps
sont encore à l'état naissant, ou d'éponge métallique, ou d'éponge
combustible, car nous n'admettons pas la fusion centrale de la
matière comme cause de la chaleur du globe. Il est, ce nous semble,
facile de voir que notre hypothèse, d'accord en résultats avec les
observations géodésiques relatives à l'accroissement de température
(en raison de la profondeur) attribué à la fusion centrale, donne plus
de satisfaction à la raison, en même temps qu'elle crée un élément
nouveau pour l'explication des causes du mouvement terrestre par
l'augmentation de gravité qui résulte de la combinaison de l'oxygène
avec les éponges de la chaleur ou électricité dégagée par cette combinaison (1)...

« On devra considérer dans mon système métallurgique deux
faits capitaux pour l'industrie.

« 1° *Au point de vue technique.* — Comme dans les méthodes métallurgiques ordinaires, les fusions ou dissolutions ignées ou aqueuses

---

(1) Il a été constaté, par un savant mémoire de M. Cordier, que l'accroissement
de température du globe était de 1° par 32 mètres. Nous avons protesté contre cet
ultimatum en démontrant *à priori* que plus on s'approchait du point en fusion,
plus l'intervalle entre chaque degré devait se raccourcir; il n'a pas fallu moins de
22 ans pour nous donner raison. Il est vrai que la mesure de M. Cordier est exacte
jusqu'à 500 mètres; mais jusqu'à 900, elle ne l'est plus. M. Walferdin, notre cama-
rade de collège, le plus exact des métronomes, inventeur du thermomètre à
déversement, vient de découvrir qu'à 900 mètres la température s'élevait de 1° par
27 mètres. Nous avons donc l'audace de prédire qu'à 1,000 mètres la température
s'accroîtra bien davantage, et qu'à 2,000 on touchera à la région des éponges
minérales, qui donneront lieu à un dégagement de matières ignées vomies par
un volcan artificiel.

sont le prélude de toute opération, il en résulte une confusion générale de toutes les matières composant le minerai, confusion dans
laquelle la matière première perd pour la plus grande partie son
caractère essentiel par les combinaisons nouvelles qui résultent de
l'état de dissolution, aussi bien que par les agents de combustion ou
de dissolution employés pour provoquer les fusions.

« Ainsi, par exemple, lorsqu'on traite un minerai de fer qui contient
de la silice interposée, une partie de cette silice est réduite, et la fonte
contient du silicium.

« Ainsi encore, si le même minerai contient du manganèse, métal
beaucoup plus oxydable que le fer, ce métal passe pour la plus grande
partie dans les laitiers à la fabrication de la fonte, et ce qui en reste
dans celle-ci est éliminé à peu près en totalité dans les méthodes d'affinage, dominées comme la fusion par des actions d'oxydation.

« Or, d'une part, la fonte ainsi que le fer sont viciés par le silicium; d'autre part le manganèse métallique qui joue un si grand rôle
qualificatif dans les fers forts et les aciers se trouvant éliminé, on
peut dire que le minerai manganésifère n'a plus que l'inconvénient de
donner des laitiers corrosifs.

« Par la méthode des éponges, la réduction s'opérant à très-basse
température relative, et le minerai ne perdant jamais sa forme ni sa
contexture dans cette réduction, les métaux passent successivement à
l'état métallique, les plus réductibles réduisant ceux qui viennent en
second ordre, et ceux du premier et du deuxième ordre ceux qui
viennent en troisième ordre, etc., etc., la pile augmentant successivement d'un élément d'un ordre ou puissance dynamique déterminée
et restant dans cet ordre, de manière que, jusqu'à réduction de tous
les corps contenus dans un minerai, les métaux qui proviennent des
réductions successives et réciproques sont exactement, dans l'ordre
et en quantité relative à l'ordre, la quantité et l'espèce d'oxyde ou de
sel contenu dans le minerai.

« En résumé et en fait, il résulte des considérations de cet ordre
qu'étant donné un bon minerai, on obtiendra par les éponges un
produit aussi supérieur aux produits que donnent les méthodes ordinaires avec ces minerais, que ce même produit est supérieur à ceux

qui résultent du traitement d'un minerai médiocre par les méthodes ordinaires, et qu'enfin il est dans notre conviction que de même que les vins sont dénommés par leur provenance, les fers, et particulièrement les aciers, seront prochainement dénommés et classés comme les vins, d'après le gisement du minerai, en admettant des classifications secondaires comme pour les vins, parce qu'on reconnaîtra qu'à la nature du minerai, beaucoup plus qu'à l'art du traitement, appartient la qualité, de même qu'aux terroirs de Champagne, de Bourgogne et de Médoc appartient beaucoup plus la supériorité des crus qu'à la manière de traiter le raisin, d'obtenir du vin.

« 2° *Au point de vue économique.* — Par les méthodes ordinaires, comme les combustibles doivent être choisis en raison : 1° de la haute température qu'ils doivent produire ; 2° de leur propriété de se carboniser plus ou moins bien ; 3° de leur qualité en présence des métaux, il en résulte que dans la métallurgie actuelle, le champ du choix du combustible étant excessivement limité, la métallurgie se trouve au dépourvu en présence des anthracites, des lignites, des tourbes, des houilles médiocres, etc., et que comme tous les combustibles sont propres à être employés à l'état naturel ou à l'état gazeux dans la fabrication des éponges, leur fusion ou soudage, cette méthode qui donne lieu à la qualité du produit agrandit extraordinairement les ressources en combustible, sous ce rapport seulement, et sans tenir compte de l'économie directe du combustible, qui n'est pas moins de 60 pour 100 relativement aux méthodes ordinaires ; sous ce rapport, dis-je, l'agrandissement considérable du choix du combustible, je pense que la méthode des éponges mérite au plus haut degré de fixer l'attention des économistes. »

CCLXXIII.

Qu'est-ce que ces éponges métalliques, qui hurlent avec l'idée qu'on se fait des éponges végéto-animales, type des choses douces et moelleuses.

L'état *spongique* est, d'après M. Chenot, l'état primitif de la matière du globe dont la chaleur interne ne serait produite que par sa combustion ou oxydation successive partant de la circonférence au centre et laissant après elle cette masse de terres et de minerais qui semblent n'être que les résidus de cette action pyrophorique universelle; car l'éponge métallique a la propriété de s'enflammer avec une telle intensité, que M. Chenot proposait de s'en servir en guise de houille pour les vaisseaux à vapeur qui font le service entre Marseille et Alger. Le même minerai désoxydé et réoxydé à chaque voyage servirait, d'après lui, éternellement, pourvu qu'il y eût une usine au point d'arrivée et au point de départ.

Cette opération est l'analogue de celle de Seguin et de Siemens, qui font servir la même vapeur en lui rendant, tout à coup, le calorique perdu.

Ainsi l'éponge métallique serait une sorte de magasin de chaleur latente sous le plus petit volume possible, comme une bougie est un petit magasin de gaz hydrogène ou de flamme à l'état latent. On découvre tant d'exemples de cette espèce, que cela pourrait bien être une des lois physiques les plus générales. Nous la recommandons aux penseurs qui ont assez de confiance en eux et de foi dans l'ignorance des autres, pour cesser de jurer *in verba magistri*. M. Chenot en était arrivé là.

Il ne réduisait pas seulement les minerais à l'état *spongique* complet, mais nous avons vu chez lui des morceaux de fonte et de fer passés plus ou moins profondément à cet état singulier. On pouvait alors les entamer comme de la mine de plomb avec le premier couteau venu; la trace laissée par la lame prenait un éclat métallique parfaitement brillant. Il faisait aussi virer la couleur superficielle de la fonte en lui donnant l'apparence du cuivre, de l'or et de l'argent, tout en la rendant inoxydable.

Il possédait enfin une foule de dérivés de sa grande découverte, qui ne tend à rien moins qu'à convertir en acier fondu tout le fer contenu dans un minerai, à l'aide de quatre opérations successives, mais fort simples. *Réduction* à l'état d'éponge, *cémentation* de cette éponge, *compression* et *fusion*. Les trois dernières opérations sont connues en métallurgie : on cémente le fer, on comprime l'éponge de platine et l'on fond tous les métaux ; mais la *réduction* à l'état d'éponge ne l'était pas, bien que M. Cabrol ait soupçonné que le minerai pas-

sait par cet état dans les hauts fourneaux, avant de se convertir en
fonte, par l'action de l'oxyde de carbone.

M. Chenot a donc le premier soumis le minerai, préalablement
grillé et concassé, à l'action désoxydante de certains gaz, en vase clos,
où il est soumis à une chaleur graduée qui ne va pas toutefois jusqu'au
rouge cerise, jusqu'à fritter le minerai. Ce traitement, convenablement conduit, transforme le minerai en une masse poreuse qui est
l'éponge en question. Cette masse se refroidit graduellement en descendant, comme elle s'était échauffée, de sorte qu'elle est presque
froide au défournement qui se fait par intervalles réglés, tout en
empêchant l'air de traverser son four.

Pour opérer la cémentation, l'inventeur plonge ses éponges dans
un bain de résine, de goudron ou d'une substance analogue très-car-
burée. Un certain degré de chaleur délivre ensuite les éponges du
surplus de résine qu'elles pourraient emporter. Suit la *calcination* qui
unit très-uniformément le fer au carbone. Cela fait, on broie et comprime fortement l'éponge dans des moules de différentes formes, et
on dépose ces briquettes dans des creusets où ils se fondent en
acier.

Plus le minerai est riche et pur, meilleur est le résultat; c'est
pour cela que M. Chenot a inventé sa trieuse électrique, qui consiste
en un large tambour de cuivre, dont l'intérieur est garni d'électro-
aimants qui attirent les parcelles de minerai les plus pures, lesquelles
s'attachent à la circonférence de son tambour roulant sur une toile
sans fin, couverte de minerai en poudre, sur laquelle ne restent que
les terres et autres impuretés. Un *docteur* ou lame de zinc débarrasse
le tambour au point voulu, si l'on n'aime mieux interrompre l'action
des électro-aimants par un commutateur aisé à comprendre. L'acier
Chenot, qui est d'une qualité supérieure, se fabrique aujourd'hui à
Charleroi par une puissante société qui a fait l'acquisition de son
brevet.

Passons maintenant aux succès non moins brillants d'un autre
néo-métallurgiste de nos amis, succès qui étonneront tout le monde,
excepté nous qui en connaissons l'origine mystérieuse; la même,
sans aucun doute, qui l'a dirigé lorsqu'il a trouvé le moyen de faire

brûler l'huile de résine dans des lampes à triple courant, dont l'usage économique commence à se répandre par les soins des frères Le Drée, habiles négociants de Bruxelles, qui en ont établi un dépôt dans la rue des Fripiers.

M. Tessié du Motay, associé pour cette invention au chimiste Kraft, s'est associé pour la métallurgie avec M. Fontaine, comme il l'avait fait avec M. Audran pour l'emploi de l'air comprimé adapté à la locomotion. L'insuccès n'a pas la moindre action sur cet esprit ferme, méditatif et persévérant, poussé par une puissance qui ne le trompe pas et en laquelle il a la foi la plus entière, cette foi primitive et pure qui enfante des miracles.

Laissons parler M. Barrault qui s'est chargé de présenter à la Société des ingénieurs civils un exposé comparatif des trois procédés métallurgiques d'Uchatius, de Bessemer et de Tessié.

Si le premier a valu à son auteur le titre de baron, le dernier doit valoir au moins à M. Tessié du Motay le titre de comte dont il serait bien embarrassé.

M. Barrault fait remarquer en débutant que l'une des études les plus suivies est celle des perfectionnements de la fabrication du fer et de l'acier ; il indique qu'il veut éviter toutes questions d'antériorité, et que son seul but est d'examiner les moyens proposés au point de vue du meilleur effet pratique ; pour cela, il a voulu d'abord examiner les trois procédés connus sous le nom de :

1° Procédé Uchatius (Lentz) ;

2° Procédé Bessemer ;

3° Procédé Tessié du Motay et Fontaine.

M. Barrault s'exprime ainsi au sujet de ces trois systèmes. Le procédé Uchatius consiste à opérer la transformation rapide de la fonte en acier, par le mélange intime de la fonte en grains ou morceaux (2,000 environ par kil.) avec du fer spathique et du manganèse, ou avec toute autre substance contenant de l'oxygène et de l'eau, et pouvant l'abandonner à une haute température pour réduire le carbone de la fonte.

Nous n'insisterons pas sur les détails de ces procédés et les résultats qu'on peut en obtenir M. Vissocq en ayant rendu compte à la

Société d'une manière détaillée; de plus, un rapport étendu a été publié dans les *Annales des Mines*, qui détaille les expériences faites au chemin de fer du Nord et conclut à un examen plus approfondi de ce nouveau procédé, qui peut apporter de notables économies dans la fabrication de l'acier.

En effet, l'on prétend que cet acier pourra se livrer en France à 40 ou 45 centimes.

Malgré la constatation, que nous croyons sérieuse, des échantillons soumis aux épreuves de la commission, nous ne pensons pas que le succès réponde aux espérances que ce procédé a pu éveiller.

En effet, le procédé Uchatius repose sur l'emploi de mélanges destinés à enlever au fer son carbone et sur l'intimité de l'action que l'on obtient par la division aussi complète que possible de la fonte.

Or, il faut une attention bien soutenue pour graduer les proportions suivant la qualité des fontes, et les études déjà faites dans ce sens ont démontré que l'acier obtenu ne présentait pas toujours toutes les qualités voulues.

Sans rien préjuger, nous croyons qu'il faut attendre la pratique pour apprécier sainement un pareil procédé.

En métallurgie, il ne suffit pas d'établir une théorie et de fournir des échantillons satisfaisants à l'épreuve, il faut que la pratique permette l'usage industriel des procédés indiqués, sans qu'il soit besoin de la surveillance incessante d'hommes spéciaux chargés d'un dosage constamment renouvelé; il faut avoir des signes certains pour connaître la marche et la fin des opérations; il faut enfin que les échantillons fassent partie d'une quantité considérable de produits dont on sache exactement le prix de revient.

Passons au procédé Bessemer.

Dans une des dernières séances, M. Barrault a exposé ce procédé, dont l'essence est de faire agir l'air froid ou chaud en jets divisés sur la fonte encore en fusion, dans un four ou dans des creusets, où cette fonte est reçue à la coulée du haut fourneau.

On voit qu'ici l'intimité d'action est obtenue par la liquidité du métal mis en contact avec les jets divisés du gaz décarburant.

M. le président avait bien voulu demander quelques détails sur les expériences faites en Angleterre; il est à regretter que jusqu'à présent ces expériences ne présentent pas tous les caractères d'une démonstration complète et suffisante.

M. Bessemer ne veut agir que sur certains minerais et dans des conditions particulières, et les produits qu'il obtient sont loin de présenter l'homogénéité que l'on pourrait désirer.

D'après le rapport d'hommes compétents qui ont expérimenté pendant quelques jours avec l'inventeur, M. Bessemer n'obtiendrait que des fers de mauvaise qualité, constituant un mélange hétérogène de fer brut, de fer d'acier et de fonte qui, présenté sous le marteau-pilon à l'état de loupe, se gerce et se brise faute d'homogénéité.

M. Bessemer opère mieux dans des creusets que dans des fours, ainsi du reste que nous l'avons pressenti dans la communication que nous avons déjà faite à la Société.

L'inventeur s'est attaché jusqu'à présent à fabriquer du fer, qu'il ne peut obtenir de bonne qualité, tandis que son procédé s'applique mieux et d'une façon plus rationnelle à la production d'acier d'assez bonne qualité.

Ce fait se comprend aisément; en effet, pour la fabrication du fer, aucun signe ne permet de diriger et d'arrêter l'opération en temps voulu, tandis que pour l'acier, combinaison plus définie, l'acier restant liquide, on peut arriver, en prenant des échantillons et les comparant à des types connus, à arrêter l'opération juste à temps pour que la masse fluide puisse couler dans les lingotières et fournir une matière à peu près identique aux types voulus.

Du reste, M. Bessemer continue ses études et ses expériences et perfectionne chaque jour ses procédés. Qu'il dirige ses perfectionnements vers les appareils dans lesquels il opère, de manière à mieux répartir et régler l'action de ses gaz, et l'avenir lui tient en réserve un succès cherché longtemps avant lui dans cette voie.

Le procédé de MM. Tessié du Motay et Fontaine se présente dans des conditions plus satisfaisantes; car, d'une part, ces messieurs ont présenté à la Société des produits faisant partie des livraisons considérables opérées depuis trois mois, et, d'autre part, ils ont bien voulu communiquer leur théorie, dont les aperçus nouveaux frapperont d'autant plus que la pratique les confirme, et qu'ils expliquent certains faits jusqu'à présent inexpliqués en métallurgie.

Le système d'affinage de MM. Tessié du Motay et Fontaine a pour but de transformer dans les feux d'affineries, et plus spécialement dans les fours à puddler, les fontes au bois de toutes provenances, les fontes mixtes au charbon de bois et au coke, et quelques fontes au coke de provenances spéciales en fers forts, c'est-à-dire en fers analogues à ceux produits par l'affinage au charbon de bois de fontes issues des minerais carbonatés, des oxydules magnétiques ou même des pyrolites du Berry et de la Franche-Comté.

Dans ce nouveau système, on opère à l'aide de sornes artificielles ou d'agents chimiques, réagissant soit ensemble, soit séparément sur les fontes au coke ou au bois, pendant leur réduction à l'état de fer, sans rien changer d'ailleurs à la conduite ordinaire des fours de fineries et de puddlage.

Les sornes artificielles, quoique dérivant d'un même type, peuvent être constituées selon les deux modes suivants :

Premier mode. — On fond la *scorie* communément employée dans les fours de fineries et de puddlage, avec un *silicate d'alumine*, provenant soit des argiles, des feldspaths, des terres réfractaires, soit des marnes ou de tous autres silicates d'alumine combinés avec des silicates alcalins, alcalins-terreux ou métalliques. On ajoute à cette sorne, avant ou pendant sa fusion : 1° un *bicarbonate* de *potasse* ou de *soude;* 2° un *silicate de protoxyde de fer* ou *tout autre silicate anhydre.*

Deuxième mode. — On fond la *scorie* communément employée dans les fours de fineries et de puddlage avec un *silicate d'alumine* provenant soit des argiles, des feldspaths, des terres réfractaires, soit des marnes ou de tous autres silicates d'alumine, combinés avec des silicates alcalins, alcalins-terreux ou métalliques.

On *affine* ou on *puddle dans cette sorne*, soit de la fonte au bois, soit de la fonte au coke. Pendant cet affinage ou ce puddlage, les oxydes de fer produits s'unissent à cette sorne à laquelle on ajoute un *silicate de protoxyde de fer ou tout autre silicate anhydre.* Les sornes artificielles étant constituées selon l'un des deux modes ci-dessus décrits, on les fait couler et refroidir.

On garnit ensuite, soit les fours à puddler, soit les creusets de finerie, des silicates et des oxydes du fer communément employés pour l'affinage et le puddlage des fontes au bois ou au coke. Avec ces silicates et ces oxydes, on fond indistinctement la première ou la seconde sorne artificielle.

On affine ou on puddle dans ce laitier, de la fonte au bois ou au coke.

Au moment où cette fonte est en partie décarburée, on jette dans le creuset de finerie ou dans le four de puddlage, soit un *hypochlorite de potasse, de soude, de chaux, de magnésie, de strontiane ou de baryte,* soit un *bicarbonate de potasse ou de soude.*

Le carbonate de magnésie basique peut être également employé.

On peut remplacer les sels ci-dessus par les mélanges ou accouplements de sels et d'oxydes tels que : carbonates doubles de fer ou de manganèse et d'un alcali, potasse, soude, chaux ou magnésie ; carbonates d'un alcali et chlorure de calcium, potassium, sodium ou magnésium ; oxyde de manganèse, chrome ou fer et chlorure de sodium, potassium, calcium, magnésium ou barium.

Dans les opérations suivantes, que l'on emploie ou que l'on n'emploie pas les agents chimiques ci-dessus, on continue à ajouter aux laitiers : 1° une fraction de la première ou de la seconde sorne artificielle ; 2° les battitures de fer provenant du martelage ou du laminage des loupes produites par le procédé. Selon la qualité des fontes à réduire, on ajoute une quantité plus ou moins grande de l'une ou l'autre des sornes artificielles ci-dessus décrites ou des sels et des oxydes sus-nommés ; en général, la quantité employée ne dépasse pas cent pour cent du poids de la fonte brute traitée.

Les hypochlorites, les bicarbonates et les autres sels et oxydes ci-dessus peuvent être utilisés pour l'épuration des fontes au bois ou au coke, sans l'emploi des deux sornes artificielles plus haut décrites, à la condition surtout que l'on ajoute aux scories communément employées pour l'affinage ou le puddlage des fontes, une certaine quantité d'un silicate de protoxyde de fer ou de tout autre silicate anhydre.

On voit que ce système repose :

1° Sur la fabrication et l'emploi raisonné de sornes facilement réductibles, fournissant des fers pyrophoriques;

2° Sur l'emploi des substances oxydantes à bas prix, cédant facilement leur oxygène;

3° Sur le choix des moments convenables pour faire agir les sornes et substances oxydantes sur les fontes réduites dans des fours à puddler.

C'est en se fondant sur le fait déjà connu que le fer réduit en présence de l'alumine est pyrophorique, et qu'il peut supporter une température élevée dans un milieu réducteur sans changer d'état, que l'on est arrivé à composer une scorie d'affinage remplissant la triple condition :

1° De contenir des oxydes qui se réduisent en fer pyrophorique;

2° De produire par son action oxydante sur la fonte qu'elle décarbure une notable proportion de fer intermédiaire;

3° De permettre au silicium et aux phosphores oxydés de s'unir à elle sous forme de silicate et de phosphate d'alumine.

Toutefois, ce n'est pas en projetant ou en mêlant de l'alumine, comme on l'a essayé en maintes circonstances, avec des silicates de fer basiques ou avec des oxydes, que cette scorie d'affinage peut être normalement constituée.

L'oxyde de fer contenu dans une sorne ainsi formée ne se transformerait que peu ou point en fer pyrophorique.

La scorie d'affinage qui remplit les conditions ci-dessus énumérées est un silicate d'alumine et de fer complexe dans lequel la silice est combinée, d'une part avec du protoxyde de fer uni ou non uni à une ou plusieurs bases alcalines, terreuses ou métalliques, et d'autre part avec de l'alumine unie à des oxydes magnétiques ou à des protoxydes de fer.

Cette sorne d'affinage qui, employée dans les fours à puddler, permet de fabriquer des fers fort semblables aux meilleurs fers au bois de l'Ariége et des Pyrénées, peut également être utilisée avec avantage dans les feux des forges pour affiner des fontes au coke et pour produire avec ces fontes des fers fins d'une qualité supérieure.

La qualité du fer fabriqué par ces procédés est aujourd'hui reconnue comme supérieure.

De nombreux essais pratiques ont eu lieu dans diverses usines.

Des livraisons importantes ont été faites au commerce; plusieurs rapports ont constaté que ces fers pouvaient être comparés aux meilleurs fers connus.

Les procédés de MM. Tessié du Motay et Fontaine économisent 80 fr. au moins sur la production d'une tonne de fer affinée au bois.

M. Barrault, après avoir indiqué le détail du prix de revient, expose alors une théorie très-détaillée, trop longue pour être reproduite ici, qui repose d'une part sur les théories déjà connues de MM. Karsten, Chevreul, Ebelmen et Leplay, et d'autre part sur les observations personnelles de MM. Tessié du Motay et Fontaine.

Il fait remarquer que cette théorie a pour objet d'indiquer la pensée dirigeante de MM. Tessié du Motay et Fontaine, et qu'il la donne comme explication caractérisant bien la nouveauté du procédé, qui consiste surtout, d'après lui, dans la combinaison nouvelle de moyens déjà employés, soit isolément, soit autrement, mais jamais dans les conditions qu'il expose, et donnant des résultats constants, identiques et supérieurs par des opérations raisonnées.

M. Barrault cite ensuite des expériences détaillées, faites dans plusieurs ateliers et à différents chemins de fer; les résultats de ces expériences indiquent des qualités supérieures dans le fer Tessié du Motay et Fontaine, et le font comparer aux fers d'Audincourt et de la Grainerie.

Enfin, M. Barrault conclut ainsi :

La tendance signalée dans les procédés Uchatius et Bessemer consiste dans l'action intime des réactifs sur la matière à transformer, à savoir : l'oxygène et l'eau du fer spathique agissant sur des fontes divisées mécaniquement, ou bien l'oxygène de l'air en jets divisés agissant sur la fonte en fusion.

Ces procédés sont les résultats d'une théorie juste, faite de prime abord, mais ne tenant pas compte de tous les phénomènes pratiques; la tendance est bonne, elle peut produire des résultats dans des circonstances favorables, mais non pas d'une manière permanente.

On constitue ainsi des systèmes ingénieux, mais non industriels; la pratique et l'étude pourront les compléter et en tirer plus tard des ressources importantes.

Le procédé du Motay et Fontaine, au contraire, découle d'une étude laborieuse des faits et théories connus et constatés, et reste dans les données usuelles, tout en se les appropriant d'une manière neuve.

Les changements qu'il apporte ne sont pas de nature à troubler les ouvriers spéciaux, qui peuvent tout de suite diriger des opérations qui leur sont familières; il réalise l'instantanéité d'action tout en suivant la tradition; en un mot, il constitue une innovation pratique, radicale par le fond, minime par la forme; il utilise le matériel existant et donne des fers remarquables à tous égards, pouvant fournir des aciers supérieurs, comparables aux plus beaux échantillons connus.

M. le président remercie M. Barrault de sa communication. Il fait observer que, pour avoir une idée exacte de la valeur des essais dont il a été parlé dans le mémoire, il serait bon de connaître le prix commercial des échantillons de fer de Mareuil et de MM. Tessié du Motay et Fontaine, seulement sous le rapport de la qualité.

Un membre dit qu'il avait eu communication du travail de M. Barrault avant qu'il fût lu à la Société. Après l'avoir écouté de nouveau avec attention, il lui semble que le mémoire n'a pas complétement tenu les promesses du titre. Dans ces dernières années, les études métallurgiques ont été poursuivies par un grand nombre d'ingénieurs. MM. Uchatius et Bessemer ont fait connaître des procédés dont les résultats, s'ils ne sont pas encore régulièrement obtenus, sont cependant remarquables. L'auteur du mémoire annonçait une comparaison qu'il paraît ne pas avoir faite.

Il regrette surtout que le nom de M. Adrien Chenot, qui a beaucoup fait pour le progrès de la métallurgie dans ces vingt dernières années, n'ait pas été prononcé. Dans un mémoire publié en 1855 par cet ingénieur, on trouve cependant bon nombre des idées émises par MM. Tessié et Fontaine, et notamment celles qui se rattachent au rôle que jouent le fer pyrophorique et l'oxygène à l'état naissant.

Le mémoire de M. Barrault se contente de donner d'une manière un peu trop générale peut-être la théorie de MM. Tessié et Fontaine sur les réactions métallurgiques et sur le rôle qu'y jouent certains silicates artificiels plus ou moins complexes; mais le vague laissé sur la composition de ces silicates, sur le mode et sur l'instant de leur emploi, ne permet peut-être pas de bien comprendre et d'apprécier le procédé réellement appliqué par les inventeurs.

Un grand nombre de systèmes métallurgiques exploités dans les derniers temps sont basés sur les mêmes principes. La fabrication directe des aciers a fait, dans ces dernières années, des progrès considérables que le travail de M. Barrault aurait pu rappeler, puisqu'il avait pour but un examen comparatif. Les beaux produits de MM. Pétin et Gaudet et ceux d'autres métallurgistes français auraient pu, de même, être indiqués. Néanmoins, si les échantillons produits par MM. Tessié et Fontaine peuvent être obtenus *couramment* aux prix annoncés, on doit reconnaître à leur procédé un avenir sérieux. Ainsi, tout le monde sait qu'à Seraing notamment, on produit dans le four à puddler des aciers qui se vendent à prix réduits.

Un autre membre remarque que le fait d'obtenir du fer de très-bonne qualité par le four à puddler n'est pas nouveau; à Vierzon et à Rozières, on fabrique de cette manière du fer excellent pour la marine.

M. Barrault répond qu'il y a cette différence que les fers de MM. Tessié et Fontaine sont obtenus à la houille, tandis que ceux de Vierzon et de Rozières sont des fers au bois.

Il indique que son mémoire actuel ne porte l'examen actuel que sur trois procédés, ce qui explique pourquoi il n'a cité ni M. Chenot ni les produits de MM. Pétin et Gaudet, ayant du reste indiqué qu'il évitait toutes les questions d'antériorité.

Le premier membre constate que les beaux résultats de la fabrication du fer remontent à l'introduction au Creuzot, à Vierzon, des fours à puddler à haute température, dits fours bouillants. On a pu de cette manière, dit-il, obtenir par le brassage un mélange plus intime qui favorise les réactions. On a pu surtout additionner, dès lors, en proportions plus grandes, des scories qui, liquéfiables à haute température, ont pu céder à l'état naissant si favorable, l'oxygène et le fer qu'elles contiennent. Tous les essais de nouveaux procédés datent de cette époque, et sont fondés à peu près sur les mêmes principes.

Un membre demande si on a comparé les fers de MM. Tessié et Fontaine avec ceux des forges de Clavières et de Boissy. Il remarque que l'essai sur quelques échantillons est tout à fait insuffisant, car il se présente souvent dans des fers de même provenance des différences considérables. Il demande en outre si le prix de revient des fers de MM. Tessié et Fontaine ont été comparés avec ceux des fers de Vierzon, fabriqués au four à puddler.

M. Barrault répond que les fers essayés ont été fabriqués en présence de M. Callon, ingénieur des mines, frère de notre honorable président, et que les échantillons ont été choisis par lui. Quant à la comparaison des prix de revient, il manque de renseignements à ce sujet, les expériences se faisant en ce moment; aussitôt qu'il en aura reçu, il s'empressera de les communiquer à la Société.

Écoutons maintenant les observations d'un métallurgiste théorique et pratique des plus compétents, l'ingénieur Delaveleye, qui a dirigé de très-grandes usines, à commencer par le Creuzot; nous nous rallions volontiers à sa manière de voir :

M. Barrault ne dit que quelques mots du procédé de M. Uchatius et paraît n'en connaître que ce qui a été publié par les *Annales des Mines*, il y a plus d'une année.

Les réflexions qu'il fait à ce sujet auraient été parfaitement applicables à l'époque où ce rapport a été publié; ce sont des réserves sur la réussite pratique du procédé. M. Barrault paraît croire que cette méthode est encore à l'état d'essai dans un laboratoire, et il termine en disant : « Il faut enfin que les échantillons fassent partie « d'une quantité considérable de produits dont on sache exactement « le prix de revient. »

Nous regrettons qu'un ingénieur aussi distingué que M. Barrault ne soit pas plus au courant des faits et ne sache pas que le procédé de M. Uchatius est employé en Angleterre sur une très-large échelle, aux grandes usines d'Ebbw Vale, et que depuis longtemps MM. Spencer et fils, de Newcastle, mettent ce procédé en activité sur une grande échelle.

Ces faits pratiques ayant eu lieu à la suite d'expériences très-concluantes faites à Londres, chez MM. Rennie, en présence des plus grandes notabilités de la métallurgie anglaise, le nouveau procédé de M. Uchatius n'est donc plus à l'état d'expérience de laboratoire, mais il est passé dans la pratique.

Le procédé de MM. Tessié du Motay et Fontaine consiste à employer, pendant le puddlage ou l'affinage, des silicates et des sels alcalins afin d'obtenir un fer d'une nature plus pure.

L'emploi de ces substances n'est pas nouveau; aussi ces messieurs ne font-ils porter leur invention que sur la manière de les employer et le moment précis où il est convenable d'en faire usage.

Le fer produit par cette méthode paraît jouir d'une qualité supérieure.

Quant à la question du prix de revient, l'expérience n'a pas encore statué sur les avantages que l'on peut attendre, sous ce rapport, des procédés de MM. Tessié du Motay et Fontaine.

En sidérurgie, la valeur d'un procédé s'estime en raison composée de la qualité du produit et du bas prix de revient.

Cela expliquera pourquoi nous attachons en général une grande importance à tenir nos lecteurs au courant du résultat des opérations manufacturières auxquelles on soumet les procédés nouveaux.

Le procédé de Chenot pour la fabrication de l'acier, dont nous avons déjà rendu compte, se trouve mis en exploitation manufacturière. L'établissement fondé à Charleroi par une société anonyme vient d'inaugurer l'usine construite.

On pourra donc bientôt connaître les produits, juger de leur qualité et de leur prix, et apprécier ainsi la portée industrielle de l'invention.

Puisse l'intéressante famille de cet inventeur, que les coûteuses recherches de son chef ont réduit à vivre dans la gène, goûter enfin un peu de ce bien-être dont elle a si longtemps été privée !

Adieu à ce digne martyr de l'invention, mort comme Lepaul et Lacassagne au moment du triomphe !

CCLXXIV.

On a longtemps cru que la métallurgie était arrivée à un état de perfection définitif. Le très-ancien fourneau *catalan* s'était répandu partout
comme les moulins à vent, par de serviles copies ; il en a été de même
des hauts fourneaux ; on croyait qu'en changeant un *iota* aux dimen-
sions indiquées par Karsten, d'après les Anglais, le fourneau serait
manqué ou ne donnerait plus les mêmes produits. On copiait tout,
jusqu'aux défauts les plus évidents ; nous croyons qu'un ingénieur
qui se serait permis la moindre correction aurait risqué d'être
destitué. Nous avons constaté plusieurs fois cette répugnance, surtout quand nous avons osé proposer d'utiliser le calorique perdu des
fours à coke, soit à faire de la vapeur, soit à faire de la chaux. Un
seul maître de forge, que les autres accusèrent de folie, M. Hannonet-
Gendarme, se livra à quelques essais qui firent réfléchir ses collègues,
et depuis, nous avons eu le plaisir de trouver notre idée appliquée
avec un succès complet par ceux-là mêmes qui l'avaient le plus vivement repoussée. Il en sera de même de l'emploi des laitiers, qu'on a
déjà convertis en produits admirables, en marbres silicatés, nacrés,
et racinés à volonté par une manipulation peu coûteuse, mais non
brevetée, ce qui fait que personne ne se soucie d'y mettre la main le
premier ; de sorte que l'Américain qui l'a importée il y a quelques
années sur le vieux continent, en a été pour ses frais de voyage.

CCLXXV.

N'est-ce pas grand dommage que les maîtres de forges ne sachent
pas s'associer pour construire une usine d'essais où toute proposition
qui semblerait raisonnable pût être expérimentée sous les yeux des
inventeurs ? Un billet de mille francs risqué par tous les maîtres de
forges de l'Europe, pourrait leur en rapporter des centaines de mille,
car il n'est pas douteux que la fabrication théorique du fer fait
d'immenses progrès en ce moment, sans qu'il soit possible de trouver
à les essayer. Les comtes d'Andelare et les ducs de Luynes sont rares
et peu persévérants ; s'ils prennent feu facilement, ils s'éteignent de

même, et l'archiduc Jean a été découragé et éreinté par sa rude campagne de Francfort.

Il y en a qui voudraient que les gouvernements se chargeassent de toutes les entreprises aléatoires, et qu'il fût permis d'attacher toutes les ancres de miséricorde aux coffres de l'État; mais ils sont trop légers aujourd'hui pour les empêcher de déraper.

CCLXXVI.

En règle générale, les gouvernements ne doivent rien faire, parce qu'ils ne savent rien faire à bon marché, et que s'ils ont des hommes de génie politique, ils n'ont guère d'hommes de génie industriel. On ne doit leur demander qu'une chose, c'est de veiller autour de l'atelier national pour permettre aux compagnies et aux particuliers de travailler en paix. Ce qu'ils peuvent faire de mieux, c'est de ne pas les entraver et de leur donner ce que certain ministère belge leur avait promis, la *sécurité* et la *stabilité*; car si les tarifs changent à tout instant, on ne peut compter sur rien, et les travailleurs se découragent ou s'échappent de leurs ateliers avec le peu qu'ils peuvent en sauver, comme les maraudeurs se sauvent d'un verger en emportant ce qu'ils y ont grapillé.

CCLXXVII.

Voici encore un nouveau procédé anglais pour fabriquer de l'acier par le puddlage, ce qui prouve que ce filon industriel est brassé, pétri et puddlé dans tous les pays avec une ardeur sans égale. Tandis que Gurlt, ingénieur allemand, s'ingénie à faire de la fonte et du fer au gaz, M. Brooman (1) s'efforce de traduire ces produits en acier par le puddlage.

---

(1) S'il n'y a rien à gagner en fait d'argent à faire des inventions, on pourrait du moins en tirer quelque honneur, quelque renom, quelque illustration même; mais ce bénéfice métaphysique a tenté certains agents de patente qui font accroire à leurs clients qu'il est bon, qu'il est avantageux et même nécessaire que les patentes soient prises en leur nom. L'inventeur qui ne sait pas un mot de ses droits et se sent incapable de débrouiller le chaos des lois et règlements sur la matière, se contente d'une *contre-lettre*.

Il en résulte que le nom seul des agents de patente accompagne la publication

On a observé, dit-il, que l'acier fabriqué dans les fours à réverbère n'était pas suffisamment pur pour les applications générales, et que dans quelques cas il était tout à fait mauvais. Ce défaut provient de ce que l'acier étant fabriqué au rouge cerise, la silice ne s'en sépare pas suffisamment bien à cette température. Pour effectuer cette séparation, il faut une certaine fluidité ou mollesse qu'on n'obtient qu'à une température bien plus élevée. En outre, la scorie qui est mélangée

---

des plus glorieuses inventions dans tous les journaux du monde, et doit même figurer obligatoirement sur les estampilles, étiquettes, contrats et transactions officielles.

Il est tel agent de patente d'une ignorance cramoisie sur les éléments des sciences physiques, chimiques et mécaniques, qui passe à l'étranger pour le plus fécond, le plus savant, le plus extraordinaire des inventeurs. Confiez lui la traduction de vos brevets, vous êtes à peu près sûr que vous n'avez pas de brevet, à cause des contre-sens et des non-sens que son ignorance lui fait commettre. L'un d'eux avait traduit comme suit la phrase française : Cette lampe d'écurie est à l'abri du vent, par : Cette lampe est à l'abri de la morsure des chevaux.

On voit figurer le nom de ces messieurs des centaines de fois sur les plus brillantes pancartes des expositions accolées aux machines et aux produits les plus beaux. Le moyen de ne pas retenir leur adresse, surtout quand elles sont émaillées de titres nobiliaires de contrebande comme tout le reste ?

Il n'est pas étonnant que les pauvres moutons d'inventeurs se précipitent les yeux fermés dans les bras de ces protecteurs du génie aux abois, sauf à reconnaître plus tard que leurs mains sont devenues des serres dont ils ne pourront s'échapper qu'ensanglantés et en y laissant le meilleur de leur toison.

Vous voyez que si les inventeurs sont des Prométhées qui dérobent le feu du ciel, ils ont aussi leurs vautours qui leur arrachent les entrailles avant qu'il soit rien entré.

Il nous semble que les gouvernements qui croient faire quelque chose pour les inventeurs en abaissant les taxes, devraient aviser au moyen d'empêcher d'avides intermédiaires de les doubler à leur profit ; ce qui serait très-facile en débarrassant les approches des bureaux de patente d'un tas de formalités compliquées et inutiles, pour les rendre directement abordables aux inventeurs mêmes, comme nous sommes parvenus à l'obtenir en partie en Belgique.

Il n'est pas un membre du Parlement, pas un homme du gouvernement anglais qui ne soit persuadé que la taxe des patentes est réduite à 4,800 fr. Nous les engageons à essayer, ils nous en diront de bonnes nouvelles et comprendront comment un simple *prête-nom* se fait 4 à 500,000 fr. de revenu autour du guichet où se délivrent ces prétendues cartes de sûreté de 14 ans contre les voleurs d'inventions.

Ces réflexions nous sont inspirées, non pas contre, mais à propos de M. Brooman, que nous tenons pour un fort galant homme, mais qui n'est nullement inventeur de la découverte qui porte son nom, ni de milliers d'autres qui lui sont attribuées contre son gré par les journaux technologiques de tous les pays.

à l'acier ne possède pas la fluidité nécessaire pour être expulsée par le martinet ou les cylindres.

Pour remédier à ces défauts de la fabrication de l'acier dans les fours à réverbère, on opère comme on va l'expliquer.

On commence le puddlage à la chaleur la plus élevée possible qui doit être portée au rouge blanc, ou aussi près qu'on peut en approcher, la température ne pouvant être trop élevée vers la fin de l'opération. Si toutefois les circonstances atmosphériques ne permettent pas d'atteindre ce degré de chaleur, on se contente du jaune paille.

Aussitôt que la fusion est complète, on brasse la masse et on continue ainsi jusqu'à la fin. Alors on jette dans cette masse en fusion une poudre à adoucir et purifier le métal, qui consiste en trois parties et demie d'un mélange de 2/3 sel marin et 1/3 peroxyde de manganèse pour 380 à 400 parties de métal en fusion. Si le four fonctionne bien, et quand l'opération est bien conduite, le métal se boursoufle par suite du contact du carbone du métal avec l'oxygène du manganèse, et reste en cet état jusqu'à la fin du puddlage. Quand le boursouflement tombe, et que le métal cesse de lancer des éclairs sur la sole du four où on l'agite, on augmente le feu pour soutenir ce boursouflement, mais quand le métal lance ces éclairs, c'est un signe de crudité et d'une trop grande fluidité, et alors il faut fermer le registre de la cheminée jusqu'à ce que ce métal granule. Le métal ne se liquéfiera pas de nouveau par une élévation de température, mais s'adoucira de plus en plus. En cet état, on pousse la chaleur au plus haut degré possible, et après que le carbone combiné mécaniquement au métal s'est complétement séparé, celui qui est combiné chimiquement commence à s'en séparer à son tour. Quand la fermentation est parvenue à ce point, les grains de métal qui résultent de la décomposition du carbone s'élèvent à la surface, et le métal en fusion commence à devenir corroyable par l'union des grains entre eux. Dès que cela a eu lieu, on cesse de brasser la masse, et on se contente de la rapprocher avec un ringard droit pour rendre le mélange complet et homogène. Quand tous les grains adhèrent, le métal est corroyable et l'acier est fabriqué ; on ferme la cheminée et on forme des lopins d'acier comme pour le fer. Vers la fin de l'opération, le four est de nouveau porté au rouge blanc ou au degré le plus élevé de chaleur qu'on puisse atteindre, et dès que les lopins sont formés, on les porte aussi vivement qu'il est possible sous le martinet ou aux cylindres.

Quand on traite de la fonte brute, aussitôt que la fusion est complète, on jette de la scorie froide dans le four, on ferme la cheminée et on commence à brasser pour granuler promptement et régulièrement le métal. Lorsque le grain est formé, on jette dans le four une partie et demie d'un mélange composé d'environ 1/3 sel marin et 2/3 manganèse pour 380 à 400 parties de métal. On ouvre graduellement la cheminée, et tant que le grain ne fond pas, on élève la chaleur. Parvenu à ce point, le four est porté à la plus haute température qu'on puisse produire; on y projette une partie trois quarts du mélange ci-dessus de sel et de manganèse, et on brasse sans interruption. Dès que le grain s'élève à la surface, on poursuit le travail comme on l'a expliqué pour le traitement du métal affiné.

Nous avons quelques raisons de croire que ce procédé a certains rapports avec celui de Seraing, qui produit des quantités énormes d'excellent acier, à des prix excessivement réduits, qui finiront par faire remplacer, dans la construction des mécaniques, le fer par l'acier.

CCLXXVIII.

Le principal avantage du procédé Gurlt dans la fabrication du fer au gaz, c'est de pouvoir immédiatement transformer le minerai soit en fonte de toute nature, soit en acier, soit en fer malléable; ainsi une seule opération permet de produire, aux moindres frais, des fers et des fontes supérieurs qu'on n'obtient actuellement que par des moyens détournés, à grands frais et avec de fortes pertes en métal.

L'emploi des gaz offre donc le moyen de conserver aux minerais leur plus grande valeur et, suivant leur *pureté* et *qualité*, de les convertir en produits supérieurs à ceux qu'on en retire aujourd'hui.

Si nous ne nous trompons, il nous semble que M. Avril a les mêmes prétentions, sauf qu'il emploie des gaz réducteurs ozonisés. Cela nous paraît bien savant, et vous verrez qu'après avoir passé par la haute complication, la fabrication du fer et de l'acier en reviendra au simple procédé indien, berbère et marocain, qui permet à deux charbonniers qui n'ont pour tout capital que leurs quatre bras de s'établir maîtres de forges et fabricants d'acier Wood au milieu des forêts. Robinson et Vendredi auraient pu en faire autant.

Ils bâtissent un haut fourneau d'un mètre environ. Ils le remplissent de charbon et soufflent avec un tronc d'arbre creusé muni d'un chiffon pour piston; quand le charbon est bien incandescent, ils y jettent par petites poignées cet excellent minerai qui se trouve sur les lieux. C'est du fond de la sole creusée en godet qu'ils retirent ces petits pains d'acier indien dont nos producteurs à grande envergure ne sauraient approcher. Il est vrai que le célèbre Krupp leur en remontrerait en fait de quantité.

LE VULCAIN PRUSSIEN.

On ne parlait que de l'acier Krupp à l'Exposition dernière; un grand industriel autrichien, M. Robert, qui s'y connaît, nous disait : Je ne passe jamais devant ce mystère sans ôter mon chapeau et désirer connaître cet homme extraordinaire qui cache si bien son secret que personne n'a pu le pénétrer encore, bien que des artilleurs de toutes les nations, en mission délicate, rôdent sans relâche, *sicut leo quærens quem devoret,* autour de ses ateliers d'Essen. Ces diplomates de la grapillerie officielle sont si nombreux qu'on a construit à leur intention, dans la bicoque d'Essen, un grand hôtel dont ils font la fortune, en attendant que les portes du Vulcain prussien cèdent à leur force de pénétration, seul but de leur trajectoire.

Voilà un inventeur qui a eu le flair assez fin pour éventer le piége aux brevets de six ans, tendu aux génies virils par le vieil eunuque berlinois qui s'est immortalisé en délivrant à Borsig, au seul de ses élèves qui soit devenu célèbre, un certificat *officiel d'incapacité.* Sans cette défiance, il y a plus de 30 ans que l'invention de Krupp, tombée dans le domaine public, serait livrée à l'adultération et délaissée à cause de ses mauvais produits à bon marché.

Mais, dira-t-on, le monopole qu'il exerce est intolérable, puisqu'il vend ses petits cylindres à laminer 6,000 fr. la paire, tandis qu'on en trouve ailleurs de tout à fait semblables à 200 fr. Eh bien! dit Krupp, achetez ceux-là ; je ne vous force pas de prendre les miens. — Nous préférons les vôtres parce qu'ils sont meilleurs. — Eh bien! alors, payez et ne marchandez pas !

Quels sont donc les richards, lui demandait-on, qui peuvent vous les payer un si haut prix ? — Ce ne sont pas des richards, répondit-il, ce sont de pauvres diables d'ouvriers tireurs d'or et d'argent, qui sacrifient souvent la totalité de leurs épargnes, pour s'en procurer une couple qui fait la base de leur industrie et devient pour eux une source de fortune; aussi les soignent-ils comme un patrimoine qu'ils pourront léguer intact à leurs enfants; tant il est vrai qu'on ne paye jamais trop cher un bon outil, une bonne machine.

Mais ce Krupp doit être un polytechnicien ou un magicien. Du tout, ce n'est qu'un ouvrier de bon sens dont le père s'est ruiné à la recherche de l'acier fondu et qui ne lui a pas dit en mourant :

Lass dich schimpfen,
Lass dich schlagen
Lass dich werfen in 's Hundeloch
Wirst doch werden ein reicher Mann,

comme les juifs polonais disent à leurs fils allant à la recherche de leur part de Palestine; mais il lui dit : Prends ton sac et ta blouse, va voir où en sont les Anglais; tu reviendras avec des idées plus larges pour poursuivre la mienne; sois toujours honnête, sobre, probe et laborieux, et tu réussiras. C'est ce qu'Adrien Chenot a dit à son fils en lui confiant sa théorie des éponges métalliques.

Ceci ne ressemble guère à ce que nous a répondu le père Dietz quand nous lui proposions de prendre un de ses fils avec nous pour aller étudier la locomotive de Hancock, qui roulait dans les rues de Londres. — Est-ce qu'il a besoin des Anglais, quand il a ici la tête de son père? s'écria-t-il avec cette magnifique suffisance, apanage infaillible de la sottise; s'il part, je lui crache à la figure et le chasse (sic). — C'est cette étonnante réponse qui nous a fait chercher et découvrir l'équation suivante, qui peut servir à mesurer la puissance de l'incapacité et de la sottise d'un homme; nous voulons bien en doter le domaine public sans indemnité. *L'angle de suffisance est le complément de l'angle d'insuffisance, plus l'un est aigu, plus l'autre est obtus.* Cette *élégante formule* ne nous a jamais trompé dans la tarification d'un individu quelconque, car elle s'applique aussi bien au maître qu'à l'ouvrier, au petit commis qu'au haut fonctionnaire.

Dietz est mort ruiné et Krupp a fait fortune; vous croyez peut-être qu'il aura eu la chance de trouver une grande société prête à l'aider de ses capitaux; nullement, car la société n'aurait pas manqué de lui chercher une querelle d'Allemand et de le renvoyer, selon l'usage, comme on a fait de Palmer, de Poirsin et de tant d'autres inventeurs, dès que les faiseurs croient tenir les procédés de ces mauvais coucheurs qui ne veulent pas suivre les conseils du conseil, composé cependant de messieurs très-comme il faut, mais qui veulent qu'on leur obéisse, puisqu'ils payent.

Krupp s'est donc établi dans un coin avec *deux ouvriers* seulement, qui n'ont cessé de tripoter pendant 17 ans avec lui, sans être dérangés par des actionnaires, ces intelligents spéculateurs, qui ne connaissent que les dividendes immédiats, qu'on est ordinairement forcé de prélever sur le capital afin de les apaiser.

Krupp occupe aujourd'hui 1,200 ouvriers en *chair et en os*, et cinq à six mille en *fer et en eau*, représentés par six ou sept énormes machines à vapeur, dont l'une est chargée de manier un petit martinet de 64 mille livres, y compris le manche de bois bardé et cerclé, et les supports, qui pèsent 34 mille livres. La tête de son marteau est un joli morceau d'acier de 15 mille livres seulement. Mais il lui fallait une enclume proportionnée, du poids de 208 mille livres, qu'il a fondue, en deux fois. Est-ce qu'un conseil d'administration lui aurait jamais permis une telle prodigalité, une telle folie? Allons donc! on l'aurait chassé ou enfermé.

Le moyen, direz-vous, de fondre de pareilles masses? — C'est on ne peut plus simple, en voici la recette exacte :

Prenez d'abord un four à réverbère contenant 36,000 livres, un premier cubilot contenant 48,000 livres, un second cubilot contenant 30,000 livres, un troisième, etc., etc., jusqu'à dose convenable, soufflez, chauffez et servez chaud; c'est très-aisé, comme vous voyez.

Nous avions proposé dans le temps de fondre par ce moyen, sur la butte Montmartre, à la mémoire de Napoléon Ier, un globe de fer d'un million de kilogrammes, au centre duquel on aurait placé ses cendres, qui eussent passé à la postérité la plus reculée, en défiant les dents du temps, les efforts de la barbarie et la rage des iconoclastes; mais la commission a répondu que cela était impossible, et elle a préféré un tombeau de marbre, qui ne durera pas mille ans.

Comment Krupp peut-il fondre d'aussi grandes masses d'acier, car il ne peut y employer les cubilots? — C'est encore plus simple, comme vous allez voir:

Il prend deux ou trois cents creusets de Hesse infusibles, remplis de 60 livres d'acier fondu; chaque creuset est porté par deux soldats aguerris au feu, ce qui ne fait que 4 à 600 hommes marchant sur deux rangs à la voix de leur commandant et dans un ordre de bataille parfait; deux creusets sont vidés à la fois dans la rigole, et en moins de dix minutes le tour est fait. Vous voyez que l'atelier de Krupp n'est pas autre chose qu'un de nos ateliers ordinaires vu avec une loupe qui grossit les objets d'une centaine de diamètres seulement.

Krupp, qui nous fait l'effet de Gulliver au pays de Lilliput, ne sera peut-être plus un jour qu'un lilliputien à Brodignac, dans les temps industriels de l'avenir.

Qu'est-ce que le misérable forgeron des temps mythologiques avec ses petits marteaux comparés au *macca* de Krupp, soulevé soixante fois à la minute par le souffle de quatre à cinq cents cyclopes qu'il tient enfermés dans une outre de fer?

Dites-nous donc comment il s'y prend pour faire un bandage de roue en acier corroyé non soudé? — Ce n'est que de la petite monnaie pour le Vulcain des bords du Rhin; il saisit un lopin d'acier rendu *parallélipipédique* par le *macca*, ce qui lui a fait donner le nom de *maquette*, comme vous savez ou ne savez pas. Ce lingot est égal en poids à la jante demandée; il y pratique une boutonnière à la scie circulaire, puis il l'élargit, non pas avec les doigts, mais avec des coins, et l'enfile sur le museau de son laminoir. Cela fait, il lâche la bride à son cheval de vapeur, la boutonnière s'arrondit et s'agrandit au point voulu, en conservant le rebord obligé des roues de wagon.

Mais vous, qui croyez aux tables parlantes, comment ne leur avez-vous pas demandé le secret de ce sorcier?

Voici ce qu'elles nous ont répondu : ce secret si bien gardé est de la nature de ceux de la franc-maçonnerie, qu'il n'est donné à aucun maçon de découvrir et de dévoiler, ou plutôt, c'est la fameuse *poudre de projection*, renfermée dans son porte-monnaie; la moindre pincée lui suffit pour affiner son acier au point de le changer en or. Comme vous avez vu avec ses laminoirs de 6,000 fr., ses ouvriers croient qu'il a fait un pacte avec le démon, mais cette explication ne vaut pas le diable.

L'atelier où se polissent ces laminoirs est fermé comme une citadelle et muni de grilles impénétrables. Quand on sonne, on entend ouvrir un petit *vasistas*, mais la poterne ne s'ouvre pas, à moins que le patron ne prononce le mot sacré, et il a soin de n'introduire que de grands personnages couverts de crachats, des princes, des ambassadeurs, des inspecteurs d'artillerie, des gens enfin dont la discrétion lui est assurée par leur aptitude à ne pas retenir les secrets de fabrique. Il leur fait voir des rouleaux qui tournent avec tant de précision et de vitesse, qu'ils s'en retournent convaincus qu'ils ne tournent pas.

Vous désirez peut-être savoir pourquoi Krupp a renoncé au *marteau-pilon*; c'est que le *macca* lui permet de tourner tout autour de l'enclume avec ses arbres de 30,000 livres, et de manœuvrer à l'aise ces monstrueuses manivelles d'acier qu'on lui commande de toute part, même de la Chine, dit-on.

Krupp fait aussi des canons d'acier, mais il a éprouvé, ou, pour mieux dire, on lui a fait éprouver, dans les épreuves, quelques échecs qui l'ont un peu dégoûté des comités d'artillerie; il garde surtout rancune à celui de Woolwich, qui a fait crever sa plus belle pièce; car on peut tout faire crever : il n'y a qu'à donner le coup de pouce au bon endroit; la *calle en fer* n'est pas faite pour les manchots, ni les *charges à outrance* non plus. Cependant le comité de Vincennes n'a pu venir à bout d'une de ses pièces, qu'on a remplie de poudre et placée la gueule en terre. La pièce a sauté à plus de trente mètres, mais elle est retombée en tournoyant vierge de toute offense. Nous avions cependant entendu sortir d'une bouche auguste, quelques jours auparavant, les paroles suivantes : Les canons d'acier doivent se briser comme verre, — *j'ai des rapports*, — mais c'est excellent pour les cuirasses, qui pèsent trois livres de moins, et c'est quelque chose que trois livres sur le corps d'un cent-garde.

Il y a non loin de là une fabrique d'acier qui fond des cloches à 1 fr. 50 c. le kilogr.; mais elle ne fait pas peur à Krupp, qui prétend malicieusement que quand on fondra la cloche, les actionnaires ne trouveront pas qu'elle rend un son aussi argentin qu'on le leur avait fait entendre.

CCLXXIX.

Nous ne savons si on a déjà pensé à unir le fer à l'acier dans la confection des bouches à feu par le procédé Verdié, de Firmini. Mais il nous semble qu'on trouvera là la solution complète du problème des canons inexplosibles, qu'aucun rapport secret ne pourra faire éclater comme verre, ni même comme acier, car l'*union fait la force*. Qu'on se le dise !

CCLXXX.

Un ingénieur belge des plus instruits en métallurgie, fondateur du *Moniteur des intérêts matériels*, M. Delaveleye, ancien directeur du Creuzot, a donné une explication du procédé Bessemer et de plusieurs autres qui sont fondés sur le principe de l'ébullition du métal par l'insufflation de l'air comprimé dans le bain, qui doit faire abandonner cette théorie comme vicieuse au premier chef.

Il est vrai qu'elle n'a été comprise que par le petit nombre de maîtres de forges qui ont conservé les premières notions de la physique élémentaire, et qui se rappellent qu'un bout de fil de fer rougi et plongé dans l'oxygène, entre en incandescence, se fond et se volatilise au point qu'il n'en reste rien. Ce qui se passe dans l'oxygène pur se passe également dans l'air comprimé, comme le démontrent les maréchaux ferrants en présentant le bout d'une barrette de fer rouge au courant d'air de leur tuyère pour la faire brûler comme une chandelle. D'après cela, rien n'est plus aisé à comprendre que le procédé ou l'erreur de Bessemer qui souffle de l'air à haute pression sur sa fonte en fusion. Il est bien évident qu'il ne fait que brûler une partie de son fer pour faire bouillir l'autre, et que s'il ne s'arrêtait pas, il le brûlerait en entier; de là, le déchet qu'il avoue dans le rendement; de là aussi, la mauvaise qualité de son métal hybride, qui n'est ni de l'acier, ni de la fonte, ni du fer fort. On conçoit bien qu'il n'y reste ni silicium, ni soufre, ni phosphore, ni aucun de ces corps que l'on croit étrangers au fer, et qui en sont peut-être des parties constituantes indispensables quand elles n'y entrent que dans les proportions nécessaires.

Nous croyons encore que le procédé Bessemer, appliqué à des minerais trop chargés de ces éléments hétérogènes, gagnerait en qualité ce qu'il perd en quantité; mais il faudrait connaître à des signes certains l'instant où il convient d'arrêter la soufflerie, ce qui nous semble très-difficile, et ne sera pas tenté par nos maîtres de forges, satisfaits des profits qu'ils font par les vieilles méthodes. Ainsi, l'abbé Pauvert vient de se faire patenter en Angleterre pour un procédé chimique qui change le fer fondu le plus commun en bon acier dans les fours à *puddler*, par la simple addition d'une substance dont il suffit d'avoir le nom. Mais, pour cela, il faudrait écrire à Londres et dépenser quelques schellings pour se procurer le texte de la patente du pauvre inventeur, que le gouvernement livre au premier venu. Eh bien! ils aimeront mieux attendre qu'on le leur apporte pour rien, et encore risque-t-il d'être accueilli, comme nous l'avons été, en conseillant à l'un de ces *matadors* de placer des rognures de tôle et des riblons de fer dans les rigoles où il fait ses coulées pour obtenir de la fonte Sterling, si estimée en Angleterre.

Nous avons eu beau lui expliquer que le carbone en trop de la fonte blanche, se portait sur le fer qui devenait fusible dans le cubilot et donnait une excellente matière à moulage; il nous regarda d'un air de doute mêlé de dédain, et nous tourna le dos. Depuis lors, il a cessé de nous saluer comme un impertinent qui s'est permis de lui donner une leçon, à lui le directeur de quatre à cinq hauts fourneaux, grands comme des cathédrales. Le procédé Sterling est pourtant une vieille chose très-rationnelle, mais il n'a encore passé la Manche que dans des bulletins industriels que nos burgraves ne savent pas lire; ils imitent en cela les hauts barons de la féodalité, ils attendent les trouvères de la technologie, qu'ils hébergent et dont ils s'amusent un moment, mais ils ne croient pas à leurs enseignements. On a bien raison de dire que nous sommes en plein féodalisme industriel, puisque les mêmes choses qui se passaient dans le moyen âge se reproduisent en ce moment.

La haute industrie surtout est encore livrée à l'empirisme le plus grossier; il n'est pas d'élève de l'École des arts et métiers, pas de garçon pharmacien qui ne soit étonné des énormités qui se transmettent d'âge en âge dans les fabrications anciennes; il en est qui sont encore soumises à la superstition du vendredi, des signes secrets et des paroles magiques, pour faciliter la combinaison de certaines substances. Le brave chimiste Van Mons lui-même nous a assuré qu'appelé souvent par ses élèves qui ne pouvaient venir à bout d'obtenir certaines réactions, il lui suffisait de quelques signes de la main pour opérer les combinaisons désirées.

Ne serait-ce pas là un effet du phénomène de la foi, qui opère des miracles chez les Aïssassouas, les Indous et les peuples enfants ou simples d'esprit?

Nous pensons que la vérification de l'existence ou de l'absence de cette prétendue force initiale métaphysique mériterait de faire l'objet d'un prix Monthyon de grande valeur.

La négation absolue des corps savants ne suffira bientôt plus à la raison publique, en présence de l'accumulation des faits appuyés de témoignages nombreux et honorables arrivant de tous les pays.

Si quelqu'un avait prévu l'existence du monde microscopique et décrit sa population moléculaire, il est évident que les académies eussent pris cela pour un mensonge, ingénieux peut-être, mais insoutenable au point de vue des connaissances acquises, ce qui tend à faire croire que nous possédons le dernier mot de toutes choses. En ce cas, nous toucherions à la fin du monde; la grande énigme devinée, le sphynx n'aurait plus qu'à piquer une tête dans le néant. Mais nous ne savons encore le tout de rien, pour ne pas dire rien du tout.

La découverte récente de la pile et du rôle que l'électricité joue dans l'univers physique devrait pourtant nous rendre plus humbles et plus prudents, puisqu'il est probable que la découverte de l'électricité métaphysique ne tardera pas à nous mettre à même d'expliquer aussi bien les phénomènes de la vie morale et spirituelle que l'électricité physique nous permet d'expliquer les phénomènes de la vie végétative et minérale.

Retournons à la mécanique de destruction, la plus estimée des souverains, qui font grand cas des machines à tuer avec vitesse; aussi le canon Montigny, dont on ouvre et ferme la culasse d'un tour de vis, a-t-il attiré l'attention de plusieurs gouvernements. Mais le difficile problème du chargement par la culasse nous paraît définitivement résolu par le capitaine Engstrom, qui vient de l'offrir à l'empereur des Français. Il est très-simple, comme tout ce qui est bon, hommes et choses; il ne s'agit que d'un robinet à deux oreilles entrant à baïonnette dans la culasse du canon; une fois entré, on lui fait faire un demi-tour; deux mentonnets réservés sur le robinet viennent s'appuyer sur les parties latérales intérieures de la culasse évasée. Cette idée évidemment pratique est venue en même temps à un capitaine d'artillerie belge, M. de Brogniez; cela n'est pas surprenant : le poulet était à terme, il devait briser sa coque; la fleur était mûre, elle devait s'épanouir vers le même printemps ; c'est l'*anneau brisé* de Cavalli qui l'a fait éclore.

CCLXXXI.

En fait de mécanique militaire, il paraît que les Anglais marchaient à l'arrière-garde, car Woolwich en était encore, quand nous l'avons visité, à la triste machinerie si pompeusement décrite par le baron Charles Dupin; il n'a fallu rien moins que le manifeste de l'empereur Nicolas pour réveiller le Léopard endormi.

Nous avons entendu, de nos oreilles étonnées, en pleine paix et en plein Parlement, le fameux amiral Napier sommer le ministère de demander de l'argent pour la guerre; on vous en donnera, disait-il,

tant que vous en voudrez, pour fortifier nos ports de refuge et augmenter notre marine militaire, car nous allons avoir la guerre avec
la... France; c'est moi qui vous le dis! Le ministère, tout en niant le
pronostic, ne s'est pas fait répéter deux fois de demander de l'argent;
mais on doit avouer qu'il l'a bien employé, en renouvelant ses vieux
arsenaux et en y introduisant les machines les plus perfectionnées de
tous les pays; de sorte que ce gouvernement se vante de posséder
aujourd'hui des ateliers aussi complets et aussi avancés que ceux de
l'industrie privée. C'est glorieux pour un gouvernement; il est vrai
qu'il a dû tirer plus de 200 machines diverses des États-Unis, de
France et de Belgique, outre les 800 qu'il a demandées à l'industrie
privée anglaise. Quant à celles du cru, il est juste de dire qu'on en
doit deux ou trois à l'inspecteur Anderson et au capitaine Boxer,
lequel a reçu, pour ses fusées à longue portée, une gratification de
500 liv. sterl., chose inouïe jusqu'alors, et qui a étonné tout le monde,
car on s'attendait à le voir mettre à pied, en vertu de bonnes vieilles
traditions qui ne permettent pas à un employé de l'État de faire des
inventions. (Voir le procès Minié.)

On a commencé par dépenser 800,000 fr. pour une grue qui fait
en un jour l'ouvrage qui en exigeait huit auparavant, avec une armée
d'ouvriers aidés des inutiles galériens de Woolwich. Le revenu net
de cette grue a été tel, que son capital d'installation s'est trouvé
amorti en six semaines, preuve qu'on ne peut payer trop cher une
bonne machine de force et de vitesse.

Pour ne citer que l'atelier des baïonnettes d'acier, nous dirons
qu'on y a consacré assez d'argent pour que le prix de revient de ce
joli bijou à faire des boutonnières abdominales, qui était de 7 schellings, soit descendu à 3. Il sort achevé et fini, comme une pièce de
monnaie, de la série de 76 machines et opérations à travers lesquelles
il doit passer. Voilà ce que c'est que la division du travail officiel.
Vous verrez que l'industrie privée fera bientôt des baïonnettes d'un
seul coup.

Mais une des branches importantes de ce riche arsenal, c'est la
confection des bombes de fer forgé en forme de bouteilles de Champagne. Cette fabrication emploie quatre machines à vapeur et sept

marteaux-pilons ; il en sort 200 bombes par jour, prêtes à servir aux Chinois, qui nous les renverront pleines de mercure, leur bambou n'étant pas assez solide.

Quant aux projectiles moulés, la dépense en machinerie s'est élevée à plus d'un million. La méthode de moulage par abaissement des cadres est un chef-d'œuvre de précision dû au génie assez compliqué, mais exact, de l'inspecteur Anderson.

Ne vous étonnez pas après cela que l'Angleterre sente le besoin d'utiliser les produits de ce bel outillage, et qu'elle cherche des débouchés dans tous les coins du monde, avant que les autres nations lui fassent concurrence.

Soyons donc polis avec les diplomates anglais, quelle que soit la hauteur de leurs manières, car ils ont la main sur la garde d'un grand sabre. Woolwich est la Durandale de l'Angleterre.

Patience donc, laissez faire l'oxygène, ou attendons que ce grand sabre se soit ébréché contre la muraille chinoise.

Interea fugit irreparabile tempus,
Tempus edax rerum.

VERDIÉ.

Pour terminer la relation de ce que nous connaissons de plus neuf en métallurgie, nous ne devons pas oublier l'invention de M. Verdié, de Firmini, qui a fait l'application de la devise nationale belge, *l'Union fait la force,* en mariant le fer à l'acier. De ce mariage, sortiront de grands avantages pour l'industrie en général et les chemins de fer en particulier, comme le conste un certificat des ingénieurs du chemin de fer de Lyon, qui déclare que les roues aciérées ont fait un nombre de kilomètres trois ou quatre fois plus grand que les roues de fer, sans avoir besoin d'être remises sur le tour.

M. Verdié nous informe qu'il vient enfin de réussir à garnir d'une couche d'acier fondu le champignon des rails, et qu'il est maintenant en mesure de fournir le matériel du grand *vertébral*, chemin de fer à grande vitesse, dont l'annonce a déjà fait le tour du monde, au grand scandale des *impossibilitaires*. Nous pouvons ajouter que les épures de l'*omnium* sont terminées.

L'omnium est le nom donné par l'inventeur, à la grande voiture qui doit remplacer notre chapelet de petits wagons breloquants, si sujets à dérailler.

On sent qu'une pareille masse, capable de porter dans ses flancs six cents voyageurs ou six cents tonnes de marchandises, exige non-seulement des roues, mais des rails aciérés établis sur une charpente de madriers solides.

CCLXXXII.

Disons d'abord comment s'y prend M. Verdié pour unir l'acier au fer d'une façon indissoluble (1).

Prenons une tige de piston de machine à vapeur qui a besoin d'une grande rigidité unie à une grande solidité sous un petit volume; ce qui est très-favorable pour glisser dans une boîte à étoupes, avec le moins d'usure possible. M. Verdié fait rougir presque à blanc le fer fort de sa tige, la couvre de borax en poudre et la place au centre d'une lingotière, dans laquelle il verse aussitôt un creuset rempli d'acier fondu à l'avance.

On comprend que le borax détache et liquéfie les parcelles d'oxyde

---

(1) Le procédé Verdié, qui ne peut s'appliquer qu'en grand, laissait le petit forgeron en pénurie pour souder le fer et l'acier en petites masses, avec le simple outillage de forge ordinaire ; on avait bien préconisé certains secrets dont le succès, fort douteux, ne réussissait que par exception. M. Rust, inspecteur des salines royales de Bavière, profitant des données du procédé Verdié, a réussi à souder le fer à l'acier fondu par le moyen suivant, clairement décrit :

Prenez une poudre composée de

   36 grammes d'acide borique,
   30 grammes de sel marin décrépité,
   27 grammes de prussiate de potasse jaune,
   8 grammes de colophane.

Pour se servir de ce mélange, on assemble, par les moyens ordinaires, les deux pièces à souder, et l'on a soin d'en enlever tout l'oxyde qui peut se trouver sur les surfaces de contact. On chauffe alors jusqu'au rouge-cerise, on retire les pièces du feu, et l'on projette sur la jonction autant de mélange qu'il peut y en adhérer; on replace les pièces dans le feu, en y ajoutant encore un peu de poudre, si on le juge nécessaire, puis du sable de bonne qualité, que l'on dispose comme pour une soudure ordinaire. On donne alors une chaude soudante, qui ne doit cependant pas être assez forte pour que l'acier se gerce sous les coups du marteau, dont on

qui pourraient se former, l'acier pénètre dans les pores du fer ouverts par la chaleur, et le refroidissement s'opère sans tiraillement. On peut s'assurer aisément de l'intimité de cette union par des coupes et des cassures, fort intéressantes à étudier à la loupe ; on voit clairement qu'il y a pénétration intime des molécules du fer par celles de l'acier fondu.

On sent à combien d'usages doit se prêter un pareil métal, qui peut même recevoir la trempe intégrale ou partielle sur les axes de frottement.

Aussi l'usine de Firmini, département du Rhône, la seule de ce genre qui existe en ce moment, est-elle en grande activité et en prospérité croissante.

On comprend que les roues peuvent recevoir le même traitement sans avoir rien à redouter du retrait. Les engrenages et toutes les pièces de mécanique en général peuvent être ainsi revêtues d'une enveloppe d'acier fondu. Ce n'est plus qu'une question de moules de fonte ou de sable vert. Nous sommes porté à croire que M. Verdié a mal rédigé son brevet et qu'il a oublié de se réserver l'application de son système à l'enrobement des métaux quelconques, les uns par les

---

modère d'abord les chocs. Pour ménager l'acier, on fait porter, pendant la chaude, le coup de feu principalement sur le fer; et, comme ce dernier, qui forme ordinairement la plus grosse des deux masses, s'échauffe avec moins de rapidité que l'acier, on y supplée le mieux possible ;en portant le fer seul au rouge-cerise prononcé avant d'assembler les deux pièces ; on enlève l'oxyde par quelques coups de lime donnés rapidement, et l'on dispose immédiatement l'acier.

Comme preuve de la bonté de ce nouveau moyen, on peut ajouter que si, par mégarde, la température est élevée trop haut, et que l'acier se désagrège sous le marteau, ses parcelles rapprochées avec soin sur l'enclume, traitées de nouveau par la méthode prescrite et couvertes de poudre, se réunissent et se ressoudent sans que leur qualité en souffre sensiblement.

Pour souder de l'acier sur de l'acier, on emploie un mélange un peu différent, et composé des matières suivantes, finement pulvérisées :

>   41 grammes d'acide borique,
>   35 grammes de sel marin décrépité,
>   15 grammes de prussiate de potasse jaune,
>   8 grammes de carbonate de soude desséché.

Au moyen de cette dernière poudre, on soude l'acier sur l'acier avec un plein succès.

autres, puisque M. Gugnon-d'Osse s'est fait breveter pour des robinets de fonte recouverts de cuivre, ce qui doit en diminuer considérablement le prix. Mais cet inventeur a été *selligué* comme tant d'autres. Nous ne dirons pas le nom de son corsaire, parce qu'il est d'usage de ménager cette classe intéressante de la société, qu'on ne désigne jamais que sous le pseudonyme de M. X.

Quand c'est un homme haut placé, à celui-là l'impunité est acquise; c'est à peine si on ose en parler en parabole, comme les esclaves fabulistes parlaient des vices de leurs maîtres, trop stupides souvent pour s'en apercevoir, puisqu'on était obligé de leur dire : *Fabula de te narratur.*

L'ESCLAVE DE SOCRATE.

Certain jour Socrate houspilla,
D'une étrange et verte manière,
Un esclave insolent qui se réfugia,
En menaçant, sur la gouttière.
En se voyant à sa merci,
Socrate changea de langage :
Mon cher ami, soyez plus sage,
Ne vous exposez pas ainsi!...
Lui dit-il d'un ton radouci,
— Eh quoi, vous ménagez ce valet insolent,
C'est honteux! — mais ma chère,
Répond Socrate à sa mégère,
Je suis forcé d'être prudent ;
Élevée aussi haut cette méchante bête,
Pourrait bien nous jeter des tuiles sur la tête.
Ce n'est pas lui vraiment,
C'est le poste important,
Occupé par ce drôle,
Qui m'oblige à jouer ce rôle,
Et m'engage à cacher mon indignation.

Combien de gens dont on méprise
L'outrecuidance et la sottise
Sont flagornés, pour la position
Qu'ils occupent au ministère
Ou dans la presse ou dans la chaire,
Lorsque l'on fait attention
Au mal qu'ils peuvent faire.

Nous ne citons personne, car c'est de l'histoire ancienne; ceux de nos maîtres qui sont assez intelligents pour se reconnaître, nous blàmeront de mêler des vers à notre prose, ils nous accuseront de vouloir imiter Chapelle et Bachaumont, et d'employer des moyens illicites pour soutenir nos opinions, etc.

Mais comme c'est autant pour nous amuser que pour leur déplaire que nous écrivons, nous continuerons à saupoudrer leur suffisance de toutes les vérités suroxygénées qui nous tomberont sous la main.

CCLXXXIII.

Montons à présent sur le grand vertébral, dans la station de Bruxelles, et partons pour Paris ; une heure après, nous entrons dans la gare du Nord. Chacun saute à terre, d'autres nous remplacent, et, sans se retourner, l'*omnium* repart pour Bruxelles, où il arrive pour repartir encore après déjeuner ; car l'*omnium* fera l'office d'une navette entre les deux capitales. Les rencontres ne seront plus à craindre, puisqu'il sera seul ; les déraillements non plus, car il enjambera les quatre rails de la double voie.

Les huit roues travaillantes, de six mètres de diamètre, porteront sur les rails du milieu, et les dix roues galets, d'un mètre 50 centimètres seulement, porteront sur les rails extérieurs.

L'*omnium* aura trois étages ; l'inférieur ou rez-de-chaussée servira pour les marchandises ; ce chargement en contre-bas fera sa sûreté contre les déraillements ; les secondes occuperont le milieu de l'*omnium*, et les premières l'impériale, sur laquelle on montera par de bons escaliers. Cette place d'honneur, entièrement vitrée de belles glaces de Sainte-Marie-d'Oignies, laissant voir passer la campagne, se composera de deux grands salons de dix mètres sur six, et de plusieurs cabinets particuliers, que nous regardons comme très-inutiles, attendu la rapidité du voyage, qui permettra tout au plus de fumer un cigare entre Paris et Bruxelles.

Cette voiture unique portera trois chaudières accouplées dans ses bâtis rendus rigides par des fermes de fer analogues à celles qui soutiennent les ponts Vergniais, les ponts Cadiat ou toutes sortes d'autres ponts modernes, car on a travaillé ferme aux longues portées en architecture comme en artillerie, depuis les ponts tubulaires Stephenson et Fairbairn jusqu'à la carabine Delvigne et Minié.

Rien n'empêcherait de faire courir sur un chemin de fer le pont-tube de la Mersay en lui mettant des roues.

On conçoit que sa rigidité le préserverait de tout accident et que les voyageurs ne s'apercevraient ni d'un rail enlevé, ni d'un pont ouvert, ni du bris de quelques roues, ni de la rencontre d'un troupeau qui serait ramassé par un chasse-vaches et jeté dans la campagne, si mieux on n'aimait l'emporter dans son tablier.

Les mécaniciens seraient abrités contre le vent sous une cage vitrée d'où ils manœuvreraient leurs locomotives accouplées comme les huit roues travaillantes, ce qui permettrait de monter les rampes les plus considérables.

Les fourneaux, munis de grilles à gradins, seraient activés par le vent produit par la locomotion ; une grande cheminée couchée horizontalement sur l'impériale de l'*omnium* et ouverte aux deux extrémités en pavillon, fournirait un tirage suffisant pour supprimer la tuyère soufflante des locomotives ordinaires qui leur prend plusieurs chevaux de force.

On voit que l'*omnium* serait un vaisseau roulant au lieu d'un vaisseau flottant. La fusion de vingt petites voitures en une grande n'est pas plus difficile que la fusion de vingt petits bateaux en un vaisseau de ligne, de vingt petites compagnies d'éclairage en une seule.

Les chances d'accidents diminueraient dans la même proportion, puisque chaque wagon, chaque roue, chaque essieu qui se brise dans un convoi actuel peut causer la perte de tout ce convoi. Notre grande voiture, où tout est solidaire et où le bris d'une pièce est paré et réparé par plusieurs autres, présenterait certainement cent fois plus de sûreté que le mode actuel. Il nous reste à rassurer le *Constitutionnel,* qui prétend qu'avec une pareille vitesse on n'aurait plus ni le temps ni la possibilité de respirer.

Cette crainte enfantine est assez générale pour qu'il soit besoin de la dissiper en disant que l'air est emporté avec le voyageur, comme l'atmosphère avec la terre ; ce qui empêche le critique du *Constitutionnel* de s'apercevoir qu'il fait 375 lieues par heure par le simple mouvement de rotation. Nous ne voulons pas lui dire le chemin qu'il fait par le mouvement de translation, car il aurait si peur qu'il voudrait s'en aller, comme Arnal.

Tout cela n'est qu'une question d'échelle et d'outillage, et n'offre plus de difficultés sérieuses depuis l'invention du laminoir à museau de MM. Pétin et Gaudet, qui fabriquent des bandages circulaires du diamètre que l'on désire. Ces messieurs nous disaient un jour qu'ils ne pouvaient se lasser d'admirer la merveilleuse facilité et la pression avec laquelle leur nouvel outil exécutait un bandage avec son rebord avant que le fer ait eu le temps de se refroidir. Leur énorme marteau-pilon, qui a confectionné les épaisses cuirasses des batteries flottantes, a bien plus étonné les Russes, qui ne tarderont pas à imiter les Français, à les dépasser peut-être, car on leur épargne les tâtonnements en leur ouvrant les arsenaux et les ateliers.

La première annonce du chemin de fer à grande vitesse et à grande section a trouvé autant d'incrédules que les chemins à petite section et à petite vitesse qui vont bientôt entourer le globe de cercles de fer, comme un vieux pot fêlé, a dit un poëte allemand.

LE VIEUX SOURD.

Oui, grand-papa, je vous l'assure,
Je viens de voir à travers la clôture
De notre vieux jardin,
Passer une longue voiture,
Qui sans chevaux allait grand train.
Les animaux de la prairie,
S'enfuyaient en cabriolant,
Devant un noir dragon portant la tête au vent.
— Toujours la même rêverie !...
— Orné d'un beau panache blanc,
Il courait comme un ouragan
Éternuant, ronflant, beuglant.....
— Votre crédulité, ma chère enfant, me lasse...
— Mais écoutez : le voici déjà qui repasse ;
N'entendez-vous donc pas le sifflet retentir ?
— Bah, bah ! ce sont des bruits que Rothschild fait courir !!!

Ne racontez pas de merveilles
Aux aveugles privés d'oreilles...

Tout chef-d'œuvre nouveau de l'esprit ou de l'art
Par la foule imbécile est pris pour un canard.
Le bateau de Fulton, ô comble d'infamie !
Fut traité de canard en pleine Académie.

Le sot niera toujours ce qu'il ne peut comprendre ;
Pour lui le merveilleux est dénué d'attrait ;
    Il n'entend rien ou ne veut rien entendre :
Tel est de l'incrédule un fidèle portrait.

Il n'y a pourtant pas plus lieu de s'étonner du grand *omnium* que du *Grand-Oriental* que nous avons visité dernièrement sur le chantier de Scott Russel, en compagnie d'un Américain, qui prétend que le jour où il sera lancé, lancement qui coûtera un demi-million, on en fera un quatre fois plus grand aux États-Unis. Les Yankees sont capables de tout; ils ne voient pas pourquoi l'on n'aurait pas un jour des îles flottantes comme celle de Délos, avec des jardins et des prairies, ce qui serait un préservatif des plus efficaces contre le mal de mer.

Nous ne savons pas pourquoi tant de gens s'irritent contre toute idée ou projet grandiose, du moment où sa réalisation ne présente rien de matériellement impossible, d'après l'état d'avancement des sciences physiques et mécaniques, les seules qui progressent et progresseront toujours.

CCLXXXIV.

A l'annonce d'une nouvelle découverte quelconque, on entend les oisons crier au canard ! On dirait vraiment que tout le monde a été mordu par un canard enragé ; serait-ce encore un résultat de la philosophie sceptique de Voltaire ? Nous préférons le *nil mirari* d'Horace, au *tutto negare* de l'Arétin. Le *que sais-je ?* de Montaigne, le *wie weet ?* de Cats, le *¿ quien sabe ?* de Calderon, nous semblent plus modestes et plus prudents que les grands mots *impossible, absurde* de nos modernes émancipés. Nous leur donnerons donc une petite leçon de canarderie philosophique qui en vaut bien une autre par sa nouveauté. Écoutez :

Autant les canards politiques sont dangereux dans les journaux, autant les canards scientifiques bien faits sont utiles. Il suffit souvent de dire qu'une chose est exécutée en Amérique ou ailleurs pour la faire entreprendre et réussir quelque part.

CCLXXXV.

Nous confessons ici que depuis plus de trente ans nos succès en ce genre ont dépassé notre attente. C'est le canard du médecin suédois qui ressuscitait des animaux gelés dans son congélatoire, qui a engagé M. Geoffroy Saint-Hilaire à geler des serpents, des anguilles et autres animaux à sang froid et à les rendre à la vie en les dégelant avec certaines précautions. C'est nous qui avons donné à M. Séguin l'idée de conserver des crapauds dans du plâtre, et dit qu'il existoit en Suède une machine à faire chauffer la soupe par le frottement, et tant d'autres suppositions basées sur des principes scientifiques plus ou moins connus, mais qui ne font qu'exciter l'imagination des chercheurs et les portent souvent à réaliser des choses nouvelles. Ainsi, pour avoir imprimé qu'un tube de caoutchouc vulcanisé n'était qu'une mamelle qui permettait de traire une citerne comme on trait une vache, nous avons donné naissance aux pompes de caoutchouc dont l'importance est telle qu'elle excite en ce moment un grand conflit en Autriche, et que le consul général, M. le baron James de Rothschild, nous demande officiellement l'historique de cette invention que nous venons de lui envoyer pour terminer ce débat.

Car on en est encore en Autriche, comme en Prusse, à la recherche de la paternité des découvertes, laquelle est quasi impossible et remonte presque toujours à un œuf de canard qui a gagné des plumes à force de passer sous celle des journalistes.

Voici notre réponse à M. James de Rothschild, qui trouve d'autant mieux sa place ici qu'elle fait connaître l'historique exact d'une invention destinée à avoir le plus grand retentissement dans l'industrie ménagère :

MONSIEUR LE CONSUL,

Je m'empresse de vous envoyer les renseignements que vous me faites l'honneur de me demander par votre lettre du 12 mai dernier sur les pompes rotatives de caoutchouc, sans pistons, ni soupapes, dont je me suis beaucoup occupé, comme vous le dites, et que j'ai fait enfin breveter en Belgique et en France le 26 juillet et le 4 août 1854,

Un ingénieur de Cette, M. Leclerc, m'avait précédé légalement de deux mois, mais lui-même avait été précédé de deux ans par M. Guibal, tandis que Franchot, l'inventeur de la lampe modérateur, nous avait précédés tous, bien qu'il n'eût pas pris de brevet, ayant reconnu par expérience que ses galets intérieurs tiraillaient et crevaient ses tubes.

Tous les autres concurrents étaient tombés dans la même erreur. Le ou les galets roulants ont été trouvés inapplicables dans la pratique, ils sont donc tombés dans le domaine public, bien qu'ils aient été inutilement brevetés depuis par trois Anglais, Denison, Mecnamara, etc., le 17 avril 1855.

Un seul brevet reste en vigueur, c'est celui dont je vous envoie le plan et la description. C'est aussi le seul qui m'ait donné des résultats constants et sans aucune usure depuis trois ans que je l'essaye. C'est la substitution aux galets lamineurs d'un excentrique qui ne fait que presser le tube, croisé et roulé sur la surface interne ou externe d'un cylindre.

Vous voyez, monsieur le consul, à quels embarras s'expose un gouvernement qui veut rechercher la paternité d'une invention. Vous avez découvert celle-ci, parce qu'elle est moderne et que je suis par hasard à même de vous la donner exacte. Cependant il y aurait bien encore un réclamant honorifique antérieur à l'invention des tubes de caoutchouc. C'est l'ingénieur Bourdon, de Paris, qui avait employé un boyau de chat roulé sur un cylindre pour faire monter l'huile dans une lampe. Le principe sans soupape s'y trouve, mais non pas l'excentrique qui résout seul le problème jusqu'à ce qu'on en trouve un meilleur.

Ne vaudrait-il pas mieux avoir un *Moniteur* spécial, dans lequel chacun ferait insérer son idée au moment même où elle est conçue, sans ces absurdes formalités qui nuisent tant à l'industrie de tous les pays? Par exemple, si les brevets ne coûtaient pas si cher, l'Autriche jouirait de ma pompe depuis trois ans, tandis que personne ne la construira probablement, tout le monde ayant le droit de l'exploiter; car personne ne se soucie de faire les premiers frais d'établissement dans la crainte d'être ruiné par un plus riche que lui; car on trouve

toujours un plus riche que soi, à moins qu'on ne s'appelle Rothschild.
J'ai l'honneur d'être, etc.

CCLXXXVI.

Défendre les canards, réhabiliter les canards, donner des leçons
de canarderie scientifique, quel crime abominable, quelle audace!
va s'écrier le genre masculin des précieuses ridicules. Hélas! canard ou
fétiche, chacun a le sien, gloire, fortune, honneurs, patrie et liberté,
pour qui chacun se ferait tuer... Le lecteur achèvera la phrase, et la
fable suivante achèvera la pensée.

LES DEUX COQS.

Un coq hardi de la vieille Angleterre,
Au coq gaulois vient déclarer la guerre;
Sous les *murs* de *Paris*,
On ouvre les paris,
Et *pic*, et *pan*, et *claque*,
Chacun au mieux s'attaque,
Se déplume à qui mieux;
L'un saigne au bec et l'autre aux yeux;
Le rouge est roulé dans la crotte,
Le blanc a la crête en compote.

C'était hideux de voir avec quel feu,
Quel courage
Et quelle rage
Ils se battaient pour un enjeu
Qu'ils n'avaient mis ni l'un ni l'autre.
— Ils étaient bien fous
Direz-vous,
C'est mon avis comme le vôtre;
Mais les guerriers,
Qui s'écharpent pour des lauriers,
Sans en tirer plus d'avantages,
Vous semblent-ils beaucoup plus sages

Si les fétiches font des miracles, pourquoi les canards ne feraient-
ils pas des merveilles?

N'est-ce pas en publiant que le pacha d'Égypte avait découvert que
les sources de Moïse n'étaient que des puits forés, avec la baguette de

fer dont le conducteur des Hébreux s'était muni pour traverser le désert avec ses fuyards, que l'idée lui vint de nous faire inviter par son ami Drovetti à porter notre premier équipage chinois en Égypte pour essayer de fertiliser le désert?

CCLXXXVII.

N'est-ce point pour avoir fait chez M. Jomard, à un jeune Égyptien devenu ministre, un canard sur les oasis, qu'on va en couvrir l'empire des Pharaons? Nous lui soutenions pertinemment que toutes les oasis devaient leur existence à des puits forés par les anciens Égyptiens qui connaissaient la sonde artésienne. Vérification faite, notre canard rétrospectif s'est trouvé vrai, à tel enseigne que M. Degousée est chargé de percer une ligne de puits sur la limite du désert, qui s'opposeront mieux à l'envahissement des sables que les pyramides de M. de Persigny.

Car, chose extraordinaire, il ne manque que de l'eau au désert pour fixer le sable ou plutôt la farine de silex de cet ancien lit de mer, pour obtenir la végétation spontanée la plus plantureuse, et rien n'est plus facile à percer, paraît-il, que la roche qui recouvre le *baharlat al reel*, ou mer souterraine qui règne sous le grand désert du Sahara, lequel ne couvre pas moins d'un million de lieues carrées, qui seront un jour rendues à la culture.

Qu'on ne s'étonne pas qu'une pareille idée soit venue si tard; c'est que la sonde artésienne est une redécouverte toute moderne et que le procédé chinois n'était pas connu en Europe et ne le serait pas encore, si nous ne l'avions couvé comme un canard viable, contrairement à l'idée de M. Héricart de Thury, qui l'avait tué dans son œuf en le traitant d'absurdité ou de mensonge propagé par un missionnaire ignorant ou crédule.

CCLXXXVIII.

Un canard doit venir de loin, ce qui montre qu'il a des ailes; mais s'il naît parmi les siens, ils refusent de le reconnaître: *sui eum nunquam recepere.*

Aussi le canard du logophore, né à Bruxelles, n'a-t-il pas trouvé un seul banquier pour lui prêter une plume; ils nous disaient: Posez votre tuyau entre Anvers et Bruxelles, et si cela va bien, nous prendrons des actions.

Ce canard a dû passer la frontière pour chercher les croyants qu'il ne put trouver en Belgique, où il commence à peine à montrer son bec. Aujourd'hui les tuyaux logophoriques ou acoustiques se fourrent partout, dans les hôtels, les ateliers, les maisons de commerce et les châteaux.

Nous disions au Congrès scientifique de Douai, qu'il ferait le tour du monde sans que la voix cessât de se faire entendre, d'après l'avis conforme de l'illustre physicien Biot, qui nous écrivit à cette époque une lettre d'encouragement de quatre pages. « Biot, Biot, nous disait un banquier israélite, connais pas cette firme, n'ai pas confiance aux nouvelles maisons. »

Il est vrai que nous étions jeune et persuadé que tout le monde devait connaître les princes de la science.

On conseillait au plus riche marchand d'huile de Marseille d'inviter M. de Humboldt à dîner. « Humbol, Humbol, qu'est-ce c'est ça? *crompa d'oli,* monsu Humbol? » S'il eût été marchand d'huile, le savant berlinois eût été magnifiquement traité par le Crésus marseillais.

CCLXXXIX.

Pour en revenir au *canard savant,* il faut bien accepter ce sobriquet dont les ignorants baptisent indifféremment toutes les inventions, les plus rationnelles comme les plus folles. Quiconque a la faculté d'en pondre, doit aller les couver loin de son pays, sous peine de les voir étouffer par les amis et les compatriotes. Mais s'il revient en vainqueur, ceux-là qui l'ont le plus maltraité, sont les premiers à s'atteler à son cabriolet; il doit avoir alors le droit de les fouailler, comme ils le méritent :

LA LAMPE SOLAIRE.

Que cette lampe est ridicule !
On dirait un vrai potiron,
Implanté sur une canule.
Ça n'est pas joli, mais c'est bon.
Aussi voyez comme elle éclaire,
Voyez quels faisceaux de lumière
Elle projette à l'horizon !
Ce n'est vraiment pas sans raison
Qu'on la nomme lampe solaire.
Mais pour éclairer son pourtour.
Il est besoin d'un abat-jour
Qui répercute sur sa base
Le flot brillant qui s'extravase.

Plus d'un artiste de talent
Répand au loin des torrents de lumière,
Sans qu'on s'en doute aucunement,
Dans le cercle obscur qui l'enserre;
Mais quand les réflecteurs de la presse étrangère
Éblouissent les yeux de l'éclat de son nom,
Ne peut-il pas alors, sans beaucoup de scrupules,
Se moquer du tas de canules
Qui l'ont pris pour un potiron ?

Quand d'entêtés négateurs, vitupérateurs et contempteurs de toute idée nouvelle sont contraints de se rendre à l'évidence, ne devrait-on pas avoir le droit de leur frotter le nez dans la lumière, comme on frotte le nez du chat dans ses ordures pour le corriger? Voilà un problème à proposer par l'Académie des stériles, qui vaudrait bien celui de trouver le nom de famille de la troisième femme du comte Louis de Maele.

CCXC.

Ceux qui voudraient prendre la peine de rechercher le feuilleton de l'*Indépendance* du 1er avril 1848, y trouveront l'annonce de la pose du premier fil électrique entre Douvres et Calais, telle qu'elle s'est

réaliséo quelques anuées plus tard. Ils y liront également ces lignes :
« Avant dix ans, les négociants du *stock exchange* auront toutes les
heures des nouvelles do leurs comptoirs de Calcutta. » Eucore une
année, qui sera la dixième, et cette prédiction scra très-exactement
accomplie. Qui sait si ces canards n'y sont pas pour quelque
chose ?

Quand M. Dumas donna sa première leçon à la Sorbonne sur la
lumière électrique, M. Donné écrivit dans les *Débats* le non-sens qui
suit :

« C'est probablement la brillante expérience que M. Dumas a faite
bier, qui a donné lieu à ce canard qui a couru les journaux, il y a
quelques mois, d'un Allemand qui éclairait sa chambre à l'aide d'un
globe de verre, au moyen de deux fils de cuivre partant d'une pile
électrique placée dans un coin. »

Nous écrivîmes à M. Donné en lui envoyant cet article, coupé dans
un numéro du *Courrier belge*, et le priant de rectifier ce *lapsus calami*,
en vertu duquel le fils serait plus âgé que le père. Mais M. Donné
s'est abstenu de mentionner sa bévue. Ce sont ces nombreuses chipe-
ries qui nous font désirer la création d'un *Moniteur* officiel des inventions, où chacun irait faire insérer ses canards scientifiques pour
leur donner date certaine. On pourrait alors rendre à César ce qui
appartient à César, au lieu de donner à Pierre ce qui appartient à
Paul, comme cela se pratique depuis ce bon Virgile.

CCXCI.

La propriété honorifique d'une idée neuve, de quelque nature quelle
soit, a bien son mérite. Nous ne trouvons pas les journaux parisiens
assez délicats sur ce chapitre; car ils puisent dans ceux de la province
et de l'étranger une foule d'idées qu'ils n'ont que la peine de rha-
biller pour se les approprier. Demandez plutôt à M. G. de C... combien d'emprunts il a faits au *Courrier belge*, sans tenir compte de nos
réclamations.

L'obligation de la signature que nous avons enfin fait adopter dans
plusieurs pays, n'a rien changé à cet état de choses. Les rédacteurs

responsables se tirent d'affaire avec les mots : *pour copie conforme,* empruntés à l'argot de la basoche.

C'est que la piraterie, le maraudage et le plagiat sont devenus comme l'état normal de la société actuelle.

Le mal est monté si haut et descendu si bas que la législature est impuissante à le réprimer et n'ose pas même l'attaquer de front ; ainsi, la *marque de fabrique,* qui est devenue la nécessité la plus urgente de notre époque d'adultération et d'empoisonnement, n'a-t-elle pu parvenir au conseil d'État, en traversant toutes les chambres de commerce de France, que sous la forme inefficace de la *marque facultative.*

CCXCII.

Quel singulier progrès législatif que celui qui fait dépendre les lois répressives de l'assentiment de ceux qu'elles sont destinées à réprimer ! Jamais les anciens n'auraient imaginé cette ingénieuse politesse. Jamais l'empereur du Maroc ne demanderait aux pirates leur adhésion à une loi destinée à supprimer la piraterie.

Mais nous avons changé tout cela ; le savoir-vivre constitutionnel exige que les lois répressives des vices du peuple soient faites par le peuple ; aussi ont-elles perdu leurs formes draconiennes pour revêtir un caractère de mansuétude anodine et de bénignité tout à fait digne de notre haute civilisation.

Les crimes d'autrefois sont devenus des délits, et les délits de simples contraventions de police. Cinq francs d'amende contre qui empoisonnera les consommateurs de ses vins frelatés ; dix francs pour la récidive ; c'est charmant. On voit bien que l'on a consulté les marchands de vins sur ce point délicat, ainsi du reste.

LES ABEILLES ET LES FRELONS.

Grâce à la Constitution,
Grâce au droit de pétition,
Nous pouvons donc, pauvres abeilles,
Nous adresser sur timbre aux dieux,
Et dénoncer ces monstres odieux,
Qui pillent le fruit de nos veilles
Et s'engraissent à nos dépens.
A bas les frelons fainéants !

L'identité du corsage
N'établit point le parentage,
Et nous leur dénions
Le droit communiste et sauvage
De piller nos provisions.

Touché de leur doléance,
L'Olympe dans sa clémence
Convoque les plus gros frelons,
Pour leur soumettre cette affaire.

Les frelons, direz-vous, mais ce sont les larrons
Dont on se plaint ; jamais corsaire
N'a condamné corsaire,
Et jamais loup, dit-on,
N'a mangé loup, car ils préfèrent le mouton
Comme substance alimentaire.

— O Jupiter omnipotent,
Apprenez donc un secret important ;
Les frelons ne sont pas les maris des abeilles,
Pas plus que les corbeaux les maris des corneilles !
— Je sais, je sais, dit le dieu souriant,
La main dans le gilet et d'un air suffisant ;
Mais vous savez aussi qu'en cette grave affaire,
On ne peut contenter tout le monde et son père ;
Et je dois bien, avant de porter mes arrêts,
Consulter les grands intérêts.

Contre la fraude quand on crie,
Quand le commerce est aux abois,
N'ayez donc pas la bonhomie
De lui faire donner des lois,
Par les frelons de l'industrie ;
C'en serait fait et de l'essaim,
Et de la ruche, et du couvain.

Si vous voulez d'aventure
Supprimer la pourriture,
N'allez pas à ce propos
Consulter les asticots.

Pour dessécher un marécage,
Ne consultez pas davantage,
Les grenouilles et les crapauds,
Qui barbotent dans les roseaux.

Ne faites non plus la bévue,
De prendre l'avis des filoux
Sur l'éclairage de la rue
Et l'utilité des verrous.

Or, après avoir pris l'avis des chambres de commerce sur la marque obligatoire, M. Cunin-Gridaine se décida à proposer la marque *facultative* à la Chambre des pairs. Cette loi peut se résumer en substance en deux articles, que voici :

ART. 1er. Chaque fabricant est tenu de marquer ou de ne pas marquer sa marchandise.

ART. 2. Tout fabricant qui marquera ou ne marquera pas ses produits, n'est passible d'aucune pénalité quelconque.

Donné aux Tuileries, etc.

La révolution de 1848 a empêché cet admirable projet d'être présenté à la Chambre des députés ; c'est grand dommage. M. Cousin a dit à ce propos qu'il était inutile de demander sa carte à un voleur.

La fraude continue à croître et enlaidir ; le nouveau ministère a reconsulté les chambres de commerce, et de leur avis est sorti la transaction suivante :

La marque est déclarée *facultative,* sauf à la rendre plus tard *obligatoire* pour certains produits, si le besoin s'en fait sentir.

Mais pour engager les fabricants à adopter une marque, on en fera une propriété dans le genre de celle des brevets, laquelle tombera dans le domaine public après 15 ans, sauf à la renouveler de 15 en 15 ans : faveur interdite aux inventeurs, on ne sait pourquoi.

Si donc il arrivait que Jean-Marie Farina oubliât cette relevance après 15 ans, car on ne l'avertira pas plus du moment de l'échéance que les inventeurs, sa firme, son parafe, son timbre, ses vignettes et son papier, tomberaient dans les mains de milliers de contrefacteurs qui font une eau de senteur quelconque, dont ils inonderaient l'Orient et l'Occident, le Midi et le Septentrion, aux dépens du légitime propriétaire.

Est-ce qu'une marque ne doit pas être perpétuelle et héréditaire comme un nom de famille, un surnom, même un sobriquet? Est-ce qu'on peut être forcé de se débaptiser tous les 15 ans?

On dirait qu'on a voulu ménager une porte de sortie à ceux qui auraient déshonoré leur marque. Dans ce cas, ceux qui souillent leur nom par un crime, réclameraient le même privilége.

CCXCIII.

Il faut convenir qu'il y a là un singulier renversement de la pyramide sociale qu'on essaye de remettre sur sa pointe en face de celui qui est venu la remettre sur sa base.

Nous pensions, au contraire, qu'il fallait que la marque servît de fondement à la constitution d'une *noblesse industrielle*, parce que *noblesse oblige* à conserver son écu sans tache pour le léguer à ses enfants. C'est du moins ainsi que les Anglais considèrent la marque, dont la valeur s'accroît avec le temps et devient un capital chronique dont la France s'est gratuitement privée, en interdisant la vente ou la transmission à des tiers d'un nom, d'une firme ou d'une enseigne achalandés par une longue suite d'honnêtes prédécesseurs.

Mais ce n'est pas une marque. une lettre, un chiffre, un emblème que nous voudrions voir sur tout ce qui se met en vente, c'est le nom même en toutes lettres du fabricant; bien convaincu que pas un d'eux n'oserait l'appliquer sur une marchandise frelatée.

Quand on se reporte à l'origine des marques, on trouve que les blasons ou signes différentiels ont commencé par le tatouage des sauvages qui reconnaissent ainsi leurs chefs, et l'on s'explique aisément la raison pour laquelle les premiers fabricants ne mettaient pas leurs noms en toutes lettres : c'est qu'ils ne savaient pas écrire et que les acheteurs ne savaient pas lire. Les uns faisaient une croix, les autres une figure ou arme parlante quelconque, qui était aussi facilement lues que les hiéroglyphes par un peuple illettré (1).

CCXCIV.

Aujourd'hui le nom et l'adresse en toutes lettres est le seul moyen de répondre aux besoins de notre époque, car une marque connue de fort peu de clients, n'est qu'un masque derrière lequel un délinquant peut encore trop bien dissimuler sa personnalité; ce n'est pas ainsi

---

(1) *A la Croix d'or, au Lion d'or, au Chien vert, à la Main bleue, au Loup, au Renard, au Cygne, à la Cloche, au Grand Cerf*, etc., étaient les marques de commerce du moyen âge.

qu'on atteindra le but qu'on doit se proposer, de faire accepter à chacun la responsabilité morale de ses œuvres.

On a mis en avant l'impossibilité de marquer tous les produits.

Nous avons fait de ce chef une étude spéciale, dont il ressort, à nos yeux, qu'il n'est rien qu'on ne puisse revêtir d'une marque ou d'un nom; par exemple le vin en fût.

Voici ce qu'on nous disait : J'achète une barrique de clos Vougeot marquée, je la vide, j'y mets du vin d'Audoor ou du vinaigre des quatre voleurs et je la revends. Comment Ouvrard pourrait-il être responsable de cette fraude? — Ce n'est pas lui, c'est vous qui devez l'être, et voici comment : Ouvrard grave ou brûle sa marque sur le fond du tonneau et la barre au moment où il vous l'envoie, comme on macule un *timbre-poste* avant d'expédier une lettre, afin qu'il ne puisse servir deux fois. Vous en faites autant en expédiant ce tonneau de seconde main, et ainsi de tous ceux qui le reçoivent et le revendent. De cette façon, la responsabilité devient directe, immédiate, d'homme à homme et à charge du dernier endosseur, précisément comme une lettre de change.

Cela aurait de plus l'avantage de montrer l'itinéraire que le vin a parcouru, vint-il des Indes, ce qui lui donne une grande valeur.

CCXCV.

Voilà cette impossibilité devant laquelle ont reculé tous les législateurs, parfaitement levée par la combinaison du timbre-marque avec l'endos des papiers de commerce.

On a parlé des dentelles; mais il n'y a qu'à les mettre dans un carton scellé du sceau du marchand, et de tout le reste de même.

Le plus grand fabricant d'iode de France, établi au Conquet, près de Brest, M. Tissier, se plaignait de l'impossibilité où il était de se garer de la contrefaçon, même en plaçant sa marchandise dans des bocaux fabriqués exprès avec son nom dans la pâte et force cachets et étiquettes sur les bouchons. Le fraudeur vidait adroitement le flacon, le remplissait d'iode frelaté et le revendait à son grand profit et au détriment de l'honnête fabricant qui a soutenu de ce chef plusieurs procès qu'il a perdus, n'ayant pu méconnaître l'authenticité de ses flacons et de ses étiquettes. C'eût été tout autre chose si l'on n'eût pu lui présenter que des flacons brisés.

Nous l'avons aisément tiré d'embarras, en lui conseillant de fermer ses flacons à la lampe d'émailleur ou avec une goutte de verre fondu.

Un pareil moyen pour toutes les matières de prix est ce qu'il y a de plus parfait, même pour les vins de qualité dans la valeur desquels le verre n'entre que pour une somme insignifiante. Nous avons droit de nous étonner qu'une idée aussi simple ne soit encore venue à personne. M. Tissier, qui fabrique la quantité fabuleuse de six mille kilogrammes d'iode, tiré du varec, qui abonde sur les côtes de Normandie, et qui emploie un nombre prodigieux d'ouvriers à cette récolte, avait été parfaitement oublié par le jury de l'Exposition. L'empereur en ayant été informé, fit venir M. Tissier de sa province aux Tuileries, d'où il sortit décoré de la Légion d'honneur. Il est consolant de dire qu'il ne fut pas le seul industriel dans le même cas, et nous avons la satisfaction d'avoir contribué à la réparation de plusieurs oublis de ce genre.

CCXCVI.

Nous revenons à nos marques, parce que nous tenons à épuiser les questions organiques que d'autres se contentent d'effleurer. Effleurer, c'est beaucoup dire, car personne que nous sachions n'y a fait la moindre attention, bien que ces questions touchent aux racines mêmes de la civilisation.

On nous a objecté l'impossibilité de faire respecter sa marque à l'étranger. Nous avons répondu que si les négociants demandaient la légalisation de leur marque par le timbre du gouvernement, tous les consuls et agents diplomatiques auraient le droit de poursuivre les contrefacteurs en vertu de leur *exequatur* qui leur ordonne de faire respecter le pavillon, les monnaies, les timbres et les coins de l'État qu'ils représentent. Il n'y aurait donc pas un pays civilisé où la contrefaçon ne pût être atteinte par ce moyen.

Nous trouvons dans le *Journal des Débats* la relation du grand banquet de l'Exposition de 1854, le premier cri jeté en faveur de la marque obligatoire au milieu d'une assemblée composée des mille premiers industriels de France, du haut d'une tribune sur laquelle nous avions été littéralement porté de force.

Voici la fin de l'article des *Débats* :

« Le président de la République a serré la main à M. Froment-Meurice et s'est retiré accompagné de MM. Odilon Barrot, Dufaure et Lanjuinais, et aux cris répétés de : *Vive le président de la République! Vive Napoléon!*

« Après les toasts, M. Jobard, directeur du Musée belge, a prononcé une allocution dans laquelle il a remercié l'assistance de l'accueil cordial que Paris a fait aux visiteurs étrangers, et qu'il a terminée en portant le toast suivant :

« A la propriété industrielle garantie par les lois! à l'abolition de toutes les « contrefaçons internationales!

« A la *marque obligatoire* légalisée par le gouvernement!!

« Au président du banquet, élu par l'industrie! Au président de la République, « élu par la nation! »

« Ainsi s'est terminée cette fête de famille, qui a couronné la grande solennité de l'Exposition quinquennale de l'industrie française. »

Cette bonne semence a germé dans l'esprit des fabricants honnêtes, car à la dernière Exposition nous avons été invité par une réunion de grands industriels à leur faire connaître nos impressions sur ces grandes olympiades du travail libre, dont les siècles anciens les plus brillants n'ont jamais fourni d'exemple.

Il paraît que nous avons été compris en parlant de la marque, puisque l'assemblée s'est levée comme un seul homme, en prenant l'engagement de se former en société civile pour soutenir la marque *obligatoire* et la *propriété* des œuvres de l'art et de l'esprit dans tous les pays du monde civilisé.

L'annonce de la constitution d'une société protectrice de la probité nationale en dehors de l'administration officielle qui tient à tout réglementer elle-même, l'a forcée de sortir de sa torpeur, elle a fait annoncer qu'elle allait présenter elle-même une loi sur les marques. Le but de la société civile paraissant atteint, celle-ci s'était tenue dans une respectueuse attente, mais elle vient de se réveiller en apprenant qu'il ne s'agissait encore que de la *marque facultative*. Voici la pétition, pleine de bon sens et de bonnes raisons, qu'elle vient d'adresser à qui de droit, qui n'y fera probablement pas attention, parce que son siège est fait, et que son projet, rédigé et imprimé, doit aller son petit train.

A SON EXCELLENCE MONSIEUR ROUHER,

MINISTRE DE L'AGRICULTURE, DU COMMERCE ET DES TRAVAUX PUBLICS,

Le Comité de l'Association universelle pour l'adoption de la marque de fabrique et la défense de la propriété industrielle.

Les soussignés, membres du Comité de l'Association universelle pour l'adoption de la marque de fabrique et la défense de la propriété industrielle,

Après avoir pris connaissance du projet de loi concernant les marques de fabrique et de commerce ;

Considérant que ce projet de loi, gage manifeste de la haute sollicitude du gouvernement, ne saurait produire ses plus utiles résultats qu'à la condition de répondre, dans ses dispositions essentielles, aux besoins réels et aux impérieuses exigences de la situation industrielle ;

Considérant que l'importance du projet de loi réside tout entière dans ces deux questions capitales : la question du principe de la marque et la question des pénalités ;

Considérant, à ce double point de vue, que l'insuffisance et l'inefficacité du projet ressortent avec éclat du texte de la loi comme des considérations de l'exposé des motifs ;

Au point de vue du principe de la marque :

Considérant que, dans le but de justifier le rejet du principe de la marque obligatoire, l'exposé des motifs articule que ce principe a toujours été plus ou moins repoussé par les corps officiels ;

Considérant que cette articulation, en présence des manifestations opposées qu'il est permis d'invoquer, ne saurait avoir une portée absolue ;

Qu'il est constant, en effet, que la Chambre des pairs, tout en maintenant le principe de la marque facultative, avait mis le gouvernement en demeure d'aviser, dans l'intervalle des sessions, aux moyens de remédier aux abus désastreux qui avaient été signalés ; que c'était là l'implicite aveu de l'insuffisance de la marque facultative ;

Considérant que le principe de la marque obligatoire a été successivement réclamé par la Société d'encouragement, par le Conseil général de la Seine, par le Congrès scientifique de Reims ;

Que le même vœu a été formulé par le jury central de 1849 dans les termes suivants : « Le jury central, à l'unanimité, émet le vœu que le gouvernement « reproduise le projet de loi sur la marque obligatoire des produits de l'industrie, « afin d'éviter des fraudes à la fois condamnables et désastreuses. »

Considérant que les arguments produits à l'appui du principe de la marque obligatoire et cités, pour le besoin de la réfutation, dans l'exposé des motifs, sont fondés en droit et en fait sur la raison, la justice et la vérité ;

Considérant que l'exposé des motifs allègue à tort que le système de la marque obligatoire serait impossible à mettre en pratique pour la plupart des produits ; que les objets cités à ce propos, les dentelles, les châles, les écharpes, les mouchoirs, les cristaux, peuvent facilement recevoir une marque fixe ; que ce fait résulte victorieusement de l'exemple pratiqué par des manufacturiers, membres du Comité de l'Association et signataires du présent acte ;

Considérant que, si la forme de la marque varie nécessairement suivant les produits, il n'est aucun produit qui ne puisse être marqué ; que les poisons, le projet de loi le constate, sont forcément soumis à la marque, et que devant ce fait décisif, toutes les objections tirées de l'impraticabilité de la marque s'évanouissent complétement;

Considérant que l'article 1er du projet de loi, en réservant au gouvernement la faculté de déterminer, par des décrets d'administration publique, les industries auxquelles la marque obligatoire deviendra applicable, reconnaît, mais par exception seulement, la nécessité de ce principe; qu'il y aurait lieu de renverser les termes de cette disposition, de poser comme règle le principe de la marque obligatoire, et de réserver au gouvernement la faculté de dispenser par exception de la marque certaines industries;

Considérant que l'exposé des motifs présente, comme un obstacle à l'application de la marque obligatoire, la nécessité où se trouve quelquefois le fabricant de livrer au commerce des produits *défectueux ou mal réussis*, attendu que ces produits, s'ils portaient une marque, nuiraient à la réputation du fabricant;

Considérant qu'il n'y aurait, pour le fabricant, aucun inconvénient sérieux à marquer de pareils produits, s'il avait soin d'en indiquer, par un signe quelconque, la nature et la qualité; qu'il ne serait même pas nécessaire d'imposer, dans la loi, cette indication complémentaire; que l'intérêt du fabricant constituerait, à cet égard, une prescription très-efficace;

Au point de vue des pénalités:

Considérant qu'une sévère répression de la fraude constitue la garantie la plus sûre de la propriété industrielle; mais que le projet de loi ne formule, à cet égard, que des pénalités insuffisantes;

Qu'il importe d'atteindre efficacement le contrefacteur des marques et dans sa fortune et dans sa liberté; qu'il ne faut pas seulement punir l'usurpation formelle et matérielle de la marque, mais qu'il est urgent encore de réprimer sans hésitation, jusque dans leurs déguisements les plus subtils et les plus spécieux, la contrefaçon et la fraude;

Au point de vue des autres dispositions du projet de loi:

Considérant que la loi projetée pose le principe de la réciprocité internationale en matière de garanties industrielles; qu'il importe au plus haut degré d'assurer à ce principe fécond les plus larges développements; que, grâce aux efforts persévérants du gouvernement, la protection légale couvre aujourd'hui partout, dans le monde entier, la propriété littéraire et la propriété artistique; que les œuvres de l'industrie attendent à leur tour la même protection;

Considérant enfin que le gouvernement prépare une législation nouvelle sur les brevets d'invention, ainsi que sur les dessins et les modèles de fabrique; qu'il y aurait une haute utilité à combiner cette double législation avec la loi des marques de fabrique et de commerce; que l'industrie se trouverait ainsi heureusement dotée d'un code spécial et complet;

Par tous ces motifs, et vu l'urgence, supplient Son Excellence monsieur le Ministre de l'agriculture, du commerce et des travaux publics, de vouloir bien, par sa haute initiative, déterminer *le retrait du projet de loi* sur les marques de fabrique et de commerce.

Les soussignés ont la conviction profonde qu'une enquête ouverte par leurs soins et avec le concours de l'Association sur cette importante matière leur permettrait de fournir, d'une manière utile, les renseignements les plus pratiques et les plus précis, et qu'ils obtiendraient, par vingt mille, les adhésions de l'industrie aux principes qu'ils ont à peine aujourd'hui le temps d'indiquer.

Ils osent espérer que le gouvernement de l'Empereur, qui a déjà tant fait pour l'industrie, daignera, dans sa suprême sagesse, lui ménager le premier et le plus grand des bienfaits : une législation efficacement protectrice.

Paris, le 27 avril 1857.

Les membres du Comité,

Ch. Christofle,	fabricant d'orfèvrerie, grande médaille d'honneur.
Henri Plon,	imprimeur-éditeur de l'Empereur, médaille de prix à Londres, médaille d'or et médaille d'honneur.
E. Frédéric Hébert fils,	fabricant de châles cachemire, seule médaille d'honneur.
J. B. Bouillet,	fabricant de confections et broderies, médaille de 1re classe 1855.
Ch. Depoully,	ancien fabricant de soieries et d'impressions, ancien président du conseil des prud'hommes, médaille d'or.
Fortier,	fabricant de châles, trois médailles d'or.
Fr. Croco,	fabricant de tissus, médaille de 1re classe.
Aug. Lefebure,	fabricant de dentelles, trois médailles d'or, médaille d'honneur.
F. Barbedienne,	fabricant de bronzes, deux council medal à Londres, grande médaille d'honneur 1855.
Gandillot frères,	fabricants de fers creux, médaille de prix à Londres, médaille de 1re classe 1855.

Voilà une démarche qui honore les derniers demeurants de la probité commerciale d'un grand pays, auquel ils cherchent à rendre son ancienne réputation de bonne foi, tellement compromise à l'étranger par les commissionnaires anonymes ou pseudonymes, qu'on arbore, dit-on, le pavillon du *caveat emptor,* dès qu'on signale à l'horizon une voile du commerce français.

Ceci est le produit net du passage de l'esclavage industriel le plus dur, à la liberté la plus illimitée, c'est-à-dire à la licence, à l'ivresse, à la folie de l'esclave qui a rompu ses fers et terrassé ses maîtres.

Il est plus que temps d'essayer d'un moyen terme et de réprimer les Thugs du laissez faire, qui ne reculent pas devant l'empoisonnement de leurs concitoyens, en organisant raisonnablement et non pas absurdement le travail comme l'avaient fait les onze cents ordonnances de saint Louis et de Colbert, sur lesquelles il n'est pas inutile de jeter un coup d'œil, pour éviter de retomber dans les excès qui ont amené la sanglante réaction de 89. Nous sommes persuadé que le tableau suivant apparaîtra comme une fantasmagorie faite à plaisir, à la presque totalité de nos lecteurs industriels, qui ne pourront pas s'imaginer qu'un pareil état de choses ait jamais pu exister; et pourtant, c'était hier, car plusieurs de nos pères l'ont vu, le nôtre nous en a souvent entretenu; il appelait ces temps affreux, le bon vieux temps. Écoutez et ne vous indignez pas :

« Si la France, enchaînée par les édits les plus contradictoires et entravée par les corporations, n'eût pas brisé le joug honteux qu'un aveugle arbitraire faisait peser sur elle depuis tant de siècles, l'industrie manufacturière, découragée dans ses essais, comprimée dans son essor et réduite à une routine dégradante, ne se serait jamais élevée à ces hautes conceptions qui, de nos jours, lui font soutenir avec honneur la puissante concurrence de l'Angleterre et de l'Amérique du Nord.

Placés sous la surveillance rigoureuse d'hommes qui ayant acheté leurs charges, les exploitaient comme un patrimoine et cherchaient à en augmenter les revenus avec une rapacité que rien ne contrôlait, les fabricants français étaient contraints de se renfermer dans le cercle étroit qu'on leur avait tracé, et ne pouvaient hasarder le moindre perfectionnement sans enfreindre les règlements établis et sans s'exposer à voir leurs marchandises détruites, brisées ou confisquées.

Des règlements officiels qui réduisaient l'homme à l'état de machine, imposaient à tous les ouvriers une seule manière de travailler et proscrivaient sous les plus sévères châtiments, toute déviation du système adopté; et ce qu'on aurait de la peine à croire de nos jours, ce qui est le comble de l'absurdité, c'est que les rédacteurs de ces édits s'imaginaient savoir mieux nuancer, assortir et préparer la laine, la soie et le coton, doubler et retordre les fils que les ouvriers qui en faisaient leur métier.

Une tyrannie aveugle avait présidé à la rédaction de ces règlements ridicules; la violence en assurait l'exécution.

Sous les moindres prétextes et même sans prétexte, le domicile des citoyens était violé, leurs ateliers envahis et bouleversés, les ouvriers maltraités et chassés, les travaux interrompus; les procédés secrets qui, dans tous les genres de fabrication, font la richesse de ceux qui les exploitent, étaient découverts, divulgués, ou devenaient la proie d'un concurrent jaloux.

A cette source féconde de vexations et d'entraves, il faut ajouter les prétentions des communautés, des confréries, des corporations, qui, comme un vaste réseau, embrassaient tout le continent.

Malheureusement, il n'existait pas à cette époque en France de ville libre, où, comme en Angleterre, les inventeurs pouvaient trouver un refuge contre la tyrannie des jurandes et des maîtrises.

On ne pouvait exercer que les professions clairement décrites dans les statuts, et toutes les professions décrites étaient comprises dans les privilèges de quelques corporations.

Si un homme créait un genre d'industrie entièrement nouveau, comme il ne pouvait l'exercer sans se servir des outils affectés à différentes professions, il était obligé de se faire préalablement affilier à toutes les communautés et corporations auxquelles ressortissaient ces professions. Ces affiliations coûtaient des sommes considérables et ne s'accordaient qu'à des Français exclusivement.

Ces institutions arbitraires empêchaient l'ouvrier pauvre de vivre de son travail, paralysaient l'émulation, condamnaient à l'inactivité les hommes de talent que leur manque de fortune excluait de certaines communautés, privaient l'état et les manufactures des lumières et de l'expérience que l'étranger aurait pu y apporter, et en s'opposant à tout progrès, maintenaient les arts dans un état complétement stationnaire.

Les maîtrises et les jurandes en possession du monopole, et jalouses de le conserver, excluaient de leur sein les inventeurs dont le génie leur faisait craindre une concurrence dangereuse.

Comment l'esprit d'amélioration aurait-il pu se développer et prendre de l'essor dans un pays où toute innovation était poursuivie et punie comme un crime; où l'avarice et la routine, juges et parties dans leur propre cause, condamnaient sans pitié comme sans pudeur toutes les inventions nouvelles?

Heureux les inventeurs qui, par faveur spéciale, obtenaient des lettres patentes à l'aide desquelles ils étaient autorisés à mettre en pratique leurs propres découvertes!... Mais c'était le plus petit nombre. Il arrivait fréquemment qu'on défendait aux inventeurs d'exécuter leur invention, si leur demande de lettres patentes n'était pas assez puissamment appuyée auprès des autorités, si leur fortune ne leur permettait pas d'acheter la faveur des commis, ou si leur requête soulevait l'opposition des corporations puissantes qui exerçaient une industrie analogue.

Partout le régime des règlements, des restrictions, des privilèges, étouffait et dévorait l'industrie. Les prétentions excessives des corps de métiers poursuivaient et tourmentaient tous les inventeurs. C'était une chaîne pesante qui les accablait, gênait leur allure et contrariait tous leurs mouvements.

Les seigneurs de la cour se faisaient inféoder leurs charges et leurs offices, et s'attribuaient une juridiction sur les marchands et artisans dont les professions avaient quelque analogie avec ces charges et offices.

Les conflits de juridiction s'élevaient de toute part; le trafic des maîtrises dégénérait en ressources financières; on ne voyait de tous côtés qu'abus, que tyrannie et qu'oppression.

Cependant les nations étrangères, profitant des fautes de la France et de la guerre à mort qu'elle déclarait aux arts industriels, appelaient à elles par l'appât de la liberté dans le travail et par l'attrait d'un gain assuré, tous les artistes qui avaient fait faire des progrès aux arts et manufactures.

CCXCVII.

L'esprit d'amélioration, enfant de la liberté, ne peut vivre dans l'atmosphère oppressive des règlements arbitraires de la bureaucratie; flétri par son souffle délétère, il s'étiole et s'éteint comme une plante privée d'air et de lumière. Comment aurait-il pu croître et se développer dans un pays où un odieux despotisme avait mis tout en œuvre pour le dessécher dans son germe, ou l'étouffer dès sa naissance?

Les inventeurs poursuivis, condamnés, proscrits par les maîtrises, abandonnaient une terre ingrate qui ne leur offrait qu'injustice et persécution, et couraient enrichir l'étranger du fruit de leurs veilles et de leur expérience.

C'est ainsi que l'art d'emboutir les métaux, découvert en 1762 par un Français, fut transporté par lui à l'étranger, parce qu'il n'était pas assez riche pour payer les droits d'admission dans les différentes corporations de métiers ayant rapport avec la nouvelle industrie qu'il venait de créer. Cette invention ne fut rendue à la France qu'en 1799.

L'invention des poulies pour la marine repoussée avec l'ingénieur Brunel, et dont l'Angleterre fournit annuellement pour plusieurs millions à la France, n'est pas même encore revenue.

Le métier à fabriquer des bas, inventé à Nîmes, fut transporté et acheté en Angleterre.

CCXCVIII.

Lenoir, qui porta à un si haut degré de perfection l'art de fabriquer les instruments de physique et de mathématiques, eut besoin d'un petit fourneau pour préparer les métaux qu'il employait dans la construction de ses instruments : il en fit placer un dans sa maison. Mais comme il n'était pas reçu fondeur, les syndics de cette corporation vinrent eux-mêmes le démolir ; et, après plusieurs essais infructueux pour le rétablir, il ne fut délivré de leurs persécutions que par une autorisation du roi qui lui fut accordée par faveur spéciale.

Quand Argant eut inventé ses lampes à double courant d'air, il eut à soutenir des procès contre la communauté des ferblantiers, des serruriers et des forgerons, qui s'opposèrent à l'enregistrement du privilège à lui accordé par le roi, sous prétexte que les statuts attribuaient aux membres de ces communautés le droit exclusif de fabriquer des lampes, et que le sieur Argant n'en avait pas été reçu membre.

Le balancier à frapper la monnaie fut inventé par Nicolas Briot en 1615; mais ne pouvant le faire adopter en France, il le transporta en Angleterre, où on l'accueillit avec empressement.

CCXCIX.

On pourrait accumuler des masses d'exemples analogues; mais ceux-ci suffiront pour démontrer la folie d'un pareil système et la fatalité qui poussait la France à bannir de son sein ses enfants les plus industrieux, et à doter l'étranger de leurs inventions les plus belles et les plus utiles.

Ce qui rendait la tyrannie des corporations plus odieuse, c'est que, dans l'origine, leurs privilèges étaient concédés à perpétuité.

Un long despotisme, en façonnant au joug le peuple français, lui avait fait perdre jusqu'au souvenir de ses droits; les philosophes les lui rappelèrent.

Les flambeaux de la raison et de la justice éclairèrent tous les Français à la fois; ils comprirent aisément que le travail, qu'on leur représentait comme étant de droit royal, était essentiellement de droit naturel; que parmi les membres d'une nation, quelques-uns ne pouvaient être des tyrans, pendant que les autres n'étaient que des esclaves; qu'enfin la justice et la raison voulaient que toutes les industries et toutes les professions fussent affranchies des monopoles qui en faisaient le monopole d'un petit nombre.

Un cri pour l'émancipation de l'industrie, poussé d'abord par les écrivains, trouva de l'écho dans tous les rangs du peuple, et une concession à l'opinion publique devenait de jour en jour d'une nécessité plus indispensable.

Cette fermentation des esprits réveilla un instant Louis XV de sa voluptueuse léthargie; il rendit en 1762 un édit qui réduisait tous les privilèges à 15 ans. C'était déjà une amélioration, mais le mal n'existait pas moins, et un aussi faible palliatif était loin de répondre aux besoins de l'époque.

CCC.

On s'attendait généralement à ce que le règne de Louis XVI serait signalé par de notables améliorations; cette fois, l'attente ne fut pas tout à fait trompée. — L'édit mémorable de 1776 supprima tous les privilèges et les corporations, et ouvrit à l'industrie une vaste carrière ; mais la suppression des priviléges froissait des intérêts privés, et comme sous le règne précédent le gouvernement s'était souvent créé des ressources financières par la vente des charges et priviléges, il était injuste d'en dépouiller les possesseurs sans indemnité. Un pareil manque de foi ne pouvait être justifié ni par les meilleures intentions, ni par le désir de briser les fers sous lesquels gémissait l'industrie. Aussi Turgot succomba-t-il sous la tempête excitée par une mesure conçue dans des vues d'intérêt public, mais à l'exécution de laquelle l'équité n'avait pas présidé ; l'édit fut rapporté et le ministère se retira.

CCCI.

Après cette vaine tentative pour affranchir tous les métiers et toutes les professions, plusieurs autres édits furent rendus pour diminuer la tyrannie des statuts existants. Mais le mal avait jeté des racines trop profondes pour que des mesures aussi faibles pussent l'extirper ; il subsista donc jusqu'à ce que la révolution française marchant à pas de géant dans la voie de la réforme, renversât en un jour toutes les corporations et tous les priviléges, affranchît toutes les professions, et, plaçant tous les Français sous le même niveau, prononçât cet adage solennel : *Tous les Français sont égaux devant la loi.*

Quoi qu'il en soit, l'industrie et les arts, en France, délivrés du joug oppressif qui avait pesé sur eux pendant tant d'années, commencèrent une ère nouvelle. Le génie de l'invention put se livrer à ses brillantes conceptions, sans craindre les persécutions qu'une politique aveugle avait constamment opposées à tous les perfectionnements.

CCCII.

Cependant il ne suffisait pas d'ouvrir un vaste champ aux améliorations en tout genre, il fallait encore en assurer la propriété à leurs auteurs.

C'est alors que fut rédigée par la Constituante la loi de 1791, qui commençait ainsi : « Tous les priviléges sont abolis, néanmoins des « priviléges exclusifs temporaires pourront être accordés à tous les « auteurs ou importateurs de nouvelles inventions. »

Alors l'industrie grandissant en France, en raison de la carrière immense et sans bornes qui s'ouvrait devant elle, inspirée par le génie de l'invention, éclairée par une longue expérience, stimulée par une louable émulation et par un sentiment d'honneur national, s'élança dans des voies nouvelles et obtint les plus grands et les plus nobles résultats.

CCCIII.

Aujourd'hui que l'on a reconnu généralement que la pensée est une propriété aussi sacrée qu'aucune autre, on ne doit rien laisser à l'arbitraire dans une loi qui règle cette importante matière. Comme une simple goupille tombée entre les rouages d'une montre en arrête le mouvement, de même un seul individu peut arrêter l'action bienfaisante de toute une législation, s'il est commis à en diriger les effets.

Nous ne voulons pas faire allusion à notre pays; c'est un simple corollaire qui découle de lui-même des faits que nous venons de rappeler, et dont nous nous réservons de faire l'application en temps et lieu, en racontant comment s'est faite en Belgique la dernière loi des brevets. Nous mettrons à nu tous les ressorts, chevilles et leviers employés pour la faire aussi perfide qu'on a pu. Ce sera un véritable cours de légifération constitutionnelle dans tout ce qu'il y a de plus décolleté.

CCCIV.

Les choses ne se passent pas en Angleterre comme sur le continent; une fois entrée dans l'industrie, une famille ne s'en retire plus. Les enfants succèdent à leur père et forment une sorte de noblesse industrielle héréditaire dont les marques et les firmes sont des blasons qu'on tient à léguer sans tache à ses héritiers. De là, la probité, la sûreté et la stabilité de l'industrie de l'Angleterre.

Tant que le continent ne la contrefera pas sous ce rapport, il ne sera pas en état de soutenir le choc du libre échange.

L'apologue suivant nous paraît trouver ici sa place :

LE LIBRE ÉCHANGE.

John Bull un jour vint sur le continent
Pour provoquer un jeune enfant,
A ce jeu qu'on nomme la boxe,
En lui posant ce paradoxe :
Il faut lutter pour être fort,
Et tu ne pourras jamais l'être
Sans lutter, même avec ton maître,
Au risque d'y trouver la mort.
— Je n'en veux pas courir la chance,
Répond l'enfant avec prudence,
Laissez-moi le temps de grandir,
Et dans dix ans vous pourrez revenir.
— Tais-toi, poltron, je te condamne
Aux agréments de la douane...
Cet enfant rempli de raison,
D'esprit, de sève et de courage,
Se renferma dans sa maison,
Pour s'exercer tout en gagnant de l'âge ;
Sitôt qu'il se crut assez fort
Il sortit : mais... le géant était mort
D'épuisement ou de pléthore ;
On ne le sait pas bien encore.

Libre échange de coups de poing,
Pour le moment ne nous va point.

Il est donc prudent d'attendre que l'industrie continentale, sœur puînée de l'industrie anglaise, ait pris des forces par un régime meilleur que le sien.

On nous dira que les Anglais ne s'arrêteront pas pour nous attendre et nous donner le temps de les rattraper ; nous savons fort bien qu'ils feront toujours deux pas quand nous n'en ferons qu'un, si nous suivons le même rhythme ; mais rappelez-vous que c'est en France qu'on a inventé le *pas gymnastique* pour les soldats, et qu'on peut l'appliquer aux industriels par un simple ordre du jour en six articles, que nous appelons la loi des brevets comme elle devrait être ; vous verriez alors l'industrie et la prospérité françaises marcher au pas accéléré.

Sans cela, vous serez toujours traînés à la remorque de l'Angleterre, et vous ne pourrez jamais entrer, sans infériorité, dans le grand tournoi du libre échange ; car vous ne savez pas sur quelle échelle colossale elle a élevé ses moyens de production par suite de la *sécurité* et de la *stabilité* dont son gouvernement l'entoure avec amour, tandis que les nôtres la troublent sans cesse par de trop fréquents changements de tarifs et même par de sourdes persécutions qui empêchent les capitaux de se livrer à la production industrielle ; aussi nous n'avons trouvé en visitant vos ateliers que gêne et terreurs du lendemain, sans compter les scellés mis sur les machines en attendant la fin de procès en contrefaçon qui ne finissent pas ou ne finissent aujourd'hui que pour recommencer demain. Nous en connaissons, et des meilleurs de vos industriels, arrêtés depuis dix ans, ou vivotant au jour le jour, sans oser enrichir leurs ateliers d'une machine nouvelle, souvent indispensable, mais coûteuse.

CCCV.

Rien de semblable en Angleterre ; chaque atelier s'accroît continuellement par un besoin d'expansion en envahissant les maisons voisines ; il y a des villes, comme Birmingham, entièrement changées en ateliers. On n'y compte plus cinquante maisons bourgeoises. Il est vrai que ces ateliers, faits de pièces et morceaux, ne sont ni cirés, ni lavés, ni souvent balayés ; mais comme on y travaille, comme chacun est à sa tâche et à sa place, que de machines et d'outils ingénieux, tout à fait méconnus ailleurs, que les patrons ne prennent guère le souci de faire graver par Armengaud ou insérer dans le Bulletin des sociétés d'encouragement ! Les patrons ont trop peu de temps à donner à leurs repas pour donner un quart d'heure à la vanité, à la promenade, au plaisir. Ils mangent pour vivre et ne vivent que pour travailler, et ne se ruinent pas en voitures de gala pour aller parader au palais, le ruban frais à la boutonnière. Aussi ne comprennent-ils pas comment leurs confrères de France s'affranchissent si facilement des soins de surveillance qu'exigent leurs ateliers ; il faut, disent-ils, que les ouvriers français soient bien consciencieux pour travailler quand on ne les regarde pas.

CCCVI.

L'organisation de la commission est également assise sur d'excellentes bases en Angleterre, où les maisons d'expédition jouissent d'une confiance justifiée par de longs services et une probité qui ne se dément guère.

Un commissionnaire anglais est tout aussi honorable et aussi considéré qu'un grand fabricant.

Pleins de confiance l'un dans l'autre, ils s'appliquent à se créer une clientèle d'élite, dans l'intention de la conserver et de l'étendre. C'est à peu près le contraire sur le continent, où chacun tire à soi la couverture insuffisante :

Le fabricant en fournissant de la marchandise avariée, et le commissionnaire en lui faisant des *ducroires* d'apothicaire, pour se venger des fournitures tarées.

Tout cela met l'industrie en désarroi, la dépouille de tout prestige, et lui enlève tout crédit auprès des capitalistes qui regardent l'argent qu'ils y hasardent comme engagé dans une spéculation malhonnête et tout à fait aléatoire.

CCCVII.

Croire que le libre échange remédiera au malaise de l'industrie continentale tant qu'elle se trouvera dans une aussi fâcheuse position, est une erreur semblable à celle de ces spectateurs du cirque qui engagent les voltigeurs à faire leur *va-tout* pour voir comment cela finira. La lutte des industriels du monde entier serait peut-être un régal aussi friant pour les économistes du laissez faire, qu'un combat de rats dans une cuve pour les *cockneys* anglais.

Ils savent bien que les gros commenceront par dévorer les petits avant de se dévorer entre eux, à moins qu'ils ne se fusionnent pour la défense et pour l'attaque; mais, alors, gare le *monopole*, ce monstre qui leur fait si peur et qu'ils travaillent sans le savoir à nous ramener plus terrible que jamais, mais cette fois inébranlable et perpétuel. C'est par la fusion des communes industrielles en provinces industrielles, que nous arriverons infailliblement à l'empire industriel. Qui sait si cela ne vaudra pas mieux que l'anarchie, l'oligarchie et la démocratie industrielle qui fait le fond du régime actuel?

On a vu ce qu'était le régime qui l'a précédé et dont la durée a été fort longue, puisqu'elle a pris naissance à saint Louis pour ne finir qu'à Louis XVI. Parlons un peu de l'état actuel.

Au temps où les maîtrises et jurandes étaient devenues pour le trésor obéré des moyens de finances, l'inventeur qui eût osé construire une machine de force et de vitesse ou un outil de diligence capable de dérouter la routine, eût été accueilli à peu près comme ceux qui proposent des moyens de sûreté aux compagnies de chemin de fer, des armes nouvelles aux comités d'artillerie, de nouveaux propulseurs aux comités de marine et de nouveaux systèmes de construction aux ponts et chaussées. Toutes les branches du travail faisaient alors partie du grand apanage régalien qui se débitait, comme au Maroc, au plus offrant et dernier enchérisseur. Maintenant, les grandes fonctions de l'État ne se vendent plus, elles sont confiées au seul mérite; mais toutes nos institutions sont régies par des comités, des conseils, des chambres, des commissions ou autres corps délibérants sous l'empire de règlements, de statuts ou de chartes immuables, par conséquent arriérées, du jour même où elles ont été revêtues de la formule : « *Avons arrêté et arrêtons.* »

On comprend que tout fait progressif qui se présente le lendemain de ce point d'*arrêt*, ne peut plus franchir la muraille chinoise élevée avant la découverte de ce fait; il n'y a pas de place pour lui; il doit être repoussé par les comités, fût-il adopté par chacun de ses membres en particulier, comme cela s'est vu.

CCCVIII.

Il ne faut donc jamais perdre son temps à présenter un nouveau mode d'enseignement à l'Université, ni un nouveau plan financier à la Banque, ni un nouveau système du monde, ni un nouveau système médical aux académies officielles; tout y est pétrifié par des règlements positifs, nommés *statuts*, de *stare*, rester en place. Il en sera de même tant que le premier article de toute constitution ne permettra pas de la reviser, selon les besoins.

Heureusement qu'un des anneaux de la grande chaîne du féodalisme universel, reste de l'antique esclavage, a été rompu par la révolution de 1789.

Mais par malheur, la révolution, en détruisant les abus qui viciaient les associations professionnelles, a détruit ces associations elles-mêmes et créé le prolétariat, qui aurait besoin du patronat pour ne pas tomber dans l'abîme du paupérisme vers lequel il court à bride abattue, à défaut d'une organisation plus rationnelle que celle qu'on a renversée et que celles qu'on a proposées jusqu'ici.

Cependant l'industrie seule ayant conquis une liberté réelle, rien n'a pu l'empêcher de progresser; aussi, voyez comme elle a marché; voyez comme elle grandit quand tout le reste demeure en place, de peur de sortir de la légalité. Tous les corps constitués en seront bientôt réduits à soupirer cette exclamation partie de la tribune de France : *La légalité nous tue!* — C'est l'industrie libre, le commerce libre, l'instruction libre et les arts libéraux qui arracheront ce cri de détresse à toutes ces agrégations atteintes de pourriture sénile par le fait de ces seuls mots : *avons arrêté et arrêtons!* — C'est qu'il ne faut jamais rien arrêter, car tout marche dans le monde moral comme dans le monde physique; tout ce qui s'arrête est mort ou engourdi; la respiration et la sève, la pensée et l'action, l'étude et le travail, le jour et la nuit, rien ne s'arrête; la loi de nature est le mouvement et le progrès *en avant!* Malheur à ceux qui le prennent à rebours ou prétendent tout arrêter quand ils s'arrêtent, parce qu'ils sont fatigués ou que la tête leur tourne.

CCCIX.

Voyez-vous le grand roi en arrêt devant le génie inventif de ce grossier charpentier liégeois, appelé d'un petit pays libre pour construire cette *huitième merveille* du monde, la monstrueuse machine de Marly!

Les ingénieurs officiels, enchaînés par les ordonnances royales, devaient être bien humiliés! La machine de Marly, voilà où en était la mécanique eu France sous le régime du privilège des corps de métier, dont les chefs-d'œuvre consistaient, comme en Kabylie, en un pressoir, une vis d'Archimède, une roue à aube et un tournebroche. N'oublions pas le moulin à vent importé par les croisés, et la *pompe des prêtres,* le tout charpenté de la façon la plus grossière.

La haute mécanique, représentée aujourd'hui en France par dix-huit cents ateliers parfaitement outillés et dirigés par d'habiles constructeurs, était, avons-nous déjà dit, représentée avant la révolution par des serruriers, des forgerons, des poêliers et des maréchaux ferrants, qui ne savaient ni tracer, ni lire un plan de machine nouvelle, et encore moins l'exécuter.

Pendant ce temps, l'Angleterre tournait, rabotait, alésait les métaux et construisait ces infatigables machines, qu'elle empêchait, sous peine de mort, de sortir de son île, prétendant garder le monopole de la fourniture des produits manufacturés au reste du monde, et placer le suçoir de ses pompes à vapeur dans les coffres-forts de ses voisins.

CCCX.

Mais le secret de ses succès fut éventé par M. de Boufflers à la Constituante, en ces termes :

« Vous vous étonnez, citoyens, de ce que la France, si fertile en « hommes de génie, se trouve tellement au-dessous de l'Angleterre « en fait de production manufacturière, que nous sommes ses tribu-« taires pour mille objets qui pourraient se fabriquer chez nous; eh « bien! je crois pouvoir vous dire avec certitude quelle en est la « cause :

« C'est que depuis plus de cent ans, l'Angleterre attire chez elle les « inventeurs de tous les pays, en leur garantissant la possession « exclusive de leurs œuvres, par des patentes de quatorze années.

« Il n'est donc pas étonnant que les inventeurs persécutés par les « maîtrises qui les empêchent d'exploiter la moindre de leurs inven-« tions, passent en Angleterre où ils sont bien accueillis et où ils

« trouvent aisément des capitaux pour mettre en œuvre leurs décou-
« vertes, sous la protection de ce qu'on appelle un monopole
« royal. »

CCCXI.

Il faut rendre justice à la Constituante ; elle a compris M. de Boufflers et s'est empressée de reconnaître que parmi tous les privilèges
qu'elle avait abolis en masse, il en était un qu'il fallait conserver et
rétablir, celui de la propriété de l'invention, dont Lakanal a si vigou-
reusement pris la défense. « L'arbre qui pousse dans le verger d'un
homme, disait-il, est moins sa propriété que la pensée qui naît dans
son cerveau. »

L'assemblée déclara donc que l'invention était une propriété, et
par une inconséquence inexcusable, elle ne lui accorda que quinze
ans de durée.

La jalousie des eunuques de tous les pays imita fidèlement cette
balourdise, heureusement pour la France ; car la nation qui eût eu la
vue assez longue pour accorder la pérennité à la propriété intellectuelle, aurait dépassé et écrasé la France et l'Angleterre depuis cinquante ans.

CCCXII.

Nous arrivons juste à temps, au moment où l'on s'occupe de rema-
nier la loi des brevets, pour demander autre chose qu'un simple
replâtrage. Mais nous entendra-t-on ? Que peut le souffle d'un seul
au milieu des aquilons déchaînés ! Nous devons donc prier, conjurer,
adjurer toute la presse de se joindre à nous pour doubler la prospérité sociale et donner du travail, du pain et de l'espérance à ceux qui
n'en ont pas.

Quelle plus belle occasion pour la presse de faire preuve de dévouement à la vérité et au bon droit, en répétant en chœur qu'il serait
juste, qu'il serait bon de décréter que chacun *eût la propriété et la
responsabilité de ses œuvres*, bonnes, médiocres ou mauvaises !

Il ne faudrait que ce simple et noble refrain pour faire sortir de ce
grand concert l'harmonie universelle des nations.

Jamais la presse, cette moderne lyre d'Amphion, n'aurait ajouté un plus magnifique étage au glorieux monument de la civilisation moderne.

CCCXIII.

Nous avons la certitude que si les libres échangistes, qui ne sont, heureusement pour eux, que fabricants de brochures, allaient faire aujourd'hui une visite dans les ateliers anglais qu'ils ont parcourus jadis à vol d'oiseau, leurs idées se modifieraient considérablement sur l'opportunité du libre échange; ils s'apercevraient que s'il est bon en principe, il serait fatal dans son application immédiate.

Nous engageons M. Michel Chevalier qui écrit si bien, M. Wolowski qui parle si bien, et MM. Frédéric Passy, Joseph Garnier qui sont si spirituels, à faire un tour d'Angleterre avec quelques technologues et inventeurs pratiques, qui leur expliqueront ce que peut une simple câme, une petite cheville mise à sa place, un petit outil spécial insignifiant à leurs yeux, un rien enfin, sur la production industrielle d'un atelier dont la production se trouve quelquefois doublée par l'invention d'un simple tour de main.

Ils comprendraient alors qu'il faut d'abord se procurer tous ces perfectionnements et en inventer d'autres, et que l'on n'invente rien sans ces patentes et ces brevets qu'ils dédaignent, qu'ils repoussent et qui semblent leur faire horreur; parce qu'il leur a plu de les baptiser de l'odieuse appellation de *monopole* et de *privilége,* tandis qu'ils ne sont, en réalité, qu'une propriété aussi légitime au moins que les volumes qu'ils enfantent. Force serait bien à ces messieurs de modifier leur doctrine au sujet de la part qu'elle fait au *savant,* lequel se contente, disent-ils, de compliments, attendu que les inventeurs ont la bosse de la vanité très-développée.

MM. Rossi, Bastiat et de Molinari ont compris que cette monnaie de singe n'ayant pas cours au marché, il fallait faire rentrer les inventeurs dans le droit commun et les traiter comme de simples mortels, possédant, outre une bonne tête, un très-bon estomac et le moyen de mieux dépenser leur argent que beaucoup de rentiers qui n'en savent que faire.

Un des arguments singuliers qu'ils invoquent, c'est le libéralisme du gouvernement anglais en fait de droits protecteurs; à les entendre, l'Angleterre prèche d'exemple et leur tend les bras frontière ouverte. Or, voici des chiffres officiels asphyxiants.

Le budget de la France est de un milliard sept à huit cent millions, précisément comme celui de l'Angleterre qui tire six cent millions de sa douane, tandis que la France ne tire que cent soixante-quatorze millions de la sienne.

Lequel des deux pays a les droits protecteurs les plus élevés? Lequel force ses consommateurs à payer les plus fortes sommes aux fabricants d'objets similaires, aux voleurs du peuple, comme les libres échangistes les appellent?

CCCXIV.

Après un tel exemple, il nous semble que toute discussion postérieure doit se terminer entre MM. Darnis et Michel Chevalier, qui peuvent se donner la main pour danser une ronde autour du *monautopole* qui porte en ses flancs la solution du formidable problème de la misère qu'ils ont en vain voulu trouver ailleurs. Or, elle n'est ni dans le libre échange, ni dans la protection, ni dans la charité privée, ni dans la charité légale, ni dans la taxe des pauvres, ni dans l'aumône; car tout cela a été essayé tour à tour, à plusieurs reprises et sans succès depuis l'abolition de l'esclavage, pour extirper le paupérisme qui lui a succédé.

Loin de le voir diminuer par les moyens employés, on l'a vu croître en même temps que la population dans tous les pays de liberté.

Pendant que les optimistes chantent la prospérité croissante, les pessimistes déplorent la misère envahissante, et les indifférents ferment les yeux; mais tous ensemble cherchent à s'étourdir au milieu des fêtes et des festins, comme les Romains de la décadence. C'est dommage que la statistique vienne prouver, par d'irréfutables chiffres, qu'en réunissant toutes les ressources de la charité privée à celles de la charité légale, on ne saurait augmenter le budget des indigents que de *quatre centimes* par jour, en supposant qu'il ne s'en perdît rien en route; c'est bien peu au prix où sont les vivres.

CCCXV.

Qu'est-ce que cela veut dire, en termes clairs, sinon qu'on n'a pas trouvé de remède au paupérisme depuis 1857 ans qu'on le cherche. N'y en aurait-il donc pas? Ce serait blasphémer que d'en douter.

Dieu n'a pas dit à ses créatures : *Croissez, multipliez et remplissez le monde,* pour les laisser périr dans une impasse. Il ne leur a pas dit non plus, comme le suppose Malthus : *Mangez-vous les uns les autres;* mais le Rédempteur leur a donné ce suprême avertissement : « Maintenant, mes frères, que vous voilà libres, que vous n'appartenez plus à personne et que rien ne vous appartient, il faut travailler et gagner votre vie à la *sueur de vos fronts; cherchez et vous trouverez, frappez, on vous ouvrira; demandez, on vous donnera.* » Mais ces trois divins dictons ont été pris à la lettre par les pauvres, qui cherchent, frappent et demandent, avec la conviction qu'ils obéissent à Dieu et que les riches doivent leur ouvrir la porte et leur donner du pain.

Ce ne sont pas seulement les pauvres et les ignorants qui *sont tombés dans cette méprise,* cause de tout le mal. Ceux mêmes qui disposent de nos destinées n'ont rien trouvé de mieux que ce qu'il y a de pis : les pénitenciers, les dépôts de mendicité et les ateliers nationaux.

CCCXVI.

Un représentant belge, après avoir pesé les ressources et les misères du pays, a eu la vague intuition que le *travail* pourrait bien être la panacée cherchée; mais il n'a su ni le démontrer, ni le prouver, comme nous allons le faire, avec la certitude, toutefois, que nous prêchons dans le désert.

N'importe, cette démonstration restera, et nos descendants en profiteront, si jamais ils arrivent à l'âge de raison.

Oui, le travail est la seule *source légitime de la considération, des honneurs et de la richesse,* comme l'a dit l'honorable vice-président du Sénat, après s'en être assuré par une expérience *personnelle* qui ne laisse rien à désirer; mais cette expérience devrait être universelle pour faire disparaître la misère également universelle.

CCCXVII.

Tout le monde sait que le travail est une peine ou un plaisir, selon que l'on travaille pour les autres ou pour soi. Voulez-vous que chacun aime à travailler, faites que chacun puisse jouir *des fruits de son travail,* de quelque nature qu'il soit; chacun alors travaillera, et si tout le monde travaillait seulement trois heures par jour, tout le monde serait dans l'aisance, et le paupérisme ne serait plus que l'exception au lieu d'être la règle.

Aujourd'hui que la moitié des gens ne fait rien, et que l'autre moitié ne fait que des riens, l'accroissement de la richesse publique ne peut suivre l'accroissement de la population; cela n'est que la conséquence logique des lois humaines, allant au rebours des lois divines, si clairement tracées par le Christ : *Rendez à César ce qui appartient à César, et à Dieu ce qui est à Dieu.* — Or, voici ce que vous en avez fait : *Donnez à Pierre ce qui appartient à Paul; rendez à Mammon ce qui est au Seigneur.* Il est aisé de comprendre qu'en ôtant aux auteurs, aux artistes, aux inventeurs, aux créateurs d'une chose quelconque, le livre, la partition, l'invention, la chose qu'ils ont créée à la sueur de leur front, pour en gratifier César ou le domaine public, vous travestissez la parole de Dieu, vous portez non-seulement atteinte au droit sacré de propriété qui sert de base à toute société, mais vous découragez les chercheurs de travail et vous favorisez la paresse par une répartition des épaves de l'intelligence aussi stérile que vos répartitions de centimes. Vous cultivez le paupérisme comme les Romains cultivaient la paresse avec la sportule; il n'y a donc rien d'étonnant que vous marchiez vers le même but, la dissolution sociale la plus inévitable.

CCCXVIII.

Tout le monde n'invente pas, direz-vous; non, mais un seul inventeur peut donner du travail et du pain à des milliers d'individus qu'il pourrait largement rétribuer, s'il n'avait plus à lutter contre la libre déprédation que vos lois favorisent.

Comptez seulement combien de millions d'hommes les trois inven-

teurs de la vapeur, de la filature et des chemins de fer occupent et
nourrissent en ce moment. Que feriez-vous de ces vingt millions de
bras et d'intelligences inoccupés, si vous aviez aveuglé ou brûlé ces
inventeurs, comme auraient fait vos pères?

Eh bien! il y en a par centaines de mille de ces créateurs de travail
que vous découragez avec vos prétendus encouragements, que vous
écrasez avec vos protections, que vous arrêtez avec vos arrêtés arbitraires et inutiles. Vous avez fait d'un droit naturel un monopole;
et ce monopole, qui devrait dans tous les cas appartenir à celui qui
l'a inventé, vous en octroyez la jouissance pour 99 ans à des compagnies, en le retirant, après quinze ans, à l'inventeur, sans lui réserver
la moindre indemnité. Votre protection n'est donc qu'un piége tendu
à ceux qui viennent vous délivrer du mal; et vous vous étonnez de la
diminution des sources de travail et de l'accroissement de la misère,
tandis que vous ne devriez vous en prendre qu'aux lois dérisoires que
vous avez arrangées, sans contradiction, contre les auteurs et fauteurs
de tout travail humain; contre les contre-maîtres de la Divinité,
chargés d'occuper et de nourrir les enfants de la bête.

Si vous vouliez nous écouter, vous accepteriez immédiatement le
remède au paupérisme que nous vous tendons en vain depuis plus
d'un quart de siècle. L'excès du mal auquel nous en appelons, est à
vos portes; attendrez-vous qu'il les enfonce?

CCCXIX.

C'est fort bien, direz-vous; mais il nous faut une formule, un
projet facilement exécutable; quelque chose de simple, de net, de
clair, de complet. Eh bien! c'est fait : Voici ce que vous demandez :
lisez, pesez et votez (1). Mais vous n'avez plus le temps de lire, toutes
vos balances sont faussées par le parlementarisme, et la majorité fait
loi. Il n'y a donc plus d'espoir que dans vos quatre centimes. Puissent-
ils se multiplier comme les cinq pains de l'Évangile ou les cinq sous
du Juif-Errant! Mais notre temps n'est plus si fertile en miracles.

(1) Voir à la page 9 le projet de loi sur la propriété intellectuelle.

CCCXX.

D'où peut être sortie l'idée que le libre échange était un moyen d'augmenter le bien-être de l'ouvrier en fomentant la concurrence, qui tend naturellement à forcer le patron à prendre sur son salaire pour se mettre à même de soutenir la sainte compétition ?

Il faut convenir que cela saute aux yeux ; mon voisin vend à meilleur marché, mes amis, je dois diminuer vos salaires, pour pouvoir le suivre dans l'abaissement de ses prix, ou bien il faut m'aider à frelater ma marchandise, sans quoi je dois fermer boutique et vous renvoyer.

L'ouvrier, compatissant aux douleurs du maître, finit par travailler pour un demi-morceau de pain plutôt que de se laisser mourir de faim du jour au lendemain ; c'est alors seulement que les idées de barricades commencent à germer dans son esprit.

Il ne fait pas grand cas de ceux qui lui disent qu'avec le libre échange il payera sa blouse deux sous de moins ; mais il sait que s'il gagne une bonne journée, il pourra la payer dix, s'il le faut. Ne vaut-il pas mieux faire retomber tous les centimes additionnels imposés par la protection sur la généralité des consommateurs aisés qui s'en apercevront à peine, que de les en affranchir aux dépens de la classe la plus pauvre et la plus dangereuse, quand elle n'a rien à faire, celle des ouvriers ? Ne voyez-vous pas que le peu qu'on paye par suite de la protection peut être considéré comme la taxe des pauvres la plus équitable et la plus aisée à percevoir et à répartir sans frais aux mieux méritants ? Si les économistes aiment la lutte, il faut qu'ils la portent sur un autre terrain, car celui-ci devient ardent ; il n'est pas prudent de s'y fortifier, ils s'y brûleraient les pieds.

CCCXXI.

Le libre échange est une idée, comme la navigation aérienne, dont on peut tracer le plan sur le papier, mais ceux qui tenteront de la réaliser avant son temps risqueront de s'y casser le cou.

Nous croyons que le libre échange n'a été dans l'origine qu'un petit ballon de caoutchouc, dans lequel le docteur Bowring s'est mis à souffler le premier. Bientôt, de grenouille il devint bœuf; mais le souffle d'un seul ne suffisant plus, il appela des amis à son aide et rassembla des meetings de souffleurs de bonne volonté qui l'enflèrent démesurément.

Semblables au dieu *Chrisna* du *Brata-Youda* qui se grossissait jusqu'à étouffer ses ennemis contre les murailles du temple où il les avait convoqués, nos souffleurs se rassemblent en congrès pour gonfler le ballon du libre échange jusqu'à renverser les murailles chinoises qui nous entourent, ou à le faire crever comme une bulle de savon.

Si ce ballon s'appelait instruction publique, finances, guerre, justice, travaux publics, etc., et qu'on soufflât aussi fort dedans pour en faire sortir les vices et les abus, nul doute qu'il n'acquît bientôt des proportions aussi monstrueuses que le ballon des douanes, que nous serions personnellement enchanté de voir crever; mais il nous paraît que le travail qui se fait dans ce sens, ne ressemble pas mal à celui des ateliers nationaux, qui consistait à transporter la terre d'un côté du Champ de Mars à l'autre, pour la rapporter ensuite. Seulement, la recette, qui se fait si chèrement aux frontières, se ferait à meilleur marché dans l'intérieur; il devrait peu importer au gouvernement de tirer l'argent dont il a besoin, de la poche gauche ou de la poche droite du peuple; mais il n'est pas prêt à nous donner cette satisfaction. Cependant on dit bien au peuple à certaines époques :

« Vous n'aimez pas les impôts indirects, mes enfants, ni les douaniers, ni les gendarmes, ni les droits réunis, ni la conscription, soit! vous n'aurez plus que des contributions directes, des maréchaussées, de la milice, etc., et quand cela vous déplaira, nous vous rendrons les anciens noms. Car, après tout, nous ne sommes que vos mandataires, et vous ne pouvez plus crier à bas le tyran! comme autrefois. Mais ne vous avisez pas de porter votre lanterne sur toutes nos institutions; vous risqueriez de mettre le feu aux écuries d'Augias, et n'en finiriez pas avec vos meetings et vos congrès. Nous vous demandons grâce, pour l'administration surtout, car en y regardant de trop près, vous arriveriez à dire à propos de tout que tout est à *faire*, à *refaire*, à *parfaire*, ou à *défaire*.

« Quand une vieille machine marche tant bien que mal, comme la vôtre, n'y touchez pas, n'y mettez pas même une pièce neuve; usez-la jusqu'au bout. La machine de Marly était rongée des vers avant qu'on osât y toucher; on a eu la patience d'attendre qu'elle tombât en poussière. Agissez de même; vous n'aurez peut-être pas besoin de faire preuve d'une patience angélique. »

CCCXXII.

Il y a quelque chose de mieux à faire que de mesurer et répartir la peau de l'ours que nous avons tué; on aura beau faire, il n'y en a pas assez pour tout le monde; il serait plus rationnel d'aller à la chasse d'autres ours, ou, si vous voulez, d'autres canards; mais personne ne s'occupe d'organiser cette chasse aux *inventions* qui sont inépuisables.

On ne s'occupe que des institutions de crédit, on propose de mobiliser la propriété foncière de manière à rendre tant de capitaux disponibles qu'ils seront bien contraints de se lancer dans l'industrie.

CCCXXIII.

Rien de plus louable qu'un tel projet. On sait que tous les brouillards qui se lèvent retomberont en pluie; mais qui peut assurer que les capitaux, lancés dans l'industrie, ne s'évaporeront pas en brouillards? ou plutôt qui ne sait pas que tout petit capital, placé dans une industrie quelconque livrée à la libre concurrence, n'a d'autre chance que d'être anéanti par un plus gros capital? Or, quel homme, à moins qu'il ne soit un joueur ou un étourdi, oserait, dans l'état actuel des choses, exposer son argent dans une industrie banale quelconque, c'est-à-dire payer des ouvriers dans l'espoir d'un bénéfice?

On couvre toutes les opérations véreuses, tous les trafics honteux du manteau de la liberté. Mais la liberté, sans plus, abrite également le bien et le mal, le vice et la vertu; et comme le mal faire est plus profitable que le bien faire sous le régime de la libre concurrence, on se décide pour la fraude, puisqu'on a la liberté du choix. Voilà comment la liberté sans frein a démoralisé la société et effrayé les capitaux honnêtes.

La défiance est entrée dans toutes les petites bourses à la voix du *laissez faire* et à la suite des catastrophes amenées par la lutte à qui fera pis, sous prétexte de faire à meilleur marché, c'est-à-dire par la guerre que les grands capitaux associés ont déclarée aux petits, et par le massacre qu'ils ont fait des innocents actionnaires.

Ne vous étonnez donc pas que les petits capitalistes, qui forment la classe la plus nombreuse et la plus heureuse, enfouissent aujourd'hui le reste de leur argent, et se montrent sourds à l'appel de l'association ; et ne trouvez pas mauvais que les vieux pigeons plumés conseillent aux jeunes de se méfier de l'industrie du laissez faire. « Avec tes 10,000 francs, disait un oncle à son neveu, tu vivras six « ans en les mettant en terre ; mais tu n'es pas sûr de vivre six mois « en les mettant dans l'industrie. »

CCCXXIV.

C'est qu'en effet le champ de la libre compétition est un tournoi ouvert à tout venant, quelle que soit la nature de ses armes, fussent-elles empoisonnées : tout est bon, tout va bien, pourvu qu'on tue ses rivaux. C'est une mêlée dans la nuit noire, sans aucune règle de combat, où les forts ont le droit d'écraser les faibles, sans que la police ait celui d'intervenir ; où les plus rusés donnent le croc-en-jambes à ceux qui courent sans défiance à côté d'eux.

Et vous voulez qu'en voyant cela un homme prudent s'aventure dans ce capharnaüm avec son sac d'argent sur l'épaule ? Non, non ! Commencez par mettre de l'ordre et de la lumière dans cette caverne, si vous voulez que les petits capitalistes consentent à employer et salarier les bras et les intelligences sans nombre qui vous demandent de l'occupation ; mais n'espérez rien sans la *sécurité* et la *stabilité*.

CCCXXV.

Non, l'argent ne manque pas : nous dirons même qu'à aucune époque il n'a été plus abondant. Pourquoi donc le nombre des ouvriers sans emploi continue-t-il à monter dans tous les pays ravagés par les doctrines des malthusiens ? Ne voyez-vous pas que ces docteurs alarmistes amèneront la fermeture successive des fabriques

et des ateliers, et quo le recrutement de l'émeute se fera sur la place
do Grève? — Non, vous ne voyez pas, vous ne voulez pas voir, ou
vous verrez trop tard que la *stabilité* et la *sécurité* promises à l'industrie et au commerce ne sont point dans le laissez faire.

Bien fou qui cherche la paix et la tranquillité au milieu de la
guerre civile ! Mais cent fois plus fou et plus aveugle qui cherche la
stabilité et la *sécurité* dans l'anarchie ou le féodalisme industriel qui
court !

Non, sans l'appropriation des œuvres de l'intelligence et sans la
responsabilité personnelle imposée comme sanction de toute liberté,
le mal continuera à augmenter; sans la garantie légale que les fruits
du travail appartiendront à celui qui a fait le travail, vous n'obtien-
drez jamais que le minimum de travail.

CCCXXVI.

Le principe de l'appropriation de toutes choses entre les mains de
celui qui les a produites, est le seul raisonnable; car jetées dans la
voirie du communisme, c'est-à-dire dans la mêlée de la concurrence
débridée, la majeure partie des inventions sont perdues ou tellement
adultérées qu'elles tombent dans l'abandon et le mépris public, au lieu
d'être élevées et perfectionnées avec amour, comme elles le seraient
par leurs pères légitimes ou adoptifs.

On trouve bien peu d'inventions réellement bonnes, dit-on ; il n'y
a pas non plus d'enfants trouvés bien élevés : c'est que tous les deux
sont privés des soins d'un père.

Si les premiers qui inventent, achètent ou importent dans le pays
une industrie, un métier, un outil, un appareil, une machine quelconque, étaient garantis contre le pillage de la libre déprédation et de
la contrefaçon, le travail ne manquerait plus, et les petits capitaux sortiraient de terre, pour se jeter dans le travail spécialisé et sauvegardé
par de bonnes lois.

Vous n'auriez pas besoin alors de faire un appel au dévouement
de ceux qui importeront des industries nouvelles, elles afflueraient
des quatre vents du ciel, quand vous leur présenteriez, non pas d'in-

suffisants subsides, mais de la *sûreté* pour la propriété et de la *stabi-lité* dans les tarifs.

Si l'on voit chez nous quelques essais timides d'association, il ne se passe pas un an avant que l'homme d'argent ne se plaigne, n'in-tente un procès à l'homme de travail et ne le force à lui abandonner ses outils dont il ne sait tirer parti qu'en les vendant au ferrailleur.

Les fabricants anglais prennent leur tâche plus au sérieux.

L'un ou l'autre associé reste au poste d'honneur, occupé à vérifier pièce par pièce tout ce qu'on lui apporte de pièces achevées, avant de les laisser aller à l'empaquetage et à l'emballage, qui s'effectuent avec la même exactitude, la même conscience, que la fabrication même. Ils ne disent pas : Cela est assez bon pour l'exportation; ils disent au contraire : Cela ne peut jamais être trop bon pour l'étranger.

Aussi leur clientèle étrangère s'accroît chaque jour, au point que la plus minime industrie, trouvant des amateurs dans tous les coins du monde, finit par prendre d'énormes proportions.

Il ne leur sera donc pas difficile d'écraser nos similaires dès que vous laisserez le ballot anglais rouler contre la porte de nos échoppes. Pour avoir une idée de la puissance d'un petit industriel anglais, d'un faiseur de pantalons, on n'a qu'à lire la lettre qui suit, écrite de Londres par un de nos amis :

CCCXXVII.

« Quiconque s'est assis dans un wagon ou dans un omnibus anglais, n'a pu lever les yeux sans apercevoir devant soi un pantalon blanc sur un papier noir avec l'inscription : *Pantalon Nicole, à Sydenham.*

« Qu'est-ce donc que ce merveilleux pantalon qui vous poursuit partout? Ne serait-ce pas une de ces mille pantalonnades des charlatans du commerce qui font leur va-tout en réclames? demandions-nous à notre voisin. Celui-ci nous donna des renseignements si extraordi-naires et si flatteurs sur Nicole, que nous sommes tenté de croire que c'était Nicole lui-même.

« Oh! Nicole, dit-il, c'est un savant; il sait le latin et le grec, et c'est un inventeur éminent qui ne s'est pas ruiné, au contraire, puisqu'il possède plus de douze millions. Son nom et son pantalon figurent sur les Pyramides, sur la Tour de porcelaine et jusqu'au sommet de l'Hymalaya ; il est partout, enfin, quoiqu'il soit tailleur. Au mot de tailleur, vous autres du continent ne voyez qu'un pauvre diable accroupi sur un établi, ourlant des boutonnières. Détrompez-vous : le cordonnier anglais, le tailleur anglais, le marchand de cirage et le brasseur anglais y réfléchiraient à deux fois avant d'accepter un ministère sur le continent.

CCCXXVIII.

« Pour vous donner une idée de Nicole, vous saurez qu'ayant été appelé au ministère de la guerre pour une grande fourniture, le directeur de l'armée lui demanda en combien de temps il pourrait lui livrer 30,000 pantalons; Nicole tira sa montre et répondit : Pas avant huit heures demain soir. — Vous faut-il autant de temps pour me répondre? — Si vous êtes bien pressé, je ferai en sorte d'être prêt entre quatre et cinq heures. — Prêt à quoi? — Mais à vous livrer les 30,000 pantalons demandés, car il faut bien le temps de les confec- tionner; cela ne se fait pas tout seul. — Ah çà! parlons sérieusement. — Je ne me permettrais pas de plaisanter avec Votre Excellence; les pantalons seront finis demain dans la soirée, si les formalités bureaucratiques ne me forcent pas d'attendre. — Vous savez que nous n'avons jamais payé plus de cinq shellings.—Ah oui! du temps qu'on les cousait à la main; mais les machines me permettent de vous les livrer à trois shellings six pences.

« La commande fut faite immédiatement; mais les 30,000 pantalons ne furent expédiés que le surlendemain, attendu que le vaisseau qui devait les porter en Crimée avait éprouvé un retard.

« Cette rapidité s'explique par les trois emporte-pièces de modules différents qui coupent de 12 à 20 pantalons d'un seul coup dans une étoffe confectionnée pour Nicole, sur les trois largeurs d'ordonnance, de manière à ne pas laisser de déchets sensibles, et par la réunion d'une grande quantité de machines à coudre, qui piquent également la ceinture et les boutonnières, mais sans surjet; les boutons sont simplement implantés par une queue double qui se rabat à droite et à gauche. L'étoffe, étant solide, ne cède jamais.

CCCXXIX.

« Il est probable, dis-je à mon narrateur, que M. Nicole est partisan du libre échange, car s'il trouvait un déversoir de ses pantalons sur le continent, nos lambins de tailleurs, qui demandent huit jours pour en faire un seul, seraient obligés de se faire cordonniers; mais cette porte leur est fermée en France par M. Latour, qui fait 5,000 paires de chaussures par jour, de sorte que si, à l'aide du libre échange, l'Angleterre tue les pantalonniers français, la France tuera les cordonniers anglais; les pertes seront ainsi compensées, et tous les peuples, excités par une noble émulation, lutteront d'intelligence à qui remplacera le plus de bras par la mécanique. Mais, diront les protectionnistes, et les ouvriers? — Les ouvriers seront beaucoup plus heureux qu'aujourd'hui, puisqu'ils pourront tout acheter à meilleur marché, pantalons, souliers et le reste. — La société moderne a beaucoup fait, dit un philanthrope officiel, pour les ouvriers; elle leur a donné des caisses d'épargne, des caisses de retraite, des caisses de prévoyance et des caisses de secours, où ils peuvent aller verser leur superflu pour avoir le nécessaire après leur mort. — Mais s'ils n'ont rien à faire? — Que de gens voudraient être à leur place, qui sont obligés de travailler, du matin au soir! — Vous esquivez la question, ou vous ne savez pas que l'ouvrier vit au jour le jour. — Moi aussi, je ne vis pas autrement et travaille tantôt à une chose, tantôt à une autre; les ouvriers n'ont qu'à en faire autant. — Mais vous avez de l'épargne. — C'est mon père qui en avait, bien qu'il n'y eût pas encore de caisses de ce nom. Aujourd'hui on les a mises à la portée de tout le monde; chacun est libre de se procurer un livret et d'aller, comme moi, toucher les intérêts de son argent. On ne peut, certes, pas se plaindre de l'organisation actuelle du travail. »

CCCXXX.

Nous sommes malheureusement forcé de convenir que beaucoup de discours, de brochures et de livres publiés sur la question, ne renferment pas d'autre argumentation en faveur du libre échange. Si le salaire est bas, disait un jour le baron Charles Dupin au Conservatoire, si les vivres sont chers, par contre, l'ouvrier peut s'habiller à bon marché; mais il ne s'est trouvé personne pour lui faire humblement observer que l'ouvrier ne s'habille qu'une fois par an, et qu'il mange deux fois par jour, au moins.

Nous regrettons de le dire, mais il n'est pas une assemblée ou commission officielle à laquelle nous ayons eu le désagrément d'être mêlé, où nous n'ayons entendu quelque pleutre affranchi d'hier, se constituer le défenseur d'office de la société, en ces termes : La société a beaucoup fait pour l'ouvrier, on lui a prodigué l'instruction, on a étendu ses droits et ses libertés, on lui a donné des caisses d'épargne, de secours, de retraite, enfin tout ce qu'il était humainement possible de faire pour lui. Il peut aspirer à tous les emplois, à tous les honneurs; mais le peuple est ingrat, il ne vous tient compte de rien, plus on lui accorde, plus il demande; nous lui avions donné des brevets de 15 ans, c'était fort joli, eh bien, le voilà qui demande la pérennité; où allons-nous, bon Dieu, où allons-nous?

Nous croyons faire une œuvre utile en déduisant les conséquences philosophiques, économiques et morales des inventions que nous faisons connaître; notre livre n'est pas, a dit le savant abbé Moigno dans sa 19e livraison du *Cosmos*, « un ouvrage de circonstance, une froide « nomenclature des industriels qui ont figuré aux expositions; c'est « un traité de *philosophie industrielle*. Peu de personnes ont été « à même de voir plus de fabriques et de choses industrielles que « M. Jobard, et peu d'écrivains sont aptes à les décrire aussi claire- « ment, sans ennuyer le lecteur; M. Jobard est une spécialité du « genre, et une spécialité tout à fait remarquable. »

Nous remercions l'illustre directeur du *Cosmos*, qui commande l'avant-garde de l'armée du progrès scientifique, et dont les appréciations motivées ont force de loi sur l'opinion publique. Les encouragements qu'il veut bien nous accorder au début de notre tâche, nous tâcherons de les mériter, pourvu que Dieu nous prête vie.

UNE FABRIQUE D'ÉPINGLES A BIRMINGHAM.

Il fallait, autrefois, treize ouvriers pour fabriquer une mauvaise épingle à tête rapportée ; il n'en faut plus que quatre, aujourd'hui, pour en faire une bonne, dont la tête est prise dans la masse.

Il y a des gens qui regardent comme un malheur qu'on ait accordé un brevet à M. Phipson, qui est capable, à lui seul, de remplir le monde entier de bonnes épingles à moitié prix, en vertu d'un odieux monopole qui va causer, dit-on, un tort considérable aux fabricants de mauvaises épingles ; quel malheur !

Nous allons décrire toute l'opération, bien que nous n'ayons pas été plus de cinq minutes dans cette usine en possession du privilége exorbitant qui la met à l'abri des voleurs d'inventions :

L'ouvrier qui devait nous conduire, ayant passé dans l'œil de sa filière l'extrémité d'un fil de cuivre, l'attacha sur son tambour horizontal, comme dans les tréfileries ordinaires, puis il abandonna à la vapeur le soin de dévider son rouleau en l'allongeant de moitié.

Plus loin, deux petites filles redressaient et roidissaient ces fils en les étirant à travers une petite plantation de chevilles de fer. Ces brins, coupés par bouts de quatre à cinq mètres, restent sur la table ; un ouvrier en prend une poignée qu'il rogne, à la cisaille, de la longueur de quatre épingles ; le rémouleur en saisit une pincée qu'il étale et roule entre ses doigts, en les appliquant sur sa meule ; une seconde suffit pour faire les pointes ; on les coupe de longueur, et il en fait autant des deux longueurs restantes ; ces pointes sont placées dans des trémies, la pointe du même côté, au-dessus d'un galet muni de cannelures qui reçoivent chacune une seule épingle, laquelle se présente dans un temps d'arrêt, au choc d'un petit mouton d'acier gravé en creux, d'après la forme de la tête ; il va sans dire qu'une mâchoire la tient ferme, sans laisser l'empreinte de ses dents sur le corps de l'épingle, qui tombe dans un baril. Tous ces mouvements s'accomplissent avec une vitesse insaisissable à l'œil.

Les épingles sont alors portées au décapage et à l'étamage, d'où elles passent à la mise en papier. L'opération du piquage se fait avec une vélocité remarquable, par de petites filles, non pas une à une, mais par douzaines; on étire et déplisse ce papier, qui en contient une grosse; on le replie, et le tour est fait.

Rien de plus simple, comme on voit, et chacun, après l'avoir vu, en pourrait faire autant. Il était donc inutile de donner une patente exclusive à cet inventeur; car, comme l'a dit M. Piercot à la tribune belge, l'invention étant un don de Dieu, elle doit appartenir à tout le monde.

CCCXXXI.

Tout ce qu'il y a de plus parfait, sortant des mains de l'homme, est susceptible de se perfectionner encore et toujours. Nous ne nous étonnons donc pas que la fabrication si ingénieuse que nous venons de décrire, soit de beaucoup surpassée par une machine unique, qui prend, comme la machine à carde, le bout d'une bobine de laiton, étire l'épingle, la coupe à longueur, imprime la tête et la laisse tomber au fond d'une rigole percée d'une fente, à travers laquelle passe l'épingle pendante, retenue par la tête. Toutes ces épingles, alignées et serrées entre des doigts de cuirs, reçoivent l'action de la meule qui les épointe. Elles ne sortent de là que comptées, piquées et mises en carte; les quatre ouvriers du procédé qui précède, se trouvent donc réduits à deux.

Qu'on vienne nous dire après cela qu'un inventeur, en possession d'une découverte importante, pourrait abuser de son monopole pour rançonner les consommateurs à perpétuité?

On voit par cet exemple saillant qu'il peut toujours trouver un concurrent qui le batte en faisant mieux tout en faisant autrement, que celui qui tiendrait ses prix assez élevés pour tenter d'autres inventeurs, chose que les Anglais se gardent bien de faire; car ils sont convaincus de la vérité de cet axiome commercial: *Les petits profits multipliés font les plus grands bénéfices.* Voilà qui met au pied du mur les aveugles adversaires de la pérennité des brevets d'invention. Mais ils n'en démordront pas, tant il est vrai que l'homme ne meurt que de bêtise; et c'est bien par bêtise qu'il alimente la misère par l'aumône, au lieu de favoriser le travail par l'appropriation des inventions entre les mains de ceux qui les font.

MARQUES DE FABRIQUE.

Voici la loi sur les marques de fabrique qui vient d'être votée et sanctionnée en France. On nous dit: Vous devez être content de voir adopter votre utopie de votre vivant. — Oui, mais nous ne sommes pas content de la voir amoindrie et mutilée, parce qu'elle ne donnera pas les résultats que nous avions annoncé devoir sortir de la *propriété* et de la *responsabilité* industrielles complètes.

Qu'est-ce qu'une propriété temporaire à côté d'une propriété perpétuelle des œuvres de l'art et de l'esprit? Qu'est-ce qu'une responsabilité *facultative* des produits manufacturiers, à côté d'une responsabilité obligatoire et *nominale*, comme nous la demandons? — C'est toujours un pas de fait dans vos idées; l'humanité ne marche qu'à pas lents; le progrès ne peut s'accomplir tout d'un coup, etc., etc. — C'est fort bien quand on marche à tâtons, quand on ne voit pas clair dans la voie où l'on s'engage; mais, Dieu merci, ce n'est point ici le cas: tout est clair, lumineux, éclatant de vérité dans notre projet de régénération sociale; nous avons levé toutes les objections, fait taire tous nos adversaires, recueilli tous les suffrages éclairés.

Il n'y avait donc pas à hésiter, et l'on n'a pris que des demi-mesures, ouvert qu'un battant à la propriété industrielle et fermé qu'un battant aux fraudes commerciales; pourquoi serions-nous content d'un prétendu triomphe, qui n'est pas même une ovation et à peine un salut d'approbation?

Tout ce que nous avons fait a été de tourner l'excentrique devant la locomotive du progrès pour la faire entrer dans la voie nouvelle qui la conduira un jour vers la terre promise; mais les rails ne sont pas encore posés, et nous avons la lâcheté de réserver l'inauguration de cette brillante section à nos descendants, s'il en reste; car au train dont la démoralisation et la misère y vont, il y aura encore bien des déraillements sociaux avant d'arriver à la station du bien-être, de la félicité et de la justice définitive.

Loi sur les marques de fabrique et de commerce.

TITRE Ier. — DU DROIT DE PROPRIÉTÉ DES MARQUES.

Art. 1er. — La marque de fabrique ou de commerce est FACULTATIVE.

Toutefois, des décrets, rendus en la forme des règlements d'administration publique, peuvent *exceptionnellement* la déclarer obligatoire pour les produits qu'ils déterminent.

Sont considérés comme marques de fabrique et de commerce les noms sous une forme distinctive, les dénominations, emblèmes, empreintes, timbres, cachets, vignettes, reliefs, lettres, chiffres, enveloppes et tous autres signes servant à distinguer les produits d'une fabrique ou les objets d'un commerce.

Art. 2. — Nul ne peut *revendiquer* la propriété exclusive d'une marque, s'il *n'a déposé* deux exemplaires du modèle de cette marque au greffe du tribunal de commerce de son domicile.

Art. 3. — Le dépôt n'a d'effet que pour quinze années.

La propriété de la marque peut toujours être conservée pour un nouveau terme de quinze années au moyen d'un nouveau dépôt.

Art. 4. — Il est perçu un droit fixe d'un franc pour la rédaction du procès-verbal de dépôt *de chaque marque* et pour le coût de l'expédition, non compris les frais de timbre et d'enregistrement.

TITRE II. — DISPOSITIONS RELATIVES AUX ÉTRANGERS.

Art. 5. — Les étrangers qui possèdent en France des établissements d'industrie ou de commerce jouissent, pour les produits de leurs établissements, du bénéfice de la présente loi, en remplissant les formalités qu'elle prescrit.

Art. 6. — Les étrangers et les Français dont les établissements sont situés hors de France jouissent également du bénéfice de la présente loi, pour les produits de ces établissements, si, dans les pays où ils sont situés, des conventions diplomatiques ont établi la réciprocité pour les marques françaises.

Dans ce cas, le dépôt des marques étrangères a lieu au greffe du tribunal de commerce du département de la Seine.

TITRE III. — PÉNALITÉS.

Art. 7. — Sont punis d'une amende de 50 fr. à 3,000 fr. et d'un emprisonnement de trois mois à trois ans, ou de l'une de ces peines seulement :

1° Ceux qui ont contrefait une marque ou fait usage d'une marque contrefaite ;

2° Ceux qui ont frauduleusement apposé sur leurs produits *ou les objets de leur commerce* une marque appartenant à autrui ;

3° Ceux qui ont sciemment vendu ou *mis* en vente un ou plusieurs produits revêtus d'une marque contrefaite ou frauduleusement apposée.

Art. 8. — Sont punis d'une amende de 50 fr. à 2,000 fr. et d'un emprisonnement d'un mois à un an, ou de l'une de ces peines seulement :

1° *Ceux qui, sans contrefaire une marque, en ont fait une imitation frauduleuse de nature à tromper l'acheteur, ou ont fait usage d'une marque frauduleusement imitée;*

2° Ceux qui ont fait usage d'une marque portant des indications propres à tromper l'acheteur sur la nature du produit ;

3° Ceux qui ont sciemment vendu ou *mis* en vente un ou plusieurs produits revêtus d'une marque *frauduleusement imitée* ou portant des indications propres à tromper l'acheteur sur la nature du produit.

ART. 9. — Sont punis d'une amende de 50 fr. à 1,000 fr. et d'un emprisonnement de quinze jours à six mois, ou de l'une de ces peines seulement :

1° Ceux qui ont vendu ou mis en vente un ou plusieurs produits ne portant pas la marque déclarée obligatoire pour cette espèce de produits;

2° Ceux qui ont contrevenu aux dispositions des décrets rendus en exécution de l'art. 1er de la présente loi.

ART. 10. — Les peines établies par la présente loi ne peuvent être cumulées.

La peine la plus forte est seule prononcée pour tous les faits antérieurs au premier acte de poursuite.

ART. 11. — Les peines portées aux art. 7, 8 et 9 peuvent être élevées au double en cas de récidive.

Il y a récidive lorsqu'il a été prononcé contre le prévenu, dans les cinq années antérieures, une condamnation pour un des délits prévus par la présente loi.

ART. 12. — L'art. 463 du Code pénal peut être appliqué aux délits prévus par la présente loi.

ART. 13. — Les délinquants peuvent, en outre, être privés du droit de participer aux élections des tribunaux et des chambres de commerce, des chambres consultatives des arts et manufactures, et des conseils de prud'hommes, pendant un temps qui n'excèdera pas dix ans.

Le tribunal peut ordonner *l'affiche du jugement dans les lieux qu'il détermine, et son insertion intégrale ou par extrait dans les journaux qu'il désigne, le tout aux frais du condamné.*

ART. 14. — La confiscation des produits dont la marque serait reconnue contraire aux dispositions des art. 7 et 8 peut, même en cas d'acquittement, être prononcée par le tribunal, ainsi que celle des instruments et ustensiles ayant spécialement servi à commettre le délit.

Le tribunal peut ordonner que les produits confisqués soient remis au propriétaire de la marque contrefaite ou frauduleusement apposée *ou imitée*, indépendamment de plus amples dommages-intérêts, s'il y a lieu.

Il prescrit, dans tous les cas, la destruction des marques reconnues contraires aux dispositions des art. 7 et 8.

ART. 15. — Dans le cas prévu par les deux premiers paragraphes de l'art. 9, le tribunal prescrit toujours que les marques déclarées obligatoires soient apposées sur les produits qui y sont assujettis:

Le tribunal peut prononcer la confiscation des produits, si le prévenu a encouru, dans les cinq années antérieures, une condamnation pour un des délits prévus par les deux premiers paragraphes de l'art. 9.

TITRE IV. — JURIDICTION.

ART. 16. — Les actions relatives aux marques sont portées devant les tribunaux *civils et jugées comme matières sommaires.*

En cas d'action intentée par la voie correctionnelle, si le prévenu soulève pour sa défense des questions relatives à la propriété de la marque, le tribunal de police correctionnelle statue sur l'exception.

ART. 17. — Le propriétaire d'une marque peut faire procéder par tous huissiers à la description détaillée, avec ou sans saisie, des produits qu'il prétend marqués à son préjudice en contravention aux dispositions de la présente loi, en vertu d'une ordonnance du président du tribunal civil de première instance, ou du juge de paix du canton, à défaut de tribunal dans le lieu où se trouvent les produits à décrire ou saisir.

L'ordonnance est rendue sur simple requête et sur la présentation du procès-verbal constatant le dépôt de la marque. Elle contient, s'il y a lieu, la nomination d'un expert, pour aider l'huissier dans sa description.

Lorsque la saisie est requise, le juge peut exiger du requérant un cautionnement, qu'il est tenu de consigner avant de faire procéder à la saisie.

Il est laissé copie aux détenteurs des objets décrits ou saisis, de l'ordonnance et de l'acte constatant le dépôt du cautionnement, le cas échéant ; le tout à peine de nullité et de dommages-intérêts contre l'huissier.

ART. 18. — A défaut par le requérant de s'être pourvu, soit par la voie civile, soit par la voie correctionnelle, dans le délai de quinzaine outre un jour par cinq myriamètres de distance entre le lieu où se trouvent les objets décrits ou saisis et le domicile de la partie contre laquelle l'action doit être dirigée, la description ou saisie est nulle de plein droit, sans préjudice des dommages-intérêts qui peuvent être réclamés, s'il y a lieu.

TITRE V. — DISPOSITIONS GÉNÉRALES OU TRANSITOIRES.

ART. 19. — Tous produits étrangers portant soit la marque, soit le nom d'un fabricant résidant en France, soit l'indication du nom ou du lieu d'une fabrique française, sont prohibés à l'entrée et exclus du transit et de l'entrepôt, et peuvent être saisis, *en quelque lieu que ce soit, soit à la diligence de l'administration des douanes, soit* à la requête du ministère public ou de la partie lésée.

Dans le cas où la saisie est faite à la diligence de l'administration des douanes, le procès-verbal de saisie est immédiatement adressé au ministère public.

Le délai dans lequel l'action prévue par l'art. 18 devra être intentée, sous peine de nullité de la saisie, soit par la partie lésée, soit par le ministère public, est porté à deux mois.

Les dispositions de l'art. 14 sont applicables aux produits saisis en vertu du présent article.

ART. 20. — Toutes les dispositions de la présente loi sont applicables aux vins, eaux-de-vie et *autres boissons, aux bestiaux, grains*, farines et *généralement à tous* les produits de l'agriculture.

ART. 21. — Tout dépôt de marques opéré au greffe du tribunal de commerce antérieurement à la présente loi aura effet pour quinze années, à dater de l'époque où ladite loi sera exécutoire.

ART. 22. — La présente loi ne sera exécutoire que six mois après sa promulgation. Un règlement d'administration publique déterminera les formalités à remplir pour le dépôt et la publicité des marques, et toutes les autres mesures nécessaires pour l'exécution de la loi.

ART. 23. — Il n'est pas dérogé aux dispositions antérieures qui n'ont rien de contraire à la présente loi.

DES MARQUES ET DU PRIX DES CHOSES.

On se demande depuis longtemps pourquoi les gouvernements ne forcent pas les fabricants à placer leurs prix sur les articles qu'ils exposent, puisque c'est du prix que dépend l'intérêt qu'on peut attacher à telle ou telle production; car il y a peu de mérite à faire une belle chose exceptionnelle à des prix exorbitants qui ne peuvent donner lieu à aucun commerce régulier.

On répond que dans l'état d'anarchie où se trouve l'industrie, il est impossible d'avouer ses prix de revient et de vente, sans s'exposer à des réclamations, à des déboires et même à des menaces de la part des confrères et surtout des commissionnaires. Ceci est peut-être une énigme qu'il est bon d'expliquer au lecteur.

Nous leur dirons donc que le fabricant est devenu le subordonné de l'intermédiaire ou du *middlemen* commercial, et qu'il est tenu d'obéir à leurs exigences; or, l'intermédiaire ou revendeur défend aux fabricants de faire connaître leurs prix au consommateur, attendu que celui-ci ne voudrait plus payer tout ce qu'il achète cent pour cent plus cher que cela ne vaut s'il en connaissait la valeur.

Il est bon de savoir que le progrès des sciences appliquées à la production a fait faire des prodiges de bon marché à tous les genres de fabrication; mais on trouve convenable d'empêcher que le consommateur en ait le moindre vent.

Par exemple, consentirait-il à payer 110 et 125 francs un habit dans lequel il n'entre que pour 25 francs de drap, et toutes choses en même proportion?

C'est par la même raison que les commissionnaires ne veulent pas permettre que les fabricants apposent une *marque d'origine* sur leurs produits; car l'acheteur aurait la faculté d'aller s'informer des prix réels à la source même, s'il connaissait le lieu de provenance, et alors le public initié dans les mystères de la balle, se révolterait d'être pris pour dupe dans toutes ses transactions avec les entremetteurs, qui vivent de l'impôt forcé prélevé sur son ignorance et sa crédulité.

CCCXXXII.

Il est tel exposant qui, dans sa naïveté, s'étant avisé de placer les prix sur ses objets, nous avoua qu'il donnerait volontiers dix mille francs pour ne l'avoir pas fait, tant il avait soulevé de haine et de calomnies contre lui, aussi bien de la part de ses confrères que de la part des marchands.

D'autres avaient indiqué des prix de vente tellement avantageux aux acheteurs qu'ils ne voulaient pas s'exécuter quand on les prenait au mot; c'était seulement en vue de la médaille qu'ils opéraient ainsi. On remédierait à cette petite fraude en décrétant que tout ce qui est à l'Exposition doit être achetable au prix marqué.

Eh bien! nous le demandons, est-ce là un état normal, un état tolérable pour l'industrie des pays de liberté? N'est-il pas plus que temps d'y mettre fin par une bonne loi sur la *marque obligatoire*, et par un bon règlement pour les Expositions prochaines, d'où l'on devrait exclure, non pas de l'Exposition elle-même, mais du concours, tout manufacturier qui refuserait d'indiquer le prix de ses articles? C'est le seul moyen de délivrer les fabricants de la tyrannie des *middlemen* et le consommateur du pillage systématique dont il est la victime.

Nous espérons qu'on ne nous prêtera pas le projet ridicule de vouloir supprimer tous les commissionnaires et les intermédiaires; nous savons bien que l'industrie ne peut s'en passer; mais nous voulons qu'ils soient subordonnés et non superposés au fabricant; la *marque d'origine* seule pourrait les remettre à leur véritable place et leur rendrait à eux-mêmes un grand service; surtout quand on les accuse d'avoir altéré ou changé la marchandise, ce qui arrive à chaque instant; la marque d'origine, disons-nous, les mettrait à l'abri de tout soupçon. Ce moyen d'ordre suffirait pour ouvrir d'immenses débouchés à nos fabricants au dedans et au dehors, car si leurs produits n'étaient pas tenus si chers par les marchands, il s'en consommerait davantage; leur débit doublerait peut-être, et les producteurs seraient obligés d'employer un nombre d'ouvriers beaucoup plus considérable qu'aujourd'hui, pour répondre à des demandes beaucoup plus importantes.

CCCXXXIII.

Tout s'enchaîne en industrie, comme on voit, la misère provient du manque de travail, le travail manque à cause de la cherté qui restreint le débit des marchandises, et pourtant, nous le répétons, l'industrie fait des miracles de bon marché.

Il n'est pas difficile d'en conclure que si la *marque obligatoire* venait mettre obstacle à l'exagération des prix de vente, on fabriquerait le double parce qu'on vendrait le double; il y aurait donc le double de bras employés à la production, et probablement beaucoup plus.

Car les prix en descendant d'un degré vers la base de la pyramide sociale, rencontrent une quantité d'acheteurs qui augmentent comme les carrés, et ce n'est point une pyramide, mais un *trochite* qui résulte des éléments de la propriété superposés, comme nous l'avons construit d'après la répartition de l'impôt foncier en France, en plaçant le souverain au sommet, et les cinq millions et demi de petits contribuables à la base. Cette échelle singulière, que tous les producteurs devraient avoir sans cesse sous les yeux, démontre à l'évidence qu'il est de leur intérêt de chercher à fonder leur fortune sur l'axiome anglais, *les petits profits multipliés font les plus grands bénéfices.*

Aussi les Anglais recherchent-ils avec soin toutes les opérations qui offrent le moyen de se passer des revendeurs habituels et de vendre à prix fixes; c'est ainsi que les ciseaux de fonte aciérée se voiturent dans toutes les rues des villes de l'Angleterre à un schelling la douzaine de paires, les petits cadenas de cuivre à 2 fr. 50 la grosse (144), et les boutons de fonte à 1 fr. 50 c. les 144 douzaines.

Ce sont particulièrement les objets patentés ou enregistrés qui se vendent à très-bas prix, précisément parce qu'ils sont à l'abri de la concurrence. Ceci bouleverse toutes les idées admises sur le continent, mais le fait n'en est pas moins avéré.

M. Legentil fait la remarque que les papiers peints de l'Autriche, qui se trouvent protégés par des droits exorbitants, sont cependant aussi beaux et moins chers que les papiers français. Ce qui contrarie un peu ses principes économiques.

CCCXXXIV.

TROCHITE DES COTES DE L'IMPOT FONCIER EN FRANCE.

La propriété en se morcelant a augmenté considérablement le nombre des propriétaires en France, depuis sa grande révolution ; et comme il n'y a de vrais citoyens que les propriétaires, et que tout le reste est plus ou moins cosmopolite, la révolution sociale de 1792 a puissamment contribué à augmenter le nombre des patriotes et des contribuables, par conséquent celui des conservateurs, ce qui a fait échouer la république de 1848.

L'édifice de la richesse publique avant la révolution devait se rapprocher beaucoup de la forme d'un long obélisque appuyé sur une base disproportionnée ; aussi est-il tombé à la première trépidation populaire.

Aujourd'hui, la figure symbolique de la fortune nationale en France présente un édifice doué de toutes les apparences de stabilité nécessaire à sa durée.

TROCHITE DE LA PROPRIÉTÉ FONCIÈRE.

Nombre de cotes. . . 16,346 au-dessus de 1000 fr.

. . . . 36,864 de 500 à 1000

. . . . 440,104 de 100 à 500

. . . . 607,056 de 50 à 100

. . . . . . 744,911 de 30 à 50

. . . . . 791,711 de 20 à 30

. . . . 1,614,897 de 10 à 20

. . 1,818,474 de 5 à 10

5,445,580 au-dessous de 5 fr.

Emplacement de la propriété intellectuelle à venir.

Les sciences, les arts, les lettres, l'industrie et le commerce.

11,518,441 cotes foncières.

Les diverses assises de l'impôt foncier ont pris plus de développement, le nombre des propriétaires s'est accru par le morcellement, mais il reste bien des cases à remplir avant que cet édifice ait atteint la figure géométrique de la plus grande stabilité, celle d'une pyramide quadrangulaire susceptible de résister aux plus grands tremblements politiques, comme les pyramides des Rhamsès ont résisté aux tremblements de terre qui ont renversé les colonnes, les obélisques et autres aiguilles qui les entouraient.

L'expansion de la propriété foncière a produit tout ce qu'elle était susceptible de produire, et cependant elle est encore loin d'avoir atteint la forme définitive, inébranlable qu'elle doit acquérir un jour. Les anciens matériaux sont épuisés, mais nous pouvons, nous devons en créer de nouveaux ; or, ces matériaux sont là tout prêts à prendre place dans les vides et à se raccorder aux pierres d'attente du monument de la propriété matérielle, nous les trouverons dans la *propriété intellectuelle.*

Il suffirait, en effet, de reconnaître cette nouvelle espèce de propriété, en lui donnant les mêmes droits et en lui imposant les mêmes charges, pour doubler le nombre des propriétaires actuels, et, par conséquent, celui des contribuables, sans rien ôter aux anciens.

On verrait ainsi le nombre des cotes s'augmenter indéfiniment, tandis que le seul accroissement dont elles soient susceptibles aujourd'hui ne peut guère dépendre que des propriétés bâties nouvellement.

Mais quand vous aurez décrété que *chacun est propriétaire et responsable de ses œuvres;* quand tous les savants, tous les artistes, tous les littérateurs, tous les technologues, tous les commerçants enfin seront appelés à prendre place dans les assises du *monautopole,* en qualité de propriétaires, l'édifice social se complétera de lui-même et sans effort. Toutes les injustes exclusions, tous les monopoles disparaîtront, et plus rien ne sera capable d'ébranler un monument assis sur les bases du droit commun et de la justice pour tous, résultat obligé de la rémunération de chacun *selon ses œuvres* et *selon sa probité,* sans l'intervention d'aucune volonté, d'aucun pouvoir humain, mais par la seule bienveillance de la loi.

Nous le répétons, nous n'aurons pas le droit de nous croire civi-

lisés, avant l'accomplissement de ce grand œuvre de justice rétribu-
tive et de vraie liberté.

Tant que les hommes de génie, de talent et de probité seront les
plus maltraités et les plus malheureux d'entre nous, il n'y aura pas
de tranquillité, pas de paix, pas de trêve, pas de bonheur enfin pour
la société. Au lieu de renforcer l'édifice, ils le mineront et le sape-
ront jusqu'à ce qu'il tombe et les écrase avec nous.

Si vous ne voulez pas de remèdes nouveaux, attendez-vous à des
calamités nouvelles !

CCCXXXV.

Il serait bien à désirer que l'on pût tracer sur un même tableau,
les figures affectées par la distribution de la propriété dans tous les
pays.

De la forme de ces curieux trochites on pourrait déduire la solidité
comparative de tous les États de l'Europe et du globe entier; les
plus minces, les plus effilés de ces monuments seraient évidemment
les plus voisins de leur chute; mais la statistique n'est pas aussi
avancée partout qu'en France, et les chiffres parlants que nous devons
à M. Passy ne sont pas aisés à recueillir dans les pays décentralisés.
Nous espérons cependant que le singulier travail dont nous ne présen-
tons que l'ébauche, sera continué par de plus habiles.

Le plan du trochite de la propriété peut être d'une grande utilité
pour l'industrie et le commerce; chaque industriel calculera ce qu'il
aurait à gagner, en étendant le cercle de ses opérations, c'est-à-dire
en abaissant ses prix de manière à les mettre à portée d'un plus grand
nombre de consommateurs.

Il suffit souvent d'une légère diminution pour entrer dans une zone
immense de nouveaux chalands. Mais tel calcul qui serait juste dans
un pays, serait faux dans un autre. Par exemple, en Russie, un artiste
ne gagnerait rien à vouloir sortir du cercle de la noblesse, pour
atteindre la couche des *mougicks*.

Quand une nation est divisée en deux couches bien tranchées,
l'aristocratie héréditaire et le servage, le musicien, le peintre, le littéra-
teur, le fabricant et le négociant doivent opérer autrement qu'en

France, autrement qu'en Angleterre; et, aux États-Unis, autrement qu'au Mexique, etc.

En un mot, il serait intéressant pour tous les spéculateurs de voir d'un coup d'œil comment ils doivent s'y prendre pour exploiter chaque pays de la façon la plus rationnelle et la plus productive.

CCCXXXVI.

Revenons aux mesures à prendre dans les expositions de l'avenir. — La commission de l'Exposition ayant été consultée par le ministre sur la question des récompenses qu'il serait convenable d'accorder en dehors des médailles traditionnelles, nous nous sommes permis de faire la proposition suivante : — Les industriels qui ont obtenu la médaille d'or à l'Exposition précédente, n'ayant pas même une médaille de rappel en perspective, pourront bien s'abstenir de paraître à celle-ci ; car pour beaucoup d'entre eux, ce sont de grands frais à faire, sans espoir de récompense et avec la chance de se voir dépassés.

Pour obvier à ces inconvénients et pour prouver que le gouvernement accorde une considération réelle et sincère au travail, ne serait-il pas rationnel d'établir en principe, que les exposants qui auraient obtenu précédemment la médaille d'or, fussent désignés par le jury (s'ils ont conservé le premier rang), comme dignes d'être présentés pour la décoration ? Et quand un de ces industriels paraîtrait avec les mêmes avantages six ans après, ne pourrait-il pas être présenté pour un nouvel avancement ?

En un mot, ne serait-il pas convenable que les industriels pussent parvenir par leur talent, aux plus hautes dignités honorifiques, aussi bien que les militaires, les diplomates et les administrateurs ?

On objecta que ce serait empiéter sur la prérogative royale, qu'il y aurait mille intrigues, et que nous ne devions point poser un pareil antécédent.

Nous eûmes beau démontrer qu'il n'y avait là aucune espèce d'empiétement, que les décorations données sur le rapport d'un grand jury, seraient les plus pures de toute intrigue, et qu'il était digne de la Belgique, dont l'industrie et le commerce forment les trois quarts de l'élément vital, de donner au monde cette première preuve d'une réhabilitation sérieuse du travail. Tous nos efforts furent inutiles, notre proposition fut rejetée, même par les honorables fabricants qui composaient la commission, ce qui nous a rappelé le mot de V. Cousin :

L'esclave ne sait pas toujours qu'il est esclave et met à mort le premier qui lui parle d'émancipation. Et puis il ne s'agit pas toujours d'avoir raison, il s'agit d'avoir une bonne poitrine au service de la vérité.

DE LA NOBLESSE ET DU BLASON INDUSTRIELS.

Puisque nous sommes entrés dans la féodalité industrielle par la vertu du laissez-faire et laissez-passer, c'est un fait accompli qu'il convient d'accepter, en le complétant, autant que possible, par l'institution des armoiries, qui sont à la fois un signe d'honneur et un frein moral.

Chaque maison industrielle doit avoir son écu, son cimier, sa bannière, et doit être fière de voir son pavillon sans tache couvrir une marchandise loyale, ou marchant à la conquête de l'univers commercial.

Croisade pour croisade, nous préférons celle qui porte le bien-être et la civilisation à celle qui va la détruire; car les Sarrasins et les Mores de Byzance n'étaient pas les barbares du moyen âge (1).

CCCXXXVII.

Peu de gens savent ce que c'est que la marque de fabrique, qui n'est pourtant pas moins importante que la signature en matière de transactions.

Voici comment le savant et judicieux directeur du plus ancien journal du monde civilisé, puisqu'il a 227 ans d'âge, s'exprime à ce sujet :

« Les préoccupations de la guerre terminées, le gouvernement

---

(1) Les Romains ayant échoué dans leur attaque contre les Kabyles, qui sont les anciens *Berbères*, ont appelé *Barbari* tous les peuples qui ne voulaient pas se laisser civiliser par eux. Les Romains prononçaient, par euphuïsme, *Barbairi*; car ils avaient deux ou trois A, comme les Anglais.

français tourne ses forces contre les ennemis de sa prospérité intérieure, en organisant une sainte croisade contre les plagiaires, les contrefacteurs et les fraudeurs.

« Déjà la propriété *littéraire et artistique* se trouve abritée par la loi abolitive de la contrefaçon ; une autre loi protectrice de la *propriété inventive* est soumise au conseil d'État, et, le 2 avril, le Corps législatif a été saisi d'un projet de loi, très-urgent et très-nécessaire, sur les *marques de fabrique* et de commerce.

« Ainsi se trouvera réalisée la pensée qui a dicté, en 1844, un volume imprimé en Belgique, sous le titre de : *Nouvelle économie sociale, ou Monautopole industriel, artistique, commercial et littéraire*, basé sur la *propriété des inventions*, des *dessins, tissus, modèles* et *marques de fabrique*, par le directeur du Conservatoire belge.

« Son but est, dit-il dans sa préface, d'*organiser l'industrie*, de *moraliser le commerce* et d'encourager tous les ouvriers de la pensée, tous les producteurs intellectuels, en indiquant les moyens d'arrêter la fraude, le plagiat, la contrefaçon et le vol.

« Il n'y avait certes pas une publication plus morale, plus opportune et plus importante, au milieu du chaos où la liberté illimitée et sans responsabilité avait plongé la France, puisqu'elle avait pour but de régler *les droits et les devoirs de l'inventeur*, du *fabricant*, du *marchand* et de l'*ouvrier*, tout en mettant fin à cette anarchie des transactions qui devait aboutir à une révolution sociale ; l'auteur l'annonçait en ces termes, en s'adressant aux hommes qui disposent de nos destinées : *Si vous ne voulez pas de remèdes nouveaux, attendez-vous à des calamités nouvelles !*

« On peut dire que jamais livre n'a fait moins de sensation que le *Monautopole :* la presse lui a refusé toute publicité, toute critique. On aurait dit que la senteur de probité et de justice qui s'échappe des honnêtes aphorismes dont il est rempli, agissait comme un réactif irritant sur les nerfs d'une société malade, vivant au jour le jour, au sein de l'orgie du laissez-faire et du laissez-passer, que la France se dispose enfin à réprimer chez elle après l'avoir réprimée en Orient.

« La lutte sera vive, mais la victoire n'est pas moins assurée contre les cosaques du dedans que contre ceux du dehors.

CCCXXXVIII.

« Savez-vous ce que c'est que la propriété d'une marque pour un travailleur? C'est l'entérinement de ses lettres patentes d'esclave affranchi ; c'est la solennelle inscription de son nom au livre d'or de la noblesse industrielle ; c'est la concession d'un patrimoine qu'il lui est permis d'accroître indéfiniment par le travail et la probité, et qu'il aura le même intérêt à léguer intact à ses enfants, que les anciens barons chrétiens en avaient à léguer leur écu sans tache au premier né de la famille ; c'est enfin une solennelle distribution de décorations aux courageux soldats de l'industrie.

« Singulier privilége de la durée qui a pour effet d'accumuler les vertus ancestrales sur un nom, sur une enseigne, sur une étiquette, et de créer de la sorte une tontine de la probité des familles, un apanage intellectuel, transmissible de père en fils, comme les anciens titres et parchemins nobiliaires.

« Voilà ce que c'est que l'institution officielle des marques de fabrique, que les *surfaciers* regardent comme une chose insignifiante.

« Le propriétaire d'une marque n'aura pas seulement la propriété d'un signe; il aura, de fait, la propriété de l'objet nouveau que ce signe couvrira de son pavillon, reconnu et respecté dans tous les pays du monde.

« Peu importe après cela que la marque soit rendue immédiatement obligatoire par l'autorité légale; l'intérêt personnel est une autorité bien supérieure et qui sera plus efficace que la violence pour la faire généralement adopter.

« Nous pouvons annoncer d'avance que pas un honnête producteur ne voudra, ne pourra s'en passer.

« Il ne restera bientôt plus dans l'industrie et le commerce, comme dans la propriété matérielle, que d'obscurs maraudeurs, obligés d'attendre la nuit pour franchir les haies, les fossés et les murailles dont la loi nouvelle va entourer la propriété intellectuelle.

« Quel changement de décorations aux vitrines des marchands, où l'on voit figurer dix fois plus de fausses marques, de faux noms et de fausses marchandises, que de véritables.

« Il est à espérer que la grande mesure adoptée par le gouvernement français, ne tardera pas à devenir générale.

« Le commerce et l'industrie vont donc faire la plus magnifique des conquêtes, celle de la *probité par la responsabilité et de la sécurité par la notoriété.* »

CCCXXXIX.

L'administration de l'imprimerie impériale de France vient de devancer la loi sur les marques, en insérant dans le cahier des charges de ses fournisseurs, l'article suivant :

« L'adjudication portera sur les papiers de toutes les provenances
« comprises dans les échantillons, mais avec la CONDITION EXPRESSE DE LA
« MARQUE DE FABRIQUE ET DU LIEU DE FABRICATION pour tous les papiers
« à la forme et pour les papiers à la mécanique, fins et moyens. »

Voilà un exemple à suivre par les administrations de tous les pays; c'est un moyen fort simple d'éviter les abus ou tripotage organisé, dit-on, depuis les temps historiques, entre les fournisseurs, receveurs, aviseurs, contrôleurs, inspecteurs et autres noms en *eur,* dont on connaît la valeur.

Nous ne saurions trop le répéter :

LA PUBLICITÉ, LA NOTORIÉTÉ,
SONT LA SAUVEGARDE DE LA SOCIÉTÉ,

tandis que l'anonymité et la clandestinité sont la source de toute perversité, nous pourrions dire la sauvegarde de tous les abus, de tous les vices et de tous les crimes.

Par quelle filière empoisonnée doit avoir passé la moralité humaine pour qu'on en soit venu à cet axiome de faux monnayeur :

La vie privée doit être murée,

après avoir admiré la maison de verre de Caton ?

Pour donner une idée de la puissance moralisatrice de la **notoriété,** prenons la publicité et l'anonymité poussées à l'extrême.

Supprimez les numéros des rues et des flacres, éteignez les lanternes, et permettez à tous les habitants d'une ville de porter un
masque; croyez-vous qu'elle ne serait pas désertée à l'instant?

Ordonnez au contraire que chacun porte l'uniforme de sa condition, de sa profession et de son état social, avec son vrai nom brodé
sur l'épaule ou la poitrine; croyez-vous que l'ordre serait jamais
troublé, les femmes insultées, les vitres cassées, etc. (1)?

Ne serait-ce pas un paradis sur terre qu'une société organisée de la
sorte?

Qui donc pourrait repousser une pareille loi, si elle était présentée
aux Chambres? — Eh! mais les Chambres donc... Qui donc pourrait
la faire adopter? — Le czar qui a fait couper la barbe à son peuple,
en était seul capable; mais il y a longtemps qu'il est mort, et le car-
naval dure encore.

La publicité fait peur, car elle force d'être honnête, et les milieux
ambiants ne le permettent plus, paraît-il; le moyen de faire des passe-
droits, du népotisme et de la corruption, de tromper enfin sur la
valeur de la chose offerte sans la clandestinité; si tout était connu,
tout serait perdu, s'écrieraient les gens qui font leur examen de
conscience et ceux qui courent après des emplois publics.

LE MINISTRE ET LES TAPISSIERS.

Courez, courez, mes bons huissiers,
Chez tous les marchands tapissiers,
Chez tous les colleurs de papiers ;
Je veux changer mon ministère
En véritable bonbonnière,
Et laisser sur les murs surtout,
Une empreinte de mon bon goût.

---

(1) Le meilleur moyen d'empêcher les émeutes serait de les asperger, non pas
avec de l'eau claire, mais avec des liqueurs, dont la moindre tache à la peau dure
pendant trois semaines. On reconnaîtrait alors ceux qui y auraient assisté même
en curieux, comme on reconnaît aux taches de poudre ceux qui ont tiré des coups
de fusil.

Une heure après la foule arrive,
Avec ses rouleaux sous le bras ;
Prenez mon ours, dit l'un ; — non, ne le prenez pas,
Ses couleurs vous sembleront vives,
Mais elles sont très-fugitives ;
Son rouge est faux teint,
Son vert se déteint,
C'est du poison ; les miens sont exempts de reproche,
Mes dessins ont été peints par Paul Delaroche,
Dieu veuille avoir son âme ! ils m'ont coûté beaucoup,
Mais les personnes de bon goût,
Et je vois que tel est le vôtre,
Préfèrent ce ragoût
A tout.

— Pour moi, répond un bon apôtre,
Je ne blâme ni l'un ni l'autre ;
Je donne à l'essai, sans argent,
Et je reprends le tout si l'on n'est pas content.

— Que chacun de vous préconise
La beauté de sa marchandise,
Dit le ministre, c'est fort bien,
Chacun son goût, à moi le mien ;
Voyons, déroulez vos bobines,
Je pourrai mieux faire mon choix ;
Les marchandises clandestines
M'ont déjà trompé tant de fois
Que désormais je m'en défie,
Et n'achèterai de ma vie
Chat en poche. — Il avait raison
D'en agir ainsi sans façon.
Mais qui donc l'empêcha de faire
Pour peupler son ministère,
Ce qu'il fit pour le meubler ?
Pourquoi ne pas forcer les pétitionnaires
A dérouler aussi leurs titres littéraires
Ou leurs diplômes de savant ?
C'est qu'il sait bien que le talent
N'est pas chose très-nécessaire,
Car plus d'un entre au ministère,
Avec un rouleau blanc.

Chacun a son petit procédé pour organiser la société, parce que chacun sent que l'anarchie règne encore en souveraine dans une foule de branches de l'activité humaine.

C'est incroyable combien il a été dépensé d'imagination dans ces derniers temps pour asseoir la pyramide sociale sur sa base; mais chacun ne voit les choses que de son point de vue et n'embrasse que son petit horizon. L'Église dit : Il faut moraliser le peuple. La science dit : Il faut l'instruire. Le libéralisme dit : Il faut l'émanciper; mais la pratique dit: Il faut le nourrir avant tout; malheureusement le matérialisme spéculateur, qui est le plus puissant en ce moment, ajoute : Il nous faut des bras à bon marché, nous n'avons que faire de la dévotion, de l'instruction, de la liberté, de l'émigration, ni de tout ce qui pourrait faire élever le prix des salaires.

L'esprit philosophique est encore loin de dominer, comme on voit, l'esprit d'égoïsme chez les ouvreurs de la matière; nous n'avons rencontré qu'un grand industriel français, préoccupé de l'avenir de la société au milieu de ses nombreux ouvriers, dont le sort ne lui semble pas assez assuré pour l'empêcher de trembler sur les conséquences du paupérisme et le retour de la république qui pourrait bien, dit-il, exproprier les ateliers pour les convertir en ateliers nationaux par le procédé Louis Blanc. Il a publié, de ce point de vue, un excellent livre auquel il ne manque que le principe essentiel de l'appropriation du champ de l'industrie pour la démocratiser; mais il accepte sa féodalisation, et dit comme les jeunes hommes d'État : Il faut moraliser le peuple par la religion, par l'instruction, par l'exemple, de toutes les manières possibles; mais les vieux Talleyrand, les vieux Metternich, les vieux Fox et tous les disciples de Machiavel sont d'avis que c'est peine perdue; aussi n'ont-ils pas voulu de lois préventives qui touchent au système moralisateur.

L'homme, disent-ils, est né avec le chiendent des passions, qui renaît toujours, quoi qu'on fasse pour l'extirper. Ils ne voient d'autre différence entre le sauvage et le civilisé que l'habit. Les anthropophages se mangent sans façon, il est vrai, et les civilisés prennent des gants pour dépecer leurs semblables, c'est-à-dire qu'ils y mettent des formes, de la politesse, du savoir-vivre, vous trompent avec art, vous volent avec adresse, quand ils ne vous empoisonnent et ne vous assassinent pas brutalement.

Entre le civilisé qui vous scalpe l'honneur et le sauvage qui vous scalpe le crâne, voyez-vous donc si grande différence? disait le

25

vieux Gouillassot. Entre le monsieur qui tue sa femme parce qu'elle l'ennuie, et le Cherokée qui mange la sienne parce qu'un missionnaire lui a dit qu'il ne pouvait en garder deux, il n'y a que la main.

Le colon portugais qui achète un nègre pour satisfaire sa rancune, en le faisant mourir sous la chicotte, ne dépasse-t-il pas en cruauté le cannibale qui égorge un blanc sans colère pour goûter de la viande salée ?

Il y a donc moins à espérer de l'individu que de l'association ; si l'homme ne peut guère s'améliorer, l'humanité s'améliore, dit M. Goldenberg. On doit attendre des merveilles de la collectivité. Les associations, les compagnies, les corporations feront marcher le monde à grands pas vers le bien-être, parce que le collége n'est pas malade, qu'il n'a ni cœur, ni sentiment, ni passions qui le gênent ou l'arrêtent, et que de plus il ne meurt pas, ce qui est le plus beau de l'affaire. Nous ne pouvons donc attendre d'amélioration, dit-il, dans l'avenir de la société, que de l'association et de la fusion des établissements de même espèce par groupes similaires religieux, industriels ou financiers, accordant des espèces de chartes ou de constitutions à leurs membres, à l'exemple de celles que les souverains ont successivement accordées aux esclaves, aux serfs et à la bourgeoisie. Le niveau de la sécurité s'élevant pour tous, la concurrence de porte à porte s'éloignera et aura ses coudées plus franches qu'aujourd'hui.

L'industrie s'organisera d'elle-même comme la société s'est organisée en passant de la famille à la commune, de la commune à la province et de la province à l'État, avec diminution constante des frais généraux et la production par masses, à l'aide de machines de force et de vitesse.

Aussi, dit M. Goldenberg, la fusion des grands établissements français, allemands et anglais, suffirait pour rendre la guerre impossible, car, en fin de compte, c'est l'industrie et le commerce qui pèsent le plus dans la balance européenne, et l'on ne tirerait pas un coup de canon dans le monde, si les industriels et les commerçants, déjà rattachés par le lien de la lettre de change, voulaient se lier entre eux par un mot d'ordre signé : *le président de la grande* HANSE *universelle.*

Si M. Goldenberg, grand fabricant, ni son ami M. Legentil, grand
négociant, n'ont voulu accepter ni la propriété ni la responsabilité
industrielle, qui peuvent seules émanciper et moraliser les travailleurs,
voici comment un esprit philosophique de la plus haute portée, qui
n'est ni fabricant, ni marchand, s'exprime à ce sujet dans la *Gazette de
France*, à propos de nos idées, dont il a compris la véritable portée :

   Monsieur et illustre patron,

 « Dans l'article sur le *Progrès universel*, qui m'a valu votre cha-
leureuse et vivifiante approbation, je me réjouissais de l'alliance intellectuelle établie entre la *Gazette de France* et le savant philosophe du
christianisme, M. Bautain. Constatant la concorde qui tend à se rétablir entre les vérités scientifiques et sociales, et les vérités religieuses
et philosophiques, je faisais des vœux pour que cette réconciliation
et cette association féconde s'étendissent généralement dans tous
les domaines de l'activité humaine, jusque dans les régions pratiques,
tributaires des sciences proprement dites. Les encouragements que
vous m'avez prodigués et surtout votre brillante collaboration dans la
Gazette de France, ont prouvé que les sciences appliquées et vraiment
utiles, dans leur plus infatigable et plus heureux représentant, répon-
daient à l'appel qui leur était fait pour le grand concours de rénova-
tion, de lumières et de bonheur.

 Dans votre mémorable article : *Des causes du développement de
l'industrie chez les modernes,* vous avez analysé avec votre supériorité
habituelle toutes les sources de la richesse et de la puissance des
nations contemporaines.

 Comme tous les grands génies, vous êtes universel et vous ratta-
chez vos innombrables connaissances aux principes supérieurs, à la
mission que Dieu a départie aux hommes, à la philosophie chrétienne,
à la réhabilitation du travail, à la loi providentielle du progrès universel, pour le bonheur des créatures.

 Plaçant les idées au-dessus de la matière, vous proclamez victorieusement, à propos des brevets d'invention et des œuvres littéraires ou
artistiques, le grand principe de la sainteté et de la légitimité de la
propriété intellectuelle, et vous réclamez pour la pensée la législation

et l'inviolabilité qu'on accorde, en tout pays civilisé, à la simple propriété matérielle, mobilière ou foncière. Vous montrez que nier à un
inventeur le droit à la propriété intégrale et personnelle de ses idées
et conceptions, plans et projets, c'est proclamer le brigandage intellectuel, le pillage des richesses les plus précieuses et les plus justi-
fiables, le communisme le plus effronté et le plus révoltant.

C'est avec raison que vous demandez la sécurité permanente pour
les brevets, patentes ou titres d'invention, constatant, enregistrant et
consacrant les droits les plus incontestables de l'esprit, du travail et
du génie créateur.

L'inventeur est toujours un bienfaiteur de l'humanité; il a donc un
droit personnel, évident, sur son idée, et tant que ce droit, aussi
manifeste que celui des cultivateurs, acquéreurs et héritiers de
propriétés terriennes ne sera pas universellement reconnu, non-
seulement comme une concession capricieuse et onéreuse, illusoire et
temporaire, de la part de l'État, mais comme une manifestation libre
et respectable de l'initiative intellectuelle, il n'y aura pas liberté
vraie, équité raisonnable et charité mutuelle.

Vous avez cité avec allégresse l'encourageant spectacle du gland des
expositions industrielles planté par François de Neufchâteau et successivement devenu si grand, si grand que ses branches rayonnent dans
tous les sens à des distances énormes.

Vos remarques sur l'utilité d'une marque de fabrique et sur les
bénéfices d'un blason industriel, illustré par l'intelligence et la loyauté,
et devenant une vraie fortune héréditaire, sont très-judicieuses et
confirment mes réflexions sur l'inintelligence des falsificateurs.

Vous constatez que l'Angleterre est à la veille de perdre sa supériorité comparative en mécanique et en industrie, et que le niveau
industriel s'établira sur tout le continent, comme l'Exposition universelle nous en offre la preuve. Vous faites ainsi entrevoir le moment
où les vœux exprimés dans la brochure que j'ai l'honneur de vous
adresser sous ce titre : PLUS DE DOUANES, ne rencontreront plus
d'objections dans cette France, pays de la *franchise* et de la
liberté.

Je ne puis que me réjouir de l'ardeur et de la lucidité avec laquelle votre plume magistrale promulgue la loi de l'exploitation du champ de l'invention, si hérissé d'épines jusqu'à présent.

A chacun la propriété et la responsabilité de ses œuvres! Et à vous, monsieur, l'admiration et les remerciments de tous les hommes d'initiative, d'avenir et de mouvement!

A vous la gloire impérissable d'avoir mis un terme au martyrologe des inventeurs auxquels on n'élève des statues qu'après qu'ils sont morts de misère!

Excusez, monsieur et illustre patron, la liberté avec laquelle je corresponds avec vous, et veuillez accueillir avec votre bienveillance proverbiale l'hommage de l'admiration et de la reconnaissance de votre dévoué serviteur et disciple en progrès,

A. DE HUMBOURG. »

Le célèbre baron Thénard (1), qui pendant sa longue et brillante carrière a été à même de compter tant de martyrs de l'invention, a voulu fonder avant sa mort une *Société de secours des amis de la science* pour mettre fin à ce spectacle dégradant d'ingratitude sociale. Il fait un appel à tous les amis des sciences et de l'industrie; déjà son appel a été entendu, plusieurs legs et donations ont eu lieu, et le nombre des souscripteurs à 10 fr. par an, s'augmente chaque jour. Mais il est évident pour nous, que cette société ne serait pas nécessaire, si les gouvernements reconnaissaient et protégeaient la propriété des œuvres de l'intelligence d'une manière plus efficace et plus réelle que par le privilége illusoire d'un brevet de quinze ans, vendu si chèrement aux inventeurs et qui expire généralement avant qu'ils en aient rien retiré. Ce reste de barbarie, digne du Maroc, devrait bien disparaître du code des nations civilisées. Ce ne sera pas notre faute, s'il n'en est pas effacé après la publication du présent livre.

---

(1) Au moment où nous corrigeons cette épreuve, nous apprenons la mort de l'illustre patriarche des chimistes français, dont la vie n'a été qu'une suite non interrompue de bonnes actions et de bons enseignements. Les savants de cette catégorie sont comme des phares lumineux qui rappellent aux voyageurs l'existence des lieux qu'ils éclairent; ainsi Berzélius fait penser à Stockholm, Liebig à Giessen, Dalton à Manchester et Stas à Schaerbeek.

EXPLICATION DE LA VIGNETTE : LAMPE POUR UN.

Notre éditeur ayant désiré *illustrer*, comme on dit, la couverture de notre premier volume, nous n'avons trouvé rien de mieux que la petite lampe économique qui nous a aidé à l'écrire. Nous lui devons bien cela pour les bons services qu'elle nous a rendus sans en exiger aucun, durant des nuits entières, tout en ménageant nos yeux et notre huile, dont elle ne consomme que pour un centime par heure.

Si Démosthène en eût possédé une semblable, ses discours n'auraient pas senti l'huile, car elle ne distille pas, elle gazéifie. On a dit assez longtemps : Comme on fait son lit on se couche; nous pouvons dire : Comme on fait sa lampe on s'éclaire, car c'est nous qui l'avons faite ce qu'elle est, non sans peine, non sans frais; voici la septième année et le centième modèle au moins, que nous avons construit, avant d'arriver à concentrer dans ce petit meuble informe, tous les *desiderata* possibles.

Nous sommes tenté d'offrir, comme M. Lob, cent mille francs à celui qui prouvera que notre lamponette ne réunit pas au bon marché, sûreté, propreté, mobilité, commodité, facilité, légèreté, inversabilité. Elle est aisée à allumer, à régler et à nettoyer, sans se brûler ni se tacher, même avec une crinoline de quatre mètres de diamètre. Entretien, réparation, mouchage nuls; elle est insensible au vent et à la pluie, peut servir de veilleuse à réchauffer, de lampe à écrire, à dessiner, à coudre, à broder; de lanterne à circuler et de lampion à illuminer; elle éclaire en contre-bas, pour descendre les escaliers et permet de regarder au fond des casseroles sans y mêler ses larmes.

Tout cela constitue la lampe merveilleuse qui figure sur notre couverture comme un pauvre aveugle avec son abat-jour.

C'est après avoir remarqué qu'on perdait dix fois plus de calorique qu'on n'en utilise, que nous nous sommes aperçu qu'on perdait cent fois plus de lumière qu'on n'en use; prenons pour exemple une bougie; n'est-il pas vrai qu'elle répand sa lumière tout autour d'une demi-sphère, tandis qu'on n'a besoin que d'un petit segment? Tout le reste va se perdre au plafond et sur les murs. Celui qui veut écrire à la chandelle ne ressemble pas mal à un homme qui se désaltère au jet d'eau de Saint-Cloud en en recevant quelques gouttes sur sa langue. Il se rafraîchit, c'est vrai, comme il s'éclaire, mais avec aussi peu d'économie que celui qui mettrait le feu à sa maison pour faire cuire un œuf.

Tout jet de lumière sans abat-jour et sans réflecteur, est aussi mal employé que le gaz des rues qui éclaire le ciel au détriment de la terre.

Pensant qu'il était aussi superflu d'envoyer de la lumière au firmament que de l'eau à la rivière, nous avons cherché à emprisonner la flamme et à l'étaler sur le seul espace qu'il est besoin d'illuminer, non pas sur un point à la façon des savetiers, mais sur une feuille de papier ministre. A force de plier et replier du fer-blanc dans tous les sens imaginables, nous sommes parvenu à capturer les deux tiers des rayons extravasés, tout en protégeant les yeux contre la lumière directe si fatale à la vue. Mais il fallait faire flamber une mèche au fond d'un verre, sans agitation, ce qu'aucun lampiste n'a jamais pu faire; il fallait obtenir un courant de bas en haut tout en tirant l'air de haut en bas, ce que nous avons réalisé au moyen d'une cloison qui sépare le courant descendant du courant ascendant; c'est ainsi que nous échauffons l'air d'alimentation, simple artifice qui procure une économie de 33 pour cent constatée par l'Académie sur notre appareil à gaz.

Nous avons donc le même bénéfice dans notre lampe. Il a fallu combiner les ouvertures d'entrée et de sortie, d'après la largeur de la mèche employée, pour éviter toute agitation, toute gêne et toute tendance à fumer ou à contracter des champignons dont la cause réside uniquement dans l'agitation de la flamme.

Il fallait que le porte-mèche fût mobile pour pouvoir régler sa position dans l'huile; mais il fallait de plus un moyen de monter et descendre cette mèche, sans cric et sans crémaillère; nous avons à cet effet confectionné une gaine, dans laquelle une mèche plate, légèrement gommée, glisse malgré la courbure qui se relève en cou de cygne renversé, de sorte qu'en retirant la mèche du haut, on fait rentrer le lumignon dans sa gaine, soit pour l'éteindre, soit pour le changer en veilleuse du plus mince échantillon. Le mouvement contraire fait monter le lumignon. Une fois réglée, la lumière ne varie plus pendant une nuit entière. La gaine plate est pourvue d'une fente longitudinale qui permet au liquide d'humecter la mèche et de la faire servir jusqu'au bout, en employant une vieille plume à cet effet. Nous devons dire que cette gaine doit être de zinc pour pouvoir se plier sans s'étrangler au pli, ce qui se fait par un simple tour de main, qu'aucun ouvrier n'a encore pu deviner seul.

Pour étudier les caprices des courants d'air, nous avons longtemps désiré pouvoir les rendre visibles, et nous y sommes parvenu à l'aide d'un morceau d'amadou imprégné de suif ou d'axonge sur ses deux faces. On obtient ainsi une fumée blanche, dense et persistante, qu'il suffit de présenter aux différents passages de l'air pour voir, d'après le chemin de la fumée, celui que parcourt l'air, et les évolutions qu'il fait. Nous avons de la sorte acquis la certitude que notre lampe tire son air d'alimentation de la paroi extérieure du vase, qu'il se replie immédiatement sur la paroi intérieure et descend jusqu'à l'huile sur laquelle il glisse en s'échauffant, pour se rendre à la flamme et s'élever avec elle vers le trou de sortie.

Le savant Babbage, après avoir vu ce manége, déclara que s'il n'avait appris que cela sur le continent, il pourrait se flatter de n'avoir pas perdu son voyage ; car cet artifice donne la clef de toute ventilation, petite ou grande, puisqu'il précise ce qui n'était que soupçonné dans les appareils de chauffage et d'éclairage, sur lesquels on a tant fait d'équations boiteuses.

Un des avantages notables de notre système de lampe pour les colonies, c'est que les plus grands vents ne peuvent l'éteindre ni les insectes s'y introduire, et qu'elle permet de multiplier les mèches dans un même bocal.

On nous demandera pourquoi, au lieu de l'élever, nous l'avons faite si basse ; c'est pour profiter de la lumière qui diminue en raison inverse du carré des distances, et parce qu'il est toujours facile de l'élever en la posant sur un socle.

On nous demandera aussi pourquoi cette lampe merveilleuse n'est pas encore universellement répandue. C'est qu'elle est à trop bas prix pour que les lampistes consentent à la mettre en concurrence avec les luminaires très-chers ou très-mauvais qui décorent leurs vitrines, et qu'à vrai dire elle n'est terminée, à notre satisfaction, que depuis peu de semaines.

Elle est, en outre, si aisée à contrefaire qu'il faudrait être très-riche pour poursuivre les contrefacteurs. Nous n'en avons encore qu'un ; c'est un des nombreux ouvriers que nous avons employés, et qui prétend que c'est lui qui l'a inventée, puisque c'est lui qui a tourné des pièces que nous n'aurions pas su tourner nous-même. Il nous menace de nous poursuivre si nous avons l'*audace* de l'attaquer ; et vraiment nous ne l'avons pas, car le malheureux ne possède que ce qu'il gagne en nous contrefaisant. Ceci est fort joli, mais ce n'est pas neuf ; nous avons déjà vu beaucoup de cas de ce genre que la loi est impuissante à réprimer.

Nous prenons donc le parti de mettre notre invention sous la sauvegarde de la publicité, dans l'espoir que pas un lampiste n'osera violer nos brevets sans s'exposer au blâme des inventeurs de tous les pays, qui savent que nous avons consacré notre vie et notre fortune à défendre leurs droits. Ils auront bien la complaisance de nous signaler les contrefacteurs qu'ils trouveront sur leur chemin. La moitié des dommages et intérêts leur est acquise en cas de succès (1).

Nous dirons, pour terminer, qu'une cuillerée de sel blanc placée au fond de notre lampe, améliore considérablement la lumière en absorbant l'eau contenue dans l'huile qui devient plus limpide et brûle mieux.

Les lampistes ne se plaindront pas de l'espace que nous consacrons à ce petit meuble ; car il renferme en lui tous les principes de la combustion économique et rationnelle des huiles, et les véritables arcanes de la lamperie qui va devenir une science comme la *fumisterie*, deux branches importantes de l'économie domestique livrées jusqu'ici à l'empirisme et aux tâtonnements, parce qu'on n'en connaissait pas les principes.

Ainsi, nous disait Hardrot, j'ai travaillé quatre ans à chercher une petite lampe économique à bon marché, et je n'ai réussi qu'à faire une veilleuse chère et nullement économique. Peut-être qu'en y consacrant trois ans de plus, il aurait réussi comme nous.

Permettez-moi, nous dit-il, de chercher à la perfectionner, en y ajoutant une cheminée de verre. Cela fait, il reconnut qu'il rentrait dans la complication sans améliorer la chose. Il ne savait pas que nous avions passé par toutes les combinaisons imaginables avant de comprendre la vérité de l'exergue du sceau de la bête : *Omne trinum perfectum*, c'est-à-dire qu'il n'y a rien de véritablement bon que ce qui est assez simple pour que tout le monde s'écrie en la voyant : Est-ce bête ? j'en aurais bien fait autant, si j'y avais songé. Thénard l'a dit : Rien de plus aisé que l'invention de la veille, mais rien de plus difficile que l'invention du lendemain.

---

(1) Nous engageons tous les inventeurs à offrir une pareille prime à ceux qui leur signaleront un contrefacteur, comme l'avait fait la république en gravant sur ses assignats :

> La loi punit de mort le contrefacteur ;
> La nation récompense le dénonciateur.

Le moyen était bon, mais les assignats ne l'étaient pas. Quand une loi est promulguée, c'est aux citoyens à la faire exécuter. Si les Anglais n'avaient pas formé une société pour faire fonctionner la loi protectrice des animaux, elle serait restée stérile. Si la société des auteurs littéraires et dramatiques ne surveillait pas les voleurs, et si chaque membre ne dénonçait pas les contrefacteurs, elle ne serait pas plus riche que la société des inventeurs.

C'est ainsi que l'association universelle pour l'adoption de la marque de fabrique et la défense de la propriété industrielle établie rue du faubourg Montmartre, 17, à Paris, sera du plus grand secours, pour l'exécution de la loi sur les marques de fabriques qui vient d'être votée en France.

TABLE DES MATIÈRES.

— 394 —

FIN DE LA TABLE DU PREMIER VOLUME.